**Üben:** Der Abschnitt Üben unterstützt nachhaltiges Lernen. Es werden dreifach-differenzierte Aufgaben zur Wiederholung und Anwendung des erworbenen Wissens angeboten. Die Aufgaben können in unterschiedlichen Sozialformen bearbeitet werden und ermöglichen selbstständiges Lernen (z. B. in Lernstudios). Die Lösungen aller Aufgaben der Üben-Seiten werden im Anhang dargestellt.

**Vertiefen:** Vertiefen bietet herausfordernde, komplexere Aufgaben einerseits zur Vertiefung eines Themas, andererseits zur Beschäftigung mit zusätzlichen Inhalten.

**Ausgangstest:** Mithilfe des Ausgangstests zu einem Kapitel können die Schülerinnen und Schüler überprüfen, ob sie alle nötigen Kompetenzen erworben haben. Die Lösungen sind zur Selbstkontrolle am Ende des Buches angegeben. Auch in diesem Abschnitt bietet eine Tabelle die Möglichkeit zur Selbsteinschätzung:

| Ich kann ... | Aufgabe | Hilfen und Aufgaben | |
|---|---|---|---|
| große Zahlen in eine Stellenwerttafel eintragen. | 1 | Seite 10 | |
| große Zahlen in Worten schreiben. | 2 | Seite 11 | |
| natürliche Zahlen runden. | 5, 6b, 8 | Seite 15, 16, 17, 18 | I |
| natürliche Zahlen anordnen. | 4, 6a, 9 | Seite 14, 17, 18 | |
| Anzahlen schätzen. | 3 | Seite 13, 18 | II |
| Überschlagsrechnungen durchführen. | 7 | Seite 16 | |
| den Stellenwert von Ziffern zur Lösung mathematischer Probleme nutzen. | 9 | Seite 19 | III |

Zuordnung der Aufgaben zu den Anforderungsbereichen der Bildungsstandards
I: Reproduzieren
II: Zusammenhänge herstellen
III: Verallgemeinern und Reflektieren

Hinweise auf weiterführende Aufgaben zum Wiederholen und Üben

**Wiederholung**
Der Wiederholungsteil enthält Grundwissen und Übungsaufgaben zu Inhalten vorhergehender Schuljahre.

Pfeile in der Kopfleiste dienen zur schnellen Orientierung im Kapitel

Medienbildung
Die Bearbeitung dieser Aufgaben ermöglicht es Schülerinnen und Schülern, Medienkompetenzen zu erwerben.

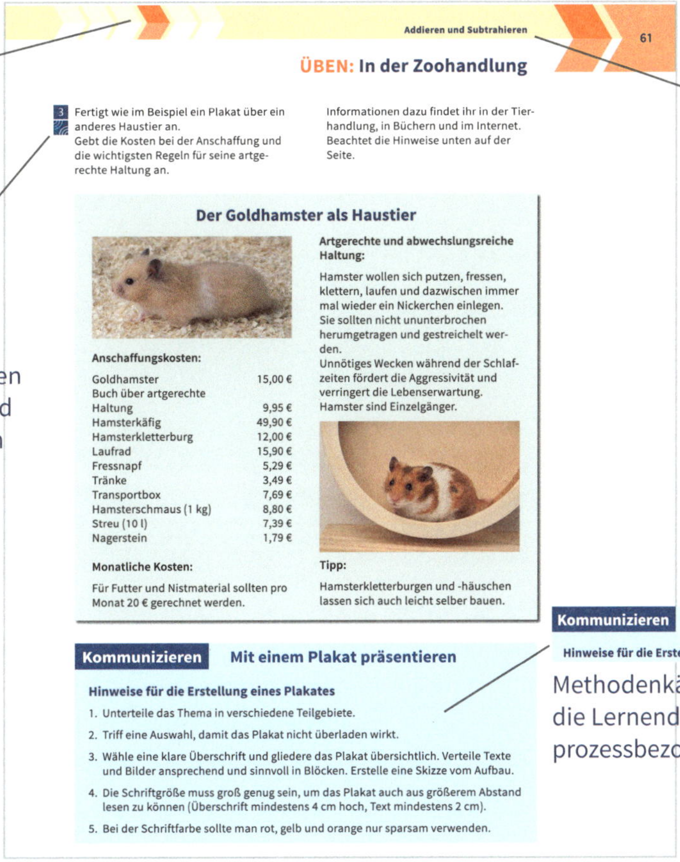

Kapitel

Methodenkästen unterstützen die Lernenden beim Erwerb prozessbezogener Kompetenzen.

---

Addieren und Subtrahieren
61

**ÜBEN: In der Zoohandlung**

**3** Fertigt wie im Beispiel ein Plakat über ein anderes Haustier an.
Gebt die Kosten bei der Anschaffung und die wichtigsten Regeln für seine artgerechte Haltung an.

Informationen dazu findet ihr in der Tierhandlung, in Büchern und im Internet. Beachtet die Hinweise unten auf der Seite.

### Der Goldhamster als Haustier

**Artgerechte und abwechslungsreiche Haltung:**

Hamster wollen sich putzen, fressen, klettern, laufen und dazwischen immer mal wieder ein Nickerchen einlegen. Sie sollten nicht ununterbrochen herumgetragen und gestreichelt werden.
Unnötiges Wecken während der Schlafzeiten fördert die Aggressivität und verringert die Lebenserwartung. Hamster sind Einzelgänger.

**Anschaffungskosten:**

| | |
|---|---|
| Goldhamster | 15,00 € |
| Buch über artgerechte Haltung | 9,95 € |
| Hamsterkäfig | 49,90 € |
| Hamsterkletterburg | 12,00 € |
| Laufrad | 15,90 € |
| Fressnapf | 5,29 € |
| Tränke | 3,49 € |
| Transportbox | 7,69 € |
| Hamsterschmaus (1 kg) | 8,80 € |
| Streu (10 l) | 7,39 € |
| Nagerstein | 1,79 € |

**Monatliche Kosten:**

Für Futter und Nistmaterial sollten pro Monat 20 € gerechnet werden.

**Tipp:**

Hamsterkletterburgen und -häuschen lassen sich auch leicht selber bauen.

**Kommunizieren**    Mit einem Plakat präsentieren

**Hinweise für die Erstellung eines Plakates**

1. Unterteile das Thema in verschiedene Teilgebiete.

2. Triff eine Auswahl, damit das Plakat nicht überladen wirkt.

3. Wähle eine klare Überschrift und gliedere das Plakat übersichtlich. Verteile Texte und Bilder ansprechend und sinnvoll in Blöcken. Erstelle eine Skizze vom Aufbau.

4. Die Schriftgröße muss groß genug sein, um das Plakat auch aus größerem Abstand lesen zu können (Überschrift mindestens 4 cm hoch, Text mindestens 2 cm).

5. Bei der Schriftfarbe sollte man rot, gelb und orange nur sparsam verwenden.

# Mathematik  5

Herausgeber:

Uwe Scheele

Autoren:

Doreen Groth
Jochen Herling
Karl-Heinz Kuhlmann
Uwe Scheele
Wilhelm Wilke
Sebastian Wöstefeld

Herausgeber:
Uwe Scheele

Autorinnen und Autoren:
Doreen Groth, Jochen Herling, Karl-Heinz Kuhlmann, Uwe Scheele, Wilhelm Wilke, Sebastian Wöstefeld

Autorinnen und Autoren der vorangegangenen Ausgabe:
Silke Bakenhus, Jochen Herling, Karl-Heinz Kuhlmann, Bernd Liebau, Uwe Scheele, Wilhelm Wilke

mit Beiträgen von:
Uta Scherer

**Vorbereiten. Organisieren. Durchführen.**
BiBox ist das umfassende Digitalpaket zu diesem Lehrwerk mit zahlreichen Materialien und dem digitalen Schulbuch. Für Lehrkräfte und für Schülerinnen und Schüler sind verschiedene Lizenzen verfügbar. Nähere Informationen unter **www.bibox.schule**

**Diagnostizieren. Fördern. Evaluieren.**
Die OnlineDiagnose zu diesem Lehrwerk testet die wichtigsten Kompetenzen und erstellt individuelle Fördermaterialien und Arbeitshefte zum Downloaden oder Bestellen. Nähere Informationen unter **www.onlinediagnose.de**

**Verstehen. Üben. Testen.**
kapiert.de ist das interaktive Lernsystem – passend zu diesem Lehrwerk – mit differenzierten Lerneinheiten, Lernmanager und Klassenarbeitstrainer. Nähere Informationen unter **www.kapiert.de**

© 2020 Westermann Bildungsmedien Verlag GmbH, Georg-Westermann-Allee 66, 38104 Braunschweig
www.westermann.de

Druck A⁴ / Jahr 2024
Alle Drucke der Serie A sind im Unterricht parallel verwendbar.

Redaktion: Ramona Behrens
Illustrationen: Andrea Naumann, Aachen; Matthias Berghahn, Bielefeld
Umschlaggestaltung: Janssen Kahlert Design & Kommunikation GmbH, Hannover
Layout: Janssen Kahlert Design & Kommunikation GmbH, Hannover
Druck und Bindung: Westermann Druck GmbH, Georg-Westermann-Allee 66, 38104 Braunschweig

ISBN 978-3-14-**124900**-2

# 1
## Natürliche Zahlen

- 6 Zur Geschichte der Erde
- 8 Große Zahlen beschreiben die Welt
- 10 Große Zahlen lesen und schreiben
- 12 Zählen und Schätzen
- 14 Zahlen anordnen
- 15 Zahlen runden
- 17 Wissen kompakt
- 18 Üben
- 20 Vertiefen: Zahlenfolgen
- 22 Vertiefen: Zweiersystem
- 24 Vertiefen: Römische Zahlzeichen
- 25 Ausgangstest

# 2
## Daten

- 26 Wir über uns
- 29 Daten sammeln, ordnen und darstellen
- 32 Mathematische Darstellungen verwenden: Diagramme lesen
- 35 Wissen kompakt
- 36 Üben
- 38 Vertiefen: Jugendliche online
- 41 Ausgangstest

# 3
## Addieren und Subtrahieren

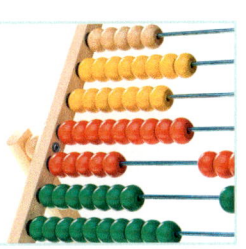

- 42 Zauberquadrate
- 46 Addition und Subtraktion
- 48 Summe und Differenz
- 49 Rechnen mit Klammern
- 50 Rechengesetze
- 51 Schriftliches Addieren
- 52 Schriftliches Subtrahieren
- 53 Sachaufgaben
- 56 Wissen kompakt
- 57 Üben
- 60 Üben: In der Zoohandlung
- 63 Vertiefen: Addieren und Subtrahieren im Zweiersystem
- 64 Vertiefen: Eine Urlaubsreise planen
- 65 Ausgangstest

# 4
## Figuren und Graphen im Koordinaten-system

- 66 Das Gradnetz der Erde
- 68 Orientieren auf dem Stadtplan
- 69 Koordinatensystem
- 71 Gerade Linien – Strecke und Gerade
- 73 Senkrechte Geraden – rechte Winkel
- 75 Abstand
- 76 Parallele Geraden
- 78 Arbeiten mit dem Computer: Figuren im Koordinatensystem
- 80 Graphen im Koordinatensystem
- 84 Wissen kompakt
- 86 Üben
- 88 Vertiefen: Anzahl und Preis
- 89 Ausgangstest

# INHALT

## 5
## Multiplizieren und Dividieren

| | | |
|---|---|---|
| | 90 | Im Supermarkt |
| | 92 | Anzahlen bestimmen |
| | 93 | Multiplikation und Division |
| | 95 | Produkt und Quotient |
| | 96 | Verbindung der Grundrechenarten |
| | 97 | Rechengesetze |
| | 99 | Schriftliches Multiplizieren |
| | 100 | Schriftliches Dividieren |
| | 102 | Sachaufgaben |
| | 104 | Der afrikanische Elefant |
| | 106 | Potenzieren |
| | 107 | Wissen kompakt |
| | 108 | Üben |
| | 112 | Üben: Tiere in Afrika |
| | 113 | Vertiefen: Einkaufen im Supermarkt |
| | 114 | Vertiefen: Kombinationsmöglichkeiten |
| | 115 | Ausgangstest |

## 6
## Körper und Flächen

| | | |
|---|---|---|
| | 116 | Geometrische Körper in der Architektur |
| | 118 | Geometrische Körper in der Umwelt |
| | 119 | Eigenschaften von Körpern |
| | 122 | Schrägbilder |
| | 124 | Netze |
| | 126 | Rechteck und Quadrat |
| | 127 | Parallelogramm und Raute |
| | 128 | Trapez |
| | 129 | Drachen |
| | 130 | Wissen kompakt |
| | 131 | Üben |
| | 134 | Vertiefen: Verpackungen selbst herstellen |
| | 135 | Ausgangstest |

## 7
## Vergleichen und Messen

| | | |
|---|---|---|
| | 136 | Messen mit Hand und Fuß |
| | 138 | Längenmaße früher und heute |
| | 139 | Längeneinheiten |
| | 140 | Rechnen mit Längen |
| | 142 | Maßstab |
| | 143 | Umfang |
| | 144 | Umfang von Rechteck und Quadrat |
| | 145 | Flächeninhalte vergleichen |
| | 146 | Flächeneinheiten |
| | 148 | Flächeninhalt von Rechteck und Quadrat |
| | 150 | Wissen kompakt |
| | 151 | Üben |
| | 153 | Vertiefen: Umfang und Flächeninhalt |
| | 154 | Vertiefen: Flächeninhalt schätzen |
| | 155 | Ausgangstest |

## 8
## Symmetrien und Muster

| | | |
|---|---|---|
| | 156 | Symmetrien und Muster entdecken |
| | 158 | Symmetrische Figuren und Muster erzeugen |
| | 162 | Achsenspiegelung |
| | 165 | Achsensymmetrische Figuren |
| | 167 | Verschiebung |
| | 169 | Arbeiten mit dem Computer: Figuren zeichnen |
| | 170 | Arbeiten mit dem Computer: Achsensymmetrische Figuren |
| | 171 | Wissen kompakt |
| | 172 | Üben |
| | 175 | Vertiefen: Wirklich symmetrisch? |
| | 176 | Vertiefen: Achsensymmetrische Figuren legen |
| | 177 | Ausgangstest |

## 9 Brüche

178    Brüche im täglichen Leben
181    Bruchteile
184    Brüche durch Falten darstellen
185    Brüche mit dem Geobrett darstellen
186    Brüche vergleichen
187    Anteile bestimmen und vergleichen
189    Wissen kompakt
190    Üben
192    Vertiefen: Brüche und Prozentzahlen
193    Ausgangstest

## 10 Zeit

194    Zeit richtig einteilen
196    Pünktlich zur Schule
198    Zeiteinheiten
199    Zeitspannen
200    Ferienfreizeit
202    Wissen kompakt
203    Üben
204    Vertiefen: Zeitzonen
205    Ausgangstest

206    **Eingangstests zu den Kapiteln**

### Wiederholung

**Inhaltsbezogene Kompetenzen**

212    Zahlenstrahl und Stellenwerttafel
213    Die vier Grundrechenarten
214    Schriftliches Addieren
215    Schriftliches Subtrahieren
216    Schriftliches Multiplizieren
217    Schriftliches Dividieren
218    Geld
219    Längen
220    Massen
221    Zeitpunkte und Zeitspannen

**Prozessbezogene Kompetenzen**

222    Einem Text Informationen entnehmen
222    Sachaufgaben lösen

223    Lösungen zu den Eingangstests
226    Lösungen zu den Ausgangstests
232    Lösungen zu den Üben-Seiten

249    Formeln und Gesetze
250    Register
252    Bildquellennachweis

# 1 Natürliche Zahlen

Die Erde ist 4,6 Milliarden Jahre alt.

Erste Lebewesen entwickelten sich vor 3,7 Milliarden Jahren in der Nähe heißer Quellen im Wasser.

*Bist du fit für dieses Kapitel? Eingangstest auf Seite 206.*

*In diesem Kapitel ...*

– *lernst du große Zahlen kennen.*
– *schätzt du Anzahlen.*
– *ordnest und rundest du Zahlen.*

# Zur Geschichte der Erde

Die Oberfläche der Erde ist 510 Millionen Quadratkilometer groß. Ihre Gestalt entspricht aber nicht genau einer Kugel: Der Äquator ist 40 075 Kilometer lang. Misst man den Erdumfang über den Nord- und Südpol, beträgt dieser 40 008 Kilometer. Die Strecke vom Nordpol durch den Mittelpunkt der Erde zum Südpol hat eine Länge von 12 713 Kilometer.

● Lies den Text und notiere alle Zahlen, die darin vorkommen. Gib die größte und kleinste Zahl an.

Vor rund 400 Millionen Jahren schafften erste Lebewesen den Schritt vom Wasser ans Land.

Die ersten Vorfahren der Menschen lebten vor 2,5 Millionen Jahren.

Vor 235 Millionen Jahren beherrschten die riesigen Dinosaurier die Erde.

Die ersten Säugetiere hinterließen vor etwa 125 Millionen Jahren ihre Spuren auf der Erde.

● Vervollständige die Tabelle zur Entstehung des Lebens auf der Erde in deinem Heft.

| vor 3,7 Milliarden Jahren | erste Lebewesen |
|---|---|
| vor 400 Millionen Jahren | |

# Große Zahlen beschreiben die Welt

*1 Mio bedeutet 1 000 000.*

362 Millionen Quadratkilometer der Erdoberfläche sind von Wasser bedeckt. Die gesamte Landfläche ist 148 Millionen Quadratkilometer groß. Sie besteht aus sieben Erdteilen.

**Nord- und Mittelamerika**
Fläche: 25 Mio km²
Einwohnerzahl: 529 Mio

**Europa**
Fläche: 10 Mio km²
Einwohnerzahl: 746 Mio

**Asien**
Fläche: 45 Mio km²
Einwohnerzahl: 4536 Mio

[Weltkarte: Nordamerika (Los Angeles, New York, Mexiko City), Südamerika (São Paulo, Buenos Aires), Europa (Moskau), Afrika (Kairo), Asien (Peking, Seoul, Tokio, Shanghai, Osaka-Kōbe-Kyōto, Neu-Delhi, Dhaka, Guangzhou, Kolkata, Bangkok, Manila, Mumbai), Jakarta, Ozeanien, Antarktis]

© Westermann

**Südamerika**
Fläche: 18 Mio km²
Einwohnerzahl: 418 Mio

**Antarktis**
Fläche: 14 Mio km²
Einwohnerzahl: –

**Afrika**
Fläche: 30 Mio km²
Einwohnerzahl: 1284 Mio

**Ozeanien**
Fläche: 9 Mio km²
Einwohnerzahl: 41 Mio

*Ich lege mir zunächst eine Tabelle an. Dann suche ich den Erdteil mit der größten Einwohnerzahl, dann den mit der zweitgrößten Einwohnerzahl …*

1 Die Wasserfläche der Erde hat eine Größe von 362 000 000 km². Gib die Größe der Landfläche an. Schreibe dabei die Zahl aus.

2 Ordne die Erdteile nach ihrer Fläche (nach ihrer Einwohnerzahl).

# Große Zahlen beschreiben die Welt

| Bevölkerungsreichste Länder der Erde Einwohnerzahlen 2018 | | |
|---|---|---|
| Bangladesch | Asien | 163 Mio |
| Brasilien | Südamerika | 209 Mio |
| China | Asien | 1397 Mio |
| Indien | Asien | 1334 Mio |
| Indonesien | Asien | 265 Mio |
| Japan | Asien | 126 Mio |
| Nigeria | Afrika | 194 Mio |
| Pakistan | Asien | 201 Mio |
| Russland | Europa/Asien | 144 Mio |
| USA | Nordamerika | 328 Mio |

| Megastädte der Erde Einwohnerzahlen 2018 | | | |
|---|---|---|---|
| Bangkok | 15 Mio 975 T | Mexiko City | 20 Mio 565 T |
| Buenos Aires | 15 Mio 520 T | Moskau | 16 Mio 855 T |
| Neu-Delhi | 27 Mio 280 T | Mumbai | 23 Mio 265 T |
| Dhaka | 17 Mio 425 T | New York | 21 Mio 250 T |
| Guangzhou | 19 Mio 965 T | Osaka-Kōbe-Kyōto | 17 Mio 165 T |
| Jakarta | 32 Mio 275 T | Peking | 21 Mio 250 T |
| Kairo | 16 Mio 545 T | São Paulo | 21 Mio 100 T |
| Kolkata | 15 Mio 95 T | Seoul | 24 Mio 210 T |
| Los Angeles | 15 Mio 620 T | Shanghai | 24 Mio 115 T |
| Manila | 24 Mio 650 T | Tokio | 38 Mio 50 T |

**3** Notiere die fünf bevölkerungsreichsten Länder der Erde.
Suche zunächst das Land mit der größten Bevölkerungszahl.

**4** Suche auf der Karte die angegebenen Megastädte. Gib jeweils an, in welchem Erdteil sie liegen.

| Megastadt | Erdteil |
|---|---|
| Bangkok | Asien |
| | |

**5** Moskau und Osaka-Kōbe-Kyōto haben jeweils ungefähr 17 Millionen Einwohner. Welche Städte haben ungefähr 21 Millionen Einwohner?

**6** Auf der Welt lebten im Jahr 2018 ungefähr 7 700 000 000 Menschen, das sind 7 700 Millionen.
Mia behauptet, dass ungefähr die Hälfte der Weltbevölkerung in den fünf bevölkerungsreichsten Ländern lebt. Überprüfe Mias Behauptung.

**7** Wie viele Jahre hat es gedauert, bis die Weltbevölkerung von zwei auf drei Milliarden Menschen angestiegen ist?
Wie lange hat der Anstieg von sechs auf sieben Milliarden Menschen gedauert?

Ich betrachte dazu meine Lösungen von Aufgabe 3 und addiere die Zahlen.

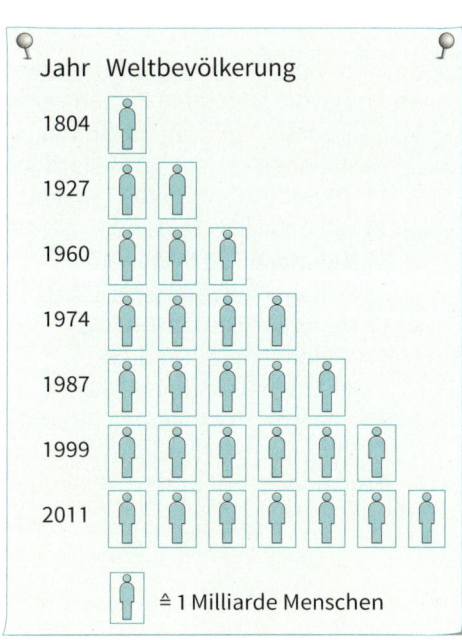

# Große Zahlen lesen und schreiben

## Die Namen der Zahlen

| | |
|---|---:|
| eins | 1 |
| zehn | 10 |
| hundert | 100 |
| tausend | 1000 |
| zehntausend | 10 000 |
| hunderttausend | 100 000 |
| eine Million | 1 000 000 |
| zehn Millionen | 10 000 000 |
| hundert Millionen | 100 000 000 |
| eine Milliarde | 1 000 000 000 |
| zehn Milliarden | 10 000 000 000 |
| hundert Milliarden | 100 000 000 000 |
| eine Billion | 1 000 000 000 000 |
| zehn Billionen | 10 000 000 000 000 |
| hundert Billionen | 100 000 000 000 000 |

**1** In der Abbildung siehst du eine Stellenwerttafel für das 10er-System. Lies die eingetragenen Zahlen.

| Billionen | | | Milliarden | | | Millionen | | | Tausender | | | | | |
|:-:|:-:|:-:|:-:|:-:|:-:|:-:|:-:|:-:|:-:|:-:|:-:|:-:|:-:|:-:|
| H | Z | E | H | Z | E | H | Z | E | H | Z | E | H | Z | E |
| | | | | | | | | | 3 | 0 | 0 | 0 | 0 | 0 |
| | | | | | | | | 7 | 8 | 0 | 0 | 0 | 0 | 0 |
| | | | | | 2 | 0 | 1 | 4 | 7 | 0 | 0 | 0 | 0 | 0 |
| | | | 3 | 1 | 0 | 9 | 5 | 6 | 1 | 0 | 0 | 0 | 0 | 0 |
| | | | | | 9 | 0 | 0 | 0 | 4 | 7 | 7 | 3 | 2 | 2 |
| | 1 | 2 | 0 | 6 | 2 | 1 | 5 | 8 | 0 | 0 | 0 | 0 | 0 | 6 |

**2** Zeichne eine Stellenwerttafel in dein Heft und trage die folgenden Zahlen ein.
a) 7 Tausend      b) 3 Billionen
    19 Millionen          82 Milliarden
    11 Milliarden         400 Tausend
c) 23 Millionen 620 Tausend
    34 Milliarden 320 Millionen
    21 Millionen 451 Tausend
d) 12 Millionen 529 Tausend 437
    61 Millionen 7 Tausend 16
    3 Milliarden 83 Millionen 581
e) 92 Milliarden 53 Millionen 2 Tausend
    4 Billionen 51 Milliarden 6 Millionen
    9 Billionen 9 Milliarden 9 Millionen

*Billionen, Billiarden, Trillionen, Trilliarden, Quadrillionen …*

**3** Lass dir die Zahlen von deinem Nachbarn vorlesen und schreibe sie in dein Heft. Du kannst dafür auch eine Stellenwerttafel benutzen.

a)

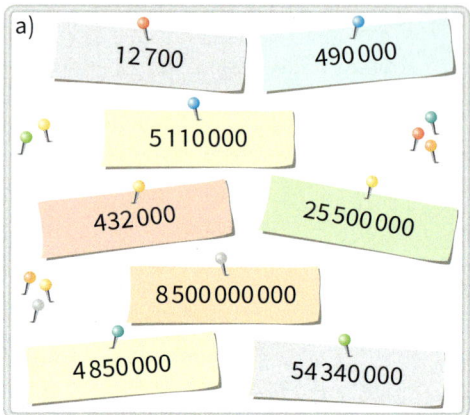

12 700    490 000    5 110 000    432 000    25 500 000    8 500 000 000    4 850 000    54 340 000

b)

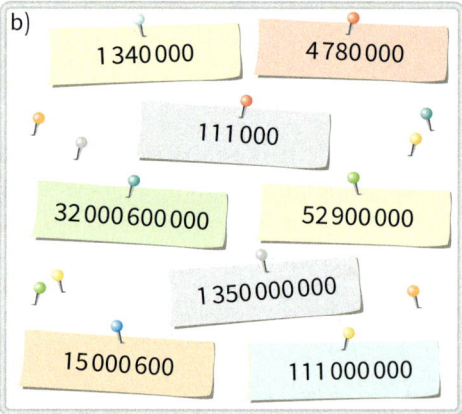

1 340 000    4 780 000    111 000    32 000 600 000    52 900 000    1 350 000 000    15 000 600    111 000 000

c) Kannst Du die Frage von Mats beantworten?

*Warum sind die Zahlen immer in Dreierblöcken aufgeschrieben?*

# Große Zahlen lesen und schreiben

**4** Lies folgende Zahlen.

a) 7 080
5 700
23 800
76 000

b) 9 005
10 750
98 000
700 340

c) 670 030
650 300
9 800 700
3 005 400

d) 111 111 000
70 700 700
590 800 000
21 555 555

e) 9 700 800
15 600 200
80 000 444
15 700 000

f) 30 070 500
83 023 000 000
75 020 000 000
100 700 300 600

**5** Schreibe in Ziffern wie in den Beispielen.

> 5 Millionen = 5 000 000
> 2 Millionen 200 Tausend = 2 200 000

a) 4 Millionen
7 Milliarden
90 Billionen

b) 17 Tausend
36 Milliarden
95 Billionen

c) 19 Milliarden
97 Millionen
480 Tausend

d) 600 Milliarden
40 Millionen
9 Milliarden

e) 5 Millionen 804 Tausend 500
927 Millionen 34 Tausend 7
719 Millionen 43 Tausend 64

f) 33 Milliarden 52 Millionen 832
520 Milliarden 3 Millionen 5 Tausend
80 Milliarden 530 Millionen

**6** Schreibe in Ziffern wie im Beispiel.

> 3 Mio 27 T 403 = 3 027 403

a) 6 Mio 4 T 23
606 Mrd 404 Mio 23
934 Mrd 885 Mio 4 T 3

b) 400 Mrd 200 Mio 35 T 704
43 Mrd 67 Mio 4 T 800
5 Mrd 5 Mio 5 T 5

**7** Lass dir die Zahlen von deinem Nachbarn vorlesen und schreibe sie in dein Heft.

a) 70 004
240 000
93 000
544 031

b) 308 800
621 045
171 011 307
890 406 520

**8** Julius verkauft sein Smartphone. Warum ist der Kaufpreis auf der Quittung auch in Worten angegeben?

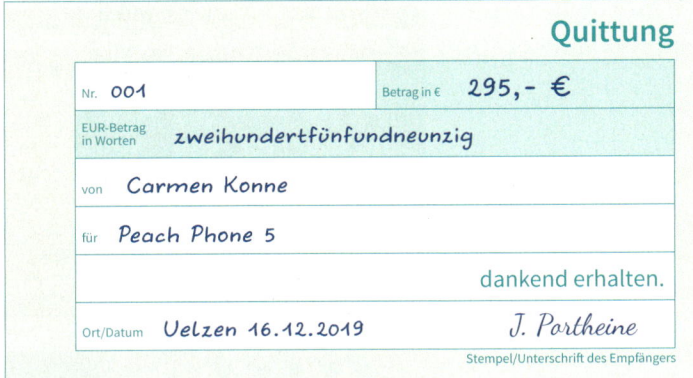

Quittung
Nr. 001    Betrag in € 295,– €
EUR-Betrag in Worten  zweihundertfünfundneunzig
von  Carmen Konne
für  Peach Phone 5
dankend erhalten.
Ort/Datum  Uelzen 16.12.2019    J. Portheine
Stempel/Unterschrift des Empfängers

**9** Schreibe die Zahlen wie in den Beispielen in Worten.

> 256
> zweihundertsechsundfünfzig
> 374 000
> dreihundertvierundsiebzigtausend
> 2 300 000
> zwei Millionen dreihunderttausend

*Zahlen unter einer Million schreibt man in einem Wort, Zahlen über einer Million in mehreren Worten.*

a) 512
720
997

b) 3500
2700
8800

c) 1300
2700
8300

d) 30 000
64 000
99 000

e) 700 000
250 000
590 000

f) 45 000 000
54 200 000
18 600 000

zehntausend
eine Milliarde

**10** Lies die Einwohnerzahlen der Städte ab.

Hamburg — 1 800 000
Wien
Minsk
Paris
Rom
Kiew
Madrid
Berlin

0   1   2   3
Einwohnerzahl in Millionen

# Zählen und Schätzen

**1** Gib die Anzahl der Klebe-Etiketten (Sonnenschirme, Bücher) an. Erkläre, wie du die Anzahl bestimmt hast.

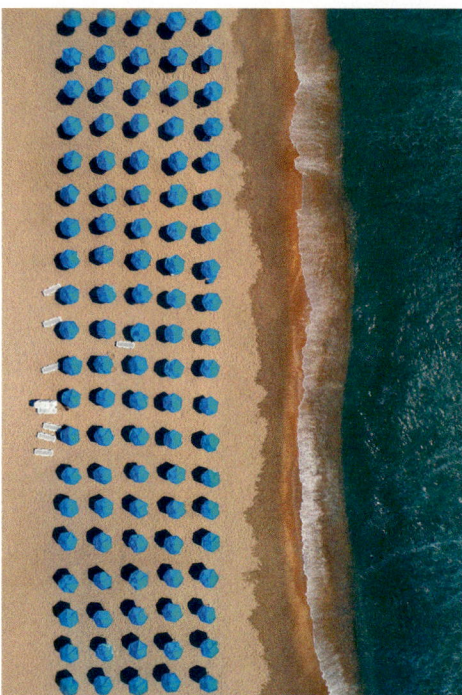

**2** Jan und Mila haben jeweils die Fahrzeuge gezählt, die auf der Straße vor ihrer Wohnung vorbeigefahren sind.

|  | Jan | Mila |
|---|---|---|
| Personenwagen | ||||||||| | 卌 卌 | |
| Lastwagen | |||||| | 卌 |
| Motorräder | ||| | || |

a) Jan und Mila haben die Anzahl der Fahrzeuge auf verschiedene Arten notiert. Erkläre den Unterschied.
b) Wie viele Personenwagen haben sie insgesamt gezählt?
c) Wie viele Fahrzeuge sind auf der Straße vor Jans (Milas) Wohnung vorbeigefahren?

**3** Elif hat vom Fenster ihrer Wohnung aus die Fahrzeuge auf ihrer Straße beobachtet. Sie unterscheidet zwischen Personenwagen, Lastwagen und Motorrädern.

P P P P L M P P P P P P L P L P L
L P P P P P P P P P P P P L P L P
P P P L P L P P P P P L L P M P P
P P P M M M L P P P P P P P P L
P P L P L P P P P P P L P P P P P
P P P P L P L L P P

a) Was notiert Elif, wenn sie einen Personenwagen, einen Lastwagen oder ein Motorrad sieht.
b) Lege eine Strichliste an.
c) Wie viele Personenwagen (Lastwagen, Motorräder) hat Elif gezählt?

**4** Auf der rechten Seite einer Straße stehen die Häuser mit den geraden Hausnummern, auf der linken Seite die mit den ungeraden Hausnummern.
a) Auf der Jahnstraße ist nur die linke Seite bebaut. Dort stehen die Häuser mit den Hausnummern von 23 bis 35. Wie viele Häuser gibt es auf der Jahnstraße?
b) Auf der Diemstraße gibt es auf der rechten Seite Häuser mit den Hausnummern von 2 bis 42 und auf der linken Seite Häuser mit den Hausnummern von 13 bis 41. Bestimme die Anzahl der Häuser auf der Diemstaße.

## Zählen und Schätzen

**5** Schätze die Anzahl der Autos auf dem Bild.

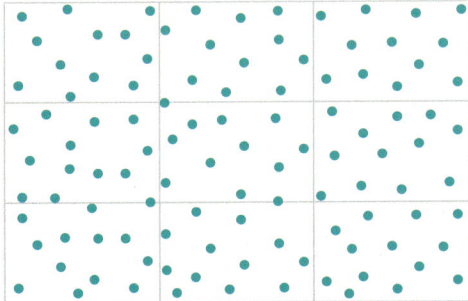

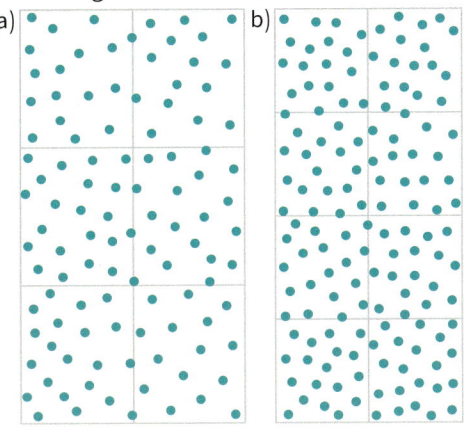

**6** a) Schätze die Gesamtzahl der Punkte. Erkläre, warum dir das Gitter dabei hilft.

b) Warum erhältst du möglicherweise ein anderes Ergebnis als deine Mitschülerinnen und Mitschüler?

**7** Schätze die Anzahl der Punkte mithilfe des Zählgitters.

a) b)

**8** Zeichne ein Zählgitter auf Transparentpapier und schneide es aus. Schätze damit jeweils die Anzahl der Menschen.

# Zahlen anordnen

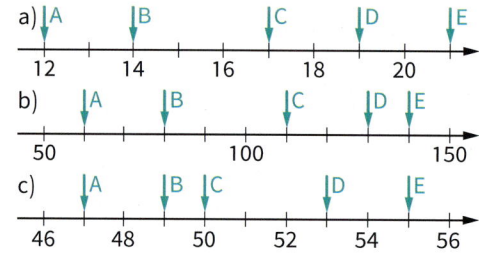

**BURGERLADEN**

**160**

QUITTUNG

1 Cheeseburger
1 Cola
1 Pommes groß
1 Ketchup

| Total | 6,30 |
| EUR | 10,00 |
| Rückgeld | 3,70 |

Vielen Dank für Ihren Besuch

**1** Kunden, die im Restaurant „Burgerladen" eine Bestellung aufgeben, bekommen eine Quittung mit einer Nummer. Richard hat die Nummer 160 gezogen und Maurice die 173.
a) Wozu dienen die Nummernkärtchen?
b) Wie viele Kunden werden zwischen Richard und Maurice bedient?

**2** Welche Zahlen sind auf dem Zahlenstrahl durch Buchstaben markiert?

a)
```
  A      B        C      D      E
12    14    16    18    20
```

b)
```
    A    B      C   D E
50          100        150
```

c)
```
   A    B C       D    E
46   48   50   52   54   56
```

*Lösungen zu Aufgabe 2:*
140  14  60  19  21  80  12  55  130  110
49  50  17  47  53

**3** Gib den Vorgänger und Nachfolger wie im Beispiel an.

> 23 ist der Vorgänger von 24.
> 25 ist der Nachfolger von 24.

a) 17    21    38    77    1    0
b) 99    132    222    999    2000    5351

**4** Vervollständige die Tabelle in deinem Heft.

| Vorgänger | Zahl | Nachfolger |
|---|---|---|
|  | 1 000 000 |  |
| 298 721 |  |  |
|  |  | 2 823 721 |

**5** Ordne in einer Kette nach der Beziehung „ist kleiner als" (1 < 2 < 3).
a) 24, 56, 37, 88, 49, 63
b) 38, 47, 33, 31, 42, 29
c) 771, 171, 717, 117, 177, 711
d) 344, 433, 343, 334, 443

**6** Ordne in einer Kette nach der Beziehung „ist größer als" (3 > 2 > 1).
a) 5115, 1551, 5511, 1155, 1515, 5151
b) 9898, 8989, 9988, 9889, 8998, 8899
c) 7744, 7747, 7774, 7477, 7447, 7474
d) 589 785, 598 785, 598 875, 598 857

**7** Ordne die Berge nach ihrer Höhe. Beginne mit dem höchsten Berg.

| Die höchsten Berge der Alpen | |
|---|---|
| Barre des Ecrins | 4102 m |
| Finsteraarhorn | 4274 m |
| Gran Paradiso | 4061 m |
| Jungfrau | 4158 m |
| Matterhorn | 4478 m |
| Mönch | 4107 m |
| Montblanc | 4810 m |
| Monterosa | 4634 m |

**8** Vervollständige den Zahlenstrahl in deinem Heft und trage die Zahlen ein.

a)
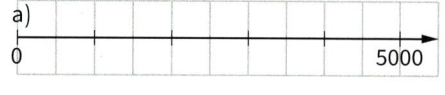

2500, 7000, 900, 2300, 4700, 5200, 3000

b)
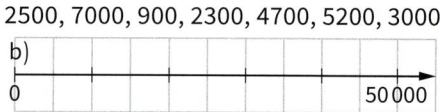

37 000, 11 000, 97 000, 40 000, 90 000, 67 000, 81 000, 55 000

---

Die Menge der natürlichen Zahlen wird mit ℕ bezeichnet. ℕ = { 0, 1, 2, 3, 4, ...}
Die natürlichen Zahlen werden in gleichen Abständen auf dem Zahlenstrahl angeordnet.
Alle natürlichen Zahlen haben einen Nachfolger.
Alle natürlichen Zahlen außer 0 haben einen Vorgänger.

```
0  1  2  3  4  5  6  7  8  9  10  11  12  13  14  15  16  17  18  19  20
```

Auf dem Zahlenstrahl steht
3 links von 8.
3 ist kleiner als 8.
3 < 8

Auf dem Zahlenstrahl steht
18 rechts von 14.
18 ist größer als 14.
18 > 14

# Zahlen runden

**1** Fabian besucht ein Fußballspiel.

„Wir dürfen heute 50 546 Besucher begrüßen."

Zuhause erzählt Fabian seiner Mutter: „Es waren rund 51 000 Zuschauer im Stadion". Warum nennt Fabian nicht die genaue Anzahl?

### Runde 50 546 auf Tausender

Auf diese Stelle soll gerundet werden.
Die Ziffer rechts davon ist eine 5, daher wird **aufgerundet.**

50 546 ≈ 51 000

Die Hunderter-, Zehner- und Einerziffer werden durch Nullen ersetzt.
Die Tausenderziffer wird um 1 erhöht.

50 546 ≈ 51 000

### Runde 50 546 auf Hunderter

Auf diese Stelle soll gerundet werden.
Die Ziffer rechts davon ist eine 4, daher wird **abgerundet.**

50 546 ≈ 50 500

Die Zehner- und Einerziffer werden durch Nullen ersetzt.
Die Hunderterziffer bleibt gleich.

50 546 ≈ 50 500

### Rundungsregeln

Bei den Ziffern **0, 1, 2, 3, 4** runde **ab.**
Bei den Ziffern **5, 6, 7, 8, 9** runde **auf.**

**2** Runde jeweils auf Hunderter.
a) 4 523      b) 317 982
   5 389         845 711
   7 241         119 773
c) 11 568    d)  1 234 481
   21 463        21 458 292
   17 939         5 603 446

**3** Runde
a) auf Zehner.      b) auf Zehner.
      42                455
     123              1 567
     584             13 542
c) auf Tausender.   d) auf Tausender.
   943 951           747 499
   628 149           859 501
   831 271           899 907
e) auf Zehntausender.  f) auf Millionen.
   2 231 609          12 789 512
   1 678 111           1 634 816
   31 523 980            831 271

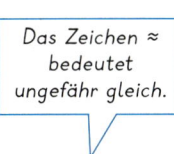

Das Zeichen ≈ bedeutet ungefähr gleich.

**4** Bei welchen Angaben ist Runden sinnvoll? Begründe deine Überlegung.
a) Erkan bekommt 8,50 € Taschengeld.
b) Evelyn ist 1 m und 43 cm groß.
c) Hannah hat die Schuhgröße 38.
d) Peine hat die Postleitzahl 31224.
e) Cedric wiegt 41 kg.
f) Das Mathematikbuch hat 208 Seiten.
g) Lauras Bruder ist 2014 geboren.
h) Herr Klink ist 28,748 km gewandert.
i) Beim Lesen bin ich auf Seite 94.
k) Der Brocken ist 1141 m hoch.

**5** Erkläre, wie gerundet wurde.

| 1357 ≈ 1400 |
| :---: |
| auf Hunderter gerundet |

a) 5 249 ≈ 5 200      b) 12 456 ≈ 12 000
   2 879 ≈ 3 000         45 689 ≈ 45 700
c) 12 678 ≈ 13 000    d) 472 800 ≈ 500 000
   57 423 ≈ 60 000       561 560 ≈ 560 000
e) 2 191 ≈ 2 200      f) 12 999 ≈ 13 000
   4 103 ≈ 4 100         20 003 ≈ 20 000

**6** Die angegebene Zahl ist durch Runden auf Hunderter entstanden. Wie könnte die genaue Zahl lauten? Gib jeweils fünf Möglichkeiten an.
a) 2 300        b)  15 700
c) 4 800        d) 123 000

# Zahlen runden

**7** Die Zahlen in den Artikelüberschriften sind auf Hunderter gerundet.

6500 Bäume im Nordpark gepflanzt

Jugendliche sind 1300 Stunden im Jahr online

18 500 Zuschauer beim Spiel des TSV

2 500 Menschen demonstrieren in Brüssel

Schnellstes Auto der Welt hat 1500 PS

Neues Y- Phone kostet 1300 Euro

Welche Angaben können zutreffen?
a) Bäume: 6499, 6548, 6551, 6569
b) Zuschauer: 17 986, 18 956, 18 567, 18 456
c) Preis: 1340 €, 1349 €, 1257 €, 1400 €
d) Stunden: 1356, 1298, 1256, 1371
e) Demonstranten: 2467, 2622, 2549, 2399
f) PS: 1570, 1499, 1555, 1449

**8** Durch den Kuchenverkauf am Elternsprechtag haben die Schülerinnen und Schüler des 5. Jahrgangs 284,50 € eingenommen.
Wer hat Recht?

*Das sind rund 300 €.*

*Das sind rund 280 €.*

**9** a) Die Anzahl Menschen bei einem Bundesligaspiel im Fußballstadion beträgt auf Tausender gerundet 36 000.

Gib die kleinste und größte Anzahl an Fans an, die tatsächlich im Stadion gewesen sein könnten.
b) Die Anzahl Menschen, die mit dem Zug zum Stadion gefahren sind, beträgt auf Hunderter gerundet 21 700.
Gib die kleinste und größte Anzahl Menschen an, die tatsächlich mit dem Zug gefahren sein könnten.

**10** Im Drogeriemarkt kauft Herr Bauer Zahnpasta zu 2,29 €, Duschgel zu 3,99 € und Deodorant zu 12,89 €.
Er möchte im Kopf überschlagen, wie viel Euro er ungefähr bezahlen muss.
Überlege, wie Herr Bauer vorgehen sollte.

**11** Bestimme durch eine Überschlagsrechnung einen ungefähren Wert für das Ergebnis.
Runde dazu alle Zahlen auf Hunderter und addiere oder subtrahiere die gerundeten Zahlen im Kopf.

$$936 + 1489 \approx 900 + 1500 = 2400$$
$$1776 - 422 \approx 1800 - 400 = 1400$$

a) 631 + 277          b) 811 – 523
   968 + 190             980 – 304
   723 + 482             517 – 369

c) 284 + 322 + 441 + 180
   1225 – 410 – 282 – 277
   2034 – 968 – 575 + 331

**12** Entscheide mithilfe einer Überschlagsrechnung, welches Ergebnis richtig ist.
a) 1203 + 788 + 531 + 478
   A 2500   B 3000   C 4000   D 3500

b) 980 + 425 + 218 + 392
   A 2425   B 1735   C 2015   D 1915

c) 1279 – 331 – 567 – 111
   A 480   B 960   C 150   D 270

d) 659 + 977 – 1190 – 348
   A 160   B 10   C 98   D 215

**13** Paul, Ben und Luca kaufen jeder einen Hamburger zu 3,20 €, eine Portion Pommes frites zu 1,70 € und eine Cola zu 1,40 €. Zusammen haben sie 18 Euro.
a) Runde die Preise und überschlage, ob ihr Geld ausreicht.
b) Prüfe den Überschlag durch eine genaue Rechnung. Was stellst du fest?
c) Überlege, wie die Jungen beim Überschlagen von Preisen vorgehen sollten.

# WISSEN KOMPAKT

Natürliche Zahlen können in eine Stellenwerttafel eingeordnet werden.

| Billiarden | | | Billionen | | | Milliarden | | | Millionen | | | Tausender | | | | | |
|---|---|---|---|---|---|---|---|---|---|---|---|---|---|---|---|---|---|
| H | Z | E | H | Z | E | H | Z | E | H | Z | E | H | Z | E | H | Z | E |
| | | | | | | | | | | | | 8 | 5 | 2 | 3 | 8 | 1 |
| | | | | | | | | | | | 4 | 5 | 3 | 0 | 0 | 0 | 0 |
| | | | | | | | | | | 2 | 2 | 5 | 6 | 9 | 3 | 5 | 1 |
| | | | | | | | 1 | 2 | 8 | 1 | 0 | 0 | 2 | 0 | 0 | 0 | 0 |
| | | | | 2 | 9 | 4 | 6 | 0 | 0 | 0 | 0 | 0 | 0 | 0 | 0 | 0 | 0 |
| | | 1 | 5 | 0 | 0 | 3 | 8 | 0 | 0 | 0 | 0 | 0 | 0 | 0 | 0 | 0 | 0 |

Die Menge der natürlichen Zahlen wird mit ℕ bezeichnet. ℕ = {0, 1, 2, 3, 4, …}

Alle natürlichen Zahlen haben einen Nachfolger.

4 ist Nachfolger von 3.

Alle natürlichen Zahlen außer 0 haben einen Vorgänger.

23 ist Vorgänger von 24.

Die natürlichen Zahlen werden in gleichen Abständen auf dem Zahlenstrahl angeordnet. Auf dem Zahlenstrahl liegt die kleinere Zahl links von der größeren Zahl.

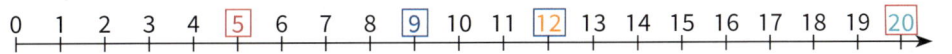

Auf dem Zahlenstrahl steht
5 links von 9.

5 ist kleiner als 9.
5 < 9

Auf dem Zahlenstrahl steht
20 rechts von 12.

20 ist größer als 12.
20 > 12

Beim Runden gelten folgende Regeln:

### Abrunden

Bei den Ziffern 0, 1, 2, 3, 4 wird **ab**gerundet.

Runde 23 288 auf Tausender

Auf diese Stelle soll gerundet werden.
Die Ziffer rechts davon ist eine 2, daher wird **abgerundet.**

23 288 ≈ 23 000

Die Hunderter-, Zehner- und Einerziffer werden durch Nullen ersetzt.
Die Tausenderziffer bleibt gleich.

### Aufrunden

Bei den Ziffern 5, 6, 7, 8, 9 wird **auf**gerundet.

Runde 23 288 auf Hunderter

Auf diese Stelle soll gerundet werden.
Die Ziffer rechts davon ist eine 8, daher wird **aufgerundet.**

23 288 ≈ 23 300

Die Zehner- und Einerziffer werden durch Nullen ersetzt.
Die Hunderterziffer wird um eins erhöht.

# ÜBEN

**1** Schreibe in Ziffern.
a) acht Millionen neunhundert
zweiundfünfzig Millionen
dreihundertacht Millionen
b) vierhundertzweiundsiebzigtausend
achthundertachtundachtzigtausend
neuntausendachthundertsechzig
c) dreitausendsechshundertfünfzig
elftausendvierundachtzig
zweihundertdreißig Millionen

**2** Schreibe in Ziffern.
a) zweiundvierzig Millionen vierhundert-
sechsunddreißigtausendneunhundert
b) achthundertfünfundzwanzig Millionen
neunhundertsiebenundfünfzigtausend
c) vierundsiebzig Milliarden dreihundert-
vierundfünfzig Millionen einhundert-
achttausendsiebenhundertneunzehn

**3** Tabea schätzt, dass insgesamt 36 Punkte
vorhanden sind. Tom behauptet, es
seien 30. Warum sind die Schätzungen
unterschiedlich? Welche Schätzung ist
genauer?

**4** Schätze die Anzahl der Punkte mithilfe
des Zählgitters.
a)

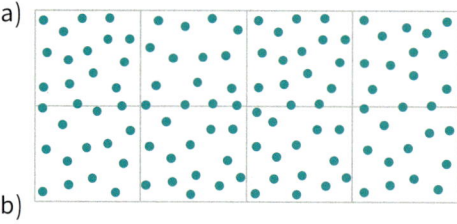

b)

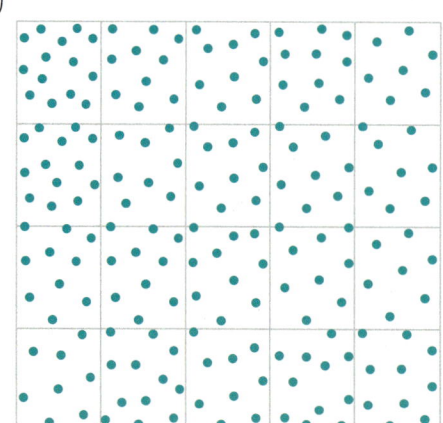

**5** Welche Zahlen sind auf dem Zahlenstrahl
durch Buchstaben markiert?

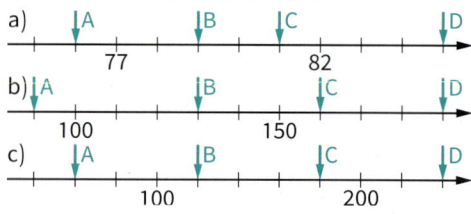

**6** Zeichne einen Zahlenstrahl und trage die
folgenden Zahlen ein. Wähle zunächst
eine geeignete Einteilung.
a) 3, 8, 9, 13, 15, 18
b) 20, 30, 45, 65, 70, 95

**7** Gib jeweils den Vorgänger und den Nachfolger an.
a) 23 790      b) 987 999      c) 500 301 200
   56 800         600 999         230 990 000
   99 000         999 999         201 000 000

**8** Ordne die Zahlen der Größe nach. Verwende das <- Zeichen.
a) 97, 56, 23, 74, 88, 49, 75, 55, 98,
   29, 11, 33
b) 998, 978, 879, 977, 899, 798, 888,
   997, 987, 897
c) 1122, 2121, 2221, 1221, 1211, 2211,
   2112, 1222, 2122, 1212
d) 10 011, 11 011, 11 101, 10 101, 10 111,
   10 001, 11 001, 11 100, 10 110, 11 010

**9** Gib alle natürlichen Zahlen an, die zwischen den beiden angegebenen Zahlen
liegen.
a) 1 999 997 und 2 000 004
b) 6 009 993 und 6 010 002
c) 2 999 989 und 3 000 002

**10** Runde
a) auf Zehner.                    b) auf Hunderter.
      457                              6 729
     3839                             11 865
c) auf Tausender.                 d) auf Zehn-
    51 672                            tausender.
   312 499                            716 634
                                      361 482
e) auf Hundert-                   f) auf Millionen.
   tausender.                         12 634 700
   2 345 789                          60 482 000
   4 845 623

**11** Welche Zahl ist
a) die kleinste dreistellige?
b) die größte dreistellige?
c) die zweitgrößte vierstellige?
d) die zweitkleinste fünfstellige?
e) die drittgrößte vierstellige?
f) die zweitkleinste dreistellige, die die Ziffer 0 nicht enthält?
g) die drittgrößte vierstellige, die die Ziffer 9 nicht enthält?

**12** Gib alle Zahlen an, die du aus den Ziffern bilden kannst. Dabei soll jede Ziffer genau einmal vorkommen. Ordne die Zahlen der Größe nach.
a) 4, 5, 7          b) 0, 3, 4, 8

**13** Bestimme
a) die größte Zahl, die du aus den Ziffern 4, 5, 6 und 7 bilden kannst.
b) die kleinste Zahl, die du aus den Ziffern 6, 7, 9 und 0 bilden kannst.
c) die zweitkleinste Zahl, die du aus den Ziffern 1, 2, 3 und 0 bilden kannst.
d) die größte vierstellige Zahl, die nur die Ziffern 2 und 3 enthält.
e) die kleinste vierstellige Zahl, die nur die Ziffern 8 und 0 enthält.
f) die zweitgrößte fünfstellige Zahl, die nur die Ziffern 5 und 9 enthält.

**14** Wie viele natürliche Zahlen liegen zwischen den angegebenen Zahlen? Berechne wie im Beispiel.

> Natürliche Zahlen zwischen 4 und 11:
>
> 4   5   6   7   8   9   10   11
>
> 6 Zahlen
> Differenz von 11 und 4:
> 11 − 4 = 7
> Anzahl der Zahlen zwischen 4 und 11:
> 7 − $\boxed{1}$ = 6

a) 34 und   60          b) 7000 und 9000
   45 und 117               5100 und 6400
   99 und 199               7350 und 7780

c)   6 500 000 und     8 000 000
   12 700 000 und   14 300 001
   10 000 000 und 100 000 000

**15** a) Zähle bis hundert und miss mit einer Uhr, wie lange du dazu gebraucht hast. Achte darauf, dass du alle Zahlwörter verständlich aussprichst.
b) Schätze, wie lange es dauert, laut bis tausend zu zählen. Beachte, dass du zum Aussprechen der Zahlwörter bei großen Zahlen mehr Zeit benötigst als bei kleinen Zahlen.
c) Wie lange dauert es, bis eine Million zu zählen? Nimm an, dass du für einstellige Zahlen eine Sekunde, für zweistellige Zahlen zwei Sekunden, für dreistellige Zahlen drei Sekunden usw. benötigst.

**16** a) Wie viele Ein-Euro-Münzen passen auf ein DIN-A4-Blatt? Überlege mithilfe der Abbildung, wie du die Anzahl schätzen kannst.
b) 10 000 Ein-Euro-Münzen sollen ausgelegt werden. Bestimme die Größe der Fläche, die dazu notwendig ist.
c) Wie groß ist die Fläche, die benötigt wird, um eine Million Ein-Euro-Münzen auszulegen?

# VERTIEFEN: Zahlenfolgen

**1** a) Zeichne die Quadratmuster in dein Heft und füge die drei nächstgrößeren Muster hinzu.

b) Aus wie vielen kleinen Quadraten besteht jedes der großen Quadrate?

**2** a) Zeichne den nächsten Würfelturm in dein Heft. Erkläre, wie du dabei vorgegangen bist.

b) Aus wie vielen Würfeln besteht der übernächste Würfelturm?

c) Vervollständige die Tabelle in deinem Heft. Was fällt dir auf?

|  | Würfel insgesamt |
|---|---|
| 1. Würfelturm | 1 |
| 2. Würfelturm | 3 |
| 3. Würfelturm | ▢ |
| ⋮ | ⋮ |
| 8. Würfelturm | ▢ |

**3** a) Lege die abgebildeten Dreiecksfiguren mit Streichhölzern und füge die beiden nächstgrößeren Figuren hinzu. Wie viele Streichhölzer sind für die sechste (siebte, achte) Figur notwendig?

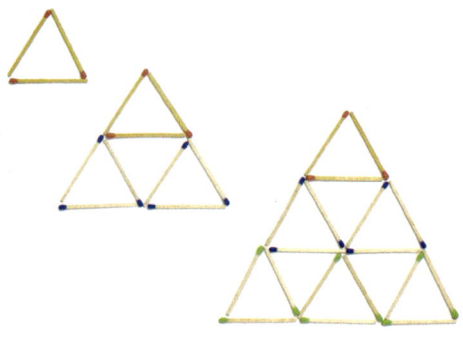

b) Versuche das nächstgrößere Kartenhaus zu bauen. Wie viele Spielkarten sind dazu notwendig? Wie viele brauchst du, um ein Kartenhaus mit 5 (6, 7, 8, 9, 10) Stockwerken herzustellen?

c) Lege mit Streichhölzern weitere Folgen von Figuren und baue weitere Türme mit Spielsteinen oder Spielkarten. Notiere jeweils, wie viele Streichhölzer (Spielsteine, Spielkarten) du gebraucht hast.

# VERTIEFEN: Zahlenfolgen

Eine Menge von Zahlen mit festgelegter Reihenfolge heißt Zahlenfolge.

0, 4, 8, 12, 16, …

1, 2, 4, 8, 16, …

**4** Ergänze die fehlenden Zahlen. Kannst du eine Regel erkennen?

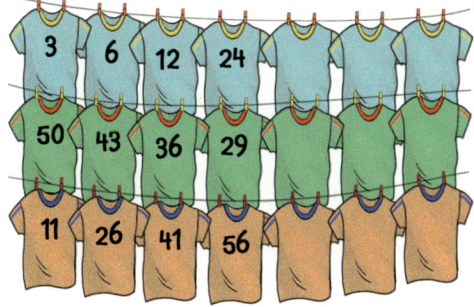

**5** a) Übertrage die Figuren in dein Heft und füge die beiden nächstgrößeren Figuren hinzu. Bestimme jeweils die Anzahl der Quadrate und notiere die dazugehörende Zahlenfolge.

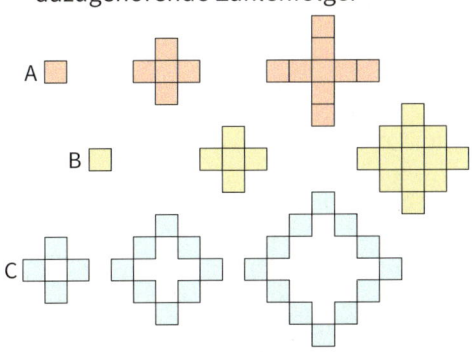

b) Stelle weitere Zahlenfolgen mithilfe ähnlicher Muster dar. Bitte eine Mitschülerin oder einen Mitschüler die Zahlenfolge fortzusetzen.

**6** Bestimme die nächsten drei Zahlen der Folge und gib eine Regel an, nach der die Folge gebildet wird.

a) 2, 5, 8, 11, …    b) 11, 15, 19, 23, …
   1, 6, 11, 16, …     7, 13, 19, 25, …
   4, 11, 18, 25, …    2, 10, 18, 26, …

c) 70, 63, 56, 49, …  d) 67, 59, 51, 43, …
   64, 55, 46, 37, …   98, 86, 74, 62, …
   90, 79, 68, 57, …   99, 85, 71, 57, …

**7** Bestimme die nächsten drei Zahlen der Folge und gib wie im Beispiel eine Regel an, nach der die Folge gebildet wird.

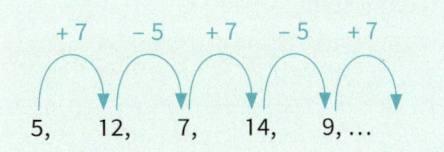

a) 20, 17, 16, 13, 12, …
   3, 7, 5, 9, 7, 11, …
   4, 9, 5, 10, 6, 11, …
b) 1, 10, 100, 1000, …
   1, 11, 111, 1111, …
   1, 12, 121, 1212, …

**8** Gib die ersten sechs Zahlen der Folge an.
a) Die erste Zahl ist 4. Jede nachfolgende Zahl ist um 10 größer als ihr Vorgänger.
b) Die Folge fängt mit 3 an. Wenn du zu einer Zahl der Folge 7 addierst, erhältst du die nächste Zahl.
c) Die Folge beginnt mit 1. Jede nachfolgende Zahl ist doppelt so groß wie ihr Vorgänger.
d) Wenn du eine Zahl der Folge mit 3 multiplizierst, erhältst du die nächste Zahl. Die erste Zahl ist 2.
e) Die erste Zahl ist 256. Jede nachfolgende Zahl ist halb so groß wie ihr Vorgänger.
f) Jede Zahl ist um 9 kleiner als ihr Nachfolger. Die Folge beginnt mit 100.
g) Jede Zahl ist halb so groß wie ihr Nachfolger. 5 ist die erste Zahl der Folge.

**9** Sina und Tim setzen die Zahlenfolge 3, 5, 7, 6, … um sechs Zahlen fort.
Sina schreibt: 3, 5, 7, 6, 5, 7, 9, 8, 7, 9, …
Tim schreibt: 3, 5, 7, 6, 8, 10, 9, 11, 13, 12, …
Welche Regel hat Sina (Tim) angewendet? Überlege, ob einer von ihnen einen Fehler gemacht hat.

**10** Kannst du diese Folgen jeweils um drei Zahlen fortsetzen?
a) 2, 12, 120, 130, 1300, 1310, …
b) 1, 1, 2, 6, 24, 120, …
c) 1, 1, 2, 3, 5, 8, 13, 21, …

# VERTIEFEN: Zweiersystem

**1** Natürliche Zahlen können durch eine Reihe von LED-Lampen dargestellt werden. In der Zeichnung ist die Zahl 23 dargestellt.

| 64 | 32 | 16 | 8 | 4 | 2 | 1 |

$$16 \;\; + \;\; 4 + 2 + 1 = 23$$

Du erhältst 23, wenn du alle Zahlen addierst, die unter einer leuchtenden Lampe stehen. Welche Zahlen werden durch die Lampenreihen dargestellt?

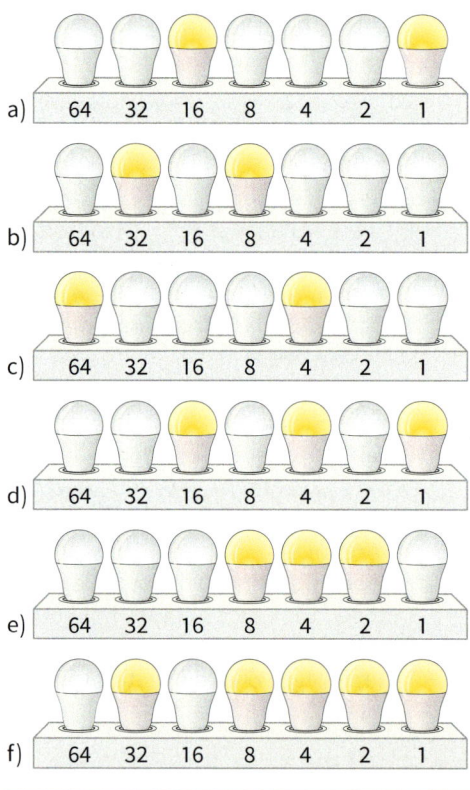

a) | 64 | 32 | 16 | 8 | 4 | 2 | 1 |

b) | 64 | 32 | 16 | 8 | 4 | 2 | 1 |

c) | 64 | 32 | 16 | 8 | 4 | 2 | 1 |

d) | 64 | 32 | 16 | 8 | 4 | 2 | 1 |

e) | 64 | 32 | 16 | 8 | 4 | 2 | 1 |

f) | 64 | 32 | 16 | 8 | 4 | 2 | 1 |

**2** Welche Lampen müssen leuchten, um die Zahl 40 (33, 18, 21, 15) darzustellen?

**3** Du hast drei (vier, sechs) Lampen.
a) Nenne die größte Zahl, die du mit den Lampen darstellen kannst.
b) Wie viele verschiedene Zahlen kannst du mit den Lampen darstellen?

*Ich habe 10 Augen, 10 Ohren und 1010 Finger.*

*Zusammen haben wir 100 Augen, 100 Ohren und 10100 Finger.*

**4** In der Tabelle bedeutet die Ziffer 1, dass die Lampe leuchtet, und die Ziffer 0, dass sie nicht leuchtet.
Übertrage die Tabelle ins Heft und setze sie bis zur Zahl **32** fort.

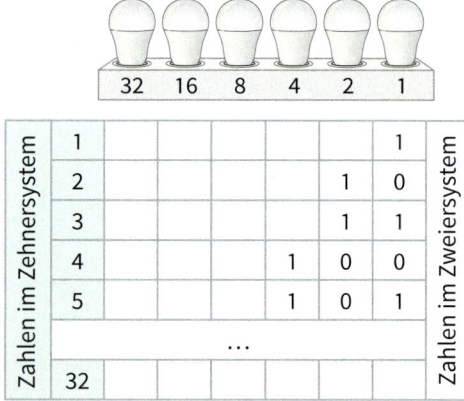

| 32 | 16 | 8 | 4 | 2 | 1 |

| Zahlen im Zehnersystem | 32 | 16 | 8 | 4 | 2 | 1 | Zahlen im Zweiersystem |
|---|---|---|---|---|---|---|---|
| 1 | | | | | | 1 | |
| 2 | | | | | 1 | 0 | |
| 3 | | | | | 1 | 1 | |
| 4 | | | | 1 | 0 | 0 | |
| 5 | | | | 1 | 0 | 1 | |
| ... | | | | | | | |
| 32 | | | | | | | |

---

Die natürlichen Zahlen können auch mit nur zwei Ziffern (0 und 1) dargestellt werden. Dieses Stellenwertsystem heißt **Zweiersystem (Dualsystem).**
In Computern werden Zahlen im Dualsystem gespeichert.

| 64 | 32 | 16 | 8 | 4 | 2 | 1 | Zweiersystem |
|---|---|---|---|---|---|---|---|
| | | | | 1 | 0 | 1 | $101_{②}$ |
| | | | 1 | 0 | 0 | 0 | $1000_{②}$ |
| | | | | 1 | 1 | 1 | $111_{②}$ |

Zahlen im Zweiersystem werden von links nach rechts gelesen:
$101_{②}$ eins-null-eins im Zweiersystem

Möchte man eine Zahl vom Zweiersystem in das Zehnersystem umrechnen, so addiert man alle Stellen der Stellenwerttafel, bei denen eine 1 notiert ist:

| 64 | 32 | 16 | 8 | 4 | 2 | 1 |
|---|---|---|---|---|---|---|
| | | 1 | 0 | 1 | 1 | 0 |

$$10110_{②} = 16 + 4 + 2 = 22$$

# VERTIEFEN: Zweiersystem

**5** Übertrage die Zahlen in die Stellenwerttafel und übersetze sie ins Zehnersystem.

a) $100_{(2)}$  b) $1001_{(2)}$  c) $10010_{(2)}$
$101_{(2)}$  $1010_{(2)}$  $10101_{(2)}$
$110_{(2)}$  $1100_{(2)}$  $11001_{(2)}$

d) $101100_{(2)}$  e) $111001_{(2)}$
$110001_{(2)}$  $101010_{(2)}$
$100011_{(2)}$  $110101_{(2)}$

f) $1000111_{(2)}$  g) $1111000_{(2)}$
$1100010_{(2)}$  $1100101_{(2)}$
$1101011_{(2)}$  $1001111_{(2)}$

**6** Schreibe zu jeder angegebenen Zahl den Nachfolger und den Vorgänger auf.

a) $1000_{(2)}$  b) $10010_{(2)}$
$1010_{(2)}$  $1001_{(2)}$
$1110_{(2)}$  $11111_{(2)}$

**7** Schreibe die Zahlen im Zweiersystem.

| | 4 | 3 | | | | |
|---|---|---|---|---|---|---|
| $= 1 \cdot 32 + 0 \cdot 16 + 1 \cdot 8 + 0 \cdot 4 + 1 \cdot 2 + 1 \cdot 1$ |
| $= 1\ 0\ 1\ 0\ 1\ 1_{(2)}$ |

a) 33  b) 42  c) 88  d) 109
36  53  97  121

e) 71  f) 124  g) 150  h) 130
65  156  168  144

**8** Wie viele Zahlen im Zweiersystem sind zweistellig (dreistellig, vierstellig)?

**9** Welche Zahl im Zweiersystem ist doppelt (vier Mal) so groß wie $10_{(2)}$ ($100_{(2)}$, $1000_{(2)}$, $111_{(2)}$, $1111_{(2)}$)?

**10** Jona und Linda stehen vor dem Eingang eines Heckenlabyrinths. Sie wissen, dass im Zentrum des Irrgartens ein Schatz versteckt ist. Durch die dichten Hecken ist die Schatztruhe aber nicht zu sehen. Sie müssen sich einen Weg durch das Labyrinth zum Zentrum suchen.

a) Suche auf dem Plan des Irrgartens einen Weg vom Eingang zum Zentrum.

b) Jona und Linda beschreiben ihren Weg durch den Irrgarten mit den Ziffern 0 und 1. Jedes Mal, wenn sie entscheiden müssen, in welche Richtung sie als nächstes gehen, notieren sie sich eine Ziffer. Wenn sie den rechten Weg wählen, schreiben sie eine 0 auf, beim linken Weg eine 1. Vom Eingang aus gehen sie den Weg 110000. Erreichen sie das Zentrum?

c) Beschreibe einen Weg vom Zentrum zurück zum Eingang mithilfe der Ziffern 0 und 1.

# VERTIEFEN: Römische Zahlzeichen

**1** Die Römer hatten keine besonderen Zeichen für die Zahlen. Um Zahlen zu schreiben, verwendeten sie einzelne Buchstaben des Alphabets.
Suche an Gebäuden in deinem Heimatort nach römischen Zahlzeichen.

**2** Übersetze.

a) X  
IV  
CC  
LV

b) XXXVIII  
LXXXII  
XLI  
CXCV

c) XXII  
LII  
MCD  
CDX

d) CCXC  
MMMCCCXXIII  
CCCXX  
CCXXXIII

e) MLI  
MCM  
MCDXC  
XLIII

f) MMMDCLX  
MDLXVI  
MCCCLXXXVII  
CCCXXXIII

---

**Römische Zahlen werden nach festen Regeln gebildet:**

| Grundzahlen | I | X | C | M |
|---|---|---|---|---|
| | 1 | 10 | 100 | 1000 |

| Zwischenzahlen | V | L | D |
|---|---|---|---|
| | 5 | 50 | 500 |

1. Gleiche Ziffern nebeneinander werden addiert. Es dürfen höchstens drei Grundzahlen nebeneinander stehen.   III = 3

2. Kleinere Ziffern rechts von größeren werden addiert, links von größeren subtrahiert.   XI = 11   IX = 9
Zwischenzahlen dürfen nicht subtrahiert werden.   XLV = 45

3. Die Grundzahlen I, X, C dürfen nur von der nächsthöheren Zwischen- oder Grundzahl subtrahiert werden.   CD = 400   CM = 900

---

**3** Übertrage in römische Zahlzeichen.

a) 38  
64  
41

b) 550  
240  
912

c) 2000  
1970  
2583

**4** Schreibe dein Geburtsjahr mit römischen Zahlzeichen.

**5** Kannst du durch Umlegen eines Streichholzes eine größere Zahl darstellen? Es gibt mehrere Möglichkeiten.

a)

b)

*Kannst du mir CLXII Sesterzen leihen?*

*Du hast doch noch DLXXVII Schulden bei mir!*

# AUSGANGSTEST

**1** Trage in eine Stellenwerttafel ein.
  a)  752 001            b)  14 890 200
      4 524 045               345 000 000
  c) fünfundsiebzig Millionen
     vierhundertzweiunddreißig Millionen
  d) dreihundertvierzehntausend
     zwei Millionen sechshunderttausend
  e) neunundsiebzigtausendvierhundert
     achttausendsiebenhundertzwölf

**2** Schreibe die Zahl in Worten.
  a) 540          b) 3800          c) 7500

**3** Schätze die Anzahl der Punkte.

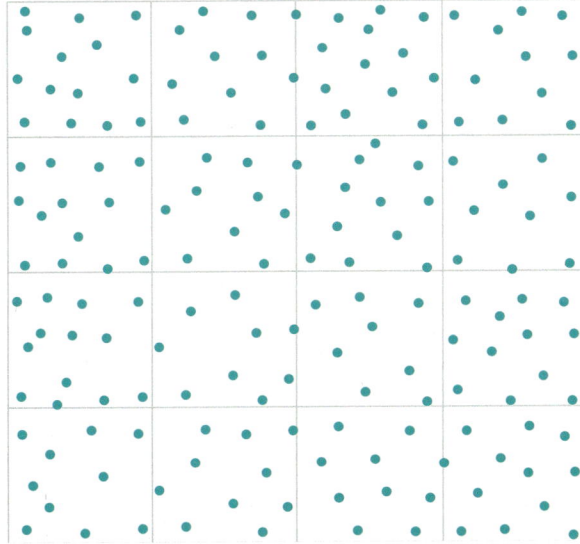

**4** Ordne der Größe nach. Verwende das <-Zeichen.
  a) 150, 143, 162, 151, 139
  b) 788, 695, 756, 675, 765
  c) 2233, 2323, 3223, 3322, 3232

**5** Runde
  a) auf Hunderter.        b) auf Tausender.
      8 258                    5 863
      4 513                    16 378
      45 764                   261 781
      110 822                  813 419
      12 990                   1 230 679

**6** a) Ordne die Flüsse nach ihrer Länge.
  b) Runde die Maßzahlen auf Hunderter.

| Die längsten Flüsse der Erde | |
| --- | --- |
| Amazonas | 6992 km |
| Argun-Amur | 4444 km |
| Jangtsekiang | 6380 km |
| Lena | 4294 km |
| Mekong | 4350 km |
| Mississippi | 3778 km |

**7** Entscheide mithilfe einer Überschlagsrechnung, welches Ergebnis richtig ist.
  a) 809 + 597 + 211 + 383
     A 2500     B 3000     C 2000     D 1800

  b) 2819 − 412 − 589 − 218
     A 2400     B 1500     C 2000     D 1600

**8** Die Anzahl geernteter Äpfel eines Obstbauern beträgt auf Tausender gerundet 12 000.
Gib die kleinste und größte Anzahl an Äpfeln an, die tatsächlich geerntet sein könnten.

**9** Bestimme die größte (kleinste) Zahl, die du aus den Ziffern 2, 3, 7 und 8 bilden kannst. Dabei soll jede Ziffer genau einmal vorkommen.

## Ich kann ...

| Aufgabe | Hilfen und Aufgaben | |
| --- | --- | --- |
| große Zahlen in eine Stellenwerttafel eintragen. | 1 | Seite 10 | |
| große Zahlen in Worten schreiben. | 2 | Seite 11 | I |
| natürliche Zahlen runden. | 5, 6b, 8 | Seite 15, 16, 17, 18 | |
| natürliche Zahlen anordnen. | 4, 6a, 9 | Seite 14, 17, 18 | |
| Anzahlen schätzen. | 3 | Seite 13, 18 | II |
| Überschlagsrechnungen durchführen. | 7 | Seite 16 | |
| den Stellenwert von Ziffern zur Lösung mathematischer Probleme nutzen. | 9 | Seite 19 | III |

# 2 Daten

*Ich habe noch eine Schwester.*

*Ich komme mit dem Bus zur Schule.*

Die Mädchen und Jungen der Klasse 5 a haben verschiedene Grundschulen besucht. In der neuen Klasse möchten sie sich jetzt näher kennenlernen. Sie überlegen zunächst, welche Informationen für alle Kinder der Klasse interessant sein könnten.

*Bist du fit für dieses Kapitel?*
*Eingangstest auf*
*Seite 207.*

**In diesem Kapitel ...**

– *sammelst und ordnest du Daten.*
– *fasst du Daten zusammen und*
  *stellst diese in Diagrammen dar.*
– *liest du Informationen aus*
  *Diagrammen ab.*

# Wir über uns

Fragebogen zum Thema „Familie"

☐ Mädchen ☐ Junge

1. Wie viele Geschwister hast du?
☐ 0     ☐ 1
☐ 2     ☐ 3
☐ 4     ☐ mehr als 4

2. Wie viele Personen leben in eurem Haushalt?
☐ 2     ☐ 3
☐ 4     ☐ 5
☐ 6     ☐ 7
☐ mehr als 7

3. Wohin verreist ihr am liebsten?
☐ Deutschland
☐ Italien
☐ Spanien
☐ Österreich
☐ Türkei
☐ in ein anderes Land

Fragebogen zum Thema „Freizeit, Hobbys"

☐ Mädchen ☐ Junge

1. Was machst du am liebsten in deiner Freizeit?
☐ Sport
☐ mit Freunden spielen
☐ Lesen
☐ etwas ganz anderes
☐ Musik hören
☐ Fernsehen
☐ Computer

2. Was ist deine Lieblingssportart?
☐ Reiten
☐ andere Ballspiele
☐ Turnen
☐ etwas ganz anderes
☐ Fußball
☐ Schwimmen
☐ Leichtathletik

3. Was ist dein Lieblingstier?
☐ Kaninchen
☐ Hund
☐ Meerschweinchen
☐ etwas ganz anderes
☐ Hamster
☐ Katze
☐ Pferd

Fragebogen zum Thema „Schulweg"

☐ Mädchen ☐ Junge

1. Wie lang ist dein Schulweg?
☐ von 0 km bis unter 3 km
☐ von 3 km bis unter 6 km
☐ von 6 km bis unter 9 km
☐ von 9 km bis unter 12 km
☐ von 12 km bis unter 15 km
☐ 15 km und länger

2. Wie lange dauert dein Schulweg?
☐ von 0 min bis unter 5 min
☐ von 5 min bis unter 10 min
☐ von 10 min bis unter 15 min
☐ von 15 min bis unter 20 min
☐ von 20 min bis unter 25 min
☐ 25 min und länger

3. Mit welchem Verkehrsmittel kommst du zur Schule?
☐ zu Fuß
☐ mit der Straßenbahn
☐ mit dem Fahrrad
☐ mit dem Bus
☐ mit dem Pkw
☐ mit dem Zug

- Was könnten die Schülerinnen und Schüler noch über sich berichten?
Was möchtest du gerne über deine Mitschülerinnen und Mitschüler erfahren?

Mein Hobby ist Basketball spielen.

Am liebsten mache ich ...

## Wir über uns

Mit welchem Verkehrsmittel kommst du zur Schule?

**Strichliste**

| Verkehrs-mittel | |
|---|---|
| Bus | ₩Ⅲ |
| Fahrrad | ₩Ⅰ |
| zu Fuß | ₩Ⅱ |
| Pkw | ⅠⅠⅠⅠ |

**Häufigkeitstabelle**

| Verkehrsmittel | Häufigkeit |
|---|---|
| Bus | 8 |
| Fahrrad | 6 |
| zu Fuß | 7 |
| Pkw | 4 |

**Säulendiagramm**

**1** Sammelt in Gruppen Daten über eure Klasse (euren Jahrgang). Beachtet dabei die Regeln für die Gruppenarbeit. Jede Gruppe sollte ein anderes Thema bearbeiten.

a) Erstellt zunächst einen Fragebogen zu dem von euch gewählten Thema. Gebt zu jeder Frage auch die möglichen Antworten vor.

b) Befragt dann alle Schülerinnen und Schüler der Klasse (des Jahrgangs). Stellt eure Ergebnisse in Diagrammen dar. Auf dem Whiteboard seht ihr, wie ihr Ergebnisse auswerten und darstellen könnt.

c) Präsentiert eure Ergebnisse in der Klasse. Beachtet die Regeln für die Präsentation.

## Kommunizieren    Gruppenarbeit

### Regeln für die Gruppenarbeit

1. Der Arbeitsplatz wird eingerichtet. Alle Arbeitsmaterialien werden zurechtgelegt.

2. Die Gruppenarbeit beginnt mit einer gemeinsamen Besprechung der Aufgabenstellung.

3. Der Arbeitsablauf wird organisiert. Dabei werden alle an der Arbeit beteiligt.

4. Alle Gruppenmitglieder notieren die wichtigsten Ergebnisse.

5. Der Vortrag der Ergebnisse wird gemeinsam vorbereitet. Alle sind für die Qualität der Arbeit verantwortlich.

### Regeln für die Präsentation

1. Beginne nicht sofort, sondern warte ab, bis Ruhe herrscht.

2. Versuche frei zu sprechen und schaue das Publikum an. Benutze einen Notizzettel als Merkhilfe.

3. Stelle wichtige Informationen besonders heraus. Benutze dazu die Tafel, Folien, Plakate.

4. Warte am Ende ab, ob es noch Fragen oder Anmerkungen gibt.

# Daten sammeln, ordnen und darstellen

**1** Eine Gruppe mit dem Thema „Familie" fragte alle Schülerinnen und Schüler der 5a nach der Anzahl ihrer Geschwister. Die erfragten Daten wurden in einer **Urliste** festgehalten.

> **Anzahl der Geschwister**
>
> 0 3 1 1 2 0 1 2 1 1 1 2 1 0 0 1
> 0 1 0 2 0 1 1 1 0 1

Die Daten in der Urliste wurden dann mithilfe einer **Strichliste** geordnet und anschließend in einer **Häufigkeitstabelle** zusammengefasst.

**Strichliste**

> **Anzahl der Geschwister**
>
> 0    卌 |||
> 1    ▪
> 2    ▪
> 3    ▪

**Häufigkeitstabelle**

| Geschwister | Häufigkeit |
|:---:|:---:|
| 0 | 8 |
| 1 | ▪ |
| ▪ | ▪ |
| ▪ | ▪ |

a) Übertrage die Strichliste und die Häufigkeitstabelle in dein Heft und vervollständige sie mithilfe der oben notierten Daten.
b) Stelle die Ergebnisse in einem Säulendiagramm dar.

**Säulendiagramm**

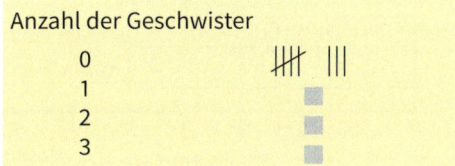

**2** Im fünften Jahrgang wurden 50 Schülerinnen und Schüler nach der Anzahl ihrer Geschwister gefragt.
Die erfragten Daten wurden in der abgebildeten Urliste festgehalten.

> **Anzahl der Geschwister**
>
> 0 3 1 1 2 0 1 2 1 1 2 3 2 3 0
> 1 1 0 2 3 4 1 0 2 0 1 4 2 2 1
> 1 0 1 1 1 1 0 2 1 0 0 1 1 4 4
> 3 2 1 1 0

Lege zunächst eine Strichliste und dann eine Häufigkeitstabelle an. Stelle die Ergebnisse in einem Säulendiagramm dar.

**3** Die Schülerinnen und Schüler wurden auch gefragt, wie viele Fernsehgeräte sie zu Hause haben. Die Ergebnisse der Umfrage wurden zunächst in einer Urliste gesammelt.

> **Anzahl der Fernsehgeräte**
>
> 2 2 3 4 3 2 1 3 2 2 1 2 4
> 3 2 1 3 2 2 3 4 4 2 2 3

a) Bestimme mithilfe einer Strichliste die Häufigkeit und trage sie in einer Häufigkeitstabelle ein.
b) Stelle das Ergebnis der Befragung anschaulich in einem Säulendiagramm dar.

**4** Lege eine Häufigkeitstabelle an und stelle das Ergebnis der Umfrage in einem Säulendiagramm dar.

> **Was ist deine Lieblingssportart?**
>
> Skaten              ||||
> Fußball             卌 |
> andere Ballspiele   卌
> Schwimmen           |||
> Turnen              ||||
> Leichtathletik      ||
> etwas ganz anderes  |

# Daten sammeln, ordnen und darstellen

5 Eine Gruppe hat alle Schülerinnen und Schüler der 5 a nach ihrem Lieblingstier befragt. Die Ergebnisse der Umfrage sind in einem Säulendiagramm veranschaulicht.

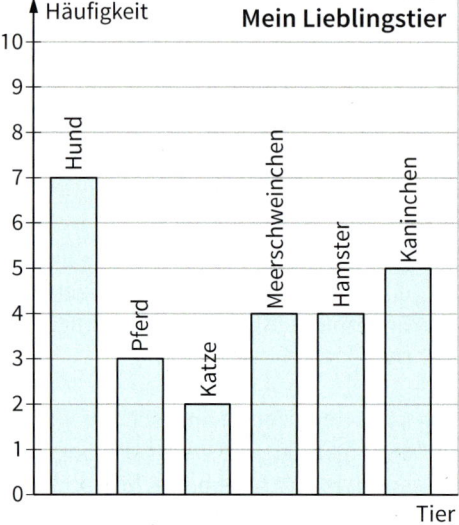

Lies die Häufigkeiten aus dem Diagramm ab und trage sie in eine Häufigkeitstabelle ein.

6 Die Gruppe, die sich mit dem Thema „Freizeit und Hobbys" beschäftigt, möchte alle Schülerinnen und Schüler der 5 a auch nach ihrer liebsten Freizeitbeschäftigung fragen. Damit sich die Umfrage auch gut auswerten lässt, haben die Gruppenmitglieder Antworten zur Auswahl vorgegeben.

**Was machst du am liebsten in deiner Freizeit?**

| | |
|---|---|
| Sport | ⁤卌  I |
| Musik hören | 卌 II |
| im Internet surfen | III |
| soziale Medien nutzen | IIII |
| mit Freunden spielen | IIII |
| Fernsehen | II |
| etwas ganz anderes | I |

Stelle das Ergebnis in einem Säulendiagramm dar.

7 Die vierte Arbeitsgruppe hat ebenfalls alle Schülerinnen und Schüler nach ihrem Lieblingstier befragt. Für die Darstellung der Ergebnisse hat die Gruppe als Diagrammform ein **Balkendiagramm** gewählt.

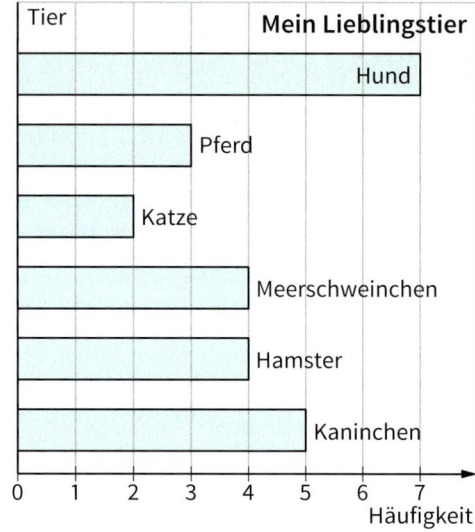

a) Vergleiche das Balkendiagramm mit dem Säulendiagramm. Nenne Gemeinsamkeiten und Unterschiede. Welche Vorteile hat das Balkendiagramm?
b) Stelle die Ergebnisse zur liebsten Freizeitbeschäftigung (liebsten Sportart) in einem Balkendiagramm dar.

8 Vor ihrer Umfrage haben die Schülerinnen und Schüler der fünften Gruppe überlegt, welche Verkehrsmittel auf dem Weg zur Schule benutzt werden können.

| Verkehrsmittel | Häufigkeit |
|---|---|
| Straßenbahn | 7 |
| Zug | 0 |
| Bus | 5 |
| Pkw | 2 |
| Fahrrad | 5 |
| zu Fuß | 6 |

Stelle die in der Häufigkeitstabelle zusammengefassten Ergebnisse in einem Balkendiagramm (Säulendiagramm) dar.

# Daten sammeln, ordnen und darstellen

**9** Die fünfte Gruppe hat auch nach der Länge des Schulwegs gefragt.

> **Länge des Schulwegs (in km)**
>
> 1 3 12 10 9 7 9 4 1 0 3 5 6 3
> 4 13 7 8 4 6 3 2 3 1 2

a) Bei den in der Urliste gesammelten Daten wurden nur die ganzen Kilometer angegeben. Die Schülerinnen und Schüler in der Gruppe haben deshalb einzelne Daten zusammengefasst:

> von 0 km bis unter 3 km
> von 3 km bis unter 6 km
> von 6 km bis unter 9 km
> von 9 km bis unter 12 km
> von 12 km bis unter 15 km

Übertrage die zugehörige Häufigkeitstabelle in dein Heft und vervollständige sie.

| Länge des Schulwegs (km) | Häufigkeit |
|---|---|
| von 0 km bis unter 3 km | 6 |
| von 3 km bis unter 6 km | 9 |
| von 6 km bis unter 9 km | ▪ |
| von 9 km bis unter 12 km | ▪ |
| von 12 km bis unter 15 km | ▪ |

b) Die Häufigkeiten der zusammengefassten Daten sind dann in einem Histogramm anschaulich dargestellt worden. Vervollständige das Histogramm in deinem Heft.

**Histogramm**

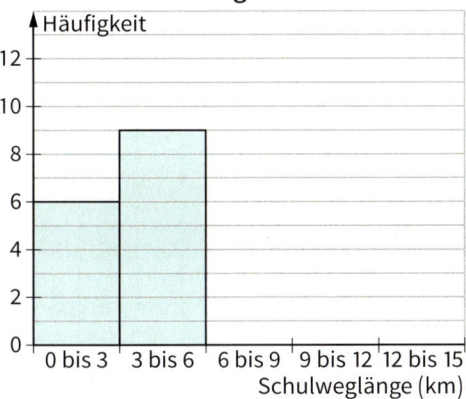

**10** a) Fasse auch die Daten zur Dauer des Schulwegs zusammen.

> **Dauer des Schulwegs (in min)**
>
> 8 10 20 13 18 20 20 18 28 7
> 29 20 12 5 15 1 29 4 22 9 10
> 19 19 15 18

Benutze die vorgeschlagene Einteilung und lege eine Häufigkeitstabelle an.

> von 0 min bis unter 5 min
> von 5 min bis unter 10 min
> …

b) Zeichne das zugehörige Histogramm (1 cm entspricht 2 min).

**11** Die Schülerinnen und Schüler der 5 a haben auch ihre Körpergröße (in cm) ermittelt und die Daten in einem Histogramm dargestellt.

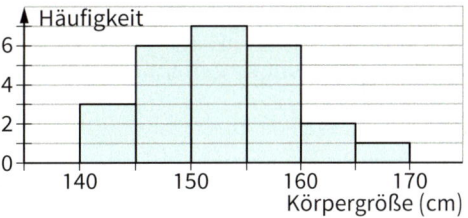

a) Wie wurden die einzelnen Daten zusammengefasst?
b) Lege für die zusammengefassten Daten eine Häufigkeitstabelle an und trage die zugehörigen Häufigkeiten ein.
c) Auch in der 5 b wurde die Körpergröße der Schülerinnen und Schüler ermittelt. Fasse auch hier die Daten so zusammen wie in der 5 a, lege eine Häufigkeitstabelle an und zeichne das Histogramm.

> **Körpergröße (in cm)**
>
> 137 145 148 149 152 153 162
> 165 138 147 140 143 141 153
> 157 158 156 154 152 162 157
> 154 148 138 144

# Mathematische Darstellungen verwenden: Diagramme lesen

**1** Bei einer Umfrage wurden 1000 Erwachsene nach ihren Freizeitbeschäftigungen gefragt. Die Ergebnisse der Befragung sind in dem abgebildeten Balkendiagramm grafisch dargestellt.

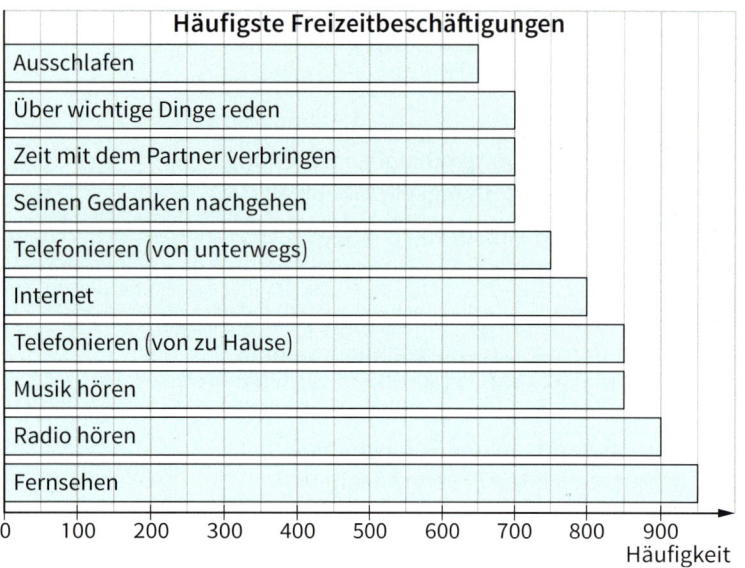

Lies ab, wie häufig die einzelnen Freizeitbeschäftigungen genannt wurden.

**2** In der Bundesrepublik Deutschland wurden 100 000 Frauen und Männer nach der Sportart gefragt, die sie am liebsten ausüben.

a) Lies aus dem Säulendiagramm unten ab, wie häufig die einzelnen Sportarten genannt wurden. Lege eine Häufigkeitstabelle an.
b) Entsprechen die dargestellten Häufigkeiten genau den Befragungsergebnissen? Begründe deine Antwort.

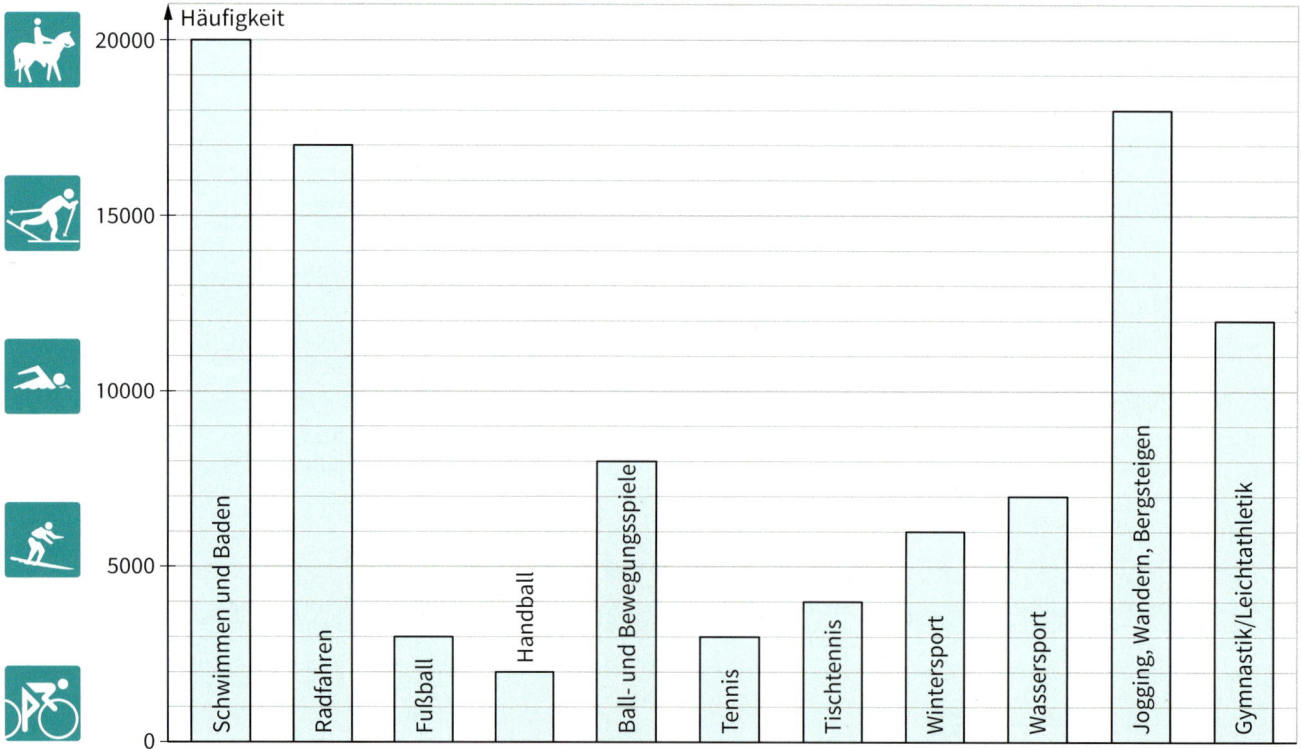

# Mathematische Darstellungen verwenden: Diagramme lesen

3 Bei einer statistischen Erhebung wurden Urlaubsreisende gefragt, welches Verkehrsmittel sie bei ihrer Urlaubsreise benutzen.
Die Ergebnisse der Befragung werden in dem abgebildeten Säulendiagramm grafisch dargestellt.

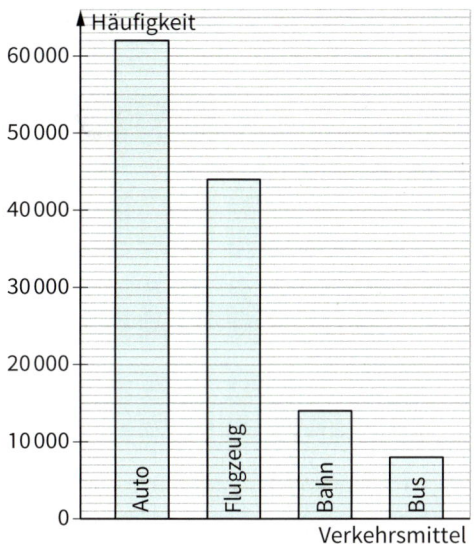

a) Lies ab, wie häufig jedes Verkehrsmittel benutzt wurde.
b) Wurde das Auto häufiger benutzt als die anderen Verkehrsmittel zusammen? Begründe.

4 Das Balkendiagramm zeigt das Ergebnis einer Umfrage nach dem beliebtesten Urlaubsziel.

**Beliebteste Urlaubsziele**

Ostsee
Spanien
Italien
Österreich
Bayern
Nordsee
Andere Gebiete in Deutschland
Fernreisen

Häufigkeit
0  1000 2000 3000 4000 5000 6000 7000 8000 9000 10000

a) Übertrage die Häufigkeiten in eine Tabelle.
b) Wie häufig wird ein Urlaubsziel in Deutschland genannt?

5 Von 1 000 000 Urlaubern, die mit dem Auto verreisen, wählten die meisten einen Urlaubsort in Deutschland.

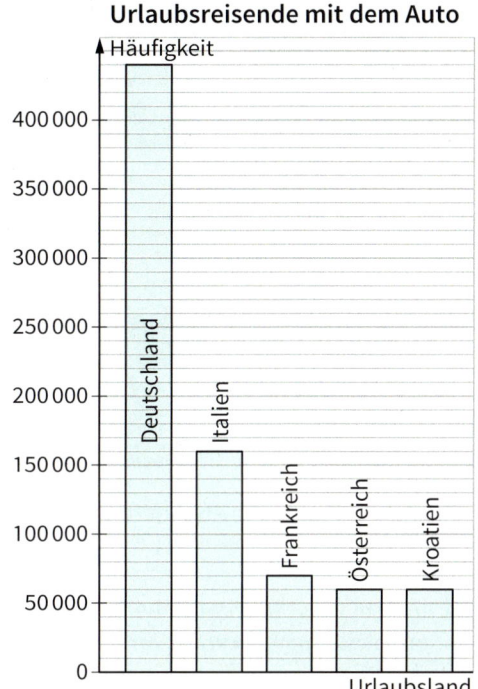

**Urlaubsreisende mit dem Auto**

a) Wie viele der befragten Urlaubsreisenden fahren nach Italien (Frankreich, Österreich, Kroatien)?
b) Wie viele Urlauber fahren insgesamt in die angegebenen Länder?

6 Suche in Schulbüchern (Zeitungen und Zeitschriften) nach Säulen- und Balkendiagrammen.

Welche Daten sind dort gesammelt und grafisch dargestellt worden?

# Mathematische Darstellungen verwenden: Diagramme lesen

**7** In Diagrammen kommen oft auch Piktogramme vor. Das sind Bildsymbole, die du sofort verstehst.

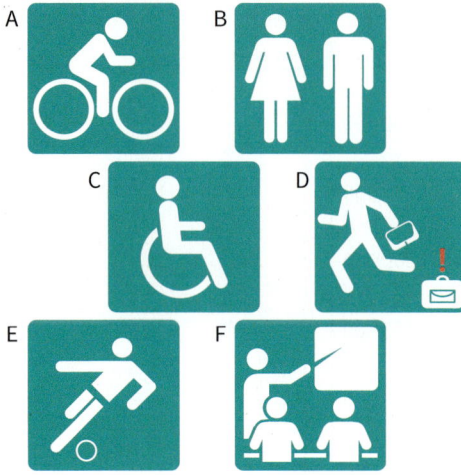

Was bedeuten die abgebildeten Bildsymbole?

**8** In dem Diagramm wird die Bevölkerungsentwicklung von Hannover dargestellt. Das Piktogramm 🛉 steht dabei für 50 000 Einwohner.

**Bevölkerungsentwicklung von Hannover**

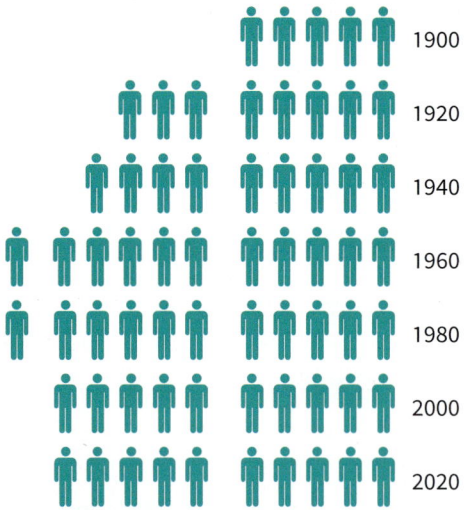

a) Lege eine Häufigkeitstabelle an und trage Jahreszahlen und Bevölkerungszahlen ein.
b) Entsprechen die im Diagramm dargestellten Bevölkerungszahlen den exakten Zahlen? Begründe deine Meinung.

**9** Im Jahr 2018 hatten fast alle Jugendliche ein eigenes Smartphone. In dem Diagramm wird für verschiedene Jahre dargestellt, wie viele von 100 befragten Jugendlichen ein eigenes Smartphone besaßen.

**Jugendliche mit eigenem Smartphone**

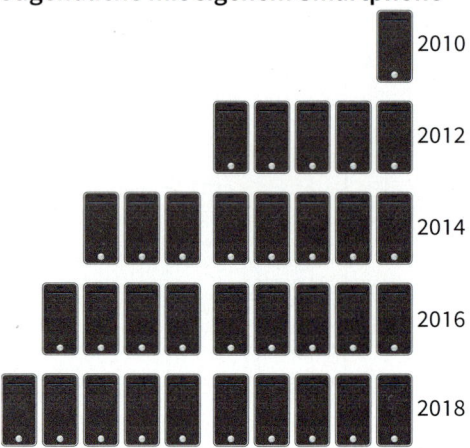

a) Für wie viele Jugendliche, die ein Smartphone besitzen, steht ein Smartphone-Symbol?
b) Die Anzahlen im Diagramm sind gerundet. Welche Anzahlen sind dann für das Jahr 2010 (2018) möglich?

**10** In dem unten abgebildeten Diagramm werden Piktogramme unterschiedlicher Größe benutzt.

**E-Bike-Absatz in Deutschland**

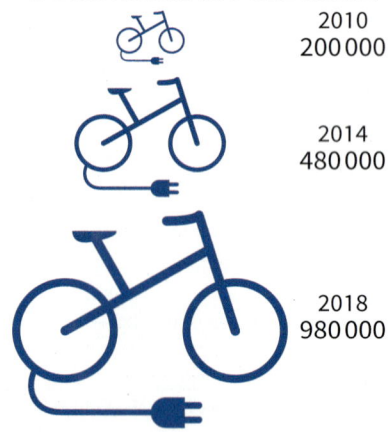

2010
200 000

2014
480 000

2018
980 000

Was ist der Unterschied zu den Darstellungen in den Aufgaben 8 und 10? Warum sind hier auch die Verkaufszahlen angegeben?

Bei Umfragen werden Daten in einer Urliste gesammelt. Die Daten können dann mit einer Strichliste geordnet und in einer Häufigkeitstabelle dargestellt werden.

### Urliste

**Anzahl der Personen im Haushalt**

4 5 3 2 3 4 4 4 5 6 5 4 3 6
4 4 3 4 4 5 7 4 4 3 3

### Strichliste
Anzahl der Personen im Haushalt

| 2 Personen | \| |
| 3 Personen | \|\|\|\| \| |
| 4 Personen | \|\|\|\| \|\|\|\| \| |
| 5 Personen | \|\|\|\| |
| 6 Personen | \|\| |
| 7 Personen | \| |

### Häufigkeitstabelle

| Anzahl der Personen im Haushalt | Häufigkeit |
|---|---|
| 2 | 1 |
| 3 | 6 |
| 4 | 11 |
| 5 | 4 |
| 6 | 2 |
| 7 | 1 |

Die in einer Häufigkeitstabelle aufbereiteten Daten können in verschiedenen Diagrammformen grafisch dargestellt werden.

### Säulendiagramm

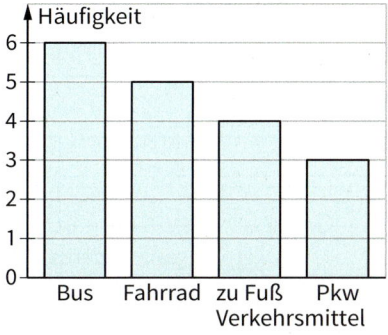

### Balkendiagramm

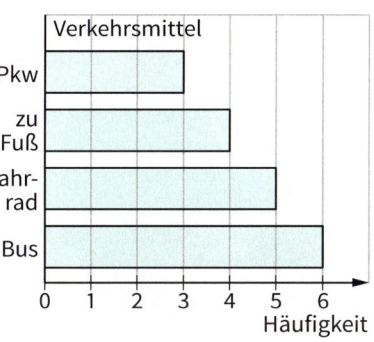

### Piktogramm

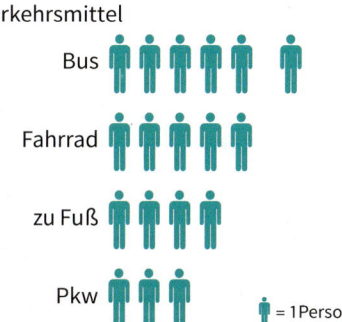

Bei manchen Umfragen ist es sinnvoll, die gesammelten Daten zusammenzufassen. Die so aufbereiteten Daten lassen sich dann in einem Histogramm grafisch darstellen.

### Häufigkeitstabelle

| Körpergröße (cm) | Häufigkeit |
|---|---|
| von 135 bis unter 140 | 3 |
| von 140 bis unter 145 | 4 |
| von 145 bis unter 150 | 7 |
| von 150 bis unter 155 | 5 |
| von 155 bis unter 160 | 4 |
| von 160 bis unter 165 | 2 |

### Histogramm

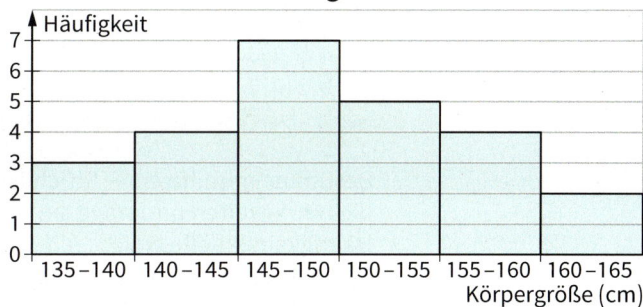

# ÜBEN

*Schock deine Lehrer! Lies ein Buch!*

**1** Die Schülerinnen und Schüler der Klasse 5 a haben an einem Lesewettbewerb teilgenommen. In der Urliste findest du, wie viele Bücher jede Schülerin und jeder Schüler in den Sommerferien gelesen hat.

**Anzahl der gelesenen Bücher**

2 1 3 4 6 7 9 2 1 1 5 6 8 2 2 3
3 4 4 2 5 3 3 2 2 5 2

a) Bestimme mithilfe einer Strichliste die Häufigkeiten und trage sie in einer Häufigkeitstabelle ein.
b) Stelle das Ergebnis anschaulich in einem Säulendiagramm dar.

**2** Schülerinnen und Schüler der Klasse 5 b haben in einer Umfrage im 5. Jahrgang ermittelt, wie viele Smartphones jeweils in einer Familie vorhanden sind.

Die Daten wurden in einer Urliste gesammelt.

**Anzahl der Smartphones**

2 1 3 4 0 3 2 1 1 2 3 3 3 4 5 2
3 4 4 5 2 0 2 1 1 2 2 3 3 4 4 2
5 3 3 2 3 2 3 2 0 2 2 3 3 4 2 1
3 2

a) Bestimme mithilfe einer Strichliste die Häufigkeiten und trage sie in einer Häufigkeitstabelle ein.
b) Stelle das Ergebnis anschaulich in einem Balkendiagramm dar.

**3** Die Schülerinnen und Schüler einer 5. Klasse haben Umfrageergebnisse in Diagrammen veranschaulicht. Beschreibe, was in den Diagrammen dargestellt wird, und vergleiche mit den Umfrageergebnissen in deiner Klasse.

**Mein Lieblingsfach**

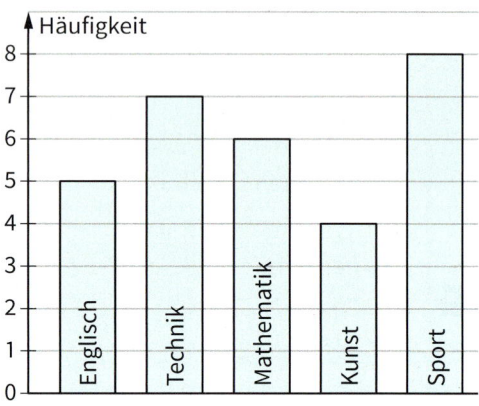

**Das mache ich am liebsten in meiner Freizeit**

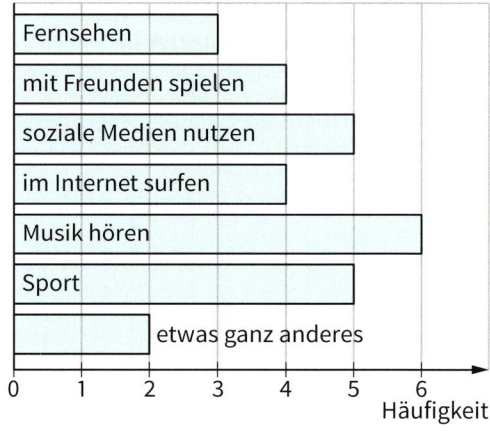

**Dauer der Hausaufgaben pro Woche**

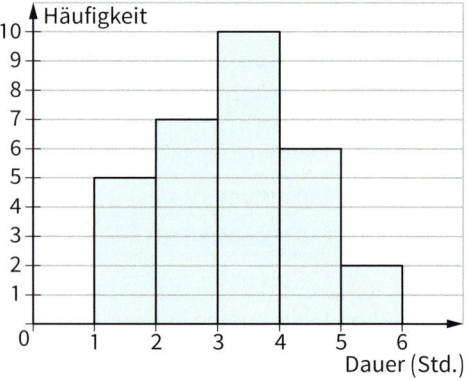

**4** Auf die Frage, wozu sie das Internet am häufigsten nutzen, antworteten 1000 befragte Jugendliche im Alter von 10 bis 18 Jahren.

| Nutzung des Internets | Häufigkeit |
|---|---|
| Chatten, Kontakte über soziale Medien | 380 |
| Spiele | 200 |
| Suche nach Informationen | 120 |
| Musik, Videos, Bilder | 300 |

Stelle das Umfrageergebnis grafisch dar. Überlege zunächst eine geeignete Diagrammform, dann die Einteilung der Achsen.

**5** Jugendliche im Alter von 10 bis 12 Jahren wurden gefragt, wie oft sie ihr Smartphone zum Telefonieren nutzen.

Das Ergebnis der Umfrage wird in der Häufigkeitstabelle dargestellt.

| Ich telefoniere mit dem Smartphone | Häufigkeit |
|---|---|
| täglich | 100 |
| mehrmals pro Woche | 160 |
| einmal pro Woche | 90 |
| einmal in 14 Tagen | 30 |
| einmal im Monat | 30 |
| seltener | 60 |
| nie | 30 |

a) Wie viele Jugendliche wurden insgesamt befragt?
b) Stelle das Umfrageergebnis grafisch dar. Überlege zunächst eine geeignete Diagrammform, dann die Einteilung der Achsen.

**6** Die Schülerinnen und Schüler der 5 c wurden zur Länge ihres Schulwegs befragt. Das Ergebnis der Umfrage wurde in der Urliste festgehalten.

> **Schulweglänge (km)**
>
> 2,5 11,7 13,4 0,9 4,1 5,0 7,5 4,9
> 10,0 9,4 2,7 1,2 0,7 1,9 2,0 3,5 6,1
> 6,4 2,9 3,0 3,2 4,8 5,7 13,5 2,2 0,7
> 10,5 7,3 1,8

a) Fasse die Daten zur Länge des Schulwegs zusammen. Benutze dazu die folgende Einteilung:

  0 km bis unter 3 km
  3 km bis unter 6 km
  6 km bis unter 9 km
  9 km bis unter 12 km
  12 km bis unter 15 km.

Lege eine Häufigkeitstabelle an.
b) Zeichne das zugehörige Histogramm.
c) Schätze den Weg, den die Schülerinnen und Schüler der 5 c insgesamt zur Schule zurücklegen müssen.

**7** Die Schülerinnen und Schüler einer 5. Klasse wurden nach ihrem monatlichen Taschengeld gefragt. Das Ergebnis der Umfrage wird in dem Histogramm dargestellt.

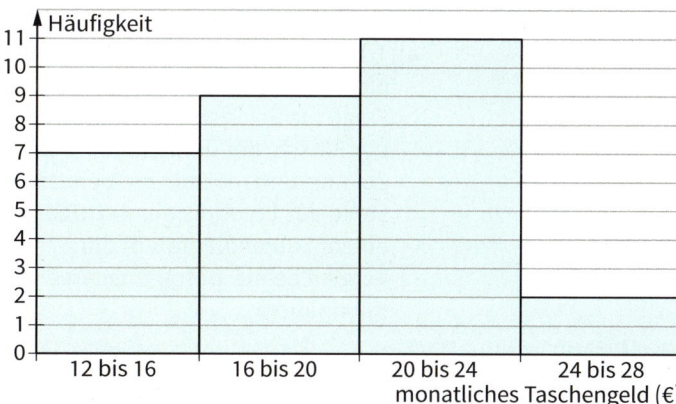

a) Wie viele Schülerinnen und Schüler hat diese 5. Klasse?
b) Schätze, wie viel Euro Taschengeld alle Schülerinnen und Schüler zusammen erhalten.

# VERTIEFEN: Jugendliche online

**1** Fast alle Jugendlichen im Alter von 11 bis 16 Jahren (99 %) haben heute ein Smartphone.

1000 Jugendliche wurden gefragt, mit welchem Gerät sie in das Internet gehen. Das Ergebnis der Umfrage wird in dem Diagramm grafisch dargestellt.

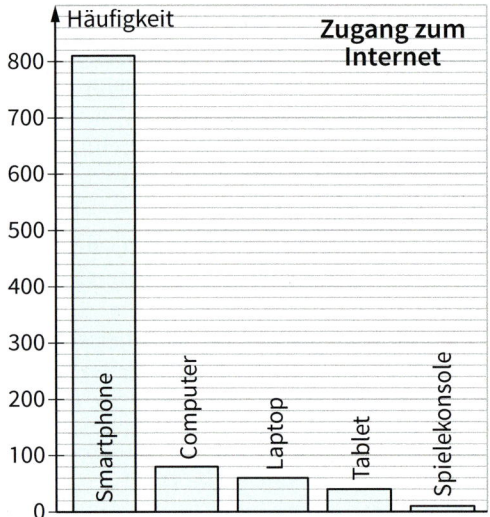

a) Trage die Häufigkeiten in eine Tabelle ein.
b) Frage die Schülerinnen und Schüler der Klasse (des Jahrgangs), welchen Zugang zum Internet sie benutzen und stelle das Ergebnis der Befragung in einem Säulendiagramm dar.
c) Vergleiche die Befragungsergebnisse miteinander.

**2** Von 1000 befragten Jugendlichen in Europa gaben 680 an, dass sie täglich ins Internet gehen, 890 mindestens einmal pro Woche.
Befrage die Schülerinnen und Schüler der Klasse (des Jahrgangs), stelle das Ergebnis grafisch dar und vergleiche.

**3** 1000 Jungen und 1000 Mädchen wurden gefragt, welches ihre liebsten Internetangebote sind. Das Ergebnis der Umfrage wird in dem Säulendiagramm grafisch dargestellt.

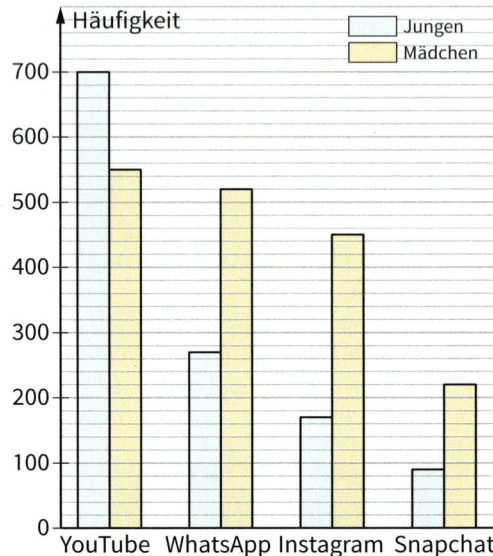

a) Frage die Schülerinnen und Schüler der Klasse (des Jahrgangs), welche ihre liebsten Internetangebote sind. Stelle das Ergebnis der Befragung in einem Säulendiagramm dar.
b) Vergleiche die Befragungsergebnisse miteinander.

**4** 100 Mädchen und 100 Jungen wurden auch gefragt, welche Apps auf ihrem Smartphone besonders wichtig sind. Das Befragungsergebnis wird in der Häufigkeitstabelle zusammengefasst.

| App | Häufigkeit | |
|---|---|---|
| | Mädchen | Junge |
| WhatsApp | 88 | 86 |
| Instagram | 60 | 37 |
| Snapchat | 38 | 24 |
| YouTube | 26 | 48 |
| Spotify | 11 | 9 |

a) Stelle das Ergebnis grafisch dar.
b) Befrage die Schülerinnen und Schüler der Klasse (des Jahrgangs), stelle das Ergebnis grafisch dar und vergleiche.

**5** Lies den Text „Was ist ein soziales Netzwerk?" sorgfältig durch. Erzähle den Inhalt einem Partner.

**Was ist ein soziales Netzwerk?**
Sozial bedeutet gemeinschaftlich und ein Netzwerk ist ein Zusammenschluss von vielen Personen. Eigentlich ist auch dein Freundeskreis ein soziales Netzwerk. Aber nur im Internet nennt man es auch so. Hier kannst du dich präsentieren und mit deinen Freunden diskutieren. Ihr könnt euch Bilder zeigen und Veranstaltungen planen. Auch mit Freunden, die weggezogen sind, oder Freunden aus dem Urlaub kannst du hier weiter befreundet sein.
Soziale Netzwerke sind praktisch und können viel Spaß machen. In sozialen Netzwerken kommst du aber auch in Kontakt mit Leuten, die du nicht kennst. Deshalb solltest du nicht zu viel über dich verraten. Du weißt nicht immer, wer sich hinter einem scheinbar netten Profil verbirgt.

**6** Das Balkendiagramm zeigt, wie viele Einwohner in einigen Ländern Europas soziale Netzwerke aktiv nutzen.

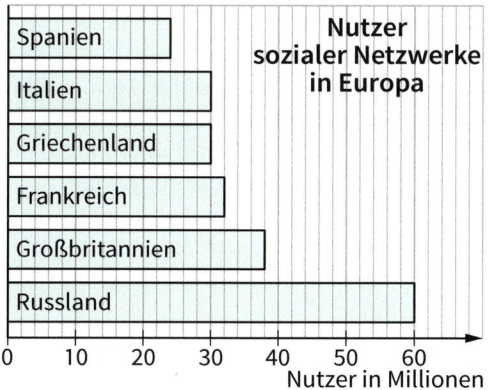

Nutzer sozialer Netzwerke in Europa

a) Übertrage die Daten in eine Häufigkeitstabelle.
b) Ermittle für Russland und Großbritannien jeweils die Einwohnerzahl. Vergleiche die Anzahl der Nutzer mit der Gesamtbevölkerung. Was stellst du fest?

**7** Nach einer Umfrage nutzen 850 von 1000 befragten Jugendlichen im Alter von 12 bis 13 Jahren täglich soziale Medien wie WhatsApp oder Instagram.

a) Das Balkendiagramm zeigt, welche sozialen Medien am häufigsten genutzt werden.

**Nutzung sozialer Medien**

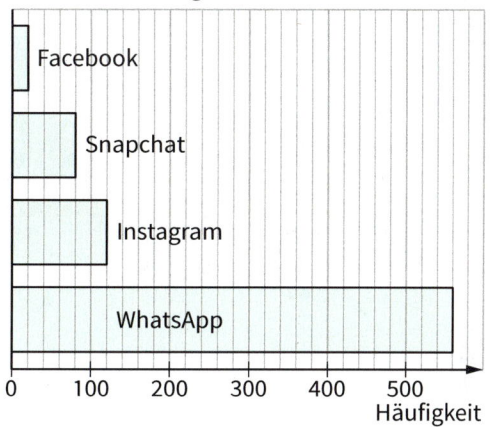

Befrage dazu auch die Schülerinnen und Schüler der Klasse (des Jahrgangs), stelle die Daten in einem Balkendiagramm dar und vergleiche.
b) 100 Jugendliche wurden gefragt, wie viel Zeit sie täglich in sozialen Medien verbringen.

| Zeitdauer | Häufigkeit |
|---|---|
| unter 1 Std. | 24 |
| 1 Std. bis unter 2 Std. | 23 |
| 2 Std. bis unter 3 Std. | 24 |
| 3 Std. bis unter 4 Std. | 16 |
| 4 Std. und mehr | 13 |

Trifft das Ergebnis der Umfrage auch auf die Schülerinnen und Schüler deiner Klasse zu? Begründe.

# VERTIEFEN: Jugendliche online

**8** Personen, die du in sozialen Netzwerken kennenlernst, werden Online-Bekanntschaften genannt. Namen und Angaben zur Person sind bei solchen Online-Bekanntschaften oft falsch.

> Von tausend befragten 9- bis 16-Jährigen kommunizieren 630 im Internet mit Unbekannten, 280 treffen sich anschließend mit diesen Personen.

Stelle die Daten in einem Diagramm dar. Befrage die Schülerinnen und Schüler der Klasse (des Jahrgangs) zu Online-Bekanntschaften und vergleiche.

**9** Die Nutzung sozialer Netzwerke ist gerade für Jugendliche mit Risiken und Gefahren verbunden.

> Unter Cybermobbing versteht man das absichtliche Beleidigen, Bedrohen, Bloßstellen oder Belästigen anderer mithilfe von Internet- und Mobiltelefondiensten über einen längeren Zeitraum hinweg.

> 400 von tausend der befragten 9- bis 16-Jährigen kennen jemand, der im Internet beleidigt wurde.
> Bei 200 von 1000 Jugendlichen standen schon falsche oder beleidigende Inhalte über ihre Person im Netz, 80 werden im Internet gemobbt.

Stelle die Daten in einem Diagramm dar. Befrage die Schülerinnen und Schüler der Klasse (des Jahrgangs) zu ihren Erfahrungen mit Cybermobbing und vergleiche.

**10** Das Diagramm zeigt, welche Medien für Cybermobbing am häufigsten genutzt werden.

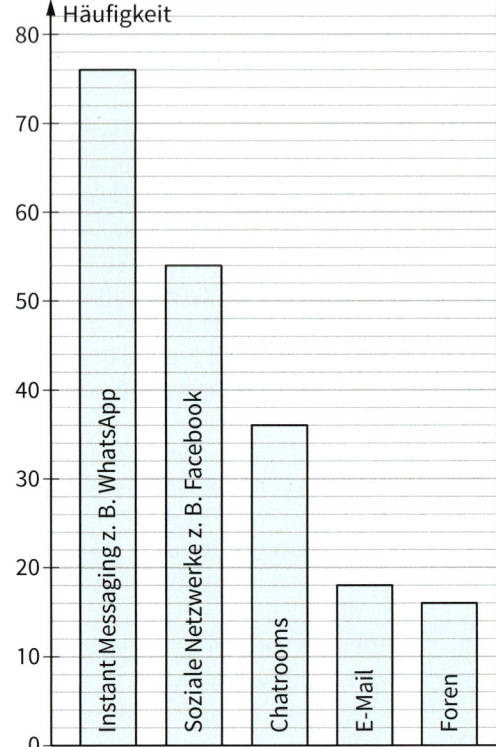

**Welche Medien werden für Cybermobbing genutzt?**

Trage die Werte in eine Häufigkeitstabelle ein.

**11** Von 100 Nutzern sozialer Netzwerke haben 44 ihr Profil so gestaltet, dass nur Freunde darauf zugreifen können. Bei 29 Nutzern haben auch die Freunde der Freunde darauf Zugriff und bei 27 Nutzern ist das Profil ganz öffentlich. Stelle das Umfrageergebnis grafisch dar und vergleiche es mit dem Befragungsergebnis in deiner Klasse (deinem Jahrgang).

**12** Fertigt in Gruppen ein Lernplakat zu dem Thema „Risiken und Gefahren bei der Nutzung sozialer Netzwerke" an. Sucht dazu auch aktuelle Informationen in Zeitschriften und im Internet.

> Hilfen zum Anfertigen eines Lernplakats findest du auf Seite 61.

# AUSGANGSTEST

**1** Die Schülerinnen und Schüler der 5 b wurden gefragt, wie viele Smartphones sie in der Familie haben. Die Ergebnisse der Umfrage wurden zunächst in einer Urliste gesammelt.

**Anzahl der Smartphones**

3 2 2 4 3 2 1 3 2 2 0 2 4 5 1 2
3 3 2 2 3 4 4 2 2 3 1 2

a) Bestimme mithilfe einer Strichliste die Häufigkeiten und trage sie in eine Häufigkeitstabelle ein.
b) Stelle das Ergebnis der Befragung anschaulich in einem Säulendiagramm dar.

**2** Schülerinnen und Schüler im 5. Jahrgang wurden gefragt, wohin sie mit ihren Eltern in den Urlaub fahren.

| Urlaubsziel | Häufigkeit |
|---|---|
| Nordsee | 6 |
| Ostsee | 9 |
| Italien | 8 |
| Spanien | 10 |
| Österreich | 6 |
| Bayern | 4 |
| andere Gebiete in Deutschland | 4 |
| Fernreisen | 3 |

a) Stelle die in der Häufigkeitstabelle zusammengefassten Daten in einem Balkendiagramm dar.
b) Wie viele Schülerinnen und Schüler wurden befragt?

**3** In dem Diagramm wird dargestellt, welches Verkehrsmittel in Deutschland für die Fahrt in den Urlaub genutzt wird.

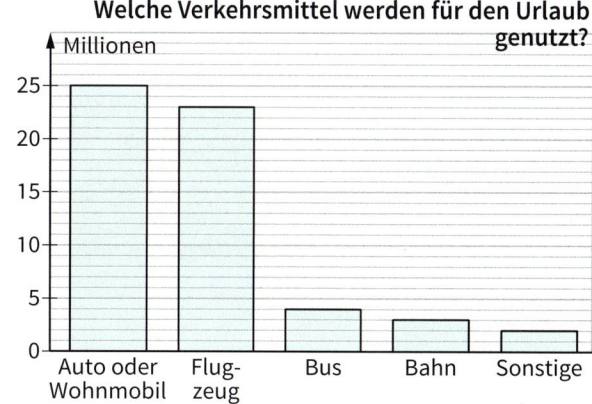

Welche Verkehrsmittel werden für den Urlaub genutzt?

a) Übertrage die Häufigkeiten in eine Tabelle.
b) Die dargestellten Häufigkeiten sind gerundete Werte. Welche Häufigkeiten sind für die Nutzung des Flugzeugs (der Bahn) möglich?

**4** In dem Histogramm wird das Körpergewicht der Schülerinnen und Schüler der Klasse 5 c anschaulich dargestellt.
Schätze, wie viel Kilogramm alle Schülerinnen und Schüler zusammen wiegen.

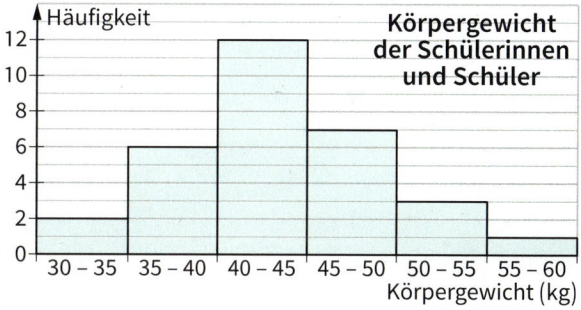

Körpergewicht der Schülerinnen und Schüler

## Ich kann ...

| | Aufgabe | Hilfen und Aufgaben | |
|---|---|---|---|
| in einer Urliste gesammelte Daten ordnen und in einer Häufigkeitstabelle darstellen. | 1 | Seite 29 | |
| in einer Häufigkeitstabelle zusammengefasste Daten in einem Säulen- oder Balkendiagramm darstellen. | 1, 2 | Seite 29, 30 | I |
| Diagramme lesen. | 3 a | Seite 32, 33, 34 | |
| dargestellte gerundete Häufigkeiten abschätzen. | 3 b | Seite 32, 33 | II |
| grafische Darstellungen interpretieren. | 4 | Seite 32, 33, 34 | III |

# 3 Addieren und Subtrahieren

Bist du fit für dieses Kapitel? Eingangstest auf Seite 207.

**In diesem Kapitel …**

- addierst und subtrahierst du natürliche Zahlen.
- nutzt du Rechengesetze zum geschickten Addieren und Subtrahieren.
- löst du Sachaufgaben mithilfe der Addition und Subtraktion.

# Zauberquadrate

In dem Kupferstich „Melencolia" von Albrecht Dürer ist ein Zauberquadrat zu sehen*. Schon seit Jahrhunderten beschäftigt man sich mit seinen Eigenschaften.
Addierst du die vier Zahlen in der unteren Zeile, erhältst du die magische Zahl des Zauberquadrats:
4 + 15 + 14 + 1 = 34.

| 16 | 3 | 2 | 13 |
|----|----|----|----|
| 5 | 10 | 11 | 8 |
| 9 | 6 | 7 | 12 |
| 4 | 15 | 14 | 1 |

● Versuche im Zauberquadrat weitere Gruppen von vier Zahlen zu finden, deren Summe gleich der magischen Zahl 34 ist.

● Du kannst Zahlen in den abgebildeten Quadraten so ergänzen, dass ein Zauberquadrat entsteht. Bestimme zunächst die magische Zahl und ergänze dann.

| 4 | 3 | 8 |
|----|----|----|
| ▪ | ▪ | ▪ |
| 2 | ▪ | ▪ |

| ▪ | ▪ | 7 |
|----|----|----|
| ▪ | ▪ | ▪ |
| 13 | 8 | 9 |

| 12 | ▪ | ▪ |
|----|----|----|
| 7 | ▪ | ▪ |
| 8 | ▪ | 6 |

| 14 | ▪ | 5 | 4 |
|----|----|----|----|
| ▪ | 8 | ▪ | ▪ |
| 12 | 13 | 3 | 6 |
| ▪ | ▪ | 16 | ▪ |

| 6 | ▪ | ▪ |
|----|----|----|
| ▪ | 5 | ▪ |
| ▪ | 3 | 4 |

| 8 | ▪ | 9 |
|----|----|----|
| ▪ | 6 | ▪ |
| 3 | ▪ | ▪ |

| ▪ | ▪ | ▪ |
|----|----|----|
| 10 | 8 | 6 |
| 5 | ▪ | ▪ |

* Bei einem Kupferstich wird eine Zeichnung in eine Kupferplatte eingraviert. Mit der Kupferplatte kann dann gedruckt werden.
Albrecht Dürer, Maler, Grafiker, Kunstschriftsteller, geboren 1471 in Nürnberg, gestorben 1528 in Nürnberg. „Melencolia" heißt Melancholie und bedeutet Traurigkeit oder Niedergeschlagenheit.

# Zauberquadrate

**1** Dieses Zahlenquadrat ist ein magisches Quadrat (Zauberquadrat). Addiere die Zahlen in jeder Zeile, Spalte und Diagonalen. Das Ergebnis ist immer die gleiche Zahl. Sie heißt **magische Zahl** des Zauberquadrats.

a) Bestimme die magische Zahl.

$$3 + 10 + 8 = \blacksquare$$

$$\begin{array}{r} 3 \\ +12 \\ +\ 6 \\ \hline =\ \blacksquare \end{array}$$

| 3 | 10 | 8 |
|---|----|---|
| 12 | 7 | 2 |
| 6 | 4 | 11 |

$$3 + 7 + 11 = \blacksquare$$

b) Übertrage die Quadrate in dein Heft und ersetze die Platzhalter so, dass ein Zauberquadrat entsteht.

**A**
magische Zahl: 21

| $\blacksquare$ | 2 | $\blacksquare$ |
|---|---|---|
| 6 | 7 | $\blacksquare$ |
| 5 | $\blacksquare$ | 4 |

**B**
magische Zahl: 27

| 13 | $\blacksquare$ | 10 |
|---|---|---|
| 6 | $\blacksquare$ | $\blacksquare$ |
| $\blacksquare$ | 14 | 5 |

**C**
magische Zahl: 33

| 16 | 4 | $\blacksquare$ |
|---|---|---|
| 8 | $\blacksquare$ | $\blacksquare$ |
| $\blacksquare$ | 18 | 6 |

**D**
magische Zahl: 39

| $\blacksquare$ | 5 | 15 |
|---|---|---|
| 9 | $\blacksquare$ | $\blacksquare$ |
| $\blacksquare$ | 21 | $\blacksquare$ |

> In einem Zauberquadrat darf jede Zahl nur einmal vorkommen.

**2** Verändere in jedem Quadrat eine Zahl so, dass ein Zauberquadrat entsteht.

**A**

| 10 | 4 | 12 |
|----|---|----|
| 11 | 9 | 7 |
| 6 | 13 | 8 |

**B**

| 9 | 1 | 8 |
|---|---|---|
| 5 | 6 | 7 |
| 4 | 11 | 10 |

**3** Es gibt auch ein magisches Sechseck mit den Zahlen 1 bis 19. Jede der Reihen hat als Summe die Zahl 38. Bestimme die fehlenden Zahlen.

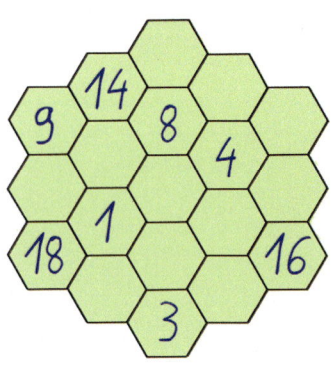

**4** Mit den Zahlen 2, 3, 4, 6, 7, 8, 10, 11, 12 soll ein Zauberquadrat gebildet werden.

a) Die Summe der Zahlen beträgt 63. Warum muss die magische Zahl dann 21 sein?

b) Vervollständige das Zauberquadrat in deinem Heft.

| $\blacksquare$ | $\blacksquare$ | $\blacksquare$ |
|---|---|---|
| $\blacksquare$ | 7 | $\blacksquare$ |
| $\blacksquare$ | $\blacksquare$ | $\blacksquare$ |

**5** Die Zahlen von 1 bis 9 sollen zu einem magischen Quadrat angeordnet werden.

a) Warum muss die magische Zahl dann 15 sein?

b) Begründe, warum die Zahl 5 in der Mitte des Quadrats stehen muss.

c) Schreibe die Zahlen von 1 bis 9 auf Kärtchen. Ordne sie dann richtig an.

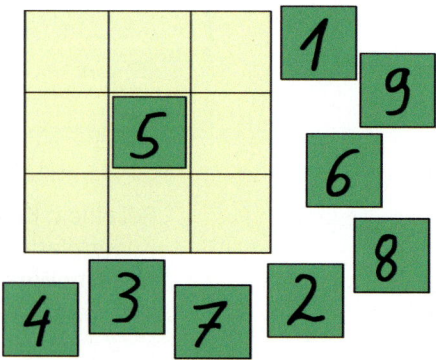

# Zauberquadrate

So kannst du 4 x 4-Zauberquadrate selbst konstruieren:

1. Schreibe die Zahlen von 1 bis 16 Zeile für Zeile in das Quadrat.

2. Verändere die Zahlen in den Ecken und die vier Zahlen in der Mitte nicht. Ersetze die übrigen Zahlen jeweils durch die Zahl, die du erhältst, wenn du die Ausgangszahl von 17 subtrahierst. Du erhältst ein Zauberquadrat.

| 1 | 2 | 3 | 4 |
|---|---|---|---|
| 5 | 6 | 7 | 8 |
| 9 | 10 | 11 | 12 |
| 13 | 14 | 15 | 16 |

| 1 | 17 − 2 = 15 | 17 − 3 = 14 | 4 |
|---|---|---|---|
| 17 − 5 = 12 | 6 | 7 | 17 − 8 = 9 |
| 17 − 9 = 8 | 10 | 11 | 17 − 12 = 5 |
| 13 | 17 − 14 = 3 | 17 − 15 = 2 | 16 |

3. Weitere Zauberquadrate erhältst du, wenn du die Zahlen an den Achsen des Quadrats spiegelst.

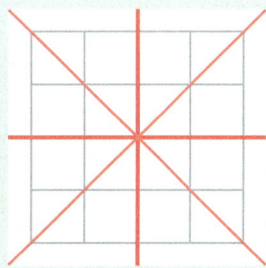

In dem abgebildeten Beispiel wird an der senkrechten Achse gespiegelt:

| 1 | 15 | 14 | 4 |
|---|---|---|---|
| 12 | 6 | 7 | 9 |
| 8 | 10 | 11 | 5 |
| 13 | 3 | 2 | 16 |

| 4 | 14 | 15 | 1 |
|---|---|---|---|
| 9 | 7 | 6 | 12 |
| 5 | 11 | 10 | 8 |
| 16 | 2 | 3 | 13 |

4. Wenn du dann die gleiche Zahl zu allen Zahlen des Zauberquadrats addierst, erhältst du weitere Zauberquadrate mit einer neuen magischen Zahl.

6 Konstruiert in Partnerarbeit vier neue 4 x 4-Zauberquadrate. Bereitet eine Präsentation eurer Ergebnisse für die Lerngruppe vor.

7 Um solche Zauberquadrate selbst konstruieren zu können, folge den Hinweisen im Internet. Benutze eine Suchmaschine und gib als Suchbegriff „Zauberquadrat" oder „Magisches Quadrat" ein.

# Addition und Subtraktion

**1** Familie Dengel will mit dem Auto an die Nordsee fahren. Wenn sie das Auto nicht überladen wollen, darf das Gepäck nur 100 kg wiegen.

Ihre vier Koffer wiegen 17 kg, 22 kg, 19 kg und 23 kg. Wie viel Kilogramm können sie noch an Lebensmitteln und Getränken mitnehmen?

**2** Addiere wie im Beispiel.

| | |
|---|---|
| 27 + 46 = ■ | 85 + 27 = ■ |
| 27 + 40 = 67 | 85 + 20 = 105 |
| 67 + 6 = 73 | 105 + 7 = 112 |
| 27 + 46 = 73 | 85 + 27 = 112 |

a) 19 + 87    b) 55 + 38    c) 34 + 83
   35 + 46       27 + 47       11 + 97
   33 + 75       39 + 37       63 + 58
   25 + 56       56 + 35       17 + 86
   63 + 19       49 + 26       55 + 65

**3** Subtrahiere wie im Beispiel.

| | |
|---|---|
| 63 − 28 = ■ | 112 − 37 = ■ |
| 63 − 20 = 43 | 112 − 30 = 82 |
| 43 − 8 = 35 | 82 − 7 = 75 |
| 63 − 28 = 35 | 112 − 37 = 75 |

a) 65 − 23    b) 64 − 37    c) 123 − 56
   54 − 23       85 − 58      141 − 28
   94 − 41       43 − 14      150 − 79
   55 − 25       44 − 28      113 − 64
   46 − 24       75 − 56      121 − 29

*Lösungen zu Aufgabe 2 und 3:*
117  93  106  42  27  67  81  74  108
113  27  31  108  76  121  71  29  53  81
91  103  30  16  49  120  75  82  92  19
22

**4** Vervollständige den Additionsturm in deinem Heft.

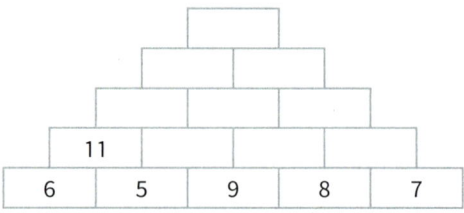

| | | | | |
|---|---|---|---|---|
| | 11 | | | |
| 6 | 5 | 9 | 8 | 7 |

**5** Vervollständige in deinem Heft. Hier musst du subtrahieren.

| 104 | 48 | 19 | 7 | 3 |
|---|---|---|---|---|
| | 56 | | | |

**6** Berechne im Kopf. Bei richtiger Lösung erhältst du jeweils ein Lösungswort.

a)  29 + 58  b) 197 − 99  c) 123 − 26
    35 + 65     17 + 54      71 + 96
  131 − 26     49 + 48    222 − 111
    82 + 48   173 − 102     43 + 57
  232 − 112    27 + 68     52 + 68

T = 114      I = 112      D = 87
A = 100                    W = 98
           E = 71
C = 167                  S = 97
   H = 111      R = 95
M = 105      P = 130      F = 120

**7** Ergänze zum nächsten Hunderter.

| |
|---|
| 321 + ■ = 400 |
| 321 $\xrightarrow{+9}$ 330 $\xrightarrow{+70}$ 400 |
| 321 + 79 = 400 |

a) 418   237   542   336
b) 517   618   7709   2005

**8** Ergänze zum nächsten Tausender.
a) 2550   3810   1090   4060
b) 1322   6579   2635   18 069

# Addition und Subtraktion

**9** a) Erläutere, wie Mats gerechnet hat.

$$= 99 + 74$$
$$= 100 + 74 - 1$$
$$= 174 - 1$$
$$= 173$$

b) Rechne geschickt.

| | | |
|---|---|---|
| 99 + 26 | 101 + 187 | 199 + 216 |
| 99 + 53 | 36 + 98 | 38 + 102 |
| 18 + 99 | 99 + 443 | 101 + 458 |
| 236 + 299 | 27 + 198 | 302 + 667 |
| 603 + 238 | 302 + 646 | 153 + 399 |
| 397 + 125 | 997 + 443 | 904 + 299 |

*Lösungen zu Aufgabe 9 b:*
1203  1440  522  415  288  125  552  948
841  140  134  152  969  225  535  559
542  117

**10** a) Erläutere, wie Nuran gerechnet hat.

$$170 - 98$$
$$= 170 - 100 + 2$$
$$= 70 + 2$$
$$= 72$$

b) Rechne geschickt.

| | | |
|---|---|---|
| 150 − 99 | 374 − 101 | 461 − 199 |
| 137 − 98 | 276 − 102 | 365 − 198 |
| 226 − 97 | 331 − 103 | 562 − 201 |
| 506 − 99 | 763 − 202 | 489 − 303 |
| 236 − 98 | 853 − 302 | 934 − 298 |
| 529 − 97 | 456 − 199 | 681 − 403 |

*Lösungen zu Aufgabe 10 b:*
278  257  432  51  273  262  636  551
138  167  174  39  186  561  407  129
228  361

**11** Berechne geschickt im Kopf.

a) 270 − 102   b) 374 − 201   c) 112 + 197
    164 − 98       495 − 198       531 − 197
    199 + 57       163 + 198       145 − 96
    298 + 46       698 + 158       169 + 299
    197 − 101      199 + 298       460 − 396

**12** Bestimme den Platzhalter. Überprüfe dein Ergebnis durch eine Rechnung wie in den Beispielen.

| ▨ + 38 = 77 | 25 + ▨ = 67 |
|---|---|
| 77 − 38 = 39 | 67 − 25 = 42 |
| 39 + 38 = 77 ✓ | 25 + 42 = 77 ✓ |

a) 18 + ▨ = 25     b) ▨ + 17 = 36
   32 + ▨ = 49        ▨ + 25 = 33
   38 + ▨ = 67        ▨ + 29 = 66
   42 + ▨ = 100       ▨ + 65 = 99

| 65 − ▨ = 47 | ▨ − 38 = 27 |
|---|---|
| 65 − 47 = 18 | 27 + 38 = 65 |
| 65 − 18 = 47 ✓ | 65 − 38 = 27 ✓ |

c) 38 − ▨ = 25     d) ▨ − 17 = 36
   45 − ▨ = 34        ▨ − 25 = 33
   72 − ▨ = 49        ▨ − 29 = 18
   87 − ▨ = 18        ▨ − 56 = 44

> Addition und Subtraktion sind Umkehrungen voneinander.
>
> 35 + 42 = 77     77 − 35 = 42
>                  77 − 42 = 35

67 − 25 = 42 ist eine Umkehraufgabe zu 25 + 42 = 67.

**13** Bestimme den Platzhalter.

a) ▨ + 56 = 99     b) ▨ − 25 = 75
   ▨ − 38 = 43        170 + ▨ = 330
   77 + ▨ = 91        680 − ▨ = 530
   ▨ − 62 = 18        240 + ▨ = 770

c) 159 − ▨ = 48     d) 185 − ▨ = 86
   ▨ − 102 = 174        670 − ▨ = 310
   147 + ▨ = 267        ▨ + 255 = 665
   450 − ▨ = 225        ▨ + 650 = 975

*Lösungen zu Aufgabe 13:*
325  43  410  81  100  99  360  111  14
530  225  80  276  160  150  120

**14** Bilde mit den Ziffern 3, 4, 7 und 9 zwei zweistellige Zahlen.
a) Die Summe beider Zahlen soll möglichst groß sein.
b) Der Unterschied beider Zahlen soll möglichst groß sein.
c) Der Unterschied beider Zahlen soll möglichst klein sein.

# Summe und Differenz

*Summand plus Summand gleich Summe*

| Summand | | Summand | | Summe |
|---|---|---|---|---|
| 54 | + | 42 | = | 96 |

Auch **54 + 42** wird als **Summe** der Zahlen 54 und 42 bezeichnet.

| Minuend | | Subtrahend | | Differenz |
|---|---|---|---|---|
| 96 | – | 37 | = | 59 |

Auch **96 – 37** wird als **Differenz** der Zahlen 96 und 37 bezeichnet.

**1**
a) Die Summanden heißen 58 und 26. Berechne die Summe.
b) Addiere zur Zahl 36 die Summe der Zahlen 28 und 23.
c) Addiere zur kleinsten zweistelligen Zahl die größte zweistellige Zahl.

**2** Bestimme den fehlenden Summanden wie im Beispiel.

Die Summe zweier Zahlen ist 57, der erste Summand ist 38.

1. Schreibe die Rechnung auf. Benutze dazu einen Platzhalter.
   38 + ■ = 57
2. Bestimme den Platzhalter mithilfe der Umkehraufgabe.
   57 – 38 = 19
   38 + 19 = 57
3. Notiere eine Antwort. Der zweite Summand ist 19.

a) Der erste Summand ist 54, die Summe 110.
b) Die Summe zweier Zahlen ist 126. Der erste Summand ist 44.
c) Der zweite Summand ist 48, die Summe 112.

**3** Die Summe aus drei Summanden hat den Wert 200. Der erste Summand ist 80, der dritte Summand ist 50. Wie heißt der zweite Summand?

*Lösungen zu Aufgabe 1 bis 3:*
109  70  87  84  82  56  64

**4** Der erste Summand ist 48, der zweite Summand ist um 21 größer als der erste Summand, der dritte Summand ist um 19 kleiner als der erste Summand.
a) Wie groß ist der zweite Summand?
b) Wie groß ist der dritte Summand?
c) Wie groß ist die Summe?

**5**
a) Wie heißt die Differenz der Zahlen 147 und 118?
b) Subtrahiere von der Zahl 100 die Zahlen 34 und 26.
c) Der Subtrahend lautet 38, der Minuend 91. Wie groß ist die Differenz?

**6**
a) Subtrahiere von der größten dreistelligen Zahl die kleinste dreistellige Zahl.
b) Wie heißt die Differenz der Zahlen 456 und 123?
c) Der Subtrahend ist 48, die Differenz 19. Wie heißt der Minuend?
d) Der Minuend ist 36, die Differenz 9. Wie heißt der Subtrahend?

*Lösungen zu Aufgabe 5 und 6:*
67  27  40  29  53  333  899

**7**
a) Die Summe zweier Zahlen ist 23. Wie groß ist der erste Summand, wie groß der zweite? Nenne sechs unterschiedliche Möglichkeiten.
b) Die Differenz zweier Zahlen ist 12. Wie groß ist der Minuend, wie groß der Subtrahend? Nenne sechs unterschiedliche Möglichkeiten.

**8** Ergänze die fehlenden Angaben.

| | a) | b) | c) | d) | e) |
|---|---|---|---|---|---|
| Summand | 93 | ■ | 75 | 115 | ■ |
| Summand | 69 | 21 | ■ | 118 | 95 |
| Summe | ■ | 87 | 133 | ■ | 185 |

| | f) | g) | h) | i) | k) |
|---|---|---|---|---|---|
| Minuend | 300 | 220 | ■ | 136 | ■ |
| Subtrahend | 111 | ■ | 17 | 84 | 72 |
| Differenz | ■ | 95 | 78 | ■ | 118 |

*Lösungen zu Aufgabe 8:*
52  90  190  162  125  58  189  233  95  66

# Rechnen mit Klammern

**1** Für die Ferien hat Nicole 25 € Urlaubsgeld von ihren Großeltern bekommen. Davon hat sie bereits 3 € für Eis und 6,50 € für das Kino ausgegeben. Sie berechnet, wie viel noch vom Urlaubsgeld übrig geblieben ist.

$$25 - (3 + 6,50)$$
$$= 25 - 9,50$$
$$= 15,50$$

Beschreibe ihren Rechenweg. Gibt es noch eine andere Möglichkeit, das restliche Urlaubsgeld zu berechnen?

**2** Carolin und Niko lösen zwei Subtraktionsaufgaben.

$$75 - 19 - 8$$
$$= 56 - 8$$
$$= 48$$

$$75 - (19 - 8)$$
$$= 75 - 11$$
$$= 64$$

Warum erhalten sie unterschiedliche Ergebnisse, obwohl doch die Zahlen gleich sind?

> Die Klammer wird zuerst berechnet.
>
> $67 - (23 - 9) = 67 - 14 = 53$
>
> Sind keine Klammern vorhanden, so rechnet man schrittweise von links nach rechts.
>
> $67 - 23 - 9 = 44 - 9 = 35$

**3** Berechne.
a) $33 + (47 - 28)$
$(81 - 54) + 73$
$210 + 75 - 112$

b) $64 - 27 + 49$
$100 - (19 + 65)$
$95 - (64 - 38)$

*Lösungen zu Aufgabe 3:*
16  52  69  86  100  173

**4** Karim hat bei den folgenden Berechnungen Fehler gemacht. Kannst du sie finden? Bestimme das richtige Ergebnis.

a)
$65 - (16 + 29)$
$= 65 - 16 + 29$
$= 49 + 29$
$= 78$

b)
$94 - 15 + 36$
$= 94 - 51$
$= 43$

c)
$(136 - 52) + 27$
$= 84$
$= 84 + 27$
$= 111$

d)
$67 - (35 - 19)$
$= 67 - 35 - 19$
$=$
$32 - 19$
$= 13$

**5** Berechne.
a) $16 + 41 - 15$
$75 - (26 + 29)$
$81 - 36 - 20$
$49 - (76 - 31)$

b) $43 + (51 - 16)$
$27 + 72 - 15$
$80 - (14 + 29)$
$(36 + 99) - 41$

*Lösungen zu Aufgabe 5:*
4  20  25  37  42  78  84  94

**6** Bei einigen Rechnungen fehlen die Klammern.

a)
$45 - 25 - 8 = 12$
$64 - 34 - 20 = 50$
$73 - 23 + 13 = 63$

b)
$73 - 18 + 35 = 90$
$67 - 43 - 24 = 48$
$80 - 35 + 45 = 0$

**7** Schreibe den Rechenweg zu der folgenden Aufgabe auf. Benutze Klammern.
a) Subtrahiere von 98 die Summe der Zahlen 19 und 23.
b) Subtrahiere die Differenz aus 45 und 22 von der Zahl 73.
c) Nastasja kauft Lebensmittel für 3,50 €, 0,95 € und 4,75 € ein und bezahlt mit einem 10-Euro-Schein.

# Rechengesetze

**1** a) Beschreibe beide Rechenwege und vergleiche sie.

| | |
|---|---|
| $46 + 48 + 54$<br>$= 94 + 54$<br>$= 148$ | $46 + 48 + 54$<br>$= 48 + 46 + 54$<br>$= 48 + 100$<br>$= 148$ |

b) Welchen Rechenweg würdest du auswählen? Begründe.

c) Schreibe beide Aufgaben mit Klammern.

**2** Berechne und vergleiche.

a) $18 + (14 + 41)$
$(18 + 14) + 41$

b) $(37 + 16) + 22$
$37 + (16 + 22)$

c) $62 + (13 + 85)$
$(62 + 13) + 85$

d) $(49 + 35) + 37$
$49 + (35 + 37)$

**3** Berechne und vergleiche.

a) $(98 - 48) - 39$
$98 - (48 - 39)$

b) $(71 - 49) - 15$
$71 - (49 - 15)$

c) $83 - (47 - 25)$
$(83 - 47) - 25$

d) $(64 - 35) - 17$
$64 - (35 - 17)$

---

**Assoziativgesetz**

Bei der Addition darf man beliebig Klammern setzen. Das Ergebnis ändert sich dabei nicht.

$(45 + 35) + 20 = 80 + 20 = 100$
$45 + (35 + 20) = 45 + 55 = 100$
$(45 + 35) + 20 = 45 + (35 + 20)$

$$(a + b) + c = a + (b + c)$$

**Kommutativgesetz**

Bei der Addition darf man die Reihenfolge der Summanden beliebig vertauschen. Das Ergebnis verändert sich dabei nicht.

$$25 + 13 = 13 + 25$$

$$a + b = b + a$$

a, b und c sind Platzhalter für beliebige natürliche Zahlen.

---

**4** Mithilfe der beiden Rechengesetze können Additionsaufgaben oftmals vereinfacht werden. Setze die Klammern so, dass du vorteilhaft rechnen kannst.

| |
|---|
| $83 + 17 + 47 = (83 + 17) + 47$<br>$= \quad 100 + 47 = 147$<br>$56 + 71 + 29 = 56 + (71 + 29)$<br>$= \quad 56 + 100 = 156$ |

a) $79 + 21 + 67$
$74 + 18 + 82$
$26 + 74 + 33$

b) $46 + 54 + 43$
$26 + 74 + 68$
$66 + 23 + 77$

*Lösungen zu Aufgabe 4:*
133   143   166   167   168   174

**5** Vertausche die Zahlen und setze die Klammern so, dass du vorteilhaft rechnen kannst.

| |
|---|
| $24 + 38 + 76 = (24 + 76) + 38$<br>$= \quad 100 + 38 = 138$ |

a) $46 + 73 + 64$
$32 + 84 + 68$
$51 + 111 + 39$
$93 + 123 + 77$

b) $47 + 35 + 33 + 65$
$56 + 12 + 28 + 14$
$19 + 87 + 13 + 71$
$35 + 44 + 25 + 66$

*Lösungen zu Aufgabe 5:*
110   170   180   183   184   190   201   293

**6** Berechne.

a) $(40 - 25) + (18 - 11)$
$(36 + 41) - (150 - 120)$
$(17 + 78) - (75 - 68)$

b) $(33 - 26) + 41 - (11 + 22)$
$(26 + 51) - (21 + 15) - 31$
$(41 + 53) - (100 - 56) + (13 + 55)$

*Lösungen zu Aufgabe 6:*
10   47   118   88   15   22

**7** Bei der Subtraktion dürfen Klammern nicht beliebig gesetzt oder weggelassen werden. Berechne und versuche anhand der Beispiele eine Regel zu finden.

a) $89 - (45 + 18)$
$89 - 45 + 18$
$89 - 45 - 18$

b) $112 - (87 + 11)$
$112 - 87 + 11$
$112 - 87 - 11$

c) $97 - (48 - 32)$
$97 - 48 - 32$
$97 - 48 + 32$

d) $118 - (56 - 34)$
$118 - 56 - 34$
$118 - 56 + 34$

# Schriftliches Addieren

Anstelle von Masse wird im Alltag auch der Begriff „Gewicht" benutzt.

Zulässige Gesamtmasse: 3,0 t
Zulässige Nutzlast: 785 kg

**1** Herr Vogt muss drei Warensendungen transportieren, die 287 kg, 318 kg und 177 kg wiegen.
Um ungefähr das Gesamtgewicht zu ermitteln, macht er zunächst eine Überschlagsrechnung.

$$3\,0\,0 + 3\,0\,0 + 2\,0\,0 = 8\,0\,0$$

a) Begründe, warum Herr Vogt mit diesen Zahlen rechnet.
b) Das Ergebnis der Überschlagsrechnung liegt knapp über der zulässigen Nutzlast. Deshalb rechnet Herr Vogt noch einmal genau schriftlich nach.

```
   2 8 7
 + 3 1 8
 + 1 7 7
   1 2
   7 8 2
```

Überprüfe seine Rechnung. Darf er die Warensendungen auf einmal transportieren?

**2** Übertrage in dein Heft und berechne.
a)   6281
   + 3705

b)  31 456
   + 5986

c)  72 863
   + 16 025

d)  337 528
   + 584 697

*Lösungen zu Aufgabe 2:*
37 442   88 888   9986   922 225

**3** Berechne. Mache zunächst eine Überschlagsrechnung.
a)   421
   + 336
   +  92

b)   666
   + 777
   + 888

c)   123
   + 456
   + 789

d)   445
   + 454
   + 544

e)  2371
   +  477
   +   89

f)  4625
   +   75
   + 7401

*Lösungen zu Aufgabe 3:*
1443  849  1368  2331  2937  12 101

**4** Bei richtiger Lösung erhältst du für jede Aufgabe den Namen eines Tieres.

a) 354 + 288 + 1324
   786 + 136 + 534
   975 + 1943 + 64
   1653 + 77 + 1666

b) 424 + 969 + 573
   2281 + 54 + 423
   85 + 285 + 1596
   351 + 2225 + 537

c) 959 + 399 + 2205
   601 + 1634 + 1161
   854 + 742 + 370

d) 2443 + 334 + 715
   611 + 1665 + 482
   729 + 952 + 285

3516 = M        1456 = A        2758 = U

3159 = T        1966 = H

3563 = R    3396 = E        3113 = N

2982 = S        3492 = K

> Schreibe die Stellen richtig untereinander: Einer unter Einer, Zehner unter Zehner, ... Achte auf die Überträge.

**5** Bestimme die fehlenden Ziffern. Es gibt nicht immer nur eine Lösung.

a)    3 2 ■ 6
   + ■ ■ 5 ■
     7 5 6 8

b)    3 6 2 ■
   + ■ 7 ■ 5
     6 ■ 1 2

c)    ■ 8 7 ■ ■ ■
   + 2 ■ ■ 2 2 ■
     5 5 5 5 5 5

d)    6 3 9 7 ■ 9
   + ■ 4 ■ 8 6 ■
     9 ■ 7 ■ 5 4

e)    5 8 ■ ■ 4
   + ■ ■ 1 6 ■
     7 ■ 8 9 6

f)    3 ■ 7 ■ 0 0
   +         3 ■
   +   1 ■ 0 1 5
     3 5 0 3 ■ 5

Weitere Hinweise und Aufgaben findest du im Wiederholungsteil auf Seite 214.

# Schriftliches Subtrahieren

**1** Frau Schewe hat 52 514 € geerbt. Davon hat sie 36 973 € für die Renovierung ihres Hauses verwendet. Sie überlegt, ob sie sich von dem restlichen Geld das neue Auto kaufen kann.

Neupreis: 15 775 €

Dazu macht sie zunächst eine Überschlagsrechnung.

52 514 – 36 973

Überschlag:
53 000 – 37 000 = 16 000

a) Begründe, warum Frau Schewe mit diesen Zahlen rechnet.
b) Das Ergebnis der Überschlagsrechnung liegt in der Nähe des Kaufpreises. Deshalb rechnet Frau Schewe noch einmal genau schriftlich nach.

```
    5 2 5 1 4
 –  3 6 9 7 3
    1 1 1
    1 5 5 4 1
```

Überprüfe ihre Rechnung. Kann sie den neuen Wagen von dem restlichen Geld bezahlen?

**2** Berechne. Mache zunächst eine Überschlagsrechnung, indem du mit gerundeten Zahlen rechnest.

a)    825
   – 647

b)   3512
  – 2896

c)   12 121
  – 9 768

d)   4987
  – 2443

e)   681 725
  – 350 424

f)   567 324
  – 345 210

*Lösungen zu Aufgabe 2:*
331 301   616   2544   178   2353   222 114

Weitere Hinweise und Aufgaben findest du im Wiederholungsteil auf Seite 215.

> Schreibe die Stellen richtig untereinander: Einer unter Einer, Zehner unter Zehner, ...
> Achte auf die Überträge.

**3** Bei richtiger Lösung erhältst du für jede Aufgabe den Namen eines Tieres.

a) 1074 – 701
    2170 – 1616
     956 – 208
    1712 – 1606
    2078 – 1524

b) 2888 – 2782
    6711 – 4444
    4147 – 3399
    2087 – 1533
    1405 – 316

O = 940    M = 373    E = 554    R = 1089
S = 106    T = 2267    I = 748

**4** Ordne die Ergebnisse der Größe nach. Du erhältst einen Vornamen.

| 6345 – 1530 | A | | 2032 – 847 | D |
| 5207 – 1814 | R | | 1571 – 1238 | N |
| 402 – 288 | A | | 6517 – 6432 | S |

**5** Bestimme die fehlenden Ziffern.

a)
```
  ▨ 1 3 ▨
–   7 ▨ 6
  1 ▨ 5 1
```

b)
```
  1 ▨ ▨ 0
–   7 8 ▨
    4 0 3
```

c)
```
  4 ▨ 2 ▨
– ▨ 4 ▨ 6
    8 6 5
```

d)
```
  ▨ 2 1 9
– 5 ▨ 6 ▨
  2 4 ▨ 0
```

**6** a) Vergleiche die beiden Lösungswege miteinander.

23 756 – 11 354 – 789 = ▨

1. Lösungsweg

```
   11 354
 +    789
   1 1 1
   12 143
```
```
   23 756
 – 12 143
   11 613
```

2. Lösungsweg

```
   23 756
 – 11 354
   12 402
```
```
   12 402
 –    789
   1 1 1
   11 613
```

b) Berechne. Wähle den für dich geeigneten Lösungsweg.
12 356 – 7865 – 3809

# Sachaufgaben

## Sachaufgaben lösen

**So kannst du Sachaufgaben zur Addition und Subtraktion lösen.**

Eine Schule hat in den fünften Klassen 29, 28, 29, 30 und 29 Schülerinnen und Schüler. Alle sollen ein Informations-blatt zum Busverkehr erhalten. Wie viele Blätter müssen gedruckt werden, wenn 10 Blätter als Reserve dienen?

1. Lies die Aufgabe sorgfältig durch und notiere, was gesucht ist.

   Die Anzahl der zu druckenden Blätter

2. Schreibe alle Angaben auf, die du zur Lösung der Aufgabe benötigst.

   Anzahl Schüler: 29, 28, 29, 30, 29
   Reserve: 10

3. Überlege, welche Berechnungen du durchführen musst.

   Die Summe aller Schülerinnen und Schüler bilden und dazu 10 addieren

4. Führe die Rechnungen durch und bestimme das Ergebnis.

   $29 + 28 + 29 + 30 + 29 = 145$
   $145 + 10 = 155$

5. Überprüfe das Ergebnis mithilfe einer Überschlagsrechnung und formuliere eine Antwort.

   $5 \cdot 30 + 10 = 160$
   $155 \approx 160$ ✓

   Es müssen 155 Blätter gedruckt werden.

**1** Familie Wolter leiht sich für ihren Umzug einen Kleintransporter. Am ersten Tag werden 125 km zurückgelegt, am zweiten 97 km. Für wie viel Kilometer muss bei der Autovermietung abgerechnet werden?

**2** Herr Wenzek transportiert in seinem Anhänger Gehwegplatten mit einem Gesamtgewicht von 383 kg und Kant-steine mit einem Gesamtgewicht von 219 kg.

**3** Familie Schade kauft in einem Möbel-haus einen Schrank zum Sonderpreis von 2555 €. Der ursprüngliche Preis betrug 3470 €. Wie viel Euro konnte Familie Schade sparen?

**4** Der Rhein ist um 155 km länger als die Elbe. Die Elbe ist 1165 km lang. Wie lang ist der Rhein?

**5** Die vier Päckchen, die Anja zur Post gebracht hat, wiegen zusammen 7183 g.

Porto für Päckchen (bis 2000 g): 4,10 €

**6** Die Mieteinnahmen für vier Wohnungen betragen insgesamt 2560 €. Für die erste Wohnung werden 510 €, für die zweite 750 € und für die dritte 620 € gezahlt.

*Lösungen zu Aufgabe 1 bis 6:*
222  1320  680  915  1850  16,40  602

# Sachaufgaben

Mount Everest 8848 m

Mont Blanc 4810 m

Zugspitze 2962 m

Brocken

Die Aufgaben auf diesen beiden Seiten kannst du auch in Partner- oder Gruppenarbeit bearbeiten.
Beachte dazu die Hinweise auf den Seiten 28 und 112.

**7** a) Die Zugspitze ist um 1821 m höher als der Brocken (Harz). Wie hoch ist der Brocken?
b) Berechne den Höhenunterschied zwischen Mount Everest und Mont Blanc.

**8** Familie Schminkat fährt mit dem Auto in den Urlaub. Das Auto hat eine zulässige Gesamtmasse von 1720 kg und wiegt leer 1205 kg. Der Vater wiegt 83 kg, die Mutter 68 kg, Anna 43 kg und Tobias 26 kg. Wie viel Kilogramm Gepäck darf höchstens noch zugeladen werden?

**9** Henrietta bekommt eine neue Zimmereinrichtung. Formuliere dazu Aufgaben und löse sie.

**10** Familie Bürger hat auf dem Konto 1310 €. Frau Bürger überweist davon 16 € für ein Zeitungsabo und 58 € für eine Versicherung. Wie viel Euro kann sie auf das Sparbuch überweisen, wenn auf dem Konto noch 500 € bleiben sollen?

**11** Welche Sachaufgabe passt zu der Rechnung 36 − (15 + 9 + 8)?
a) Arne hat zum Geburtstag 36 € bekommen. Er kauft davon eine Prepaidkarte für 15 € und ein Buch für 9 €. Wie viel Euro hat er noch zur Verfügung, wenn er sein Taschengeld von 8 € dazurechnet?
b) Laura hat zum Geburtstag 36 € bekommen. Sie kauft davon eine Prepaidkarte für 15 €, ein Buch für 9 € und geht für 8 € ins Kino. Kann sie sich noch eine Zeitschrift für 3 € leisten?
c) Nicole hat in ihrem Sparschwein 15 € und noch 9 € von ihrem Taschengeld. Von Oma bekommt sie 8 € geschenkt. Kann sie sich von dem Geld Kopfhörer für 36 € leisten?

**12** Erfinde zu der vorgegebenen Rechnung eine Sachaufgabe.
a) 16 − (4 + 3)
b) 248 − 150 − 30 − 25
c) 13 + 5 − 7 − 1

# Sachaufgaben

**13** Leon möchte für seine Geburtstagsfeier einkaufen. Er hat dazu die Preise in zwei Geschäften miteinander verglichen.
a) Was soll Leon im Kaufmarkt, was im Centshop kaufen, wenn er möglichst wenig ausgeben will?
b) Wie viel Euro kann er sparen?

### Kaufmarkt

| | |
|---|---|
| 1 Kasten Mineralwasser | 8,40 € |
| 1 Kasten Cola | 11,70 € |
| 10 Flaschen Orangensaft | 9,90 € |
| 5 Tüten Chips | 2,95 € |
| 3 Dosen Erdnüsse | 3,60 € |
| 3 Tüten Weingummi | 3,30 € |
| 2 Tüten Schokoladenkekse | 7,38 € |
| Luftballons | 6,75 € |

### Centshop

| | |
|---|---|
| 1 Kasten Mineralwasser | 7,60 € |
| 1 Kasten Cola | 12,10 € |
| 10 Flaschen Orangensaft | 10,00 € |
| 5 Tüten Chips | 3,45 € |
| 3 Dosen Erdnüsse | 3,75 € |
| 3 Tüten Weingummi | 3,00 € |
| 2 Tüten Schokoladenkekse | 6,98 € |
| Luftballons | 7,25 € |

**14** Lauras Schulweg beträgt 1200 m. Welche Strecke hat sie zurückgelegt, wenn sie in der Schule ankommt?

*Mein Zeichenblock! Die Hälfte der Strecke habe ich schon zurückgelegt. Jetzt muss ich noch mal nach Hause.*

Trinkwasserverteilung im Haushalt (Liter pro Kopf und Tag)

**15** a) Berechne den täglichen Verbrauch an Trinkwasser für eine Person.
b) Ein Wasserbecken fasst 180 000 l Trinkwasser. Kommt eine vierköpfige Familie damit ein Jahr aus?
c) Bestimme mithilfe der Wasseruhr den Wasserverbrauch bei dir zu Hause an drei verschiedenen Wochentagen.

**16** In einer Stadt stehen sechs Häuser dicht nebeneinander. Das erste ist 14 m lang, das zweite 7 m länger, das dritte 2 m kürzer als das zweite, das vierte ist 19 m lang, das fünfte 4 m länger als das vierte und das sechste 34 m lang. Wie lang ist die Häuserreihe?

**17** In einer Tiefgarage stehen morgens um 7.00 Uhr 154 Fahrzeuge. Bis 12.00 Uhr fahren 117 Fahrzeuge heraus und 38 Fahrzeuge herein. Von 12.00 Uhr bis 18.00 Uhr fahren 56 Fahrzeuge heraus und 98 herein. Wie viele Fahrzeuge befinden sich um 18.00 Uhr in der Tiefgarage? Schreibe die Rechnung mithilfe von Klammern auf.

# WISSEN KOMPAKT

---

| **Addition** | | | **Subtraktion** | | |
|---|---|---|---|---|---|
| Summand | Summand | Summe | Minuend | Subtrahend | Differenz |
| 45 | + 39 | = 84 | 84 | – 45 | = 39 |

Auch 45 + 39 wird als Summe der Zahlen 45 und 39 bezeichnet.

Auch 84 – 45 wird als Differenz der Zahlen 84 und 45 bezeichnet.

**Addition und Subtraktion sind Umkehrungen voneinander.**

$$45 \quad + \quad 39 \quad = \quad 84$$

$$84 \quad - \quad 45 \quad = \quad 39$$
$$84 \quad - \quad 39 \quad = \quad 45$$

---

## Assoziativgesetz

Die Klammer wird zuerst berechnet. Sind keine Klammern vorhanden, so rechnet man schrittweise von links nach rechts.

$$64 - (23 + 32) = 64 - 55 = 9$$
$$57 - (39 - 13) = 57 - 26 = 31$$

$$64 - 23 + 32 = 41 + 32 = 73$$
$$57 - 39 - 13 = 18 - 13 = 5$$

Bei der Addition darf man beliebig Klammern setzen. Das Ergebnis ändert sich dabei nicht.

$$(37 + 29) + 19 = 66 + 19 = 85$$
$$37 + (29 + 19) = 37 + 48 = 85$$
$$(37 + 29) + 19 = 37 + (29 + 19)$$

**Für alle natürlichen Zahlen a, b, c gilt:**

$$(a + b) + c = a + (b + c)$$

---

## Kommutativgesetz

Bei der Addition darf man die Reihenfolge der Summanden beliebig vertauschen. Das Ergebnis verändert sich dabei nicht.

$$36 + 28 = 28 + 36$$

$$99 + 37 + 1 = 99 + 1 + 37$$

**Für alle natürlichen Zahlen a, b gilt:**

$$a + b = b + a$$

---

Bei der schriftlichen Addition und Subtraktion müssen die Zahlen stellengerecht untereinander geschrieben werden.

$$734 + 5604 + 88 = \blacksquare$$

$$4065 - 1789 = \blacksquare$$

Überschlag: 700 + 5600 + 100 = 6400

Überschlag: 4100 – 1800 = 2300

```
    734
 + 5604
 +   88
   1 1 1
 ──────
   6426
```

```
   4065
 - 1789
   1 1 1
 ──────
   2276
```

$$734 + 5604 + 88 = 6426$$

$$4065 - 1789 = 2276$$

# ÜBEN

**1** Bei richtiger Lösung erhältst du ein Lösungswort (von links nach rechts).

| | | |
|---|---|---|
| 91 + 64 | 89 + 99 | 144 + 64 |
| 83 + 92 | 118 + 107 | 178 – 23 |
| 46 + 142 | 135 + 73 | 106 + 89 |
| 184 – 38 | 180 + 45 | 203 – 78 |

| 188 **A** | 146 **K** | 175 **H** |
|---|---|---|
| 125 **R** | 225 **E** | 195 **I** |
| 208 **T** | 155 **M** | |

**2** Setze + und – richtig ein.

50 ▨ 130 ▨ 90 ▨ 10 = 100
85 ▨ 40 ▨ 25 ▨ 60 ▨ 30 = 100
63 ▨ 37 ▨ 24 ▨ 62 ▨ 12 = 100
85 ▨ 17 ▨ 23 ▨ 64 ▨ 39 = 100

**3** Wahr oder falsch?

a) 34 – 8 < 50 – 25
70 – 10 > 80 – 21
62 – 9 = 70 – 17
88 – 55 < 64 – 34

b) 60 – 31 < 52 – 20
94 – 22 = 83 – 11
48 – 16 > 73 – 41
75 – 39 = 91 – 56

**4** Rechne geschickt.

| a) | | |
|---|---|---|
| 98 + 54 | 102 + 89 | 197 + 56 |
| 18 + 95 | 107 + 35 | 188 + 27 |
| 28 + 96 | 99 + 112 | 195 + 98 |

| b) | | |
|---|---|---|
| 160 – 99 | 275 – 101 | 216 – 98 |
| 167 – 98 | 287 – 103 | 345 – 199 |
| 292 – 205 | 347 – 198 | 221 – 107 |

**5** Bestimme die fehlende Zahl. Überprüfe dein Ergebnis durch eine Rechnung.

a) ▨ + 54 = 197         b) ▨ – 25 = 245
   ▨ – 34 = 73              170 + ▨ = 234
   71 + ▨ = 144            180 – ▨ = 132
   ▨ – 42 = 68              245 + ▨ = 377

**6** Berechne.

a) 43 + (37 – 28)        b) 54 – 17 + 29
   (71 – 44) + 53            100 – (29 + 15)
   110 + 65 – 122           95 – (74 – 58)
   72 + (100 – 66)          67 – (85 – 53)
   117 – 89 + 22            119 – (89 + 21)

**7** Mithilfe der Rechengesetze können Additionsaufgaben oftmals vereinfacht werden. Günstig ist es dabei, Zehner- oder Hunderterzahlen zu erhalten. Setze die Klammern so, dass du vorteilhaft rechnen kannst.

a) 38 + 62 + 25 + 48        b) 123 + 177 + 93 + 69
   60 + 47 + 53 + 70           39 + 64 + 111 + 89
   48 + 82 + 18 + 72           335 + 45 + 155 + 85
   48 + 49 + 51 + 84           231 + 469 + 127 + 88
   71 + 87 + 13 + 18           122 + 233 + 467 + 208

**8** Rechne vorteilhaft. Vertausche dazu falls nötig die Zahlen und setze Klammern.

a) 56 + 76 + 44        b) 63 + 23 + 57 + 27
   22 + 77 + 78            88 + 32 + 12 + 68
   61 + 112 + 39          78 + 96 + 62 + 14
   83 + 33 + 67            99 + 88 + 12 + 11
   52 + 48 + 47            66 + 59 + 34 + 141

**9** Berechne. Achte auf die Klammern.

a) 24 + (36 – 17) – (24 – 19)
   54 – (38 – 29) + (17 – 8)
   (46 – 18) + 43 – (36 – 18)
   37 – (56 – 47) – (44 – 27)

b) 46 – 28 – (41 – 27) + 27
   61 + (24 – 17) – (37 + 24)
   54 – (65 – 48) + (29 + 26)
   37 + (54 – 36) – (51 – 17)

**10** Setze nacheinander verschiedene Zahlen ein. Was fällt dir auf?

Aufgaben auf den Seiten 57 bis 59 kannst du in Arbeitsstunden bearbeiten. Wähle zum Beispiel drei Aufgaben von Seite 57. Wenn du diese erfolgreich bearbeitet hast, wähle zwei Aufgaben von Seite 58, dann eine von Seite 59.

# ÜBEN

**11** a) Vervollständige den Additionsturm.

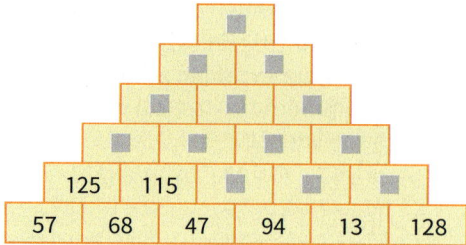

| 125 | 115 | | | |
|---|---|---|---|---|
| 57 | 68 | 47 | 94 | 13 | 128 |

b) Hier musst du subtrahieren.

| 984 | 420 | 179 | 99 | 78 | 59 |
|---|---|---|---|---|---|

**Tausender**

| H | Z | E | H | Z | E |
|---|---|---|---|---|---|
| | | | 5 | 2 | 7 |
| | | | | | |

**12** a) Addiere fünfhundertsiebenundzwanzig zu einhundertsechsundneunzig.
b) Subtrahiere zweitausendfünfhunderteinundsechzig von siebentausenddreihundertzwei.
c) Addiere vierzigtausendachthundertneunzehn und fünftausendsechshundertdreißig.

**13** a) Addiere die größte zweistellige Zahl und die kleinste dreistellige Zahl.
b) Subtrahiere die größte vierstellige Zahl von der kleinsten sechsstelligen Zahl.
c) Subtrahiere vom Vorgänger der Zahl 1000 den Nachfolger der Zahl 888.

**14** Bestimme den Platzhalter.
a) $1478 + \blacksquare = 2299$
$\blacksquare + 1188 = 2263$
$\blacksquare + 444 = 1305$
$3649 + \blacksquare = 5781$

b) $\blacksquare - 2103 - 208 = 2308$
$9959 - 126 - \blacksquare = 7194$
$4470 - \blacksquare - 1175 = 2048$
$\blacksquare - 4251 - 155 = 576$

**15** Berechne wie im Beispiel.

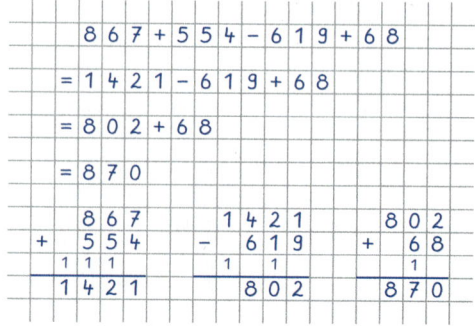

a) $927 + 336 - 510 + 48$
$672 + 281 - 864 - 47 + 136$
$1321 + 684 + 1776 - 94 - 1443$
$3729 + 582 - 634 + 433 - 1789$
$5145 + 38 - 799 - 3478 + 250$

b) $467 + (520 - 270)$
$(731 - 372) - (158 + 83)$
$634 - 309 - (59 + 161)$
$(226 + 716) + (836 - 267)$
$(358 + 911) - (775 - 187)$

**16** Ergänze die fehlenden Ziffern.

a)
```
  3 2 ■ 6
+   ■ 5 ■
  ■ 0 2 3
```

b)
```
  5 8 ■ ■ 4
+ ■ 0 1 6 ■
  6 ■ 8 2 7
```

c)
```
  3 6 2 ■
+   7 ■ 5
  ■ ■ 3 2
```

d)
```
  ■ 8 7 ■ ■ 6
+ 2 ■ ■ 2 2 ■
  4 4 2 6 7 1
```

e)
```
  6 3 9 7 ■ 9
+ ■ 4 ■ 8 6
  8 ■ 5 ■ 0 3
```

f)
```
  5 6 7 ■ ■
- ■ 2 ■ 9 5
  2 ■ 2 8 6
```

g)
```
  8 ■ 4
- ■ 3 1
  6 6 ■
```

h)
```
  7 ■ 7 2
- ■ 3 2 ■
  3 3 ■ 1
```

i)
```
  ■ 1 3
- 4 ■ 8
  2 1 ■
```

k)
```
  3 ■ 3 8
- ■ 8 7 ■
  1 3 ■ 3
```

**Text:** Addiere die Differenz der Zahlen 117 und 84 zur Summe der Zahlen 175 und 42.

**Rechnung:** $(117 - 84) + (175 + 42)$
$= \quad 33 \quad + \quad 217$
$= \quad\quad 250$

**17** a) Addiere zur Differenz der Zahlen 50 und 30 die Summe der Zahlen 25 und 75.
b) Subtrahiere von der Zahl 97 die Zahl 47 und die Summe der Zahlen 15 und 17.
c) Subtrahiere von der Summe der Zahlen 60 und 40 die Differenz dieser beiden Zahlen.
d) Addiere zur Summe der Zahlen 98 und 53 die Differenz der Zahlen 200 und 184.
e) Subtrahiere von der Differenz der Zahlen 100 und 53 die Differenz der Zahlen 150 und 134.

**18** Schreibe die Aufgabe als Text.
a) $40 + (60 - 20)$
b) $(50 + 30) - 25$
c) $98 - (62 - 15)$
d) $(88 + 20) + (45 - 30)$
e) $(101 - 71) + (35 + 58)$
f) $79 - 47 - (15 + 17)$
g) $(45 + 35) + (62 - 16) - 56$
h) $(93 - 32) - (73 - 35) + 112$

**19** Übertrage die Tabelle in dein Heft. Begründe die Zahlen in Zeile a. Ergänze dann die Zeilen b bis f.

| | x | $500 - x$ | $2 \cdot x + 13$ | $3 \cdot x - 68$ |
|---|---|---|---|---|
| a | 75 | 425 | 163 | 157 |
| b | 30 | | | |
| c | 100 | | | |
| d | | 460 | | |
| e | | | 83 | |
| f | | | | 82 |

**20** Bilde eine Subtraktionsaufgabe mit selbstgewählten Zahlen. Beantworte dann die folgenden Fragen:
Wie verändert sich die Differenz, wenn
a) der Subtrahend um 4 verkleinert wird?
b) der Minuend um 4 verkleinert wird?
c) der Minuend um 7 vergrößert wird?
d) der Subtrahend um 7 vergrößert wird?
e) der Subtrahend um 18 vergrößert wird?
f) der Minuend um 32 verkleinert wird?
g) der Minuend um 16 vergrößert wird?

**21** Vervollständige den Additionsturm. Schreibe in die Spitze die aktuelle Jahreszahl.

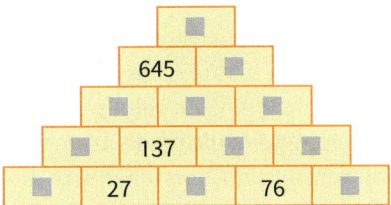

Minuend
– Subtrahend
= Differenz

$15 - 7 = 8$

**22** a) Bestimme die magische Zahl des Zauberquadrates.

| 2 | 16 | 15 | 5 |
|---|---|---|---|
| 13 | 7 | 8 | 10 |
| 9 | 11 | 12 | 6 |
| 14 | 4 | 3 | 17 |

b) Addiere zu jeder Zahl des Zauberquadrats die Zahl 4. Ist das neue Quadrat ebenfalls ein Zauberquadrat? Begründe deine Behauptung.
c) Kannst du noch andere Regeln angeben, wie man aus bestehenden Zauberquadraten neue Zauberquadrate macht?
d) Wie wirken sich diese Regeln auf die magische Zahl aus?

# ÜBEN: In der Zoohandlung

**1** Nadine möchte gern einen Goldhamster als Haustier haben, Mats ein Zwergkaninchen.
In der Zoohandlung haben sie sich jeweils nach den Anschaffungskosten für die Tiere und das mögliche Zubehör erkundigt. Sie dürfen jeweils 100 € für ihr neues Haustier ausgeben. Können sie damit alle notwendigen Anschaffungen machen? Überlegt in eurer Tischgruppe, was ihr kaufen würdet.

Hinweise zur Gruppenarbeit findest du auf Seite 28.

**2** Mats hat in einem Buch Informationen zur Haltung von Zwergkaninchen gefunden.

> Zwergkaninchen werden im Durchschnitt acht bis zehn Jahre alt. Sie sollten nicht einzeln gehalten werden. Jungtiere, die gemeinsam aufgewachsen sind, verstehen sich am besten. Zwergkaninchen sind sehr bewegungsfreudig und benötigen täglich Auslauf. Dies ist nicht unproblematisch, weil vor den nageaktiven Tieren kaum ein Stromkabel sicher ist. Grundsätzlich ist eine artgerechte Haltung von Zwergkaninchen in der Wohnung nur eingeschränkt möglich, denn ein Grundbedürfnis der Kaninchen ist es, Gänge und Höhlen zu graben, was sie dort nicht können.
> Auch Zwergkaninchen sind für Kinder nur bedingt geeignet, denn wie die Meerschweinchen können sie sich nicht wehren, wenn man mit ihnen nicht sorgfältig und verantwortungsbewusst umgeht.

Benutzt die Informationen aus dem Buch, um ein Plakat anzufertigen. Das Plakat soll über die Kosten bei der Anschaffung eines Zwergkaninchens und die wichtigsten Regeln für eine artgerechte Haltung informieren.
Beachtet für die Herstellung des Plakats die Hinweise auf der nächsten Seite.

| Goldhamster | 15,00 € |
| Buch über artgerechte Haltung | 9,95 € |
| Hamsterkäfig | 49,90 € |
| Hamsterkletterburg | 12,00 € |
| Laufrad | 15,90 € |
| Fressnapf | 5,29 € |
| Tränke | 3,49 € |
| Transportbox | 7,69 € |
| Hamsterschmaus (1 kg) | 8,80 € |
| Streu (10 l) | 7,39 € |
| Nagerstein | 1,79 € |

| Zwergkaninchen | 25,00 € |
| Buch über artgerechte Haltung | 9,95 € |
| Kaninchenheim | 39,90 € |
| Schlafhäuschen | 12,99 € |
| Fressnapf | 3,29 € |
| Kaninchentränke | 2,99 € |
| Transportbox | 16,90 € |
| Rabbit Kaninchenfutter (5 kg) | 8,48 € |
| Strohstreu (60 l) | 19,49 € |
| Nagerstein | 2,95 € |
| Knabberhölzer | 2,00 € |

# ÜBEN: In der Zoohandlung

**3** Fertigt wie im Beispiel ein Plakat über ein anderes Haustier an.
Gebt die Kosten bei der Anschaffung und die wichtigsten Regeln für seine artgerechte Haltung an.

Informationen dazu findet ihr in der Tierhandlung, in Büchern und im Internet. Beachtet die Hinweise unten auf der Seite.

## Der Goldhamster als Haustier

**Anschaffungskosten:**

| | |
|---|---:|
| Goldhamster | 15,00 € |
| Buch über artgerechte Haltung | 9,95 € |
| Hamsterkäfig | 49,90 € |
| Hamsterkletterburg | 12,00 € |
| Laufrad | 15,90 € |
| Fressnapf | 5,29 € |
| Tränke | 3,49 € |
| Transportbox | 7,69 € |
| Hamsterschmaus (1 kg) | 8,80 € |
| Streu (10 l) | 7,39 € |
| Nagerstein | 1,79 € |

**Monatliche Kosten:**

Für Futter und Nistmaterial sollten pro Monat 20 € gerechnet werden.

**Artgerechte und abwechslungsreiche Haltung:**

Hamster wollen sich putzen, fressen, klettern, laufen und dazwischen immer mal wieder ein Nickerchen einlegen. Sie sollten nicht ununterbrochen herumgetragen und gestreichelt werden.
Unnötiges Wecken während der Schlafzeiten fördert die Aggressivität und verringert die Lebenserwartung. Hamster sind Einzelgänger.

**Tipp:**

Hamsterkletterburgen und -häuschen lassen sich auch leicht selber bauen.

## Kommunizieren    Mit einem Plakat präsentieren

**Hinweise für die Erstellung eines Plakates**

1. Unterteile das Thema in verschiedene Teilgebiete.

2. Triff eine Auswahl, damit das Plakat nicht überladen wirkt.

3. Wähle eine klare Überschrift und gliedere das Plakat übersichtlich. Verteile Texte und Bilder ansprechend und sinnvoll in Blöcken. Erstelle eine Skizze vom Aufbau.

4. Die Schriftgröße muss groß genug sein, um das Plakat auch aus größerem Abstand lesen zu können (Überschrift mindestens 4 cm hoch, Text mindestens 2 cm).

5. Bei der Schriftfarbe sollte man rot, gelb und orange nur sparsam verwenden.

# ÜBEN: In der Zoohandlung

**4** Laura hat zum Geburtstag einen 50-Euro-Gutschein bekommen.
a) Sie wünscht sich schon lange ein Meerschweinchen. Ein Käfig ist vorhanden. Am liebsten würde sie ein Weibchen, ein Männchen und die angebotene Ausstattung kaufen. Wie viel Euro müsste sie dafür ausgeben?
b) Laura entscheidet sich nur für das Weibchen (Männchen). Reicht das Geld, wenn sie auch das gesamte Zubehör kauft?
c) Beratet in eurer Tischgruppe. Was würdet ihr auswählen?

> *Nicht jedes Männchen passt zu jedem Weibchen.*

**5** a) Jonas besitzt ein 60-Liter-Aquarium mit Grundausstattung (Beleuchtung, Heizung, Pumpe und Thermometer). Er möchte gern Grundfutter und folgende Fische kaufen:
zehn Neonsalmler, zehn Zebrabärblinge, ein Guppy-Männchen, ein Guppy-Weibchen und einen Wels. Wie viel Euro müsste er dafür bezahlen?
b) Herr Müller empfiehlt ihm, noch mehr Guppys zu nehmen. Jonas nimmt noch zwei Guppys. Kommt er jetzt mit 50 € aus?
c) Beratet in eurer Tischgruppe. Überlegt, was ihr kaufen würdet. Beachtet, dass ihr mit höchstens 25 Fischen anfangen solltet.

# VERTIEFEN: Addieren und Subtrahieren im Zweiersystem

**1** Auf Seite 22 hast du erfahren, dass in den meisten Computern Zahlen im Zweiersystem abgespeichert werden.

$101010_{②} =$

| 64 | 32 | 16 | 8 | 4 | 2 | 1 |
|----|----|----|----|----|----|----|
|    | 1  | 0  | 1 | 0 | 1 | 0 |

32  +  8  +  2  = 42

$101010_{②} = 42$

Wie rechnen nun Computer mit diesen Zahlen? Überprüfe die Beispielaufgaben durch Umwandlung ins Zehnersystem.

ohne Übertrag          mit Übertrag

```
  1 0 1 0 0         1 0 0 1 0 1
+   1 0 0 1       +     1 1 0 1
───────────        1 1    1
  1 1 1 0 1       ─────────────
                   1 1 0 0 1 0
```

> Beim Addieren im Zweiersystem gilt:
>
> $0 + 0 = 0$ $\qquad$ $1 + 0 = 1$
> $0 + 1 = 1$ $\qquad$ $1 + 1 = 10$

**2** Addiere im Zweiersystem. Überprüfe deine Rechnung im Zehnersystem.

a)  $\begin{array}{r} 1\,0\,0 \\ +\ \ 1\,1 \\ \hline \end{array}$ $\qquad$ b)  $\begin{array}{r} 1\,0\,0\,1 \\ +\ \ \ 1\,1\,0 \\ \hline \end{array}$

c)  $\begin{array}{r} 1\,1\,0\,0\,1 \\ +1\,0\,0\,1\,1\,0 \\ \hline \end{array}$ $\qquad$ d)  $\begin{array}{r} 1\,0\,1\,0\,1\,0 \\ +\ \ 1\,0\,1\,0\,1 \\ \hline \end{array}$

**3** Addiere im Zweiersystem.

a)  $\begin{array}{r} 1\,1\,0 \\ +\ \ 1\,1 \\ \hline \end{array}$ $\qquad$ b)  $\begin{array}{r} 1\,0\,1\,1 \\ +\ \ \ 1\,1\,0 \\ \hline \end{array}$

c)  $\begin{array}{r} 1\,0\,0\,0\,1 \\ +\ \ \ \ 1\,1\,1 \\ \hline \end{array}$ $\qquad$ d)  $\begin{array}{r} 1\,0\,1\,1\,1\,0 \\ +\ \ 1\,0\,1\,1\,1 \\ \hline \end{array}$

**4** Wandle die Zahlen ins Zweiersystem um und addiere anschließend.
a) 6 + 5 $\qquad$ b) 9 + 11
c) 22 + 33 $\qquad$ d) 19 + 34

**5** Überprüfe die Beispielaufgaben durch Umwandlung ins Zehnersystem.

ohne Übertrag          mit Übertrag

```
  1 1 1 0 1         1 0 0 1 1 0
−   1 1 0 0       −     1 1 0 1
───────────        1 1    1
  1 0 0 0 1       ─────────────
                   1 1 0 0 1
```

> Beim Subtrahieren im Zweiersystem gilt:
>
> $0 - 0 = 0$ $\qquad$ $1 - 0 = 1$
> $1 - 1 = 0$ $\qquad$ $10 - 1 = 1$

**6** Subtrahiere im Zweiersystem. Überprüfe deine Rechnung im Zehnersystem.

a)  $\begin{array}{r} 1\,1\,0 \\ -\ \ 1\,0 \\ \hline \end{array}$ $\qquad$ b)  $\begin{array}{r} 1\,0\,1\,1 \\ -1\,0\,1\,0 \\ \hline \end{array}$

c)  $\begin{array}{r} 1\,1\,1\,0\,1 \\ -1\,0\,1\,0\,0 \\ \hline \end{array}$ $\qquad$ d)  $\begin{array}{r} 1\,0\,1\,0\,1\,1 \\ -\ \ \ \ 1\,0\,0\,1 \\ \hline \end{array}$

e)  $\begin{array}{r} 1\,0\,1\,0\,1 \\ -1\,0\,1\,0\,0 \\ \hline \end{array}$ $\qquad$ f)  $\begin{array}{r} 1\,0\,1\,0\,0\,1 \\ -\ \ \ \ 1\,0\,0\,1 \\ \hline \end{array}$

**7** Subtrahiere im Zweiersystem.

a)  $\begin{array}{r} 1\,0\,1 \\ -\ \ 1\,1 \\ \hline \end{array}$ $\qquad$ b)  $\begin{array}{r} 1\,0\,1\,0 \\ -\ \ 1\,0\,1 \\ \hline \end{array}$

c)  $\begin{array}{r} 1\,0\,1\,1\,0 \\ -\ \ 1\,0\,0\,1 \\ \hline \end{array}$ $\qquad$ d)  $\begin{array}{r} 1\,0\,1\,1\,0 \\ -\ \ 1\,1\,0\,1 \\ \hline \end{array}$

e)  $\begin{array}{r} 1\,1\,1\,0\,1 \\ -1\,0\,0\,1\,0 \\ \hline \end{array}$ $\qquad$ f)  $\begin{array}{r} 1\,0\,1\,0\,1\,0 \\ -\ \ 1\,0\,1\,0\,1 \\ \hline \end{array}$

**8** Wandle die Zahlen ins Zweiersystem um und subtrahiere.
a) 11 − 6 $\qquad$ b) 24 − 9
c) 34 − 10 $\qquad$ d) 49 − 21
e) 20 − 12 $\qquad$ f) 58 − 22

# VERTIEFEN: Eine Urlaubsreise planen

Hinweise zur Partnerarbeit findest du auf der Seite 112.

Überlege dir aus den Informationen, die hier gegeben werden, eine Aufgabe. Notiere zunächst für dich eine Lösung. Stelle deine Aufgabe einem Partner und bearbeite selbst die Aufgabe deines Partners.

**1** Familie Dietrich aus Berlin hat für den Urlaub ein Ferienhaus in Schweden gemietet. In einem Routenplaner haben sie sich die Fahrtroute angeschaut.

**Routenplaner**

| Routenplaner | Start: Berlin |
|---|---|
| Autobahndreieck Pankow | 58 min 45,9 km |
| Rostock Überseehafen | 2 h 12 min 234,4 km |
| Gedser (Dänemark) | 3 h 24 min 283,2 km |
| Malmö Schweden | 5 h 13 min 460,6 km |
| Hörby | 5 h 58 min 522 km |

Die Fahrstrecke beträgt 522 km. Von Rostock aus wollen sie die Fähre nach Gedser nehmen. Die Fährstrecke ist 48,8 km lang. Der Kilometerstand zu Beginn der Fahrt beträgt 25 675 km.

**2** Herr Dietrich wiegt 85 kg, seine Frau 68 kg. Der Sohn Tobias wiegt 35 kg, die Tochter Nadine 51 kg.

Leermasse (kg) 1680
Zul. Gesamtmasse (kg) 2160

**3** Familie Vogt aus Leipzig möchte am Gardasee in Italien Urlaub machen.

Frau Vogt hat die Fahrstrecke notiert.

> Leipzig – Hof – Bayreuth – Ingolstadt – München – Innsbruck – Bozen – Garda

a) Bestimme mit deinem Partner die Längen der Fahrstrecke und der einzelnen Etappen. Nutzt dazu einen Routenplaner. Gibt es noch eine andere Route?

b) Formuliert zu den gefundenen Informationen eine Aufgabe und notiert dazu eine Lösung. Stellt die Aufgabe einem anderen Team und bearbeitet selbst dessen Aufgabe.

# AUSGANGSTEST

**1** Berechne.
a) 41 + 42 + 9
b) 72 − 28 − 35

**2** Berechne.
a) 72 − (16 + 8)
b) 48 − (79 − 51)

**3** Bestimme den Platzhalter.
a) 42 + ■ = 58
b) ■ + 19 = 81
c) ■ − 65 = 34

**4** Vertausche die Zahlen und setze die Klammern so, dass du vorteilhaft rechnen kannst.
a) 69 + 137 + 31 + 23
b) 198 + 76 + 24 + 102
c) 238 + 147 + 132 + 323

**5** a) Addiere 54 zu der Summe von 34 und 45.
b) Addiere 27 zu der Differenz aus 56 und 13.
c) Subtrahiere 31 von der Differenz aus 144 und 43.

**6** Berechne schriftlich.
a) 345 127 + 67 819      b) 56 312 − 47 403

**7** Eine Kassiererin hat 247 € in ihrer Kasse. Im Laufe des Tages nimmt sie 134 €, 359 €, 68 € und 506 € ein. Wie viel Euro hat sie jetzt in der Kasse?

**8** Ein Parkhaus hat 1352 Plätze. Während der Nacht waren 25 Autos eingestellt. Im Laufe des Vormittags fahren 1579 Autos hinein und 428 heraus. Wie viele Plätze sind dann noch frei?

**9** Notiere eine Sachaufgabe, die zu der Rechnung passt.
$$20{,}00 − (6{,}95 + 2{,}80)$$

**10** Bestimme die fehlenden Ziffern.

a)
```
  ■ 2 ■ 8 6 ■
+ 2 5 4 ■ ■ 2
  3 ■ 9 2 0 1
```

b)
```
  ■ 5 6 ■ 8 6
− 3 6 ■ 7 4 ■
  3 ■ 8 1 ■ 1
```

**11** a) Vervollständige den Additionsturm in deinem Heft.
b) Du kannst 360 nicht durch jede beliebige Zahl ersetzen. Kannst du die kleinste Zahl nennen?

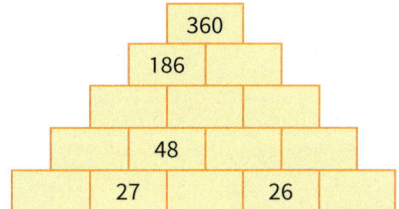

## Ich kann ...

| | Aufgabe | Hilfen und Aufgaben | |
|---|---|---|---|
| natürliche Zahlen addieren und subtrahieren | 1 | Seite 46 | |
| bei der Addition und Subtraktion die Klammerregeln beachten. | 2 | Seite 49 | |
| einen Text als Rechnung notieren. | 5 | Seite 48, 59 | I |
| natürliche Zahlen schriftlich addieren und subtrahieren. | 6 | Seite 51, 52 | |
| Informationen aus Texten entnehmen. | 7, 8 | Seite 62 | |
| bei Additions- und Subtraktionsaufgaben fehlende Zahlen mithilfe von Umkehraufgaben bestimmen. | 3, 10 | Seite 47, 51, 52 | |
| das Kommutativ- und Assoziativgesetz zum geschickten Rechnen anwenden. | 4 | Seite 50 | II |
| Sachprobleme zur Addition und Subtraktion lösen. | 7, 8 | Seite 53 | |
| zu einer Rechnung eine Sachaufgabe formulieren. | 9 | Seite 54 | |
| komplexe Probleme zur Addition und Subtraktion lösen. | 11 | Seite 59 | III |

# 4 Figuren und Graphen im Koordinatensystem

Um sich auf der Erde zu orientieren, wurde die Erdoberfläche mit einem Netz von Breiten- und Längenkreisen überzogen, dem **Gradnetz der Erde**.

### Breitengrade

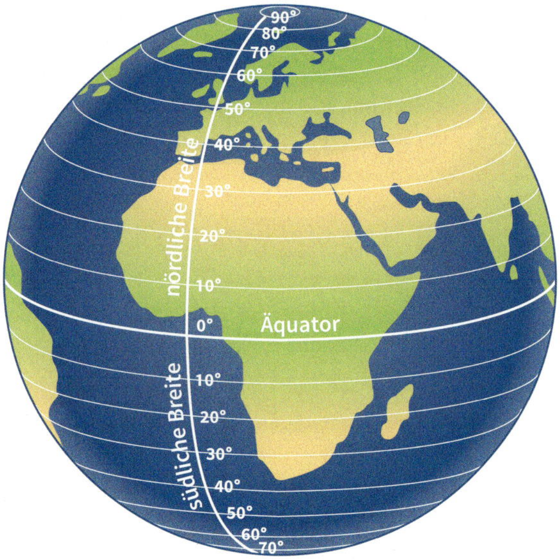

Nordpol

Südpol

### Längengrade

Nordpol

Südpol

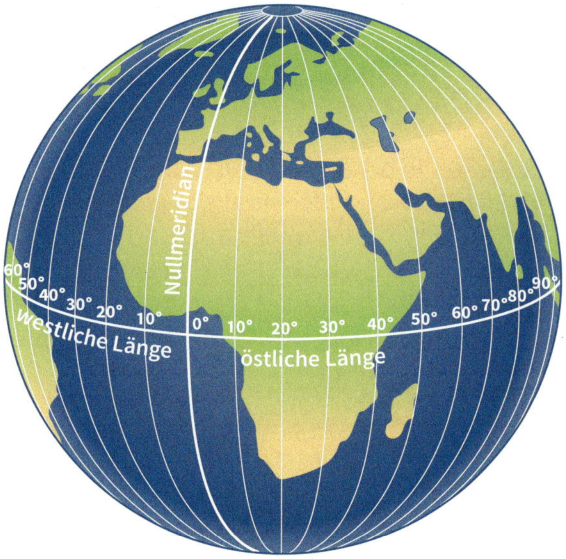

Der Äquator teilt die Erde in die nördliche und die südliche Halbkugel.
Parallel zum Äquator verlaufen nach Norden und nach Süden jeweils 90 Breitenkreise (Breitengrade).

Längengrade sind Halbkreise, die den Nordpol und den Südpol verbinden. 1885 wurde ein Längenkreis als Anfangslängenkreis (Nullmeridian) bestimmt. Davon ausgehend wurden jeweils 180 Längengrade nach Westen und nach Osten festgelegt.

*Bist du fit für dieses Kapitel? Eingangstest auf Seite 208.*

*In diesem Kapitel ...*

- *zeichnest du Figuren in ein Koordinatensystem.*
- *unterscheidest du Strecken und Geraden und ihre Lage zueinander.*
- *entnimmst du Informationen aus Graphen im Koordinatensystem.*

# Das Gradnetz der Erde

Jeder Punkt auf der Erdoberfläche ist durch
die Angabe der Breiten- und der Längengrade
bestimmt. Die Werte des Breiten- und des
Längengrades eines Ortes werden als seine
geographischen Koordinaten bezeichnet.

Sankt Petersburg liegt auf 60 Grad nördlicher
Breite und 30 Grad östlicher Länge.
Geographische Koordinaten von Sankt
Petersburg: 60° N 30° O

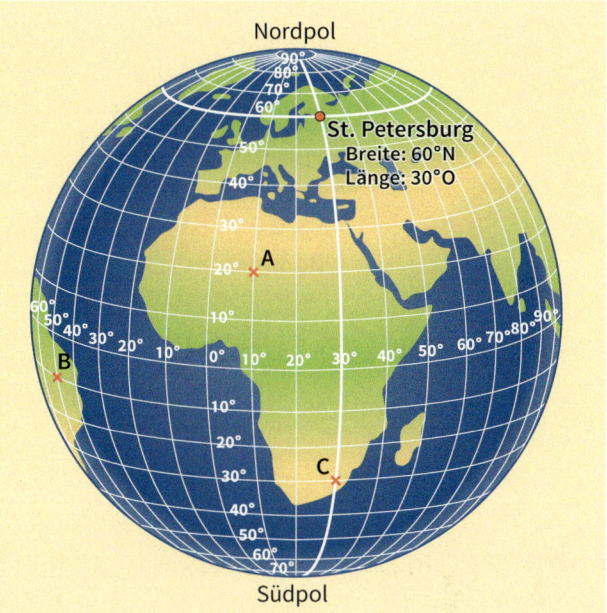

- Bestimme jeweils die geographischen Koordinaten der eingezeichneten Punkte A, B und C.
  Notiere zunächst die geographische Breite, danach die geographische Länge.

- Auf welchem Breitengrad liegt Soltau? Auf welchem Längengrad liegt Hildesheim?
  Achim liegt nahe bei Bremen. Gib die geographischen Koordinaten von Achim an.

# Orientieren auf dem Stadtplan

1 Häufig wird über einen Stadtplan wie abgebildet ein Netz aus quadratischen Planquadraten gelegt.
Am oberen waagerechten Rand des Stadtplans findest du große Buchstaben, an dem linken senkrechten Rand sind Zahlen angeordnet.
Der Hauptbahnhof liegt im abgebildeten Stadtplan im Planquadrat D 2. In welchem Planquadrat liegt das Rathaus (die Hauptkirche St. Michaelis, die Speicherstadt)?
Notiere zuerst den Buchstaben, dann die Zahl.

2 Frau Müller besucht mit ihren Kindern Grete und Max die Hansestadt Hamburg. Sie möchten während ihres Aufenthaltes die folgenden Orte besuchen:

- Modelleisenbahnanlage „Miniatur Wunderland", Kehrwieder 2–4, Block D, **B 3**
- Jungfernstieg, **B 2**
- Stadtpark „Planten un Blomen", **B 1**
- Elbphilharmonie, **B 4**
- Mönckebergstraße, **C 2**

Suche diese Orte in dem abgebildeten Stadtplan.

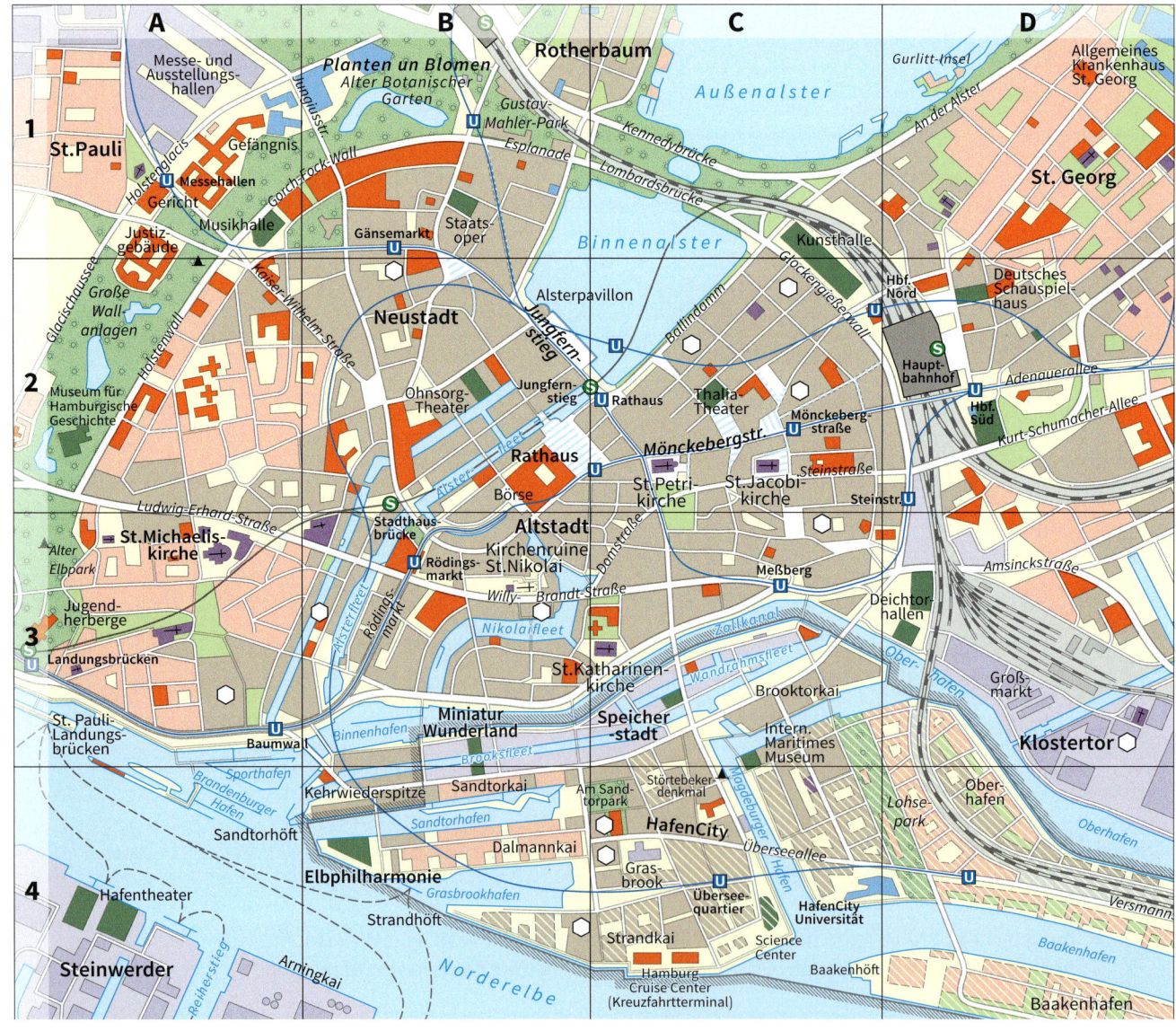

# Koordinatensystem

**1** Um Punkte in geometrischen Zeichnungen eindeutig anzugeben, wird ein Quadratgitter verwendet.
In dem abgebildeten Quadratgitter siehst du zwei zueinander senkrecht stehende Achsen, die x-Achse und die y-Achse. Sie liegen jeweils auf einer Gitterlinie und haben einen gemeinsamen Anfangspunkt.
Die Schnittpunkte der Gitterlinien sind die Gitterpunkte.

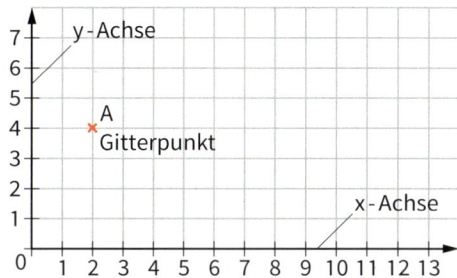

Der Punkt A ist ein Gitterpunkt. Seine Lage wird durch die x-Koordinate und die y-Koordinate festgelegt.
In den folgenden Abbildungen siehst du, wie du jeweils die x-Koordinate und die y-Koordinate des Punktes A ablesen kannst.

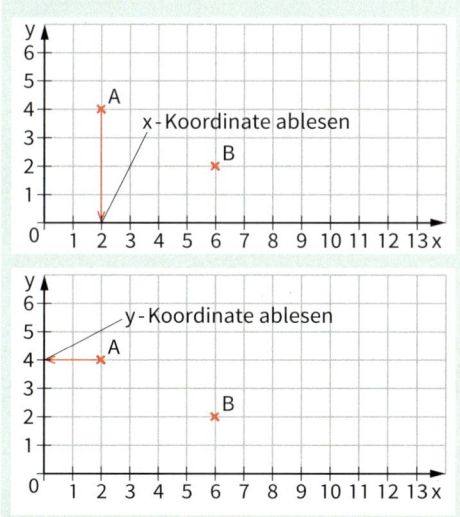

Der Punkt A hat die Koordinaten 2 und 4.

Das Zahlenpaar (2|4) gibt die Koordinaten des Punktes A an.
Bestimme die Koordinaten des Punktes B.

In einem Quadratgitter kann die Lage eines Punktes durch ein Zahlenpaar festgelegt werden.
Die waagerechte **x-Achse** (Rechtsachse) und die senkrechte **y-Achse** (Hochachse) bilden ein **Koordinatensystem.**

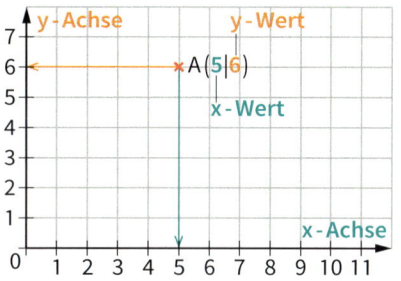

Der Punkt A hat die x-Koordinate 5 und die y-Koordinate 6. Man schreibt **A (5|6).**

*Die x- und die y-Koordinate werden in der Klammer durch einen senkrechten Strich getrennt.*

**2** Lies für jeden Punkt die Koordinaten ab.
Notiere zuerst die x-Koordinate und dann die y-Koordinate.

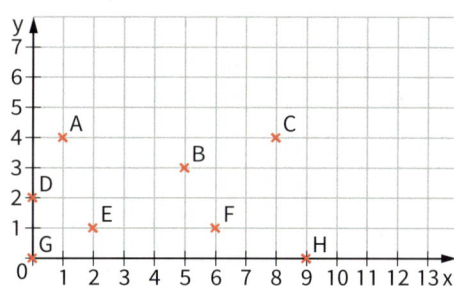

**3** Gib jeweils die Koordinaten der Eckpunkte an.

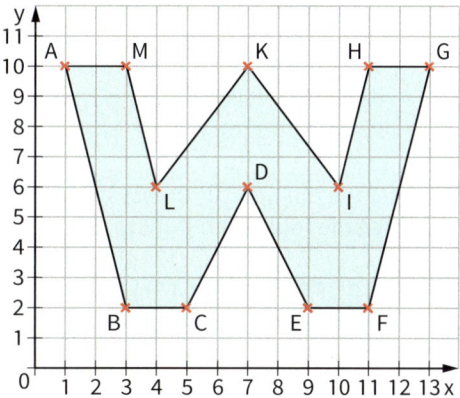

# Koordinatensystem

**4** Laura will die Punkte A (4|1), B (3|5), C (2|4), D (4|4), E (0|3), F (1|2) und G (5|4) in ein Koordinatensystem eintragen.
Die x-Achse und die y-Achse hat sie wie abgebildet bereits in ihr Heft eingezeichnet.
a) Beschreibe, wie sie die x-Achse eingeteilt und beschriftet hat.

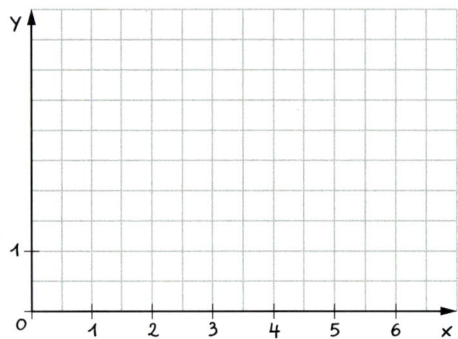

b) Vervollständige zunächst die Abbildung in deinem Heft zu einem Koordinatensystem. Trage anschließend die Punkte ein.

**5** Max will die Punkte A (11|6), B (7|3), C (3|5), D (0|4), E (11|0), F (8|6) und G (0|0) in ein Koordinatensystem eintragen.
a) Welche Einteilung der x-Achse hat Max hier bereits vorgenommen?

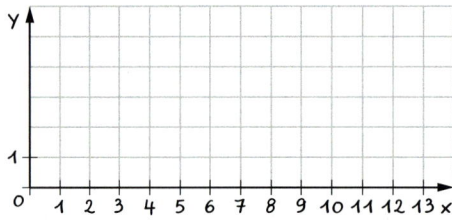

b) Vervollständige die Abbildung in deinem Heft zu einem Koordinatensystem und trage die Punkte ein.

**6** Zeichne ein Koordinatensystem und trage die folgenden Punkte ein:
A (12|8), B (7|15), C (1|14), D (4|4), E (0|9), F (11|5), G (5|11), H (9|0).
Überlege zunächst, welche Einteilung der Achsen zweckmäßig ist.
Beachte auch die notwendigen Längen der Achsen.

**7** Trage die Punkte zunächst in ein Koordinatensystem ein.
Verbinde die Punkte anschließend in der angegebenen Reihenfolge. Welche Figur erhältst du?

a)

| Punkte | Reihenfolge |
|---|---|
| A (2\|2), B (10\|2), C (10\|8), D (6\|12), E (2\|8) | A, E, D, C, E, B, A, C, B |

b)

| Punkte | Reihenfolge |
|---|---|
| A (1\|5), B (3\|2), C (6\|1), D (12\|2), E (17\|5), F (20\|2), G (20\|8), H (12\|8), I (6\|9), K (3\|4) | A, B, C, D, E, F, G, E, H, I, K, A |

c)

| Punkte | Reihenfolge |
|---|---|
| A (1\|6), B (3\|3), C (11\|2), D (20\|6), E (7\|6), F (7\|7), G (15\|7), H (7\|14) | F, G, H, E, A, B, C, D, E |

**8** Welche Figur ist in dem Koordinatensystem abgebildet?
Gib auch die Koordinaten ihrer Eckpunkte an.

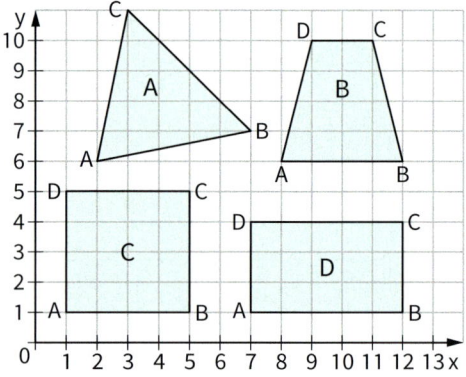

**9** Bestimme in einem Koordinatensystem die Koordinaten des fehlenden Eckpunktes. Du kannst alle Figuren in ein Koordinatensystem zeichnen.

| Quadrat | Rechteck 1 | Rechteck 2 |
|---|---|---|
| A (3\|4) | A (3\|10) | A (12\|2) |
| B (8\|3) | B (11\|12) | B (14\|6) |
| C (9\|8) | C (10\|16) | C (▦\|▦) |
| D (▦\|▦) | D (▦\|▦) | D (10\|3) |

# Gerade Linien – Strecke und Gerade

**1** Überall in deiner Umwelt findest du gerade Linien. Mit einem Laserstrahl werden in einem Tunnel Messungen durchgeführt.

a) Beschreibe jeweils, aus welchen Gründen in den folgenden Abbildungen eine Maurerschnur benutzt wird.

b) Zum Markieren gerader Linien wird häufig eine Schlagschnur verwendet.

Erkundige dich in einem Baumarkt, wie eine Schlagschnur funktioniert.

**2** Versuche aus freier Hand, fünf gerade Linien zu zeichnen. Wie kannst du anschließend überprüfen, ob die Linien gerade sind?

**3** Der Flughafen Frankfurt am Main ist der größte deutsche Verkehrsflughafen.

a) Beschreibe, wie Paula mithilfe der abgebildeten Karte die direkte Entfernung (Luftlinie) zwischen Frankfurt und Hamburg bestimmt hat.

| Flugstrecken | Länge auf der Karte | Entfernung der Städte |
|---|---|---|
| Frankfurt – Hamburg | 4 cm | 400 km |
| Frankfurt – Leipzig | ▨ | ▨ |
| Frankfurt – Nürnberg | ▨ | ▨ |
| Frankfurt – Köln | ▨ | ▨ |

b) Ergänze die Tabelle im Heft.

Eine **Strecke** ist die kürzeste Verbindung zwischen zwei Punkten.
Eine Strecke wird durch ihre Endpunkte oder mit kleinen lateinischen Buchstaben bezeichnet (a, b, c, ...).

Strecke $\overline{AB}$

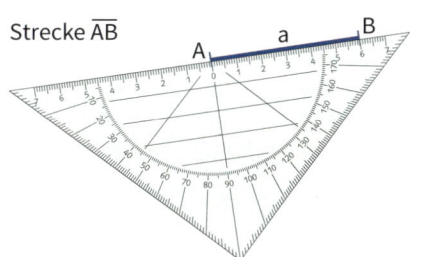

Die Länge einer Strecke kannst du messen.

# Gerade Linien – Strecke und Gerade

**4** Miss die Länge der Strecke.

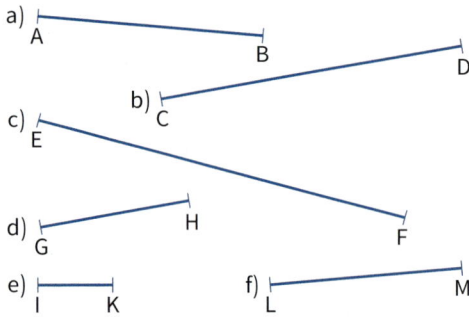

a) A — B
b) C — D
c) E — F
d) G — H
e) I — K
f) L — M

**5** Zeichne jeweils eine Strecke mit der angegebenen Länge in dein Heft.

| Strecke | $\overline{AB}$ | $\overline{CD}$ | $\overline{EF}$ | $\overline{GH}$ | $\overline{KL}$ |
|---------|------|------|--------|-------|--------|
| Länge | 3 cm | 4 cm | 3,5 cm | 56 mm | 4,6 cm |

| Strecke | $\overline{MN}$ | $\overline{OP}$ | $\overline{RS}$ | $\overline{TU}$ |
|---------|-------|-------|-------|-------|
| Länge | 29 mm | 8,5 cm | 92 mm | 6,3 cm |

**6** Zeichne die Strecke mit den angegebenen Endpunkten in ein Koordinatensystem. Gib die Koordinaten von drei weiteren Punkten an, die auf der Strecke liegen.

| | Koordinaten der Endpunkte | |
|----|----|----|
| a) | A (1\|3) | B (7\|15) |
| b) | C (4\|4) | D (14\|9) |
| c) | E (0\|0) | F (16\|4) |
| d) | G (2\|11) | H (14\|7) |
| e) | M (16\|15) | N (21\|5) |
| f) | O (2\|0) | P (12\|10) |

**7** a) Zeichne ein Koordinatensystem, bei dem die Einheit auf beiden Achsen 1 cm beträgt.
Trage die Punkte A (1\|1), B (10\|1), C (13\|5), D (7\|13) und E (1\|5) ein. Verbinde sie in der Reihenfolge A, B, C, D, E, A.
b) Vervollständige die Tabelle.

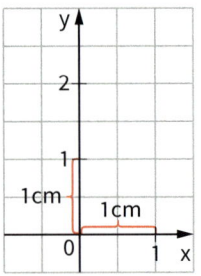

| Strecke | $\overline{AB}$ | $\overline{BC}$ | $\overline{CD}$ | $\overline{DE}$ | $\overline{EA}$ |
|---------|-----|-----|-----|-----|-----|
| Länge | | | | | |

c) Wie lang sind die angegebenen Strecken insgesamt?

**8** Denke dir eine Strecke $\overline{AB}$ jeweils über die Endpunkte A und B hinaus unendlich weit verlängert. Es entsteht eine Gerade. Begründe, warum du immer nur einen Ausschnitt der Geraden zeichnen kannst.

*Ich kann nicht weiter zeichnen.*

*Nimm doch ein größeres Blatt!*

---

**Gerade g**

g

Eine **Gerade** hat keinen Anfangspunkt und keinen Endpunkt. Geraden werden mit kleinen Buchstaben (g, h, a, b, …) bezeichnet.

**Gerade AB**

A            B

Zwei Punkte legen genau eine Gerade fest.

---

**9** Zeichne die Gerade, die durch die beiden angegebenen Punkte verläuft, in ein Koordinatensystem.
Gib die Koordinaten von drei weiteren Punkten an, die auf der Geraden liegen.
a) Gerade g: A (3\|2), B (8\|12)
b) Gerade h: C (1\|3), D (7\|9)
c) Gerade k: E (2\|6), F (10\|10)
d) Gerade p: G (3\|7), H (9\|1)
e) Gerade q: I (0\|9), K (10\|4)
f) Gerade r: L (4\|0), M (12\|4)

**10** Trage die Punkte A (2\|2), B (10\|2), C (12\|7), D (10\|11), E (10\|8), F (6\|2), G (12\|11), H (4\|11), I (6\|4) und K (6\|8) in ein Koordinatensystem ein.
Zeichne, wenn möglich, durch drei der angegebenen Punkte eine Gerade.

# Senkrechte Geraden – rechte Winkel

**1** a) Der Hausmeister hat im Klassenraum der 5 a ein Regal aufgestellt.

*Ich habe das Regal aufgebaut.*

*Das Regal sieht schief aus!*

Wie können die Schülerinnen und Schüler feststellen, ob der Hausmeister das Regal richtig zusammengebaut hat?

b) In das Regal sollen noch zwei weitere Bretter eingesetzt werden.

*Die Bretter muss ich auf 90 cm kürzen.*

Beschreibe ausführlich die einzelnen Schritte, die der Hausmeister für das Kürzen der Bretter ausführen muss.

**2** Falte wie abgebildet ein Stück Papier zweimal nacheinander. Achte darauf, dass beim zweiten Falten die Abschnitte der ersten Faltlinie genau aufeinander liegen.

Faltest du das Blatt wieder auseinander siehst du zwei senkrecht zueinander verlaufende Faltlinien. Sie bilden vier rechte Winkel.

**3** a) Suche an deinem Geodreieck Linien, die senkrecht zueinander stehen.
b) Wo vermutest du in deinem Klassenraum rechte Winkel? Überprüfe deine Vermutungen mit dem Geodreieck.

*Der Türrahmen ist schief.*

# Senkrechte Geraden – rechte Winkel

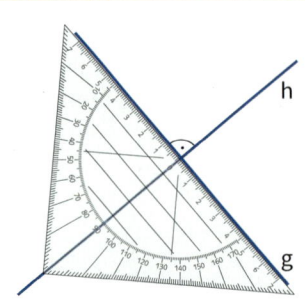

Die Geraden g und h stehen **senkrecht zueinander,** sie bilden **rechte Winkel.**

Man schreibt:     g ⊥ h
Man sagt:          g senkrecht zu h

In einer Zeichnung wird ein rechter Winkel durch das Symbol ⬐ gekennzeichnet.

**4** Überprüfe, ob die abgebildeten Geraden senkrecht zueinander sind.

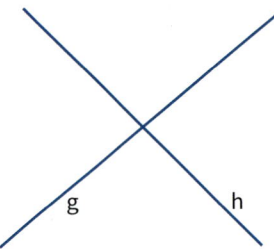

**5** Prüfe, welche Geraden senkrecht zueinander sind.

a)

b)

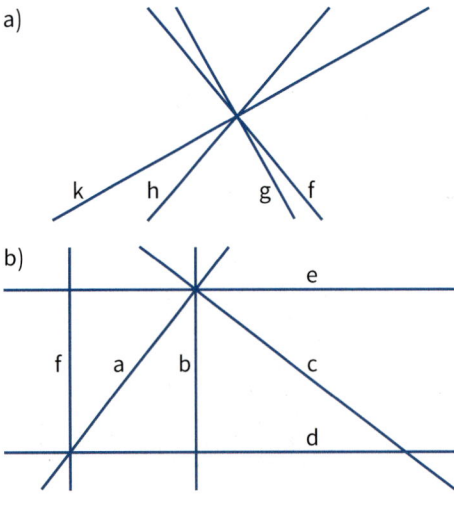

**6** Zeichne in einem Koordinatensystem durch die beiden angegebenen Punkte eine Gerade. Überprüfe, welche Geraden zueinander senkrecht sind.

| Gerade g | Gerade h | Gerade e |
|----------|----------|----------|
| A (2|2) | C (1|14) | E (3|10) |
| B (3|7) | D (6|3) | F (13|6) |

| Gerade f | Gerade k | Gerade m |
|----------|----------|----------|
| G (7|8) | I (11|1) | M (13|7) |
| H (8|13) | K (17|3) | N (15|1) |

**7** Die Abbildungen zeigen dir, wie du mit dem Geodreieck eine Senkrechte zu einer Geraden g durch einen Punkt P zeichnen kannst.

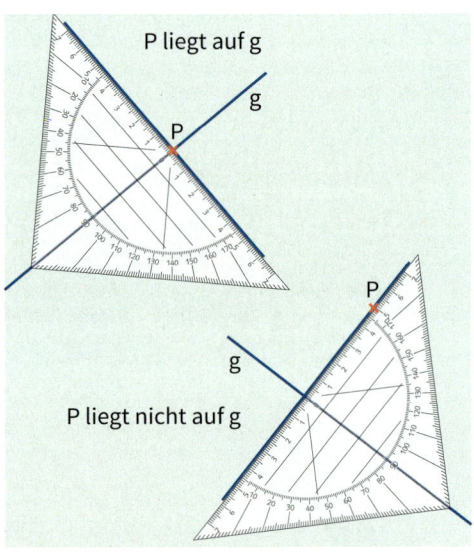

P liegt auf g

P liegt nicht auf g

Übertrage die Abbildung in dein Heft. Zeichne durch P die Senkrechte zu g.

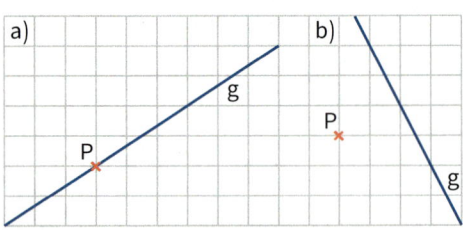

a)                                    b)

**8** Trage die Punkte A (1|3), B (12|2), C (5|1), D (13|7), E (2|7), F (11|10), G (13|4), H (6|11) und P (6|6) in ein Koordinatensystem ein. Zeichne von P aus jeweils die Senkrechte zu den Geraden AB, CD, EF und GH.

# Abstand

**1** Die Klassen 5 b und 5 c wollen ein Fußballspiel austragen. Merle und Janne überprüfen das Spielfeld. Dabei stellen sie fest, dass der Strafstoßpunkt nicht markiert ist.
Der Punkt muss von der Mitte der Torlinie acht Meter entfernt sein.

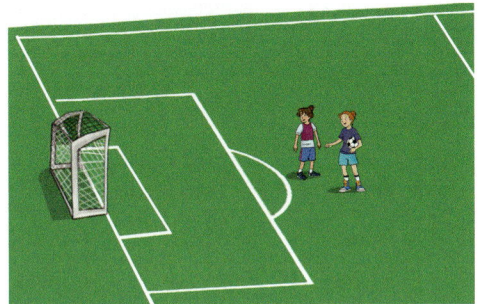

Wie werden sie vorgehen, um den Strafstoßpunkt erneut festzulegen?

**2** In der folgenden Abbildung ist der Punkt P jeweils mit den Punkten A, B, C, D und E der Geraden g verbunden.
Bestimme die kürzeste Verbindungsstrecke zwischen dem Punkt P und der Geraden g. Beschreibe auch die Lage dieser Strecke zu der Geraden g.

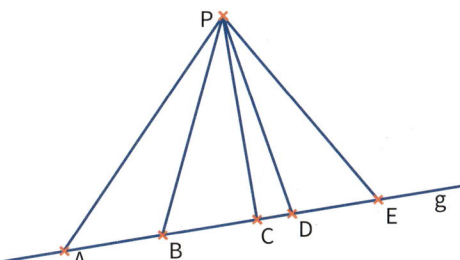

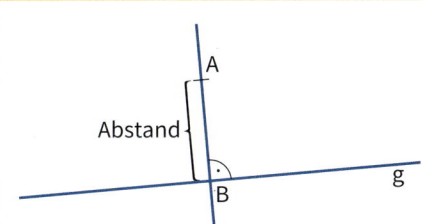

Die Länge der Strecke $\overline{AB}$ ist der **Abstand** des Punktes A von der Geraden g.
Der Abstand wird auf der Senkrechten zur Geraden g durch Punkt A gemessen.

**3** In der Abbildung siehst du, wie mithilfe des Geodreiecks der Abstand des Punktes P von der Geraden g bestimmt wird.

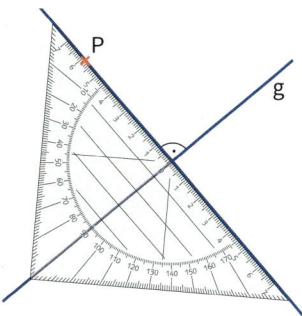

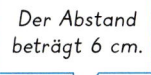
Der Abstand beträgt 6 cm.

Zeichne in ein Koordinatensystem eine Gerade durch die Punkte A (2 | 2) und B (10 | 6) sowie den Punkt P (10 | 1). Bestimme den Abstand des Punktes P von der Geraden AB.

**4** Zeichne in einem Koordinatensystem (Einheit auf beiden Achsen: 1 cm) zunächst durch die beiden ersten in der Tabelle genannten Punkte eine Gerade. Trage anschließend den dritten Punkt mit den angegebenen Koordinaten in das Koordinatensystem ein. Bestimme den Abstand dieses Punktes von der Geraden.

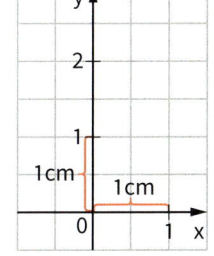

| a) | b) | c) |
|---|---|---|
| Gerade g | Gerade h | Gerade e |
| A (3 | 3) | C (9 | 2) | E (3 | 6) |
| B (7 | 1) | D (11 | 8) | F (6 | 12) |
| P (7 | 6) | R (13 | 4) | S (0 | 12) |

**5** Zeichne eine Gerade g in dein Heft. Die Gerade soll nicht auf einer Gitterlinie liegen.
Zeichne die Punkte A, B, C, D und E so in dein Heft, dass sie den angegebenen Abstand von der Gerade g haben.

| Punkt | Abstand von g |
|---|---|
| A | 4,5 cm |
| B | 38 mm |
| C | 2,8 cm |
| D | 54 mm |
| E | 1,8 cm |

# Parallele Geraden

**1** Auf dem Foto siehst du einen Abschnitt einer geraden Gleisstrecke.

Die Schienen eines Gleises verlaufen zueinander parallel. Wo kommen in deiner Umgebung jeweils gerade Linien (Strecken, Kanten) vor, die zueinander parallel sind?

**2** Falte aus einem Stück Papier zunächst einen rechten Winkel. Falte wie abgebildet noch einmal so, dass die Abschnitte der ersten Faltlinie genau aufeinanderliegen.

Falte das Blatt wieder auseinander.

Wie liegen die Faltlinien zueinander? Beschreibe ihren Verlauf.

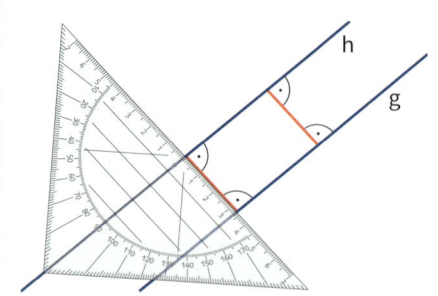

Zwei Geraden g und h, die zu einer dritten Geraden senkrecht stehen, heißen **zueinander parallel.**

Man schreibt:       g ∥ h
Man sagt:       g parallel zu h

Zueinander **parallele Geraden** haben überall den **gleichen Abstand.**

**3** Mit den parallelen Hilfslinien auf dem Geodreieck kannst du überprüfen, ob die abgebildeten Geraden zueinander parallel sind.

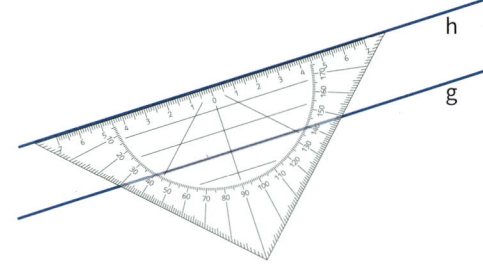

Welche Geraden sind zueinander parallel? Schreibe so: a ∥ b.

a)

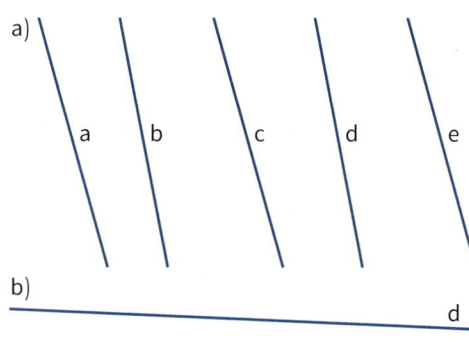

# Parallele Geraden

**4** Paul prüft, ob die Geraden g und h zueinander parallel verlaufen. Beschreibe anhand der Abbildungen, wie er dabei vorgegangen ist.

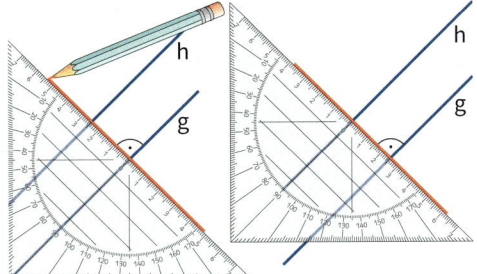

**5** Zeichne in einem Koordinatensystem durch die beiden angegebenen Punkte jeweils eine Gerade. Überprüfe, welche Geraden zueinander parallel sind.

| Gerade a | Gerade b | Gerade c | Gerade d |
|---|---|---|---|
| A (1 \| 2) | C (5 \| 0) | E (4 \| 2) | G (2 \| 10) |
| B (9 \| 6) | D (12 \| 7) | F (13 \| 5) | H (1 \| 14) |

| Gerade e | Gerade f | Gerade g | Gerade h |
|---|---|---|---|
| K (3 \| 5) | M (2 \| 6) | O (5 \| 6) | R (8 \| 1) |
| L (9 \| 11) | N (12 \| 11) | P (11 \| 8) | S (14 \| 3) |

So kannst du durch einen Punkt P eine Parallele zu einer Geraden g zeichnen:

1. Zeichne durch den Punkt P die Senkrechte zu g. Bezeichne die Senkrechte mit s.

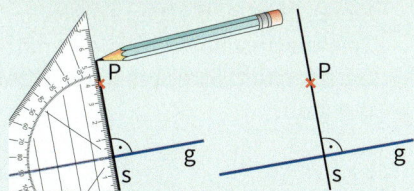

2. Zeichne durch den Punkt P die Senkrechte zu s. Du erhältst die Parallele h zur Geraden g.

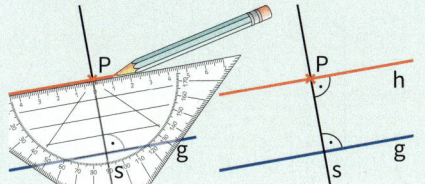

**6** Übertrage den Punkt A und die Gerade g in ähnlicher Lage in dein Heft.
Zeichne die Parallele zu der Geraden g durch den Punkt A.

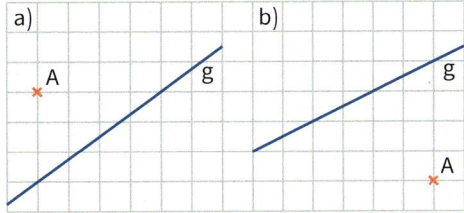

**7** Zeichne in einem Koordinatensystem (Einheit auf beiden Achsen: 1 cm) zunächst durch die ersten beiden in der Tabelle genannten Punkte eine Gerade. Trage dann den dritten Punkt mit den angegebenen Koordinaten in das Koordinatensystem ein.
Zeichne eine Parallele zu der Geraden durch den dritten Punkt.
Bestimme dann den Abstand der beiden Parallelen.

| a) | b) | c) |
|---|---|---|
| Gerade g | Gerade h | Gerade k |
| A (0 \| 2) | C (2 \| 14) | E (1 \| 1) |
| B (16 \| 14) | D (14 \| 5) | F (10 \| 13) |
| P (4 \| 10) | Q (6 \| 6) | R (1 \| 6) |

**8** Zeichne eine Gerade g schräg in dein Heft. Zeichne zu g eine Parallele mit dem folgenden Abstand:
a) 4 cm    b) 5 cm    c) 35 mm  d) 2,5 cm
e) 4,3 cm  f) 58 mm  g) 6,8 cm  h) 72 mm

**9** Übertrage die Geraden g und h in ähnlicher Lage in dein Heft.
Zeichne anschließend einen Punkt A, der von g und h jeweils den Abstand 3 cm hat. Beschreibe dein Vorgehen.

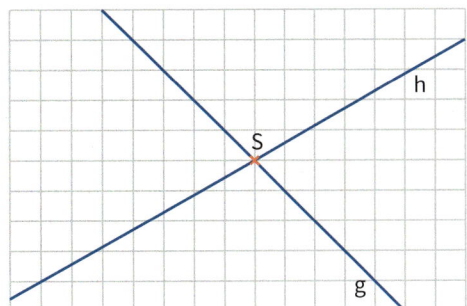

# Arbeiten mit dem Computer: Figuren im Koordinatensystem

**1** a) Starte dein Geometrieprogramm. Du erhältst in der Grafikansicht ein Zeichenblatt, auf dem ein Koordinatensystem abgebildet ist.
Am oberen Rand des Zeichenblatts siehst du eine Werkzeugleiste. Einige Werkzeuge sind hier abgebildet.

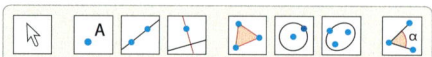

Verschiebe mit dem Werkzeug „Bewege" das Zeichenblatt so, dass du das abgebildete Koordinatensystem erhältst.

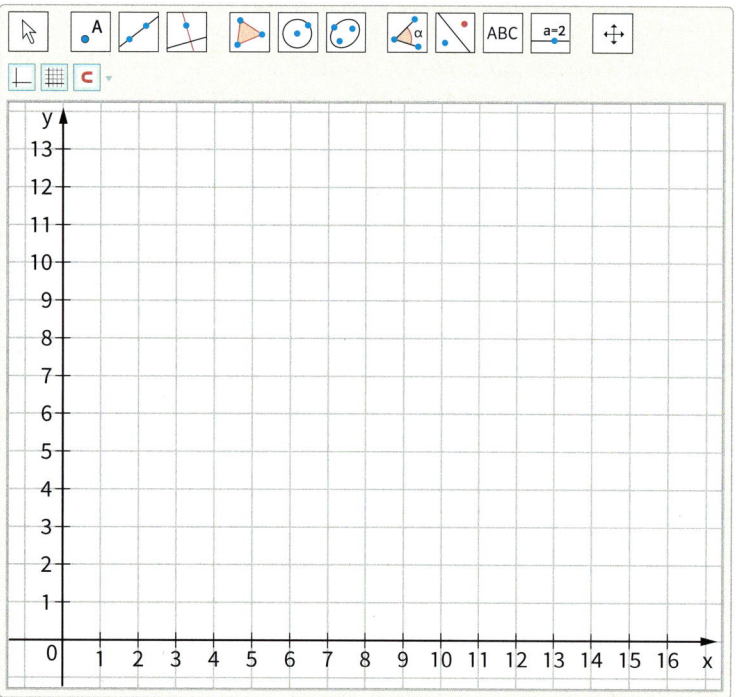

Mithilfe des links abgebildeten Werkzeugs kannst du Punkte in das Koordinatensystem eintragen.
Trage die Punkte A (3|5), B (5|5), C (4|4) mit den angegebenen Koordinaten in das Koordinatensystem ein.

b) Aktiviere auf der Werkzeugleiste das Werkzeug „Gerade".
Zeichne hiermit in das Koordinatensystem jeweils eine Gerade durch die Punkte D (2|1) und E (6|1), E (6|1) und F (7|7), F (7|7) und G (1|6) sowie G (1|6) und D (2|1).

c) Über das Menü beim Werkzeug „Gerade" lässt sich eine Liste mit weiteren Werkzeugen anzeigen.

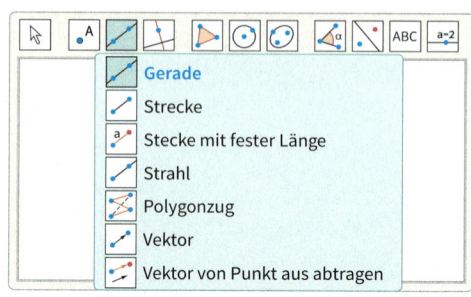

Wähle hier das Werkzeug „Strecke" aus und zeichne eine Strecke vom Punkt H (2|3) zum Punkt I (3|2), dann vom Punkt I zum Punkt J (5|2) und vom Punkt J zum Punkt K (6|3).

d) Der Endpunkt K der Strecke $\overline{JK}$ soll umbenannt werden.
Klicke dafür zunächst mit der rechten Maustaste auf den Punkt K, wähle anschließend in dem aufgeklappten Menü das Werkzeug „Umbenennen" aus und gib einen neuen Namen ein.

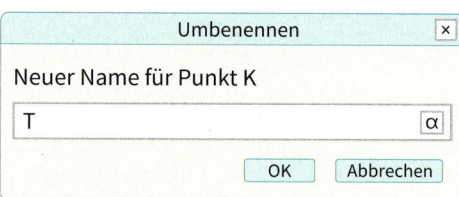

e) Wähle im Menü „Datei" den Punkt „Neues Fenster" aus, um wieder ein leeres Zeichenblatt zu erhalten.
Zeichne anschließend die Punkte, Geraden und Strecken in der Abbildung ab.

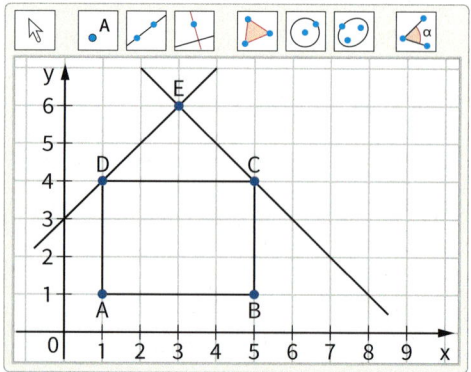

# Arbeiten mit dem Computer: Figuren im Koordinatensystem

**2** Trage den Punkt A (5|5) in das Koordinatensystem ein.
Aktiviere über das kleine Dreieck beim Werkzeug „Gerade" die Liste mit weiteren Werkzeugen und wähle anschließend das Werkzeug „Strecke mit fester Länge" aus.

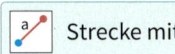 Strecke mit fester Länge

Klicke nun auf dem Zeichenblatt auf den Punkt A. Du wirst aufgefordert in einem Fenster die Streckenlänge einer Strecke einzugeben.

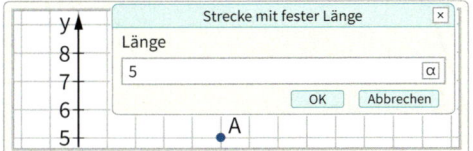

Trage hier den Wert 5 ein. Es wird die Strecke $\overline{AB}$ gezeichnet.

Zeichne von den Punkten A und B jeweils die Senkrechte zu der Strecke $\overline{AB}$. Benutze hierzu das Werkzeug „Senkrechte Gerade". Klicke zuerst auf den jeweiligen Punkt und dann auf die Strecke $\overline{AB}$.

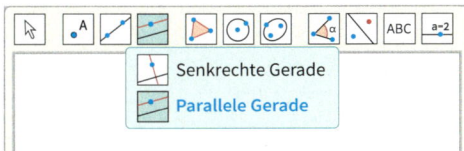

Füge dem Koordinatensystem den Punkt C (5|8) hinzu und konstruiere vom Punkt C aus eine parallele Gerade zur Strecke $\overline{AB}$.

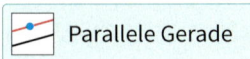 Parallele Gerade

Benutze hierzu das Werkzeug "Parallele Gerade". Klicke zuerst auf den Punkt C und dann auf die Strecke $\overline{AB}$.

Füge, wie im Beispiel dargestellt, den Punkt D hinzu.

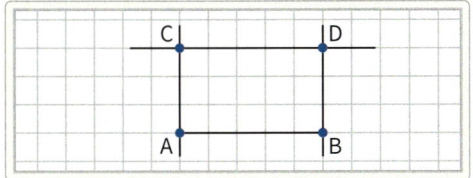

Verschiebe den Punkt B so, dass er die Koordinaten (8|9) hat.

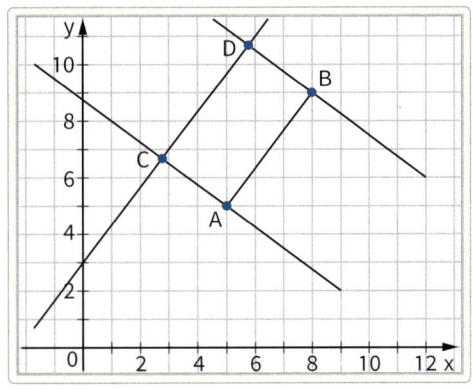

*Für die Aufgaben auf dieser Seite lege ich mir jeweils ein neues Zeichenblatt an.*

Kannst Du den Punkt B noch an andere Stellen verschieben, so dass die Koordinaten des Punktes ganze Zahlen bleiben?

**3** a) Zeichne eine Strecke vom Punkt A (1|1) zum Punkt B (5|4). Aktiviere über das kleine Dreieck des abgebildeten Werkzeugs „Winkel" die Liste mit weiteren Werkzeugen und wähle daraus das Werkzeug „Abstand oder Länge" aus.

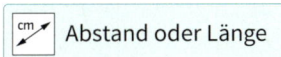 Abstand oder Länge

Hiermit lässt sich die Länge der Strecke $\overline{AB}$ bestimmen, indem man beide Endpunkte der Strecke markiert. Das Messergebnis wird in Zentimeter angezeigt.

b) Miss die Länge der Strecke durch die Punkte C (3|4) und D (6|1) und durch E (2|1) und F (4|3).

**4** Erstelle die folgende Abbildung.

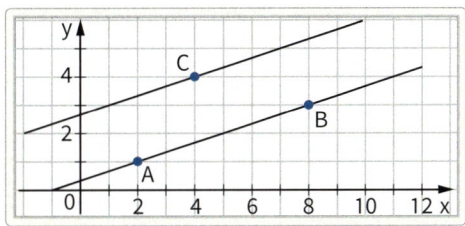

Markiere auf der Geraden AB einen Punkt D. Verschiebe diesen Punkt D so, dass die Strecke $\overline{CD}$ möglichst kurz wird.

# Graphen im Koordinatensystem

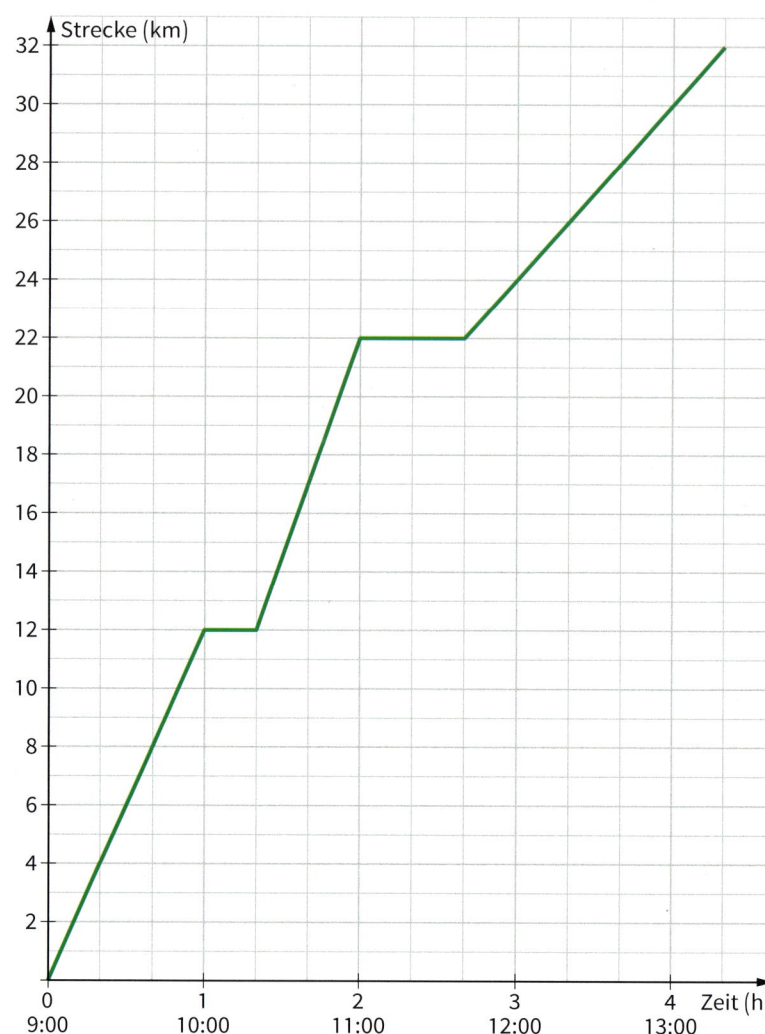

**1** Eine Jugendgruppe fährt mit dem Fahrrad vom Jugendzentrum zur nächstgelegenen Jugendherberge.
Im Koordinatensystem wird die Fahrt mithilfe eines Graphen dargestellt.

a) Schau dir die Achsen und ihre Einteilung an. Was wird auf der x-Achse (y-Achse) dargestellt?

b) Um welche Uhrzeit fährt die Jugendgruppe am Jugendzentrum los?

c) Am Aussichtsturm unterbricht die Gruppe ihre Fahrt, um den Turm zu besteigen. Wie kannst du das am Graphen erkennen? Wie lange dauert die Unterbrechung?

d) Nach welcher Fahrzeit erreicht die Gruppe den Aussichtsturm? Wie spät ist es dann?

e) Wie viel Kilometer ist sie bis zum Aussichtsturm gefahren?

f) Um welche Uhrzeit erreicht die Gruppe den Rastplatz? Wie viel Kilometer hat sie bis dahin insgesamt zurückgelegt? Wie lange macht sie dort Pause?

g) Um welche Uhrzeit fährt die Gruppe unter der Autobahn hindurch? Woran kannst du am Graphen erkennen, dass sie dort nicht anhält?

h) Wann kommt die Gruppe in der Jugendherberge an? Wie viel Kilometer hat sie insgesamt zurückgelegt?

k) Berechne die reine Fahrzeit.

# Graphen im Koordinatensystem

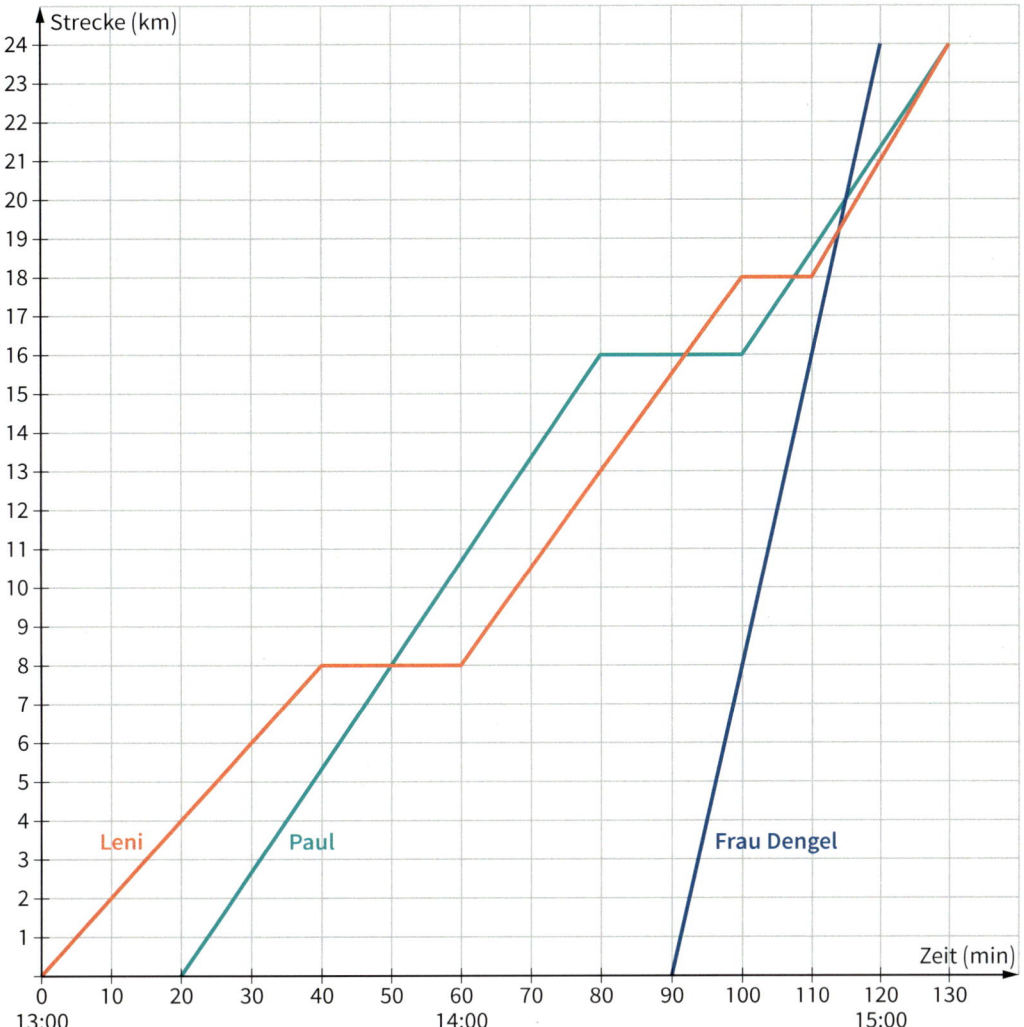

**2** Leni und Paul fahren mit ihrem Rad dieselbe Strecke. Frau Dengel legt den gleichen Weg mit dem Auto zurück. Im Koordinatensystem wird der zeitliche Verlauf dieser Wege mithilfe von Graphen dargestellt.

a) Nach welcher Fahrzeit macht Leni eine Pause? Wie viel Kilometer hat sie bis dahin zurückgelegt? Wie spät ist es zu Beginn der Pause? Wie lange dauert die Pause?

b) Wann treffen sich Leni und Paul zum ersten Mal?

c) Wann kommt Leni an ihrem Ziel an? Wie viel Kilometer hat sie bis dahin zurückgelegt?

d) Beschreibe anhand der Graphen Pauls Fahrt und die Fahrt von Frau Dengel.

e) Wie kannst du anhand der Graphen erkennen, ob Leni oder Paul schneller fährt?

f) Übertrage die Tabelle in dein Heft und vervollständige sie mithilfe des zugehörigen Graphen.

**Fahrt von Frau Dengel**

| Fahrzeit (min) | Strecke (km) |
|---|---|
| 0 | 0 |
| 10 | ▨ |
| 20 | ▨ |
| 30 | ▨ |

g) Lege wie in Teilaufgabe f) eine Tabelle für die Fahrt von Leni an und vervollständige sie mithilfe des Graphen.

# Graphen im Koordinatensystem

**3** Im Jahr 2019 war der Weserradweg der beliebteste Fernradweg in Deutschland. Er führt vom Zusammenfluss von Fulda und Werra entlang der Weser bis zu ihrer Mündung in die Nordsee.
In der Abbildung siehst du das Höhenprofil der Etappe von Bad Karlshafen nach Höxter. Dabei wird auf der x-Achse die zurückgelegte Strecke dargestellt und auf der y-Achse die Höhe über dem Meeresspiegel.

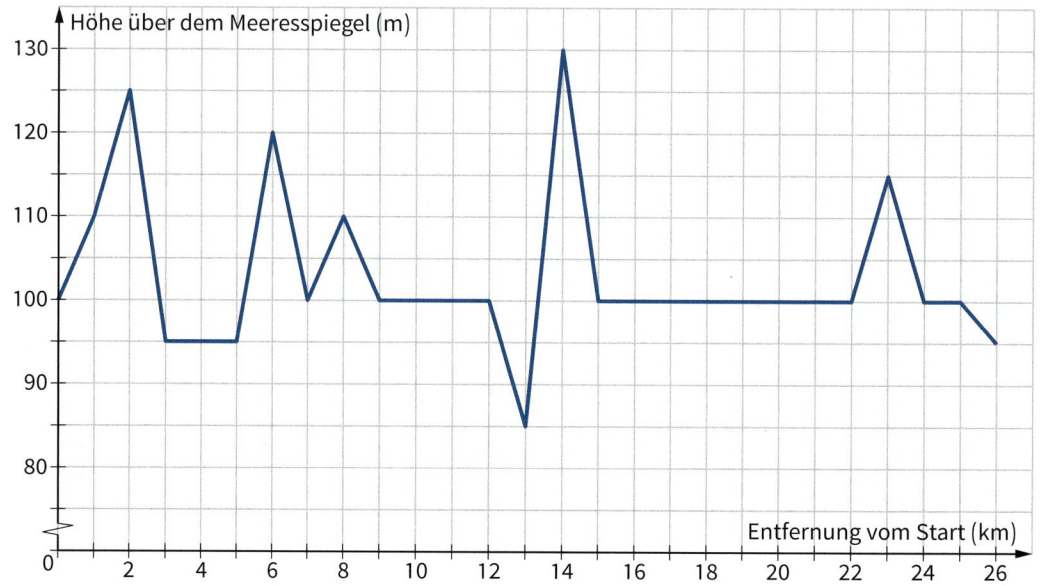

Familie Grüning fährt von Bad Karlshafen nach Höxter.

a) Vervollständige die Tabelle mithilfe des Höhenprofils.

| Entfernung von Bad Karlshafen (km) | 1 | 4 | 9 | 14 |
|---|---|---|---|---|
| Höhe über dem Meeresspiegel (m) | | | | |

| Entfernung von Bad Karlshafen (km) | 17 | 20 | 23 | 26 |
|---|---|---|---|---|
| Höhe über dem Meeresspiegel (m) | | | | |

b) Wie hoch liegt der höchste (niedrigste) Punkt dieser Etappe? Wie viel Kilometer ist er vom Ausgangspunkt der Etappe entfernt?

c) Wie viel Meter liegt der Anfangspunkt der Etappe höher als der Endpunkt?

d) Anna erzählt ihrer Freundin von der Radtour mit ihrer Familie.

Gleich nach dem Start mussten wir eine starke Steigung überwinden ...

nach zwei Kilometern ging es wieder bergab ...

dann fuhren wir zwei Kilometer auf ebener Strecke ...

Setze Annas Bericht fort. Achte auf das Höhenprofil.

# Graphen im Koordinatensystem

**4** Ben hat großes Interesse daran, das Wetter zu beobachten. Mithilfe eines Thermographen kann er die Lufttemperatur messen und aufzeichnen.
In der Abbildung siehst du die Temperaturkurve, die der Thermograph am 12. April aufgezeichnet hat.

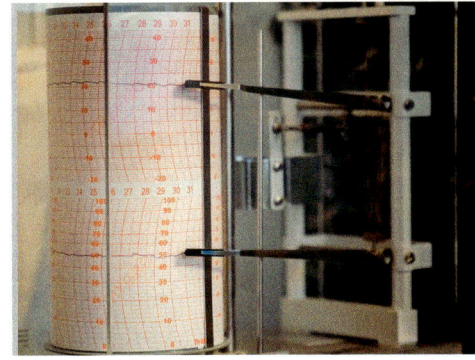

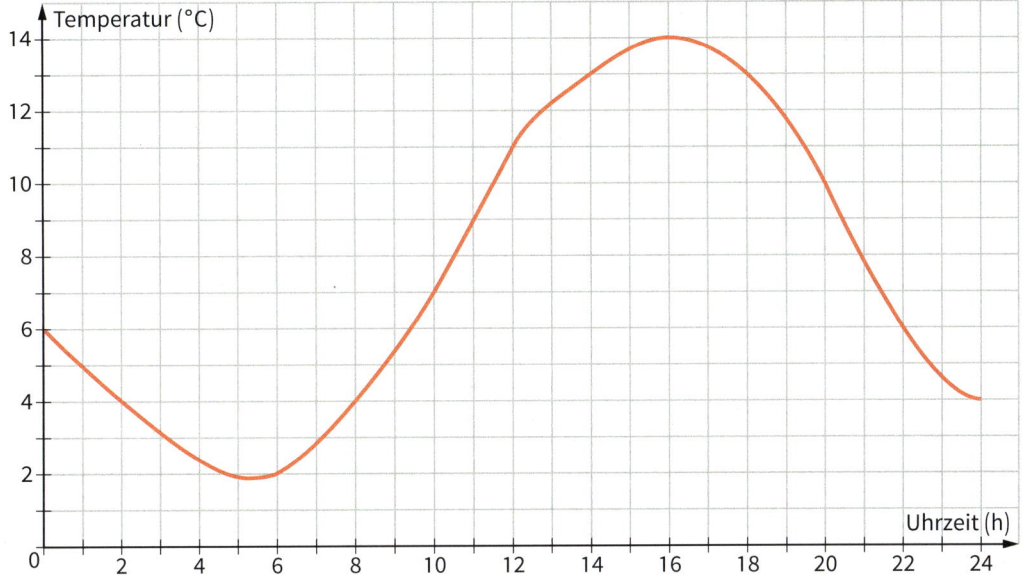

a) Übertrage die Tabelle in dein Heft und vervollständige sie. Lies dazu die fehlenden Werte aus der abgebildeten Temperaturkurve ab.

| Uhrzeit (h) | 0 | 2 | 4 | 6 | 8 | 10 |
|---|---|---|---|---|---|---|
| Temperatur (°C) | ▨ | ▨ | ▨ | ▨ | ▨ | ▨ |

| Uhrzeit (h) | 12 | 14 | 16 | 18 | 22 | 24 |
|---|---|---|---|---|---|---|
| Temperatur (°C) | ▨ | ▨ | ▨ | ▨ | ▨ | ▨ |

b) Zu welchem Zeitpunkt wird am 12. April die höchste (niedrigste) Temperatur erreicht?

c) Um wie viel Grad unterscheidet sich die höchste von der niedrigsten Temperatur des Tages?

d) In welchen Zeitspannen steigt (fällt) die Temperatur?

**5** An einem anderen Tag hat Ben die in der Tabelle angegebenen Lufttemperaturen gemessen.

| Uhrzeit (h) | 0 | 2 | 4 | 6 | 8 | 10 |
|---|---|---|---|---|---|---|
| Temperatur (°C) | 5 | 3 | 2 | 1 | 6 | 8 |

| Uhrzeit (h) | 12 | 14 | 16 | 18 | 22 | 24 |
|---|---|---|---|---|---|---|
| Temperatur (°C) | 9 | 10 | 12 | 13 | 8 | 6 |

a) Zeichne ein Koordinatensystem, das genauso wie das abgebildete Koordinatensystem aussieht.

b) Trage die Zeiten mit den dazugehörenden Temperaturen als Punkte in das Koordinatensystem ein.

c) Zeichne durch die Punkte eine Temperaturkurve.

# WISSEN KOMPAKT

## Koordinatensystem

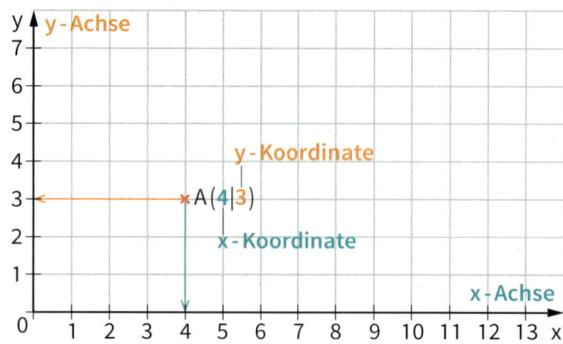

Die waagerechte **x-Achse** und die senkrechte **y-Achse** bilden ein **Koordinatensystem.**
In einem Koordinatensystem kann die Lage eines Punktes durch ein Zahlenpaar festgelegt werden.

Der abgebildete Punkt A hat die x-Koordinate 4 und die y-Koordinate 3.

Man schreibt: **A (4 | 3)**

## Figuren im Koordinatensystem

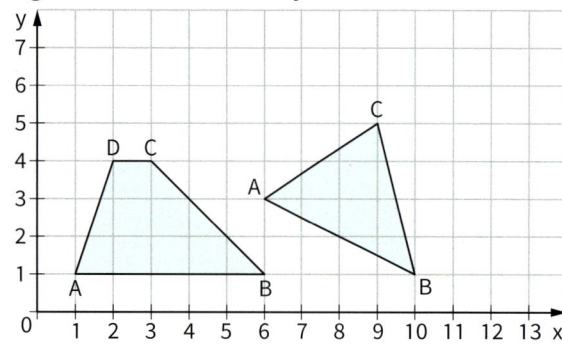

Trapez

Koordinaten der Eckpunkte:
A (1 | 1), B (6 | 1), C (3 | 4), D (2 | 4)

Dreieck

Koordinaten der Eckpunkte:
A (6 | 3), B (10 | 1), C (9 | 5)

## Graphen im Koordinatensystem

Lufttemperaturen am 1. September

| Uhrzeit (h) | 0 | 3 | 6 | 9 | 12 | 15 | 18 | 21 | 24 |
|---|---|---|---|---|---|---|---|---|---|
| Temperatur (°C) | 8 | 6 | 5 | 10 | 14 | 16 | 15 | 11 | 9 |

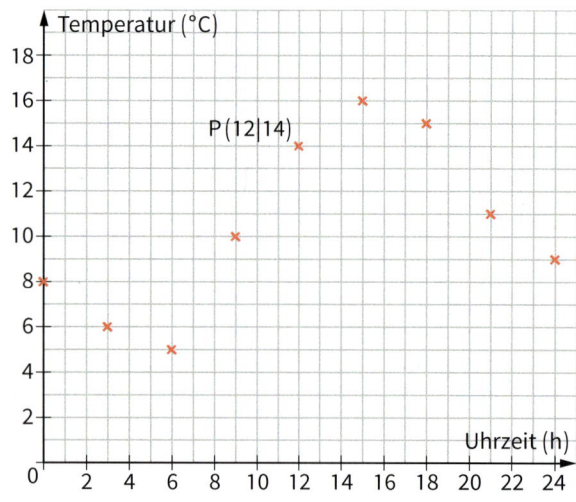

Jedes Wertepaar in der Tabelle kann als Punkt in das Koordinatensystem eingetragen werden:

Um 12 Uhr beträgt die Temperatur 14 °C.

x-Wert:  12
y-Wert:  14

Koordinaten des Punktes:  P (12 | 14)

# WISSEN KOMPAKT

## Gerade Linien – Strecke und Gerade

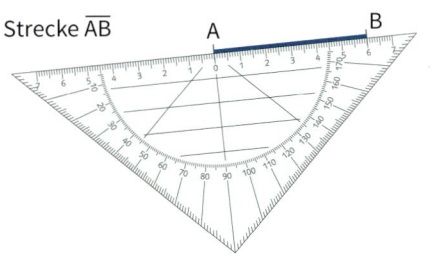

Strecke $\overline{AB}$

Eine Strecke ist die kürzeste Verbindung zwischen zwei Punkten.

Eine Strecke wird durch ihre Endpunkte oder mit kleinen Buchstaben bezeichnet.
Die Länge einer Strecke kannst du messen.

Gerade g

Eine Gerade hat keinen Anfangspunkt und keinen Endpunkt.

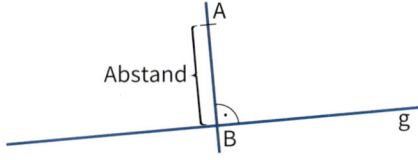

Gerade AB

Geraden werden mit kleinen Buchstaben (g, h, a, b, …) bezeichnet.
Zwei Punkte legen genau eine Gerade fest.

## Senkrechte Geraden – rechte Winkel

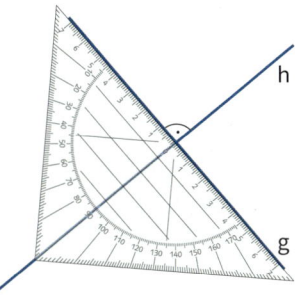

Die Geraden g und h stehen senkrecht zueinander, sie bilden rechte Winkel.

Man schreibt:     $g \perp h$
Man sagt:          g senkrecht zu h

In einer Zeichnung wird ein rechter Winkel durch das Symbol ⦜ gekennzeichnet.

## Abstand

Abstand

Die Länge der Strecke $\overline{AB}$ ist der Abstand des Punktes A von der Geraden g.

Der Abstand wird auf der Senkrechten zur Geraden g durch Punkt A gemessen.

## Parallele Geraden

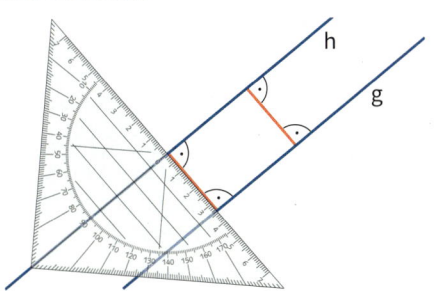

Zwei Geraden g und h, die zu einer dritten Geraden senkrecht stehen, heißen zueinander parallel.

Man schreibt:     $g \parallel h$
Man sagt:          g parallel zu h

Zueinander parallele Geraden haben überall den gleichen Abstand.

# ÜBEN

**1** Trage die Punkte A (9|2), B (14|4), C (16|9), D (14|14), E (9|16), F (4|14), G (2|9) und H (4|4) in ein Koordinatensystem ein. Verbinde die Punkte in der Reihenfolge A, B, C, D, E, F, G, H und A.

Schreibe:
$\overline{AB}$ = 4 cm

**2** Miss jeweils die Länge der abgebildeten Strecke. Notiere dein Ergebnis.

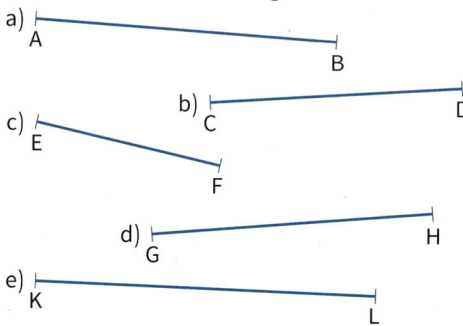

**3** a) Trage die Punkte A (8|1), B (14|9), C (0|9), D (4|6), E (1|1), F (13|10), G (2|10), H (14|15), I (7|14) und K (12|2) in ein Koordinatensystem ein (Einheit auf beiden Achsen: 1 cm).
b) Zeichne jeweils die Strecke $\overline{AB}$, $\overline{CD}$, $\overline{EF}$, $\overline{GH}$ und $\overline{IK}$.
c) Miss die Länge jeder Strecke.

**4** a) Zeichne durch die beiden in der Tabelle angegebenen Punkte eine Gerade.

| Gerade g | Gerade h | Gerade k |
|----------|----------|----------|
| A (0\|1) | C (12\|1) | E (2\|3) |
| B (5\|11) | D (8\|9) | F (8\|3) |

b) Notiere für jede Gerade drei weitere Punkte, die auf der Geraden liegen.
c) Gib die Koordinaten des Schnittpunkts der Geraden g und h (g und k, h und k) an.

**5** Trage die Punkte A (2|2), B (10|4), C (14|5), D (12|13), E (2|12), F (10|10), G (0|10) und P (5|7) in ein Koordinatensystem ein.
Zeichne von P aus jeweils die Senkrechte zu der Geraden AB, CD, EF und GA. Wo trifft die Senkrechte jeweils auf die Gerade? Gib die Koordinaten dieses Punktes an.

**6** a) Zeichne durch die beiden in der Tabelle angegebenen Punkte eine Gerade. Bezeichne die Gerade mit dem zugehörigen kleinen Buchstaben.

| Gerade g | Gerade h | Gerade e |
|----------|----------|----------|
| A (2\|2) | C (1\|4) | E (3\|10) |
| B (3\|7) | D (6\|3) | F (13\|6) |

| Gerade f | Gerade k | Gerade m |
|----------|----------|----------|
| G (7\|8) | I (11\|11) | M (13\|7) |
| H (8\|13) | K (17\|3) | N (15\|1) |

b) Überprüfe mit dem Geodreieck, ob die Geraden zueinander senkrecht (⊥) oder nicht senkrecht (∦) sind. Schreibe: g ⊥ h oder g ∦ h.

**7** Zeichne in ein Koordinatensystem die angegebene Gerade und den angegebenen Punkt. Zeichne durch den Punkt die Parallele zu der Geraden. Bestimme den Abstand der beiden Parallelen.
a) Gerade AB: A (2|1); B (8|5) Punkt P (3|6)
b) Gerade CD: C (5|14); D (12|7) Punkt R (2|9)

**8** a) Zeichne die Gerade g durch die Punkte A (3|7) und B (11|7) sowie die Gerade h durch die Punkte C (1|4) und D (13|13) in ein Koordinatensystem (Einheit auf beiden Achsen: 1 cm).
b) Die Punkte E und F liegen auf der Geraden h. Beide Punkte haben von der Geraden g den Abstand 3 cm. Bestimme die Koordinaten von E und F.
c) Die Punkte G und H liegen auf der Geraden h und haben jeweils von der Geraden g den Abstand 1,5 cm. Gib die Koordinaten von G und H an.

**9** a) Trage in ein Koordinatensystem alle Punkte ein, bei denen die x-Koordinate genauso groß ist wie die y-Koordinate (die x-Koordinate doppelt so groß ist wie die y-Koordinate, die y-Koordinate doppelt so groß ist wie die x-Koordinate).
b) Verbinde die eingetragenen Punkte. Was stellst du fest?

**10** a) Zeichne die Gerade g durch die Punkte A (6|1) und B (14|7) in ein Koordinatensystem (Einheit auf beiden Achsen: 1 cm).

b) Die Gerade h verläuft durch den Punkt C (4|6) und parallel zur Geraden g. Zeichne h in das Koordinatensystem ein.

c) Bestimme den Abstand der Geraden g und h.

d) Begründe, dass der Punkt D (11|8) von den Geraden g und h jeweils denselben Abstand hat.

e) Bestimme die Koordinaten von zwei weiteren Punkten E und F, die von den Geraden g und h jeweils denselben Abstand haben.

f) Verbinde die Punkte D, E und F. Was stellst du fest?

**11** a) In der Abbildung sind vier Geraden dargestellt. Bestimme die Anzahl der Punkte, in denen sich mindestens zwei Geraden schneiden.

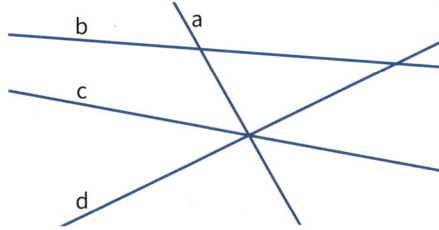

b) Ordne vier Geraden so an, dass du möglichst viele Schnittpunkte erhältst.

c) Zeichne fünf Geraden so, dass insgesamt zehn Schnittpunkte entstehen.

**12** In der Abbildung sind einzelne Strecken zu einem geschlossenen Streckenzug aneinandergereiht. In dem Streckenzug tritt eine Überschneidung auf.

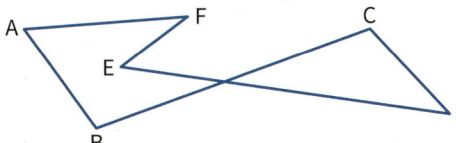

Ordne sechs Punkte in deinem Heft so an, dass du sie zu einem geschlossenen Streckenzug verbinden kannst, bei dem zwei (drei) Überschneidungen auftreten.

**13** Im abgebildeten Koordinatensystem wird der Temperaturverlauf in Braunschweig an einem Tag im Juni dargestellt.

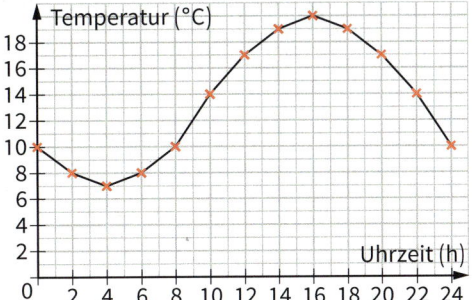

a) Übertrage die Tabelle in dein Heft und vervollständige sie. Lies dazu die fehlenden Werte aus der abgebildeten Temperaturkurve ab.

| Uhrzeit (h) | 0 | 2 | 4 | 6 | 8 | 10 |
|---|---|---|---|---|---|---|
| Temperatur (°C) | ▦ | ▦ | ▦ | ▦ | ▦ | ▦ |

| Uhrzeit (h) | 12 | 14 | 16 | 18 | 22 | 24 |
|---|---|---|---|---|---|---|
| Temperatur (°C) | ▦ | ▦ | ▦ | ▦ | ▦ | ▦ |

b) Zu welchem Zeitpunkt wird die höchste (niedrigste) Temperatur erreicht?

c) Um wie viel Grad unterscheidet sich die höchste von der niedrigsten Temperatur des Tages?

d) In welchen Zeitspannen steigt (fällt) die Temperatur?

**14** An einem Tag im September wurden in Emden die in der Tabelle angegebenen Lufttemperaturen gemessen.

| Uhrzeit (h) | 0 | 2 | 4 | 6 | 8 | 10 |
|---|---|---|---|---|---|---|
| Temperatur (°C) | 8 | 5 | 3 | 2 | 3 | 6 |

| Uhrzeit (h) | 12 | 14 | 16 | 18 | 22 | 24 |
|---|---|---|---|---|---|---|
| Temperatur (°C) | 10 | 14 | 17 | 16 | 11 | 9 |

a) Trage die Zeiten mit den dazugehörenden Temperaturen als Punkte in ein Koordinatensystem ein.

b) Zeichne durch die Punkte eine Temperaturkurve.

# VERTIEFEN: Anzahl und Preis

**1** Ein Supermarkt bietet Ananas an.

Stück 3 €

a) Vervollständige die Tabelle in deinem Heft.

| Anzahl der Ananas | 1 | 2 | 3 | 4 | 5 |
|---|---|---|---|---|---|
| Preis (€) | ▦ | ▦ | ▦ | ▦ | ▦ |

b) Im abgebildeten Koordinatensystem sind die Punkte A, B, C, D und E eingetragen.

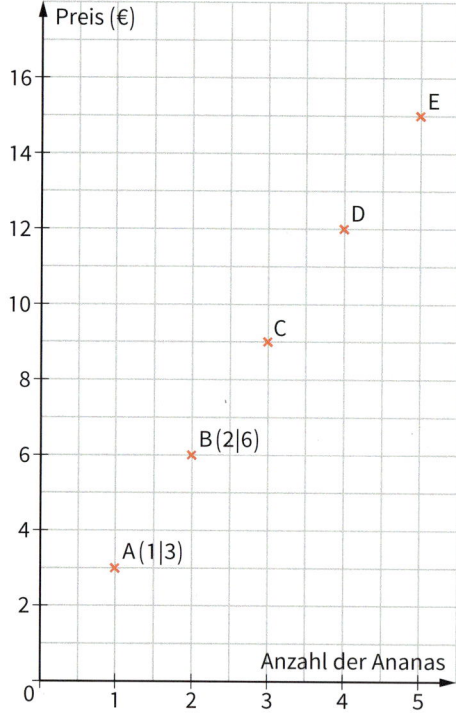

Notiere die Koordinaten der Punkte C (▦|▦), D (▦|▦) und E (▦|▦) in deinem Heft.

c) Was gibt die x-Koordinate des Punktes A an? Was gibt seine y-Koordinate an? Beantworte dieselben Fragen für die Punkte B, C, D und E.

**2** Im Koordinatensystem ist der Preis für Bioapfelsaft dargestellt.

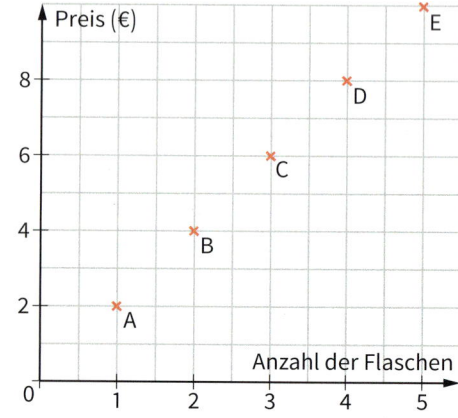

a) Notiere die Koordinaten der Punkte A, B, C, D und E. Erkläre jeweils die Bedeutung der x-Koordinate und der y-Koordinate.

b) Vervollständige die Tabelle in deinem Heft.

| Anzahl der Flaschen | 1 | 2 | 3 | 4 | 5 |
|---|---|---|---|---|---|
| Preis (€) | ▦ | ▦ | ▦ | ▦ | ▦ |

**3** Im Supermarkt kostet eine Honigmelone 4 €.

a) Vervollständige die Tabelle in deinem Heft.

| Anzahl der Honigmelonen | 1 | 2 | 3 | 4 | 5 |
|---|---|---|---|---|---|
| Preis (€) | 4 | ▦ | ▦ | ▦ | ▦ |

b) Zeichne ein Koordinatensystem und trage die in der Tabelle angegebenen Werte als Punkte in das Koordinatensystem ein.

c) Prüfe, ob alle Punkte auf einer Geraden liegen.

# AUSGANGSTEST

**1** a) Gib die Koordinaten der Eckpunkte an.

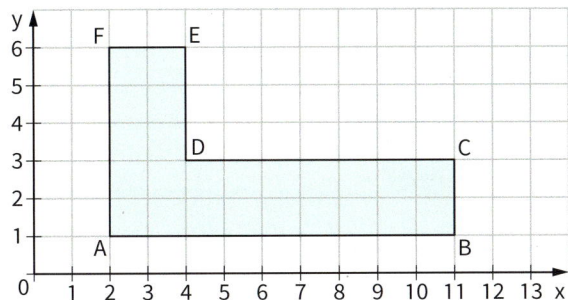

b) Trage in ein Koordinatensystem die folgenden Punkte ein:
A (2|2), B (4|2), C (4|5), D (6|5), E (6|7), F (4|7), G (4|9), H (7|9), I (7|11), K (2|11).
Verbinde die Punkte in der Reihenfolge A, B, C, D, E, F, G, H, I, K und A zu einer Figur.

**2** Miss jeweils die Länge der Strecke $\overline{AB}$ und $\overline{CD}$.

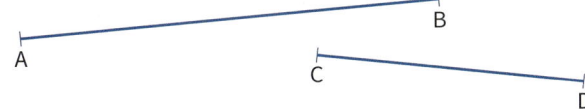

**3** a) Zeichne in ein Koordinatensystem die Gerade g durch die Punkte A (2|2) und B (10|6).
b) Gib die Koordinaten von drei weiteren Punkten an, die auf der Geraden g liegen.
c) Die Gerade h verläuft durch den Punkt C (8|10) und senkrecht zur Geraden g.
Zeichne die Gerade h in das Koordinatensystem.
d) Die Gerade k verläuft durch den Punkt D (3|7) und parallel zur Geraden g.
Zeichne die Gerade k in das Koordinatensystem.

**4** Ben und Paul unternehmen eine Radtour. Im Koordinatensystem ist der Verlauf ihrer Tour dargestellt.

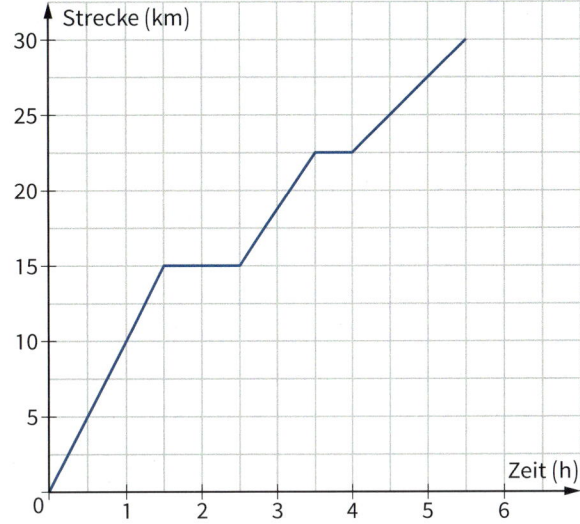

a) Wie viel Kilometer haben sie nach einer Stunde zurückgelegt?
b) Nach wie viel Stunden machen sie die erste Pause? Wie lange dauert diese Pause?
c) Nach wie viel Stunden erreichen sie ihr Ziel?
d) Wie viel Kilometer legen sie insgesamt zurück?
e) Gib die reine Fahrzeit ohne die Pausen an.

**5** Zeichne in ein Koordinatensystem die Gerade g durch die Punkte A (2|6) und B (10|0) sowie die Gerade h durch die Punkte C (2|8) und D (10|14). Bestimme die Koordinaten des Punktes, der von den Geraden g und h jeweils den Abstand 5 cm hat (Einheit auf beiden Achsen: 1 cm).

## Ich kann ...

| | Aufgabe | Hilfen und Aufgaben | |
|---|---|---|---|
| im Koordinatensystem die Koordinaten eines Punktes ablesen. | 1 a | Seite 69, 70 | |
| Punkte mit gegebenen Koordinaten in ein Koordinatensystem eintragen. | 1 b | Seite 70, 86 | |
| die Länge einer Strecke messen. | 2 | Seite 72, 86 | |
| eine Gerade durch zwei Punkte zeichnen und die Koordinaten weiterer Punkte auf der Geraden angeben. | 3 a, b | Seite 72 | I |
| durch einen Punkt die Senkrechte zu einer Geraden zeichnen. | 3 c | Seite 74, 86 | |
| durch einen Punkt die Parallele zu einer Geraden zeichnen. | 3 d | Seite 76, 77, 86 | |
| einem Graphen im Koordinatensystem Informationen entnehmen. | 4 | Seite 80, 81, 82, 83 | II |
| die Koordinaten eines Punktes bestimmen, der zu zwei Geraden jeweils denselben Abstand hat. | 5 | Seite 75 | III |

# 5 Multiplizieren und Dividieren

Gib jeweils die Anzahl der Milchkartons, Flaschen und Gläser an.

*Bist du fit für dieses Kapitel? Eingangstest auf Seite 208.*

**In diesem Kapitel …**

– *multiplizierst und dividierst du natürliche Zahlen.*
– *wendest du Rechengesetze für natürliche Zahlen an.*
– *löst du Sachaufgaben mithilfe der Multiplikation und Division.*

# Im Supermarkt

In der Obstabteilung werden
insgesamt 280 Orangen angeboten.
Wie viele Kisten sind das?

Emma kauft 108 Flaschen Wasser.
Wie viele Flaschen sind in jeder Kiste?

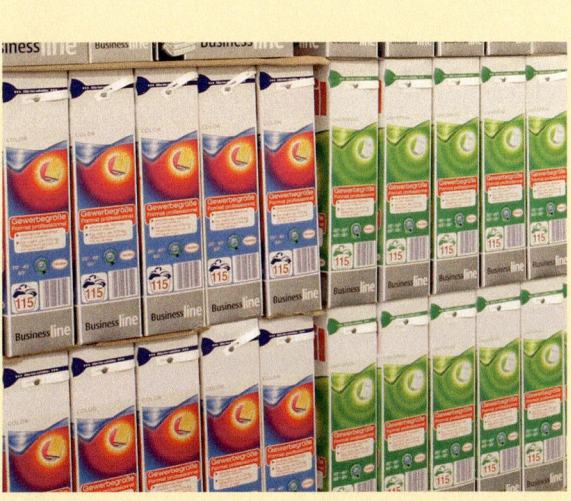

400 Waschmittelkartons werden aufgestapelt. Dabei stehen acht
Reihen Kartons hintereinander, jede Reihe besteht aus zehn Kartons.
Wie viele Kartons stehen jeweils übereinander?

• Beschreibe jeweils, wie du die Anzahl der Flaschen, Gläser, Kartons und Kisten bestimmt hast.

# Anzahlen bestimmen

**1**   Ein Lebensmittelmarkt bietet insgesamt 1200 Eier in den abgebildeten Kartons an.

Wie viele Eierkartons hat der Lebensmittelmarkt vorrätig?

**2**   Ein Paket enthält 250 g Butter.

Wie viel Gramm Butter befinden sich insgesamt im Karton?

**3**   Der Hubwagen befördert eine Last von 540 kg.

Wie viel Kilogramm wiegt jeder Karton im Durchschnitt?

**4**   In jeder Getränkekiste befinden sich zwölf Flaschen.

Wie viele Flaschen transportiert der Gabelstapler?

**5**   Ein DIN-A4-Blatt wiegt fünf Gramm.

Berechne das Gewicht des abgebildeten Papiers.

**6**   Haferkekse werden in der abgebildeten Packung angeboten. Frau Mai kauft sechs Packungen. Insgesamt sind das 144 Kekse.

Wie viele Kekse liegen in der Packung jeweils übereinander?

# Multiplikation und Division

**1** Notiere das Ergebnis.

a) 5 · 3    b) 9 · 4    c) 8 · 4    d) 3 · 7
   2 · 9      3 · 8      5 · 9      6 · 3
   6 · 8      2 · 7      8 · 7      5 · 5

e) 5 · 11   f) 9 · 11   g) 11 · 7   h) 5 · 16
   3 · 12      4 · 15      12 · 8      3 · 13
   2 · 15      6 · 12      15 · 7      2 · 18

**2**

4 · 8 = 32
also 4 · 80 = 320
und 4 · 800 = 3200

3 · 7 = 21
30 · 70 = 2100
300 · 700 = 210 000

Berechne.

a) 7 · 6      b) 5 · 9      c) 6 · 8
   7 · 60      5 · 90      60 · 80
   7 · 600     5 · 900    600 · 800

d) 8 · 70    e) 60 · 80   f) 5 · 400
   9 · 50      40 · 70     3 · 900
   80 · 6      90 · 30     800 · 7

g) 2 · 7000   h) 30 · 700   i) 60 · 7000
   8000 · 5     200 · 90    50 · 3000
   8 · 6000     90 · 500    6000 · 90

k) 11 · 500   l) 120 · 40   m) 60 · 1500
   300 · 13     20 · 170    1600 · 30
   15 · 400     180 · 30    12 · 8000

**3** Multipliziere im Kopf.

37 · 10    = 370
37 · 100  = 3700
37 · 1000 = 37 000

a) 41 · 10
   89 · 100
b) 56 · 100
   711 · 100

c) 32 · 1000        d) 12 · 10 000
   185 · 1000      271 · 10 000

**4** Bestimme jeweils das Produkt. Was stellst du fest?

a) 12 · 1   b) 23 · 0   c) 1 · 17   d) 0 · 19
   37 · 1      47 · 0      1 · 25      0 · 72

**5** Notiere das Ergebnis.

a) 24 : 3   b) 21 : 7   c) 32 : 8   d) 49 : 7
   18 : 6      35 : 5      36 : 6      48 : 8
   20 : 5      63 : 9      30 : 5      42 : 6

e) 45 : 5   f) 24 : 2   g) 55 : 5   h) 60 : 5
   54 : 6      44 : 4      48 : 4      80 : 4
   72 : 8      26 : 2      36 : 3      77 : 7

**6** Berechne.

54 : 6 = 9      3500 : 7 = 500      32 : 8 = 4
540 : 6 = 90     3500 : 70 = 50     320 : 80 = 4
5400 : 6 = 900   3500 : 700 = 5    3200 : 800 = 4

a) 36 : 9      b) 2800 : 4    c) 42 : 6
   360 : 9      2800 : 40     420 : 60
   3600 : 9     2800 : 400    4200 : 600

d) 72 : 8     e) 4500 : 9    f) 63 : 7
   720 : 8      4500 : 90     630 : 70
   7200 : 8     4500 : 900    6300 : 700

g) 280 : 7   h) 440 : 11   i) 4200 : 6
   320 : 4      450 : 15     7200 : 9
   810 : 9      360 : 12     64 000 : 8

k) 560 : 70   l) 360 : 40   m) 4800 : 400
   5400 : 60    550 : 50     4500 : 500
   6300 : 90    4200 : 60     2700 : 300

n) 45 000 : 9000    o) 180 000 : 3000
   48 000 : 600       280 000 : 4000
   54 000 : 90        1 500 000 : 500

**7** Dividiere im Kopf.

71 000 : 10 = 7100
71 000 : 100 = 710
71 000 : 1000 = 71

a) 410 : 10
   1500 : 100
b) 23 000 : 100
   78 000 : 1000

c) 120 000 : 1000    d) 310 000 : 100
   54 100 : 100      212 000 : 10

**8** Bestimme jeweils den Quotienten. Was stellst du fest? Notiere eine Regel.

a) 7 : 7      b) 6 : 1     c) 0 : 4
   15 : 15      40 : 1      0 : 11
   53 : 53      74 : 1      0 : 100
   123 : 123    519 : 1     0 : 712
   2693 : 2693   5481 : 1    0 : 8056

# Multiplikation und Division

**9** Berechne.
a) 8 : 8    b) 11 · 1    c) 1 · 1    d) 0 : 1
    8 · 8       11 : 1     1 : 1      0 · 1

e) 9 : 1      f) 4 · 1 · 4    g) 1 · 8 · 0
    0 : 9        7 · 0 · 7     1 · 6 · 1

**10** Multipliziere jede Zahl auf der linken Seite des Multiplikationszeichens mit jeder Zahl auf der rechten Seite.

a)

| 30 | 40 | 50 | · | 12 | 25 | 40 |
|----|----|----|---|----|----|----|

b)

| 20 | 60 | 80 | · | 11 | 15 | 20 |
|----|----|----|---|----|----|----|

c)

| 11 | 15 | 50 | · | 11 | 12 | 30 |
|----|----|----|---|----|----|----|

**11** Dividiere jede Zahl auf der linken Seite des Divisionszeichens durch jede Zahl auf der rechten Seite.

a)

| 60 | 120 | 150 | : | 3 | 6 | 30 |
|----|-----|-----|---|---|---|----|

b)

| 48 | 72 | 144 | : | 8 | 12 | 24 |
|----|----|-----|---|---|----|----|

c)

| 30 | 75 | 105 | : | 3 | 5 | 15 |
|----|----|-----|---|---|---|----|

**12** Setze passende Aufgaben zusammen.

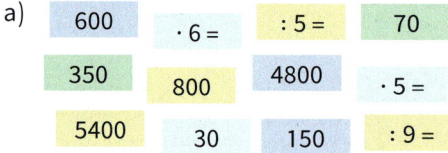

a)
600    · 6 =    : 5 =    70
350    800    4800    · 5 =
5400    30    150    : 9 =

b)
24 000    300    · 80 =    21 000
480    3000    : 70 =    · 70 =
6    : 8 =    6000    420 000

c)
3600    · 50 =    : 50 =    600
700    · 60 =    500    42 000
35 000    : 70 =    60    25 000

d)
600    · 12 =    50    · 15 =
450    20    : 12 =    300
480    : 15 =    40    30

Den Platzhalter bestimme ich durch die Division 30 : 5.

5 · ■ = 30

Den Platzhalter bestimme ich durch die Multiplikation 7 · 8.

■ : 7 = 8

**13** Erkläre jeweils, wie du den Platzhalter bestimmen kannst.
a) 6 · ■ = 54      b) ■ : 3 = 10
   ■ · 5 = 45        ■ : 8 = 9
c) 12 · ■ = 36     d) ■ : 7 = 35
   ■ · 11 = 88      ■ : 5 = 35

> Multiplikation und Division sind Umkehrungen voneinander.
> 3 · 9 = 27     27 : 3 = 9
>               27 : 9 = 3

**14** Gib zu jeder Divisionsaufgabe die entsprechende Multiplikationsaufgabe an.
a) 24 : 8    b) 60 : 5    c) 72 : 9    d) 100 : 4

**15** Gib zu jeder Multiplikationsaufgabe die beiden Umkehraufgaben an.
a) 4 · 8    b) 6 · 7    c) 5 · 11    d) 9 · 12

**16** a) Bestimme jeweils den Platzhalter.
    6 : 2 = ■, denn ■ · 2 = 6
    14 : 7 = ■, denn ■ · 7 = 14
b) Überlege, ob eine Zahl den Platzhalter ersetzen kann.
    6 : 0 = ■, denn ■ · 0 = 6
    12 : 0 = ■, denn ■ · 0 = 12
c) Begründe, dass durch 0 nicht dividiert werden kann.

> Durch 0 kann **nicht** dividiert werden.

# Produkt und Quotient

**1** Die Klasse 5a besucht das Phæno in Wolfsburg. Die Klasse besteht aus 30 Schülerinnen und Schülern. Wie viel Euro kostet der Eintritt?

Eintritt für Schulkassen:
6 € pro Person, Begleiter frei

| Faktor | | Faktor | | Produkt |
|---|---|---|---|---|
| 30 | · | 6 | = | 180 |

Auch **30 · 6** wird als Produkt der Zahlen 30 und 6 bezeichnet.

**2** a) Multipliziere 12 und 6.
b) Bestimme das Produkt aus 40 und 5.
c) Die beiden Faktoren sind 8 und 13. Berechne das Produkt.
d) Bestimme das Doppelte (Achtfache, Zehnfache) von 11.

**3** a) Die drei Faktoren sind 8, 3 und 10. Berechne das Produkt.
b) Gib das Produkt aus 2, 7, 5 und 10 an.
c) Alle drei Faktoren eines Produkts sind 5. Bestimme das Produkt.
d) Multipliziere das Produkt aus 5 und 4 mit 6.

**4** a) Gib zwei Faktoren an, deren Produkt 15 (20, 23, 60) ist.
b) Gib drei Faktoren an, deren Produkt 24 (30, 40, 100) ist.

**5** Ein Produkt aus zwei gleichen Faktoren ist 25 (64, 121). Bestimme die Faktoren.

**6** Ein Faktor ist 15. Das Produkt ist 105. Wie lautet der zweite Faktor?

**7** Die 25 Schülerinnen und Schüler der Klasse 5 b besuchen das Salzmuseum in Lüneburg. Der Eintrittspreis beträgt insgesamt 100 €. Bestimme den Eintrittspreis für eine Person.

| Dividend | | Divisor | | Quotient |
|---|---|---|---|---|
| 100 | : | 25 | = | 4 |

Auch **100 : 25** wird als Quotient der Zahlen 100 und 25 bezeichnet.

**8** a) Dividiere 60 durch 2 (3, 4, 5, 6, 10, 15, 20, 30).
b) Dividiere 80 (36, 48, 88, 100, 120, 280, 1000, 2000) durch 4.

**9** a) Bestimme den Quotienten aus 48 und 8 (6, 3, 2, 12, 24).
b) Bestimme den Quotienten aus 20 (50, 100, 70, 1000) und 5.

**10** a) Der Dividend ist 44, der Quotient ist 11. Bestimme den Divisor.
b) Der Divisor ist 8, der Quotient 9. Wie lautet der Dividend?
c) Der Divisor ist 9, der Dividend 45. Gib den Quotienten an.

**11** Der Quotient aus zwei Zahlen ist 5 (10, 13). Wie groß ist der Dividend, wie groß der Divisor? Gib vier unterschiedliche Möglichkeiten an.

**12** Ergänze die fehlenden Angaben.

| | a) | b) | c) | d) | e) |
|---|---|---|---|---|---|
| Faktor | 4 | 3 | ■ | ■ | 8 |
| Faktor | 12 | ■ | 25 | 11 | 20 |
| Produkt | ■ | 120 | 150 | 99 | ■ |

| | f) | g) | h) | i) | k) |
|---|---|---|---|---|---|
| Dividend | 72 | 110 | ■ | 96 | 98 |
| Divisor | 9 | ■ | 25 | 24 | ■ |
| Quotient | ■ | 11 | 6 | ■ | 14 |

*Lösungen zu Aufgabe 12:* 4  6  7  8  9  10  40  48  150  160

# Verbindung der Grundrechenarten

**1** Lina und Nele haben dieselbe Aufgabe gerechnet.

$6 + 7 \cdot 2$     $6 + 7 \cdot 2$
$= 13 \cdot 2$     $= 6 + 14$
$= 26$       $= 20$

a) Beschreibe beide Rechenwege.
b) Warum sind die Ergebnisse verschieden?
c) Wer von beiden hat richtig gerechnet?

**2** Beschreibe den richtigen Lösungsweg und gib die Lösung an.
a) $10 + 7 \cdot 8$      b) $5 \cdot 11 + 20$
c) $30 - 8 \cdot 3$      d) $6 \cdot 10 - 35$

> *Multiplizieren und Dividieren heißen Punktrechnung. Addieren und Subtrahieren heißen Strichrechnung.*

> Enthält eine Aufgabe Punktrechnung und Strichrechnung, dann gilt: Punktrechnung geht vor Strichrechnung.
>
> $34 - 7 \cdot 3$      $40 : 4 + 6$
> $= 34 - 21$    $= 10 + 6$
> $= 13$        $= 16$
>
> Enthält eine Aufgabe Klammern, dann gilt: Die Klammern werden zuerst berechnet.
>
> $(15 + 7) \cdot 4$     $(35 - 17) : 3$
> $= 22 \cdot 4$      $= 18 : 3$
> $= 88$        $= 6$

**3** Vergleiche die beiden Aufgaben. Gib jeweils die Lösung an.
a) $(11 + 4) \cdot 3$   und   $11 + 4 \cdot 3$
b) $4 \cdot (7 + 13)$   und   $4 \cdot 7 + 13$
c) $(30 - 5) \cdot 3$   und   $30 - 5 \cdot 3$
d) $(14 + 6) : 2$   und   $14 + 6 : 2$
e) $30 : (5 - 3)$   und   $30 : 5 - 3$

**4** Dominik hat drei Fehler gemacht. Überprüfe seine Rechnungen und schreibe sie richtig in dein Heft.

$45 - 10 \cdot 4$
$= 35 \cdot 4$
$= 140$

$37 + 7 \cdot 6$
$= 37 + 42$
$= 79$

$5 \cdot (14 + 6)$
$= 70 + 6$
$= 76$

$23 - 9 : 3$
$= 12 : 3$
$= 4$

**5** Bei einigen Aufgaben hat Sara vergessen Klammern zu setzen. Schreibe die Aufgaben richtig ins Heft.

$5 \cdot 19 - 12 = 35$

$168 - 120 : 24 = 2$

$188 + 12 \cdot 2 = 212$

$100 : 20 + 5 = 4$

$7 \cdot 16 - 11 \cdot 9 = 13$

$3 \cdot 15 - 11 \cdot 2 = 24$

**6** Berechne.
a) $80 : (12 + 8)$     b) $5 \cdot 7 + 29$
   $75 : (38 - 23)$      $6 \cdot (93 - 68)$
   $12 + 96 : 16$       $(19 + 16) \cdot 4$

c) $32 + 60 : 3$      d) $3 \cdot (21 + 19)$
   $56 : (45 - 17)$      $4 \cdot (46 - 5)$
   $84 : 7 - 11$        $12 \cdot (20 - 9)$

*Lösungen zu Aufgabe 6:*
1  2  4  5  18  52  64  120  132  140  150  164

**7** Notiere die Rechnung und bestimme die Lösung.

> Text:      Addiere 23 und 7 und multipliziere das Ergebnis mit 5.
> Rechnung: $(23 + 7) \cdot 5$

a) Addiere 19 und 21 und dividiere das Ergebnis durch 8.
b) Multipliziere 7 mit der Summe aus 11 und 9.
c) Dividiere 80 durch 4 und subtrahiere 9.
d) Subtrahiere von 100 das Produkt aus 16 und 3.

# Rechengesetze

*Wie viele Becher Joghurt sind das?*

**1** Anna rechnet:

$$(5 \cdot 4) \cdot 3$$
$$= 20 \cdot 3$$
$$= 60$$

Emma rechnet:

$$(4 \cdot 5) \cdot 3$$
$$= 20 \cdot 3$$
$$= 60$$

Yunus rechnet:

$$5 \cdot (4 \cdot 3)$$
$$= 5 \cdot 12$$
$$= 60$$

Gib weitere Rechenwege an.

---

**Assoziativgesetz**

Bei der Multiplikation dürfen die Faktoren beliebig mit Klammern zusammengefasst werden. Dabei ändert sich das Ergebnis nicht.

$(9 \cdot 5) \cdot 4 = 45 \cdot 4 = 180$
$9 \cdot (5 \cdot 4) = 9 \cdot 20 = 180$

**$(a \cdot b) \cdot c = a \cdot (b \cdot c)$**

**Kommutativgesetz**

Bei der Multiplikation darf die Reihenfolge der Faktoren beliebig vertauscht werden. Dabei ändert sich das Ergebnis nicht.

$7 \cdot 9 = 63$
$9 \cdot 7 = 63$

**$a \cdot b = b \cdot a$**

---

**2** Vergleiche die beiden Rechenwege. Welcher Weg ist einfacher? Begründe deine Entscheidung.

a)

| | |
|---|---|
| $17 \cdot 20 \cdot 5$ | $17 \cdot 20 \cdot 5$ |
| $= (17 \cdot 20) \cdot 5$ | $= 17 \cdot (20 \cdot 5)$ |
| $= 340 \cdot 5$ | $= 17 \cdot 100$ |
| $= 1700$ | $= 1700$ |

b)

| | |
|---|---|
| $5 \cdot 23 \cdot 2$ | $5 \cdot 23 \cdot 2$ |
| $= (5 \cdot 23) \cdot 2$ | $= 5 \cdot 2 \cdot 23$ |
| $= 115 \cdot 2$ | $= (5 \cdot 2) \cdot 23$ |
| $= 230$ | $= 10 \cdot 23$ |
| | $= 230$ |

**3** Rechne vorteilhaft wie in den Beispielen. Verwende die Rechengesetze der Multiplikation.

$19 \cdot 50 \cdot 2$
$= 19 \cdot (50 \cdot 2)$
$= 19 \cdot 100$
$= 1900$

$20 \cdot 13 \cdot 5$
$= 20 \cdot 5 \cdot 13$
$= 100 \cdot 13$
$= 1300$

a) $29 \cdot 50 \cdot 2$
   $131 \cdot 5 \cdot 2$
   $13 \cdot 2 \cdot 50$

b) $41 \cdot 50 \cdot 20$
   $200 \cdot 31 \cdot 5$
   $500 \cdot 23 \cdot 2$

c) $2 \cdot 31 \cdot 50$
   $5 \cdot 21 \cdot 20$
   $4 \cdot 27 \cdot 25$

d) $17 \cdot 25 \cdot 4$
   $250 \cdot 11 \cdot 4$
   $20 \cdot 50 \cdot 43$

e) $4 \cdot 19 \cdot 5$
   $40 \cdot 14 \cdot 5$
   $50 \cdot 13 \cdot 40$

f) $6 \cdot 11 \cdot 5$
   $8 \cdot 33 \cdot 25$
   $50 \cdot 18 \cdot 4$

g) $11 \cdot 50 \cdot 2 \cdot 3$
   $2 \cdot 47 \cdot 2 \cdot 25$
   $20 \cdot 12 \cdot 5 \cdot 4$

h) $40 \cdot 50 \cdot 25 \cdot 2$
   $2 \cdot 25 \cdot 71 \cdot 20$
   $5 \cdot 4 \cdot 43 \cdot 5$

**4** Rechne vorteilhaft.

| | |
|---|---|
| $28 \cdot 25$ | $50 \cdot 84$ |
| $= (7 \cdot 4) \cdot 25$ | $= 50 \cdot (2 \cdot 42)$ |
| $= 7 \cdot (4 \cdot 25)$ | $= (50 \cdot 2) \cdot 42$ |
| $= 7 \cdot 100$ | $= 100 \cdot 42$ |
| $= 700$ | $= 4200$ |

a) $24 \cdot 25$
   $34 \cdot 50$
   $50 \cdot 48$

b) $25 \cdot 36$
   $62 \cdot 25$
   $12 \cdot 250$

c) $42 \cdot 500$
   $250 \cdot 44$
   $16 \cdot 125$

d) $12 \cdot 250 \cdot 2$
   $25 \cdot 88 \cdot 3$
   $500 \cdot 18 \cdot 6$

e) $32 \cdot 50 \cdot 25$
   $48 \cdot 250 \cdot 5$
   $125 \cdot 24 \cdot 6$

# Rechengesetze

**5** Die Eltern von Lena und Paul suchen für die Familie eine neue Wohnung. Sie lesen die Kleinanzeigen im Internet.

Gartenstadt, 4 Zi., KDB mit Balkon, 98 m², monatlich 680 € Miete + 220 € Nebenkosten

Lena und Paul überlegen, wie viel Euro die Familie in einem Jahr für die Wohnung ausgeben muss.
Lena rechnet: $12 \cdot 680 + 12 \cdot 220 = $ ▨
Paul rechnet: $12 \cdot (680 + 220) = $ ▨
Vergleiche beide Rechenwege.

---

**Distributivgesetz**

Bei der Multiplikation einer Summe mit einer Zahl kannst du die Summe mit der Zahl multiplizieren. Du kannst auch jeden Summanden mit der Zahl multiplizieren und dann die Summe bilden. Dabei ändert sich das Ergebnis nicht.

$(5 + 6) \cdot 7 = 11 \cdot 7 = 77$
$(5 + 6) \cdot 7 = 5 \cdot 7 + 6 \cdot 7 = 35 + 42 = 77$

**$(a + b) \cdot c = a \cdot c + b \cdot c$**

$(17 - 9) \cdot 5 = 8 \cdot 5 = 40$
$(17 - 9) \cdot 5 = 17 \cdot 5 - 9 \cdot 5 = 85 - 45 = 40$

**$(a - b) \cdot c = a \cdot c - b \cdot c$**

---

**6** Vergleiche die beiden Rechenwege. Welcher Weg ist einfacher? Begründe deine Entscheidung.

a)
| |
|---|
| $98 \cdot 6 + 2 \cdot 6$ |
| $= 588 + 12$ |
| $= 600$ |

| |
|---|
| $98 \cdot 6 + 2 \cdot 6$ |
| $= (98 + 2) \cdot 6$ |
| $= 100 \cdot 6$ |
| $= 600$ |

b)

| |
|---|
| $57 \cdot 24 - 57 \cdot 14$ |
| $= 1368 - 798$ |
| $= 570$ |

| |
|---|
| $57 \cdot 24 - 57 \cdot 14$ |
| $= 57 \cdot (24 - 14)$ |
| $= 57 \cdot 10$ |
| $= 570$ |

---

**7** Rechne vorteilhaft wie in den Beispielen.

| |
|---|
| $43 \cdot 18 + 43 \cdot 82$ |
| $= 43 \cdot (18 + 82)$ |
| $= 43 \cdot 100$ |
| $= 4300$ |

| |
|---|
| $36 \cdot 73 - 26 \cdot 73$ |
| $= (36 - 26) \cdot 73$ |
| $= 10 \cdot 73$ |
| $= 730$ |

a) $24 \cdot 7 + 24 \cdot 3$
$58 \cdot 8 + 58 \cdot 2$
$6 \cdot 47 + 4 \cdot 47$

b) $13 \cdot 96 + 13 \cdot 4$
$27 \cdot 89 + 27 \cdot 11$
$97 \cdot 41 + 3 \cdot 41$

c) $37 \cdot 56 - 36 \cdot 56$
$43 \cdot 71 - 33 \cdot 71$
$41 \cdot 95 - 39 \cdot 95$

d) $13 \cdot 91 - 3 \cdot 91$
$29 \cdot 58 - 19 \cdot 58$
$37 \cdot 60 - 7 \cdot 60$

e) $37 \cdot 18 + 63 \cdot 18$
$42 \cdot 50 - 12 \cdot 50$
$30 \cdot 29 + 30 \cdot 21$

f) $38 \cdot 55 - 18 \cdot 55$
$97 \cdot 65 + 3 \cdot 65$
$87 \cdot 70 - 37 \cdot 70$

g) $42 \cdot 60 - 37 \cdot 60$
$90 \cdot 56 + 90 \cdot 24$
$31 \cdot 75 - 21 \cdot 75$

h) $112 \cdot 6 + 112 \cdot 4$
$87 \cdot 50 - 76 \cdot 50$
$7 \cdot 503 + 3 \cdot 503$

**8** a) Erkläre, wie die Multiplikationsaufgaben gelöst werden.

| |
|---|
| $8 \cdot 304$ |
| $= 8 \cdot (300 + 4)$ |
| $= 8 \cdot 300 + 8 \cdot 4$ |
| $= 2400 + 32$ |
| $= 2432$ |

| |
|---|
| $7 \cdot 298$ |
| $= 7 \cdot (300 - 2)$ |
| $= 7 \cdot 300 - 7 \cdot 2$ |
| $= 2100 - 14$ |
| $= 2086$ |

b) Rechne im Kopf.

| | | |
|---|---|---|
| $7 \cdot 102$ | $5 \cdot 79$ | $4 \cdot 398$ |
| $6 \cdot 504$ | $8 \cdot 99$ | $8 \cdot 499$ |
| $9 \cdot 308$ | $7 \cdot 98$ | $5 \cdot 197$ |

**9** Zu Beginn seines Trainings läuft ein Marathonläufer 26 Runden über die 400-m-Bahn des Stadions, später noch weitere 14 Runden. Berechne die gesamte Laufstrecke des Sportlers.

**10** Für den Getränkeautomaten der Schule werden täglich 135 Flaschen Apfelschorle, 50 Flaschen Multivitaminsaft und 65 Flaschen Mineralwasser geliefert.
Wie viele Flaschen sind das insgesamt in einer Schulwoche?

# Schriftliches Multiplizieren

**1** Felix fährt mit dem Rad zur Schule. Der Kilometerzähler zeigt an, dass sein Schulweg 1987 m lang ist.
Schätze mithilfe eines Überschlags, wie viel Meter er auf dem Weg zur Schule und zurück in einer Woche zurücklegt.

**2** Multipliziere schriftlich wie im Beispiel.

$283 \cdot 612 = $ ▨

1. Führe einen Überschlag durch.
$300 \cdot 600 = 180\,000$

2. Multipliziere die einzelnen Stellen des zweiten Faktors nacheinander mit dem ersten Faktor.
Beachte den Übertrag.
```
2 8 3 · 6 1 2
  1 6 9 8
    ...
```

3. Schreibe die Zwischenergebnisse stellenrichtig untereinander und addiere sie.
```
2 8 3 · 6 1 2
  1 6 9 8
    2 8 3
      5 6 6
  ¹ ²
  1 7 3 1 9 6
```

4. Vergleiche das Ergebnis mit dem Überschlag.

$283 \cdot 612 = 173\,196$

a) $232 \cdot 12$   b) $534 \cdot 56$   c) $451 \cdot 233$
$343 \cdot 23$   $762 \cdot 31$   $371 \cdot 167$
$369 \cdot 26$   $612 \cdot 47$   $913 \cdot 341$

d) $239 \cdot 198$   e) $2125 \cdot 14$   f) $2687 \cdot 51$
$172 \cdot 236$   $4502 \cdot 31$   $5703 \cdot 39$
$560 \cdot 738$   $2936 \cdot 65$   $8411 \cdot 29$

*Lösungen zu Aufgabe 2:*
2784  7889  9594  23 622  28 764  29 750
29 904  40 592  47 322  61 957  105 083
137 037  139 562  190 840  222 417
243 919  311 333  413 280

**3** Welche Fehler hat Tim gemacht? Schreibe die Multiplikationsaufgaben richtig in dein Heft.

```
                    4 6 8 · 2 0 3
                        9 3 6
  8 6 8 · 7 0           1 4 0 4
    6 0 7 6         1 0 7 6 4
```

**4** Vergleiche beide Rechenwege miteinander. Welcher ist einfacher? Warum?

```
a)   7 · 5 3 4
       3 5
       2 1
         2 8
     3 7 3 8          5 3 4 · 7
                      3 7 3 8
```

```
b)  3 3 3 · 5 2 7      5 2 7 · 3 3 3
    1 6 6 5            1 5 8 1
      6 6 6             1 5 8 1
      2 3 3 1            1 5 8 1
    ¹ ¹                ¹ ¹
    1 7 5 4 9 1        1 7 5 4 9 1
```

```
c) 2 0 0 4 · 3 9 7 3   3 9 7 3 · 2 0 0 4
     6 0 1 2            7 9 4 6
   1 8 0 3 6             0 0 0 0
     1 4 0 2 8            0 0 0 0
         6 0 1 2         1 5 8 9 2
   ¹                  ¹
   7 9 6 1 8 9 2      7 9 6 1 8 9 2
```

**5** Berechne das Produkt schriftlich. Wähle den einfacheren Rechenweg.

a) $9 \cdot 23\,068$          b) $66 \cdot 7356$
$12 \cdot 8945$            $2478 \cdot 133$
$42 \cdot 6729$            $222 \cdot 5781$

c) $20\,879 \cdot 44$         d) $544 \cdot 1862$
$122 \cdot 7383$          $8032 \cdot 777$
$4004 \cdot 635$          $10\,001 \cdot 88$

e) $76 \cdot 2222$           f) $212 \cdot 8754$
$7 \cdot 27\,842$          $188 \cdot 3916$
$50\,005 \cdot 76$         $1115 \cdot 7849$

*Lösungen zu Aufgabe 5:*
107 340  168 872  207 612  194 894
282 618  329 574  485 496  736 208
880 088  900 726  918 676  1 012 928
1 283 382  1 855 848  2 542 540
3 800 380  6 240 864  8 751 635

Weitere Hinweise und Aufgaben findest du im Wiederholungsteil auf Seite 216.

# Schriftliches Dividieren

**1** Marie fährt auch mit dem Rad zur Schule. Mittags isst sie zu Hause und kommt dann in die Schule zurück. Dabei legt sie an jedem Schultag 6023 m zurück. Schätze die Länge ihres Schulwegs mithilfe eines Überschlags.

**2** Im Beispiel wird eine große Zahl schriftlich dividiert. Erläutere die einzelnen Schritte.

$$984 : 4 = \blacksquare$$
Überschlag:  1000 : 4 = 250

*9 H : 4 gleich 2 H, 1 H bleibt übrig*

```
H Z E      H Z E
9 8 4 : 4 = 2 ▨ ▨
8    :4
1
```

*18 Z : 4 gleich 4 Z, 2 Z bleiben übrig*

```
H Z E      H Z E
9 8 4 : 4 = 2 4 ▨
8
1 8    :4
1 6    ·4
2
```

*24 E : 4 gleich 6 E, kein Rest*

```
H Z E      H Z E
9 8 4 : 4 = 2 4 6
8
1 8
1 6
  2 4    :4
  2 4    ·4
    0
```

$$984 : 4 = 246$$

Probe:  $\dfrac{2\,4\,6 \cdot 4}{9\,8\,4}$

**3** Dividiere schriftlich.

```
8 9 4 : 6 = 1 4 9      9 0 5 1 : 7 = 1 2 9 3
6                      7
2 9                    2 0
2 4                    1 4
  5 4                    6 5
  5 4                    6 3
    0                      2 1
                           2 1
                            0
```

a) 524 : 2    b) 888 : 6    c) 536 : 4
   456 : 3       984 : 8       936 : 8
   680 : 5       785 : 5       945 : 7

d) 640 : 5    e) 952 : 4    f) 726 : 6
   966 : 7       912 : 8       992 : 4
   777 : 3       889 : 7       805 : 5

g) 7686 : 3    h) 49 911 : 3    i) 62 895 : 5
   6596 : 4       35 792 : 2       57 936 : 4
   8592 : 6       97 223 : 7       88 774 : 7

*Lösungen zu Aufgabe 3:*
114  117  121  123  127  128  134  135
136  138  148  152  157  161  238  248
259  262  1432  1649  2562  12 579
12 682  13 889  14 484  16 637  17 896

**4**
```
1368 : 3 = 4 ...
12
 1
 ...
```

*In der 1 ist die 3 nicht enthalten, beginne deshalb mit 13.*

Bestimme den Quotienten durch schriftliche Division.

a) 4995 : 5    b) 1089 : 9    c) 3935 : 5
   6312 : 8       5744 : 8       5453 : 7
   3195 : 9       3456 : 6       7904 : 8

d) 4440 : 30    e) 8646 : 11    f) 8175 : 25
   5850 : 50       5196 : 12       2968 : 14
   7680 : 60       3345 : 15       4173 : 13

*Lösungen zu Aufgabe 4:*
117  121  128  148  212  223  321  327
355  433  576  718  779  786  787  789
988  999

# Schriftliches Dividieren

**5** Dividiere wie in den Beispielen. Achte auf die Ziffer 0.

```
3 6 5 0 : 5 = 7 3 0        1 8 2 4 : 6 = 3 0 4
3 5                        1 8
  1 5                        0 2
  1 5                         0
    0 0                       2 4
     0                        2 4
     0                         0
```

a) 6840 : 9     b) 1242 : 6     c) 1830 : 6
   5810 : 7        2036 : 4        3240 : 8
   4900 : 5        4816 : 8        7140 : 7

d) 44 561 : 11        e) 58 750 : 25
   60 516 : 12           162 400 : 70
   33 105 : 15           483 150 : 15

*Lösungen zu Aufgabe 5:*
207  305  405  509  602  760  830  980
1020  2207  2320  2350  4051  5043
32 210

**6** Dividiere die Zahl 362 880 zuerst durch 2, dann das Ergebnis durch 3, dann das Ergebnis durch 4 usw. Wie weit kannst du das Dividieren fortsetzen?

**7** Dividiere die Zahl 42 138 zuerst durch 3 und dann das Ergebnis durch 6.
Dividiere die Zahl 42 138 durch 18.
Was stellst du fest? Schreibe dazu eine Regel auf.

**8** Dividiere die Zahl 19 250 zuerst durch 5, dann das Ergebnis durch 7 und schließlich das Ergebnis durch 11.
Verändere die Reihenfolge der Divisoren 5, 7 und 11. Was stellst du fest? Stelle dazu eine Regel auf.

**9** Bestimme jeweils die Platzhalter.
a) 16 · ■ = 992        b) 70 · ■ = 4060
   14 · ■ = 784           80 · ■ = 3920

c) 945 : ■ = 15        d) 1088 : ■ = 32
   792 : ■ = 22           4290 : ■ = 110

*Lösungen zu Aufgabe 9:*
34  36  39  49  56  58  62  63

**10** Im Beispiel siehst du eine schriftliche Division, bei der ein Rest übrig bleibt.

$$4781 : 8 = \blacksquare$$

Überschlag:     4800 : 8 = 600

```
4781 : 8 = 597     Rest 5
40
78
72
 61
 56
  5
```

4781 : 8 = 597     Rest 5

Probe:   597 · 8          4776
        ------          +    5
         4776          ------
                        4781
```

Dividiere schriftlich. Achte auf den Rest.
a) 233 : 5       b) 478 : 9       c) 2449 : 5
   628 : 6          625 : 7          3733 : 8
   941 : 3          931 : 4          4561 : 6

d) 4445 : 9      e) 3442 : 11     f) 5234 : 20
   7823 : 8         2543 : 12        7862 : 50
   7006 : 7         3178 : 15        6549 : 30

*Lösungen zu Aufgabe 10:*
46 R.3, 53 R.1, 89 R.2, 104 R.4, 157 R.12, 211 R.11, 211 R.13, 218 R.9, 232 R.3, 261 R.14, 312 R.10, 313 R.2, 466 R.5, 489 R.4, 493 R.8, 760 R.1, 977 R.7, 1000 R.6

**11** Dividiere die Zahl 27 719 nacheinander durch 2, 3, 4, 5, 6, 7, 8, 9, 10, 11 und 12. Betrachte jedes Mal den Rest. Was stellst du fest?

**12**

*Bei der Division durch 3 können nur die Zahlen 1 und 2 als Rest auftreten.*

a) Begründe Sophias Behauptung.
b) Welche Reste können bei der Division durch 4 (durch 5, durch 8, durch 100) auftreten?

Weitere Hinweise und Aufgaben findest du im Wiederholungsteil auf Seite 217.
```

## Sachaufgaben

### Mathematisch modellieren

### Sachaufgaben lösen

**So kannst du Sachaufgaben zur Multiplikation und Division lösen:**

Ben fährt an 187 Tagen im Jahr mit dem Bus zur Schule. Er wohnt elf Kilometer von der Schule entfernt.
Wie viel Kilometer legt Ben auf seinem Schulweg im Jahr zurück?

1. Lies die Aufgabe sorgfältig durch und notiere, was gesucht ist.

Die Länge des Schulwegs, den Ben in einem Jahr zurücklegt

2. Schreibe alle Angaben auf, die du zur Lösung der Aufgabe benötigst.

187 Schultage im Jahr
11 km Entfernung zur Schule

3. Überlege, welche Berechnungen du durchführen musst.

Die Entfernung zur Schule mit 2 multiplizieren, das Ergebnis dann mit 187 multiplizieren

4. Führe die Rechnungen durch und bestimme das Ergebnis.

$11 \cdot 2 = 22$
$22 \cdot 187 = 4114$

5. Überprüfe das Ergebnis mithilfe einer Überschlagsrechnung und formuliere eine Antwort.

$10 \cdot 2 \cdot 200 = 4000$
$4114 \approx 4000$ ✓

Auf seinem Schulweg legt Ben im Jahr 4114 km zurück.

---

Die Aufgaben auf den Seiten 102 und 103 kannst du zusammen mit einem Partner lösen.

**1** In der Jugendherberge übernachten 149 Gäste. Jeder Gast bezahlt für die Übernachtung 28 €.

**2** Ein Wanderer legt in einer Stunde durchschnittlich 4050 m zurück. Er wandert an vier Tagen täglich fünf Stunden. Wie viele Kilometer hat er insgesamt zurückgelegt?

**3** Bei einer sechstägigen Radtour legen Jan und Alex insgesamt 312 km zurück.
Wie viele Kilometer sind sie durchschnittlich an einem Tag gefahren?

**4** Der Lieferwagen eines Getränkemarkts transportiert 1072 Saftflaschen in Kästen zu je acht Flaschen.
Wie viele Kästen hat der Wagen geladen?

**5** Sieben Freundinnen haben gemeinsam 17 759 € im Lotto gewonnen. Jede erhält den gleichen Betrag.

**6** Für die Abschlussfeier werden im pädagogischen Zentrum der Schule 450 Stühle in 25 Reihen aufgestellt.
Wie viele Stühle stehen in jeder Reihe?

**7** An einem Wochenende kommen insgesamt 380 916 Zuschauer zu den neun Spielen der ersten Fußballbundesliga.
Wie viele Zuschauer sind durchschnittlich in jedem Stadion?

# Sachaufgaben

**8** 13 Mädchen und 17 Jungen der Klasse 5 a fuhren für vier Tage in die Jugendherberge. Für Fahrt, Unterkunft und Verpflegung zahlt die ganze Klasse 3480 €. Wie viel Euro muss jedes Kind bezahlen?

**9** Die Laufbahn eines Stadions ist 400 m lang. Wie viele Runden legen die Läufer bei einem 10 000-Meter-Lauf zurück?

**10** Burj Khalifa ist ein 828 m hoher Wolkenkratzer in Dubai. Seine 189 Stockwerke haben insgesamt 24 000 Fenster. Ein Fensterputzer benötigt für jedes Fenster durchschnittlich drei Minuten. Wie viele Stunden braucht er, um alle Fenster des Gebäudes zu putzen?

**11** Tischtennisbälle werden in Viererpäckchen verkauft. 60 Päckchen werden in einem Karton verpackt.
a) Ein Spielwarengeschäft hat drei Kartons Tischtennisbälle bestellt. Wie viele Bälle sind das?
b) Wie viele Kartons werden benötigt, um 6240 Tischtennisbälle zu verpacken?

**12** Tim hat eine Schrittlänge von 80 cm.
a) Wie viel Meter legt er mit 985 Schritten zurück?
b) Wie viele Schritte benötigt er für eine 52 m lange Strecke?

*Lösungen zu Aufgabe 1 bis 12:*
18  25  26  52  65  81  116  134  720
788  1200  2537  4172  42 324

**13** Die Erde bewegt sich mit einer Geschwindigkeit von 1800 km pro Minute um die Sonne. Wie viel Kilometer legt sie an einem Tag zurück?

**14** Eine Reisegruppe mit 95 Personen fährt mit der Seilbahn auf den Burgberg bei Bad Harzburg. Jede Kabine hat Platz für 18 Personen. Wie viele Kabinen sind nötig, um die ganze Reisegruppe zu transportieren?

**15** An seinem Geburtstag verteilt Yasin in seiner Klasse Schokoriegel. Er hat vier Packungen mit je zwanzig Riegeln eingekauft. In seiner Klasse sind 27 Schülerinnen und Schüler. Ein Schüler fehlt.

**16** Bei einer Klassenfahrt kostet die Busfahrt für jedes Kind 39 €, wenn alle 28 Schülerinnen und Schüler der Klasse mitfahren. Zwei Schülerinnen bleiben zu Hause und bezahlen für die Busfahrt nicht.

**17** Im Stadttheater gibt es jeweils 113 Plätze zu 29 €, zu 24 € und zu 19 €. Dazu kommen 64 Plätze zu 15 € und 44 Plätze zu 12 €.
Wie viel Euro beträgt die Einnahme, wenn die Vorstellung ausverkauft ist?

**18** Lina und Nesrin wollen beim Schulfest Waffeln backen. Sie rechnen damit, dass sie 120 Waffeln verkaufen können.

Rezept für 15 Waffeln
4 Eier
125 g Zucker
$\frac{1}{4}$ l Milch
1 Prise Salz
1 P. Vanillezucker
150 g Butter
1 P. Backpulver

# Der afrikanische Elefant

## Kommunizieren

### Einem Text Informationen entnehmen

1. Lies den Text im Ganzen durch. Schreibe in einem Satz auf, wovon der Text handelt.

2. Lies jeden einzelnen Abschnitt des Textes langsam und konzentriert.
Schreibe zu jedem Abschnitt eine Überschrift auf.

3. Schreibe die Aussagen des Textes auf, die du für besonders wichtig hältst.

4. Schreibe die Wörter auf, die du nicht kennst.
Kläre ihre Bedeutung. Dazu kannst du das Internet oder ein Lexikon benutzen, du kannst auch deine Lehrerin oder deinen Lehrer fragen.

5. Berichte einem Mitschüler oder einer Mitschülerin, was du gelesen hast.

Die Aufgaben auf den Seiten 104 und 105 kannst du zusammen mit einem Partner lösen.

**1** a) Sammle die Informationen über den afrikanischen Elefanten, die der Text auf Seite 105 enthält.
Beachte dabei die Hinweise im Kasten.
b) Übertrage den Steckbrief des afrikanischen Elefanten in dein Heft.
Füge die fehlenden Größen ein.

Der afrikanische Elefant

Länge    _8 m_

Höhe _____

Gewicht _____

Geschwindigkeit beim Gehen _____

Tragzeit _____

Gewicht bei der Geburt _____

Lebenserwartung _____

c) Im Text werden weitere Größen zum afrikanischen Elefanten angegeben.
Ergänze damit den Steckbrief.

**2** a) Eine Elefantenherde wandert an einem Tag neun Stunden.
Welche Strecke hat sie in dieser Zeit zurückgelegt?
b) Am folgenden Tag legt sie eine Strecke von 48 km zurück.
Wie viele Stunden ist sie gewandert?

**3** Ein elfjähriges Kind wiegt ungefähr 45 kg. Sind alle Schülerinnen und Schüler eurer Klasse (eurer Jahrgangsstufe) zusammen so schwer wie ein ausgewachsener Elefant?

**4** Vergleiche das Gewicht eines neugeborenen Elefanten mit dem eines ausgewachsenen Tieres.
Wie viel Mal so schwer wie der neugeborene Elefant ist der erwachsene Elefant?

**5** a) Eine Elefantenkuh hat neun Kälber geboren. Wie alt ist sie?
b) Wie viele Kälber kann eine Elefantenkuh in ihrem Leben gebären?

**6** a) Wie viel Kilogramm Nahrung frisst ein Elefant in einer Woche (in einem Monat)?
b) Wie viel Liter Wasser nimmt er in einer Woche (in einem Monat) zu sich?
c) Eine Elefantenherde besteht aus 25 Tieren.
Berechne, wie viel Kilogramm Nahrung (wie viel Liter Wasser) die Herde in einem Monat benötigt.

**7** Passt ein ausgewachsener Elefant in euren Klassenraum?
Erläutere deine Antwort.

**8** Wie viele Stunden ist ein Elefant täglich auf Nahrungssuche?
Erkläre, wie du zu deiner Lösung gelangt bist.

**9** Überlege dir eine weitere Rechenaufgabe zum Elefanten.
Bitte einen Mitschüler oder eine Mitschülerin, die Aufgabe zu lösen.

# Der afrikanische Elefant

A Elefanten sind die größten und schwersten auf dem Land lebenden Säugetiere.
Es gibt zwei verschiedene Arten: den indischen Elefanten, der in Indien und Südostasien lebt, und den afrikanischen Elefanten, der die Steppen Afrikas bewohnt.
An den Ohren sind beide Arten gut zu unterscheiden, der afrikanische Elefant hat größere Ohren.

B Der afrikanische Elefant wird bis zu 8 m lang und bis zu 4 m hoch. Ein ausgewachsenes Tier wiegt etwa 6 t.
Trotz ihres großen Gewichts bewegen sich Elefanten recht schnell, ihre Geschwindigkeit beim Gehen beträgt normalerweise 6 $\frac{km}{h}$.

C Elefantenkühe paaren sich von ihrem 16. Lebensjahr an alle vier Jahre. Nach einer Tragezeit von 22 Monaten wird ein Kalb geboren.
Das Neugeborene wiegt 100 kg und wird zwei Jahre von der Mutter gesäugt.

D Nachts schlafen Elefanten zwei bis vier Stunden, während der Mittagshitze ruhen sie sich aus. In der übrigen Zeit suchen sie nach Nahrung.
Sie ernähren sich von Gräsern, Blättern, Baumrinden und Früchten. Pro Tag nimmt ein Elefant 300 kg Nahrung und 80 Liter Wasser zu sich.

E Elefanten leben in Herden von 20 bis 30 Tieren. Elefantenbullen schließen sich zu Junggesellenherden zusammen oder leben als Einzelgänger.
Elefanten haben eine Lebenserwartung von 60 Jahren.

# Potenzieren

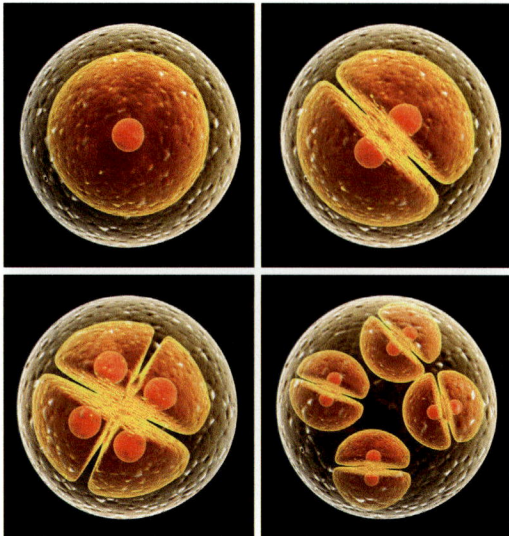

**1** Nach der Befruchtung teilt sich die menschliche Eizelle. Bei der ersten Zellteilung werden aus einer Zelle zwei Zellen, bei der zweiten Teilung aus zwei Zellen vier Zellen, bei der dritten Teilung aus vier Zellen acht Zellen usw.

|  | Anzahl der Zellen |
|---|---|
| 1. Teilung | 2 |
| 2. Teilung | $2 \cdot 2 = 4$ |
| 3. Teilung | $2 \cdot 2 \cdot 2 = 8$ |
| ⋮ | |
| 7. Teilung | |

Aus wie vielen Zellen besteht der menschliche Embryo nach der siebten Zellteilung?

---

Ein Produkt aus gleichen Faktoren kann als Potenz geschrieben werden.

Potenz

$$4^6$$

Basis (Grundzahl)    Exponent (Hochzahl)

lies: 4 hoch 6

$4^6 = 4 \cdot 4 \cdot 4 \cdot 4 \cdot 4 \cdot 4$
$2^7 = 2 \cdot 2 \cdot 2 \cdot 2 \cdot 2 \cdot 2 \cdot 2$
$10^4 = 10 \cdot 10 \cdot 10 \cdot 10$

---

**2** Schreibe das Produkt als Potenz.
a) $7 \cdot 7 \cdot 7 \cdot 7 \cdot 7 \cdot 7 \cdot 7 \cdot 7$
b) $23 \cdot 23 \cdot 23 \cdot 23 \cdot 23 \cdot 23 \cdot 23 \cdot 23 \cdot 23$
c) $9 \cdot 9 \cdot 9 \cdot 9 \cdot 9 \cdot 9 \cdot 9 \cdot 9 \cdot 9 \cdot 9 \cdot 9 \cdot 9$
d) $101 \cdot 101 \cdot 101 \cdot 101 \cdot 101 \cdot 101$
e) $17 \cdot 17 \cdot 17 \cdot 17 \cdot 17 \cdot 17 \cdot 17$
f) $10 \cdot 10 \cdot 10 \cdot 10 \cdot 10 \cdot 10 \cdot 10 \cdot 10 \cdot 10$

**3** Schreibe als Produkt und berechne.

$6^3 = 6 \cdot 6 \cdot 6 = 36 \cdot 6 = 216$

a) $7^2$    b) $4^3$    c) $3^4$    d) $10^3$    e) $1^3$
$\quad 9^2$    $\quad 5^3$    $\quad 5^4$    $\quad 10^4$    $\quad 1^4$
$\quad 11^2$    $\quad 8^3$    $\quad 2^5$    $\quad 10^5$    $\quad 0^3$

**4** Schreibe als Potenz mit der Basis 10.

$10\,000 = 10 \cdot 10 \cdot 10 \cdot 10 = 10^5$

a) 100        b) 10 000        c) 100 000 000
$\quad$ 1000        $\quad$ 1 000 000        $\quad$ 1 000 000 000

**5** Schreibe als Potenz mit der Basis 2.
a) 8    b) 16    c) 64    d) 256    e) 2

**6** a) Wie viele Eltern, Großeltern, Urgroßeltern, Ururgroßeltern hast du?
b) Wie viele Vorfahren waren es vor zehn Generationen?
c) Vor wie vielen Jahren sind deine Urgroßeltern geboren, wenn zwischen der Geburt der Eltern und der Kinder immer 30 Jahre liegen?

**7** Für Papier gibt es in Deutschland festgelegte Größen und Bezeichnungen. Ein Blatt DIN-A0 ist 1189 mm lang und 841 mm breit.
Wird ein Blatt DIN-A0 in der Mitte der längeren Seite geteilt, entsteht ein Blatt DIN-A1, teilt man dieses wieder in der Mitte, so entsteht ein Blatt DIN-A2 usw.
Ein Blatt DIN-A6 hat die Größe einer Postkarte.
Wie viele Postkarten passen auf ein Blatt der Größe DIN-A0?

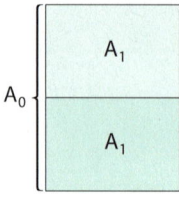
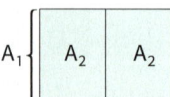

# WISSEN KOMPAKT

---

**Multiplikation**

| Faktor | | Faktor | | Produkt |
|---|---|---|---|---|
| 15 | · | 11 | = | 165 |

Auch $15 \cdot 11$ wird als Produkt der Zahlen 15 und 11 bezeichnet.

**Division**

| Dividend | | Divisor | | Quotient |
|---|---|---|---|---|
| 96 | : | 8 | = | 12 |

Auch $96 : 8$ wird als Quotient der Zahlen 96 und 8 bezeichnet.

---

**Multiplikation und Division sind Umkehrungen voneinander.**

$7 \cdot 13 = 91$

$91 : 7 = 13$
$91 : 13 = 7$

---

Durch 0 kann **nicht** dividiert werden.

~~$8 : 0$~~

---

**Kommutativgesetz**
$a \cdot b = b \cdot a$

$12 \cdot 5 = 60$
$5 \cdot 12 = 60$

**Assoziativgesetz**
$(a \cdot b) \cdot c = a \cdot (b \cdot c)$

$(6 \cdot 2) \cdot 9 = 12 \cdot 9 = 108$
$6 \cdot (2 \cdot 9) = 6 \cdot 18 = 108$

**Distributivgesetz**
$(a + b) \cdot c = a \cdot c + b \cdot c$

$(11 + 3) \cdot 6 = 14 \cdot 6 = 84$
$11 \cdot 6 + 3 \cdot 6 = 66 + 18 = 84$

$(a - b) \cdot c = a \cdot c - b \cdot c$

$(23 - 6) \cdot 3 = 17 \cdot 3 = 51$
$23 \cdot 3 - 6 \cdot 3 = 69 - 18 = 51$

---

**schriftliche Multiplikation**

$379 \cdot 513 = \blacksquare$
Überschlag: $400 \cdot 500 = 200\,000$

```
3 7 9 · 5 1 3
1 8 9 5
  3 7 9
  1 1 3 7
    1 1 1
1 9 4 4 2 7
```

$379 \cdot 513 = 194\,427$

**schriftliche Division**

$2364 : 12 = \blacksquare$
Überschlag: $2400 : 12 = 200$

```
2 3 6 4 : 1 2 = 1 9 7
1 2
1 1 6
1 0 8
    8 4
    8 4
      0
```

$2364 : 12 = 197$

---

Ein Produkt aus gleichen Faktoren kann als **Potenz** geschrieben werden.

$3 \cdot 3 \cdot 3 \cdot 3 \cdot 3 = 3^5$
$10 \cdot 10 \cdot 10 = 10^3$

# ÜBEN

**1** Berechne.

a) 5 · 90
   40 · 6
   7 · 70

b) 560 : 7
   320 : 8
   360 : 9

c) 3 · 800
   50 · 60
   200 · 9

d) 360 : 90
   400 · 20
   720 : 80

e) 70 · 400
   4800 : 6
   600 · 40

f) 4000 : 80
   2000 · 90
   2700 : 30

**2**
a) Multipliziere 7 und 12.
b) Bestimme das Produkt aus 20 und 6.
c) Die beiden Faktoren sind 15 und 5. Berechne das Produkt.
d) Berechne den Quotienten aus 60 und 5.
e) Bestimme das Achtfache von 9.
f) Die drei Faktoren eines Produkts sind 4, 2 und 7. Berechne das Produkt.
g) Ein Faktor ist 7, das Produkt ist 56. Bestimme den anderen Faktor.
h) Alle drei Faktoren eines Produkts sind 4. Berechne das Produkt.

**3** Beachte die Regeln „Punktrechnung vor Strichrechnung" und „Klammern zuerst". Bei richtiger Lösung erhältst du den Namen der Hauptstadt eines Landes.

$$5 \cdot (34 - 18) = 5 \cdot 16 = 80 \quad \boxed{D}$$

$$42 + 88 : 11 = 42 + 8 = 50 \quad \boxed{R}$$

a) 40 : (12 − 8)
   (31 + 35) : 6
   (51 − 36) · 3
   18 · 5 − 42
   72 − 4 · 8
   42 : 7 + 19

b) (12 + 58) : 7
   16 + 3 · 8
   16 · (74 − 69)
   7 · 12 − 34
   (34 − 25) · 6
   15 · 3 + 35

c) (23 + 25) : 4
   99 : (32 − 23)
   98 − 5 · 13
   5 · (57 − 41)
   9 · 12 − 97
   52 : 4 + 20

d) 4 · (13 + 11)
   56 − 56 : 8
   (61 − 36) · 2
   15 · 5 − 63
   6 · (71 − 62)
   7 · 9 − 30

e) 6 · 7 + 2 · 19
   5 · 12 − 5 · 7
   6 · 11 + 2 · 15
   8 · 9 − 15 · 4
   2 · 23 + 24 : 3
   7 · 7 − 48 : 3

f) 13 + 12 + 3 · 5
   23 − 14 + 3 · 8
   12 · 6 − 38 + 14
   84 − 7 · 8 + 12
   58 − 45 : 9 − 3
   72 : 6 + 54 − 26

| | |
|---|---|
| 10 | M |
| 11 | O |
| 12 | L |
| 25 | U |
| 33 | N |
| 40 | A |
| 45 | S |
| 48 | K |
| 49 | E |
| 50 | R |
| 54 | I |
| 80 | D |
| 96 | B |

**4** Rechne vorteilhaft.

> *Verwende die Rechengesetze.*

a) 5 · 17 · 2
   2 · 37 · 5
   50 · 2 · 21

b) 20 · 50 · 17
   200 · 43 · 5
   19 · 2 · 500

c) 2 · 37 · 50
   5 · 19 · 20
   4 · 50 · 11

d) 23 · 25 · 4
   25 · 9 · 4
   50 · 8 · 4

e) 6 · 5 · 2 · 3
   2 · 8 · 4 · 5
   9 · 2 · 11 · 5

f) 4 · 50 · 2 · 2
   2 · 25 · 2 · 27
   4 · 20 · 5 · 25

g) 12 · 7 + 12 · 3
   28 · 6 + 28 · 4
   2 · 17 + 8 · 17

h) 9 · 95 + 9 · 5
   12 · 99 + 12 · 1
   60 · 31 + 40 · 31

i) 13 · 75 − 3 · 75
   23 · 47 − 13 · 47
   41 · 80 − 39 · 80

k) 7 · 75 − 5 · 75
   39 · 81 − 38 · 81
   19 · 60 − 60 · 9

**5** Berechne jeweils die Potenz.

a) $4^2$
   $5^2$
   $7^2$

b) $9^2$
   $11^2$
   $15^2$

c) $2^3$
   $4^3$
   $5^3$

d) $2^4$
   $10^3$
   $10^4$

e) $1^6$
   $0^5$
   $1^{13}$

**6** Notiere die Rechnung und bestimme das Ergebnis.
a) Multipliziere 12 und 8 und subtrahiere 56.
b) Dividiere 60 durch 15 und addiere 28.
c) Multipliziere die Summe aus 14 und 26 mit 9.
d) Dividiere die Differenz von 45 und 29 durch 4.
e) Addiere 63 zum Quotienten aus 99 und 11.
f) Subtrahiere 25 vom Produkt aus 13 und 5.
g) Dividiere 60 durch die Differenz von 26 und 11.
h) Multipliziere 20 mit der Summe aus 54 und 36.
i) Dividiere die Summe aus 17 und 43 durch 12.

**7** Übertrage in dein Heft und bestimme die Platzhalter.

$4 \cdot \blacksquare = 40$
$\cdot \quad \cdot \quad \cdot$
$\blacksquare \cdot \blacksquare = \blacksquare$
$= \quad = \quad =$
$\blacksquare \cdot 250 = 2000$

$\blacksquare : 10 = 12$
$\cdot \quad \cdot \quad \cdot$
$8 : \blacksquare = \blacksquare$
$= \quad = \quad =$
$\blacksquare : 40 = \blacksquare$

**8** a) Berechne und vergleiche.

$2 \cdot 10$ und $4 \cdot 20$

$3 \cdot 5$ und $6 \cdot 10$

$2 \cdot 20$ und $4 \cdot 40$

b) Wie verändert sich das Produkt aus zwei Faktoren, wenn beide Faktoren verdoppelt werden?

c) Wie verändert sich das Produkt aus zwei Faktoren, wenn beide Faktoren verdreifacht werden (wenn ein Faktor verdoppelt und der andere Faktor verdreifacht wird)?
Wähle zunächst drei passende Beispiele. Notiere dann eine Regel.

**9** a) Berechne und vergleiche.

$12 : 4$ und $24 : 8$

$15 : 3$ und $30 : 6$

$20 : 5$ und $40 : 10$

b) Wie verändert sich der Quotient, wenn der Dividend und der Divisor verdoppelt werden?

c) Wie verändert sich der Quotient, wenn der Dividend und der Divisor verdreifacht (vervierfacht) werden?

**10** Bestimme jeweils die Platzhalter.

$(\blacksquare + 9) \cdot 5 = 100$
$\blacksquare \xrightarrow{+9} \blacksquare \xrightarrow{\cdot 5} 100$
$11 \xleftarrow{-9} 20 \xleftarrow{:5} 100$
$(11 + 9) \cdot 5 = 100$

a) $(\blacksquare + 11) \cdot 6 = 96$
$(\blacksquare - 15) \cdot 3 = 81$
$\blacksquare \cdot 9 + 16 = 61$
$\blacksquare \cdot 8 - 13 = 75$

b) $(\blacksquare + 27) : 7 = 11$
$(\blacksquare - 15) : 9 = 5$
$\blacksquare : 4 - 12 = 13$
$\blacksquare : 3 + 28 = 32$

**11** Bestimme jeweils die Platzhalter.

a) $\blacksquare : 5 = 7$ Rest 4
$\blacksquare : 6 = 5$ Rest 3
$\blacksquare : 8 = 9$ Rest 7

b) $\blacksquare : 3 = 11$ Rest 2
$\blacksquare : 4 = 25$ Rest 1
$\blacksquare : 7 = 12$ Rest 2

c) $36 : \blacksquare = 7$ Rest 1
$56 : \blacksquare = 9$ Rest 2
$51 : \blacksquare = 6$ Rest 3

d) $97 : \blacksquare = 8$ Rest 1
$86 : \blacksquare = 3$ Rest 2
$123 : \blacksquare = 5$ Rest 3

**12** Ein Handwerker berechnet seinen Kunden 37 € pro Arbeitsstunde und 13 € Fahrtkosten. Familie Nauck bezahlt für die Arbeitszeit und die Fahrtkosten insgesamt 272 €. Wie viele Stunden hat der Handwerker gearbeitet?

**13** Bilde aus den Ziffern 3, 6, 8 und 9 zwei zweistellige Zahlen. Dabei soll jede Ziffer nur einmal vorkommen.
Welche Zahlen musst du wählen, damit ihr Produkt so groß wie möglich ist?

*36 · 89 oder 83 · 96 oder ...?*

**14** Bestimme jeweils die Platzhalter durch Probieren.

a) $\blacksquare - 4 \cdot 12 = 2$
$(7 + \blacksquare) \cdot 4 = 80$
$60 - 7 \cdot \blacksquare = 4$

b) $75 : (20 + \blacksquare) = 3$
$18 + 11 \cdot \blacksquare = 40$
$(67 - \blacksquare) : 11 = 5$

c) $60 : (5 + \blacksquare) = 5$
$63 - \blacksquare : 6 = 60$
$10 + \blacksquare \cdot 8 = 82$

d) $4 \cdot (7 + \blacksquare) = 80$
$7 \cdot (11 - \blacksquare) = 63$
$17 + 48 : \blacksquare = 29$

**15** Mia hängt Zeichnungen ihrer Mitschülerinnen und Mitschüler im Klassenraum auf. Dazu benötigt sie 25 Klebestreifen. Jeder Klebestreifen soll 31 cm lang sein.

a) Sie hat eine Rolle mit 800 cm Klebeband und schneidet die einzelnen Streifen ab. Wie viel Zentimeter Klebeband bleibt übrig?

b) Reichen zwei Rollen mit je 400 cm Klebeband (vier Rollen mit je 200 cm Klebeband, eine Rolle mit 500 cm und eine Rolle mit 300 cm Klebeband) aus, um die 25 Klebestreifen herzustellen? Begründe deine Antwort.

# ÜBEN

**1** Das Ergebnis der Multiplikationsaufgabe ist der erste Faktor der folgenden Aufgabe. Bei der letzten Multiplikation kannst du überprüfen, ob du richtig gerechnet hast.

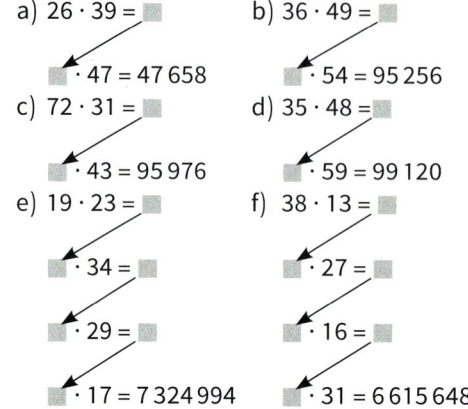

a) $26 \cdot 39 = $ ▨

  ▨ $\cdot 47 = 47\,658$

c) $72 \cdot 31 = $ ▨

  ▨ $\cdot 43 = 95\,976$

e) $19 \cdot 23 = $ ▨

  ▨ $\cdot 34 = $ ▨

  ▨ $\cdot 29 = $ ▨

  ▨ $\cdot 17 = 7\,324\,994$

b) $36 \cdot 49 = $ ▨

  ▨ $\cdot 54 = 95\,256$

d) $35 \cdot 48 = $ ▨

  ▨ $\cdot 59 = 99\,120$

f) $38 \cdot 13 = $ ▨

  ▨ $\cdot 27 = $ ▨

  ▨ $\cdot 16 = $ ▨

  ▨ $\cdot 31 = 6\,615\,648$

**2** Was fällt dir bei den Ergebnissen der Multiplikationsaufgaben auf?

a) $1257 \cdot 45$
  $22 \cdot 3719$
  $14 \cdot 3391$

b) $481 \cdot 273$
  $259 \cdot 546$
  $777 \cdot 273$

c) $643 \cdot 192$
  $271 \cdot 246$
  $627 \cdot 537$

d) $1365 \cdot 37$
  $63 \cdot 1443$
  $2731 \cdot 27$

e) $1929 \cdot 64$
  $3367 \cdot 99$
  $41 \cdot 1626$

f) $481 \cdot 462$
  $259 \cdot 715$
  $861 \cdot 143$

**3** Bestimme das Produkt. Du erhältst bei jeder Aufgabe ein Lösungswort, wenn du beim Ergebnis jede Ziffer durch den angegebenen Buchstaben ersetzt.

| | |
|---|---|
| 0 | N |
| 1 | I |
| 2 | B |
| 3 | T |
| 4 | D |
| 5 | R |
| 6 | E |
| 7 | A |
| 8 | S |
| 9 | F |

a) $457\,811 \cdot 6$
  $140\,015 \cdot 4$
  $713\,992 \cdot 5$

b) $118\,957 \cdot 80$
  $623\,739 \cdot 90$
  $2\,089\,049 \cdot 40$

c) $4645 \cdot 18$
  $6667 \cdot 54$
  $277 \cdot 78$

d) $26\,173 \cdot 320$
  $3\,869 \cdot 216$
  $239 \cdot 240$

e) $40\,765 \cdot 24$
  $5\,222\,585 \cdot 16$
  $2\,604\,026 \cdot 25$

f) $5255 \cdot 72$
  $6431 \cdot 15$
  $9091 \cdot 63$

g) $253 \cdot 331$
  $153 \cdot 168$
  $132 \cdot 653$

h) $4274 \cdot 225$
  $6427 \cdot 1495$
  $2869 \cdot 1274$

i) $2681 \cdot 360$
  $3122 \cdot 180$
  $239 \cdot 350$

k) $17\,605 \cdot 32$
  $16\,073 \cdot 52$
  $313 \cdot 220$

**4** Tim hat vier Aufgaben falsch gerechnet. Erläutere jeweils, welchen Fehler er gemacht hat.

```
5 8 1 9 · 4 5
    2 3 2 7 6
    2 9 0 9 5
      1   1 1
    5 2 3 7 1
```

```
1 4 5 0 9 · 7 3
1 0 1 5 6 3
      4 3 5 2 7
              1
1 0 5 9 1 5 7
```

```
2 3 4 · 2 3 4
      4 6 8
      7 0 2
      9 3 6
        1   1 1
      5 4 7 5 6
```

```
6 9 1 2 · 8 9
    4 8 2 9 6
    6 2 2 0 8
      1   1
    5 4 5 1 6 8
```

```
3 9 2 · 5 0 4
    1 9 6 0
    1 5 6 8
      1 1
    2 1 1 6 8
```

```
7 5 3 · 5 7
  3 7 6 5
  5 2 7 1
    1 1
  4 2 9 2 1
```

**5** Prüfe mithilfe eines Überschlags, welche Ergebnisse falsch sind.

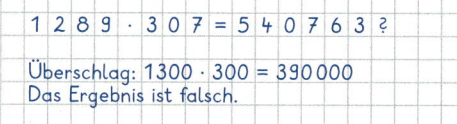

$1\,289 \cdot 307 = 540\,763\,?$

Überschlag: $1300 \cdot 300 = 390\,000$
Das Ergebnis ist falsch.

a) $51 \cdot 198 = 10\,098$ Ⓖ
  $99 \cdot 203 = 20\,097$ Ⓔ
  $98 \cdot 303 = 15\,694$ Ⓡ
  $71 \cdot 499 = 50\,229$ Ⓞ
  $59 \cdot 611 = 36\,049$ Ⓛ
  $48 \cdot 102 = 12\,096$ Ⓝ
  $81 \cdot 198 = 16\,038$ Ⓑ

> Die Buchstaben hinter den richtigen Ergebnissen bilden das Lösungswort.

b) $975 \cdot 308 = 300\,300$ Ⓑ
  $588 \cdot 207 = 223\,816$ Ⓖ
  $512 \cdot 389 = 199\,168$ Ⓛ
  $611 \cdot 589 = 269\,879$ Ⓞ
  $622 \cdot 787 = 298\,514$ Ⓡ
  $792 \cdot 406 = 321\,552$ Ⓐ
  $193 \cdot 621 = 119\,853$ Ⓤ

c) $1099 \cdot 2002 = 3\,500\,198$ Ⓛ
  $2986 \cdot 3045 = 7\,792\,370$ Ⓘ
  $2045 \cdot 2988 = 6\,110\,460$ Ⓡ
  $2888 \cdot 5008 = 24\,463\,104$ Ⓛ
  $1212 \cdot 8966 = 10\,866\,792$ Ⓞ
  $7063 \cdot 5973 = 24\,187\,299$ Ⓐ
  $4977 \cdot 8105 = 40\,338\,585$ Ⓣ

**1** Übertrage die Tabelle in dein Heft und vervollständige sie.

| a) | : 4 | : 8 | : 9 | : 11 |
|---|---|---|---|---|
| 6 336 | ▦ | ▦ | ▦ | ▦ |
| 22 176 | ▦ | ▦ | ▦ | ▦ |
| 61 776 | ▦ | ▦ | ▦ | ▦ |

| b) | : 3 | : 6 | : 7 | : 12 |
|---|---|---|---|---|
| 4 704 | ▦ | ▦ | ▦ | ▦ |
| 21 336 | ▦ | ▦ | ▦ | ▦ |
| 26 796 | ▦ | ▦ | ▦ | ▦ |

| c) | : 5 | : 6 | : 15 | : 20 |
|---|---|---|---|---|
| 4 680 | ▦ | ▦ | ▦ | ▦ |
| 12 840 | ▦ | ▦ | ▦ | ▦ |
| 13 980 | ▦ | ▦ | ▦ | ▦ |

**2**

200    272    848    632    416    488

a) Dividiere die Zahlen durch 8. Es bleibt kein Rest übrig.

b) Dividiere die Zahlen durch 9. Der Rest ist immer 2.

c) Dividiere die Zahlen durch 7. Bei jeder Division erhältst du einen anderen Rest.

d) Dividiere die Zahlen durch 12. Du erhältst immer denselben Rest.

**3** Dividiere.

a) 626 165 : 7
   628 410 : 9
   199 649 : 6

b) 459 298 : 8
   111 274 : 5
   437 702 : 8

c) 498 231 : 11
   186 738 : 30
   110 390 : 25

d) 145 661 : 50
   250 850 : 40
   232 450 : 11

e) 114 973 : 20
   103 124 : 15
   145 579 : 12

f) 1 314 837 : 20
   1 623 706 : 30
   2 654 292 : 40

> Alle natürlichen Zahlen von 1 bis 18 treten einmal als Rest auf.

**4** Jan hat drei Divisionsaufgaben falsch gerechnet. Erkläre jeweils, welchen Fehler er gemacht hat.

```
6 1 8 : 6 = 1 3        7 3 5 0 : 7 = 1 0 5
6                      7
0 1                    0 3
  0                      0
  1 8                    3 5
  1 8                    3 5
    0                      0

4 0 8 : 8 = 5 1        8 1 9 : 9 = 8 1 1
4 0                    7 2
  0 8                    9 9
    8                    9 9
    0                      0
```

**5** Prüfe mithilfe eines Überschlags, welche Ergebnisse falsch sind.
Die Buchstaben hinter den richtigen Ergebnissen bilden das Lösungswort.

```
4 1 8 9 : 7 1 = 3 1 ?

Überschlag: 4200 : 70 = 60
Das Ergebnis ist falsch.
```

a) 693 : 7 = 99  Ⓦ
  797 : 4 = 101  Ⓟ
  891 : 9 = 99  Ⓞ
  898 : 3 = 210  Ⓡ
  804 : 4 = 201  Ⓛ
  708 : 7 = 149  Ⓐ
  394 : 8 = 23  Ⓢ
  995 : 5 = 199  Ⓕ

b) 605 : 11 = 75  Ⓣ
  988 : 19 = 52  Ⓗ
  708 : 71 = 28  Ⓐ
  599 : 29 = 31  Ⓛ
  896 : 28 = 32  Ⓤ
  308 : 11 = 28  Ⓝ
  294 : 58 = 33  Ⓢ
  798 : 21 = 38  Ⓓ

c) 589 : 19 = 31  Ⓡ
  898 : 29 = 51  Ⓗ
  702 : 51 = 38  Ⓞ
  609 : 21 = 29  Ⓘ
  896 : 28 = 61  Ⓤ
  899 : 31 = 29  Ⓝ
  299 : 59 = 18  Ⓢ
  589 : 31 = 19  Ⓓ

d) 3009 : 51 = 59  Ⓜ
  3582 : 39 = 68  Ⓗ
  7968 : 96 = 83  Ⓐ
  4017 : 79 = 33  Ⓝ
  5599 : 69 = 61  Ⓡ
  2407 : 83 = 29  Ⓤ
  3596 : 62 = 58  Ⓢ
  8818 : 79 = 92  Ⓣ

**6** Bestimme den Quotienten.

a) 3968 : 32
  6266 : 26

b) 1056 : 48
  1196 : 52

c) 6507 : 27
  7502 : 22

d) 254 835 : 21
  372 999 : 33

e) 995 040 : 45
  392 455 : 35

# ÜBEN: Tiere in Afrika

Bearbeitet die Aufgaben in Partnerarbeit.

### Gorilla

| Höhe: | 1,90 m |
| --- | --- |
| Gewicht: | 220 kg |
| Gewicht bei der Geburt: | 2200 g |

### Giraffe

| Höhe: | 5,70 m |
| --- | --- |
| Gewicht: | 650 kg |
| Gewicht bei der Geburt: | 65 kg |

### Flusspferd

| Höhe: | 1,50 m |
| --- | --- |
| Gewicht: | 1500 kg |
| Gewicht bei der Geburt: | 50 kg |

### Spitzmaulnashorn

| Höhe: | 1,80 m |
| --- | --- |
| Gewicht: | 1400 kg |
| Gewicht bei der Geburt: | 70 kg |

## Kommunizieren — Partnerarbeit

1. Jeder liest sich die Aufgabe sorgfältig durch und macht sich klar, um welchen Sachverhalt es bei der Aufgabe geht.

2. Überlegt gemeinsam, welche Angaben, Hinweise und Hilfen in der Aufgabe gegeben sind.

3. Entwickelt gemeinsam einen Lösungsweg. Bestimmt die Lösung.

4. Überlegt, wie ihr den Lösungsweg und die Lösung der ganzen Klasse präsentieren könnt.

1 a) Vergleicht die Größe der Tiere mit der Größe eines erwachsenen Menschen.
b) Vergleicht das Gewicht des neugeborenen mit dem Gewicht des erwachsenen Tieres.
Wie viele neugeborene Tiere wiegen so viel wie ein erwachsenes Tier?
c) Ein erwachsener Mann wiegt ungefähr 80 kg.
Wie viele erwachsene Männer wiegen ungefähr so viel wie ein Gorilla (eine Giraffe, ein Flusspferd, ein Nashorn)?
d) Welche Tiere sind schwerer als alle Schülerinnen und Schüler deiner Klasse zusammen?

# VERTIEFEN: Einkaufen im Supermarkt

| | | |
|---|---|---|
| Weintrauben | 1 kg | 2,50 € |
| Äpfel | 1 kg | 2,20 € |
| Bananen | 1 kg | 1,40 € |
| Orangen | 1 kg | 3,20 € |
| Vollmilch (1 l) | | 1,10 € |
| Joghurt (4x150 g) | | 1,80 € |
| Fruchtquark (200 g) | | 0,55 € |
| Eier (10 Stück) | | 2,10 € |
| Ananas | Stck. | 3,00 € |
| Honigmelone | Stck. | 2,00 € |
| Kiwi | Stck. | 0,50 € |
| Grapefruit | Stck. | 0,60 € |

**Vollmilchschokolade**

| | 1 Tafel | 3 Tafeln |
|---|---|---|
| | 0,65 € | 1,75 € |

| | |
|---|---|
| Schokoriegel (6 Stck.) | 1,90 € |
| Müsliriegel (9 Stck.) | 1,80 € |
| Haushaltsrolle (2 Stck.) | 1,60 € |
| Müllbeutel 60 l (10 Stck.) | 2,20 € |

**1** Samira hat auf einen Zettel geschrieben, was sie einkaufen will.

2 kg Weintrauben
6 Kiwis
1 Honigmelone
3 Tafeln Schokolade
8 Becher Joghurt
400 g Fruchtquark
2 Haushaltsrollen

Wie viel Euro muss sie bezahlen?

**2** Wähle selbst aus dem Angebot des Supermarkts, was du kaufen möchtest, schreibe einen Einkaufszettel und berechne, wie viel Euro du bezahlen musst.

**3** Paul hat noch zwei Ein-Euro-Münzen, zwei 50-Cent-Münzen und vier 20-Cent-Münzen.
Reicht sein Geld für zwölf Schokoriegel?

**4** Linda möchte einen Obstsalat herstellen. Sie hat bereits 1 kg Weintrauben, 1 kg Bananen, 500 g Äpfel und eine Honigmelone ausgewählt.
Wie viele Kiwis kann sie noch mitnehmen, wenn sie mit 10 € auskommen muss?

**5** Lars stellt für verschiedene Produkte jeweils eine Preisliste auf.

| Ananas | | Weintrauben | |
|---|---|---|---|
| Anzahl | Preis (€) | Gewicht (kg) | Preis (€) |
| 1 | 3 | 1 | 2,50 |
| 2 | ▨ | 2 | ▨ |
| 3 | ▨ | 3 | ▨ |
| 4 | ▨ | 4 | ▨ |
| 5 | ▨ | 5 | ▨ |
| 6 | ▨ | 6 | ▨ |
| 7 | ▨ | 7 | ▨ |
| 8 | ▨ | 8 | ▨ |

Vervollständige die Preislisten in deinem Heft.

**6** Stelle eine Preisliste auf
a) für Milch von einem Liter bis acht Liter.
b) für Äpfel von einem Kilogramm bis acht Kilogramm.
c) für Haushaltsrollen von einem Stück bis zehn Stück.
d) für Müllbeutel von einem Stück bis zehn Stück.

**7** Stelle eine Preisliste für Schokolade von einer Tafel bis zehn Tafeln auf. Nutze dabei den günstigeren Preis für drei Tafeln.

# VERTIEFEN: Kombinationsmöglichkeiten

**1** Jennys Fußballmannschaft hat vier verschiedene Trikots und dazu helle und dunkle Hosen.
Mit wie vielen unterschiedlichen Spielkleidungen kann die Mannschaft spielen?

**2** Max hat drei leichte Sommerjeans und acht verschiedene T-Shirts.
Auf wie viele Arten kann er sich im Sommer anziehen?

**3** Ein Auto wird mit drei unterschiedlichen Motoren und in zehn verschiedenen Farben angeboten.
Wie viele Kombinationsmöglichkeiten gibt es?

**4** In der Klasse 5 c sind 12 Jungen und 17 Mädchen. Ein Mädchen und ein Junge sollen den Ordnungsdienst im Klassenraum übernehmen.
Wie viele verschiedene Paare sind möglich?

**5** a) Martin kauft im Schülercafé ein Brötchen mit Belag. Aus wie vielen Möglichkeiten kann er auswählen?

| Kürbiskern- oder Mehrkornbrötchen mit Käse, Schinken oder Salami 1,20 € |
|---|

| Vanillemilch Erdbeermilch Kakao 0,80 € | Knusperriegel Müsliriegel Fruchtriegel 0,60 € |
|---|---|

b) Wie viele Möglichkeiten hat Martin, wenn er zu dem belegten Brötchen noch ein Getränk wählt?

c) Patrizia möchte zwei verschiedene Riegel und dazu ein Getränk haben. Bestimme die Anzahl der Möglichkeiten.

d) Wähle selbst aus dem Angebot des Schülercafés etwas aus und überlege, wie viele Möglichkeiten du hast.

**6** Am Eingang des Freizeitparks steht ein Eiswagen.

Fruchteis
Zitrone
Erdbeere
Banane
Kiwi
Aprikose

Milcheis
Schokolade
Vanille
Walnuss

a) Robert kauft ein Hörnchen mit zwei Kugeln. Wie viele Möglichkeiten hat er, sein Eis zusammenzustellen, wenn er eine Kugel Milcheis und eine Kugel Fruchteis (zwei verschiedene Sorten Milcheis) haben möchte?

b) Sara möchte einen Becher mit vier verschiedenen Sorten Fruchteis kaufen. Wie viele Möglichkeiten gibt es?

# AUSGANGSTEST

**1** Berechne.
a) $60 \cdot 50$  b) $2000 \cdot 8$  c) $4800 : 6$
  $400 \cdot 9$  $70 \cdot 300$  $320 : 40$

**2** Multipliziere schriftlich.
a) $756 \cdot 7$  b) $1308 \cdot 13$  c) $475 \cdot 455$

**3** Dividiere schriftlich.
a) $4122 : 9$  b) $34\,713 : 3$  c) $8541 : 6$

**4** a) Bestimme das Produkt aus 12 und 7.
b) Bestimme den Quotienten aus 150 und 6.

**5** Berechne.
a) $(13 + 27) \cdot 11$  b) $(34 - 16) : 6$
c) $35 : 7 + 23$  d) $15 \cdot 7 - 3 \cdot 10$

**6** Rechne vorteilhaft.
a) $50 \cdot 87 \cdot 2$  b) $4 \cdot 29 \cdot 25$
c) $89 \cdot 8 + 89 \cdot 2$  d) $113 \cdot 15 - 13 \cdot 15$

**7** Bei den Aufgaben hat Lara vergessen, Klammern zu setzen. Schreibe die Aufgaben richtig in dein Heft.

| 4 | 2 | – | 2 | · | 3 | = | 1 | 2 | 0 |
|---|---|---|---|---|---|---|---|---|---|
| 2 | · | 3 | 3 | + | 1 | 7 | = | 1 | 0 | 0 |

**8** Für eine Gesamtschule werden 80 Kartons Kopierpapier geliefert. Jeder Karton enthält zwölf Pakete. Jedes Paket besteht aus 500 Blättern. Wie viele Blätter werden insgesamt geliefert?

**9** Im vergangenen Monat ist Samira an 20 Tagen mit dem Rad zur Schule gefahren. Insgesamt hat sie dabei 84 240 m zurückgelegt. Wie viel Meter hat sie täglich auf ihrem Schulweg zurückgelegt?

**10** 100 000 Bleistifte werden in Schachteln zu jeweils acht Stück verpackt. Jeweils 50 Schachteln werden in einem Karton verschickt. Wie viele Kartons sind notwendig?

**11** Eine Gruppe von 97 Jugendlichen unternimmt eine Kanufahrt. Jedes Kanu hat Platz für sieben Personen. Wie viele Kanus muss die Gruppe mieten?

**12** Berechne die Potenz.
a) $7^2$  b) $5^3$  c) $2^4$  d) $10^5$

**13** a) Das Produkt aus zwei Faktoren ist 48. Wie lauten die beiden Faktoren? Gib drei Möglichkeiten an.
b) Der Quotient aus zwei Zahlen ist 8. Wie lautet der Dividend, wie lautet der Divisor? Gib drei Möglichkeiten an.

**14** Erkläre bei jeder Aufgabe, welchen Fehler Jonas gemacht hat.

| 3 | 7 | 1 | · | 1 | 0 | 2 |   | 4 | 0 | 5 | : | 3 | = | 1 | 5 |
|---|---|---|---|---|---|---|---|---|---|---|---|---|---|---|---|
| 3 | 7 | 1 |   |   |   |   |   | 3 |   |   |   |   |   |   |   |
| 7 | 4 | 2 |   |   |   |   |   | 1 | 5 |   |   |   |   |   |   |
| 1 |   |   |   |   |   |   |   | 1 | 5 |   |   |   |   |   |   |
| 4 | 4 | 5 | 2 |   |   |   |   | 0 |   |   |   |   |   |   |   |

## Ich kann ...

| | Aufgabe | Hilfen und Aufgaben | |
|---|---|---|---|
| einfache Multiplikationen und Divisionen im Kopf durchführen. | 1, 4, 5, 6 | Seite 93, 94 | I |
| schriftlich multiplizieren. | 2, 8, 9 | Seite 99, 110 | |
| schriftlich dividieren. | 3, 10, 11 | Seite 100, 101, 111 | |
| die Begriffe Produkt und Quotient anwenden. | 4 | Seite 95, 108 | |
| die Regeln „Punktrechnung vor Strichrechnung" und „Klammern zuerst" anwenden. | 5, 7 | Seite 96, 108 | |
| Rechengesetze zum vorteilhaften Rechnen nutzen. | 6 | Seite 97, 98 | |
| Sachaufgaben zur Multiplikation und Division lösen. | 8, 9, 10, 11 | Seite 102, 103 | II |
| einfache Potenzen berechnen. | 12 | Seite 106, 108 | |
| die Begriffe Faktor, Dividend und Divisor anwenden. | 13 | Seite 95, 108 | |
| Fehler beim schriftlichen Multiplizieren und Dividieren erkennen und erklären. | 14 | Seite 99, 110, 111 | III |

# 6 Körper und Flächen

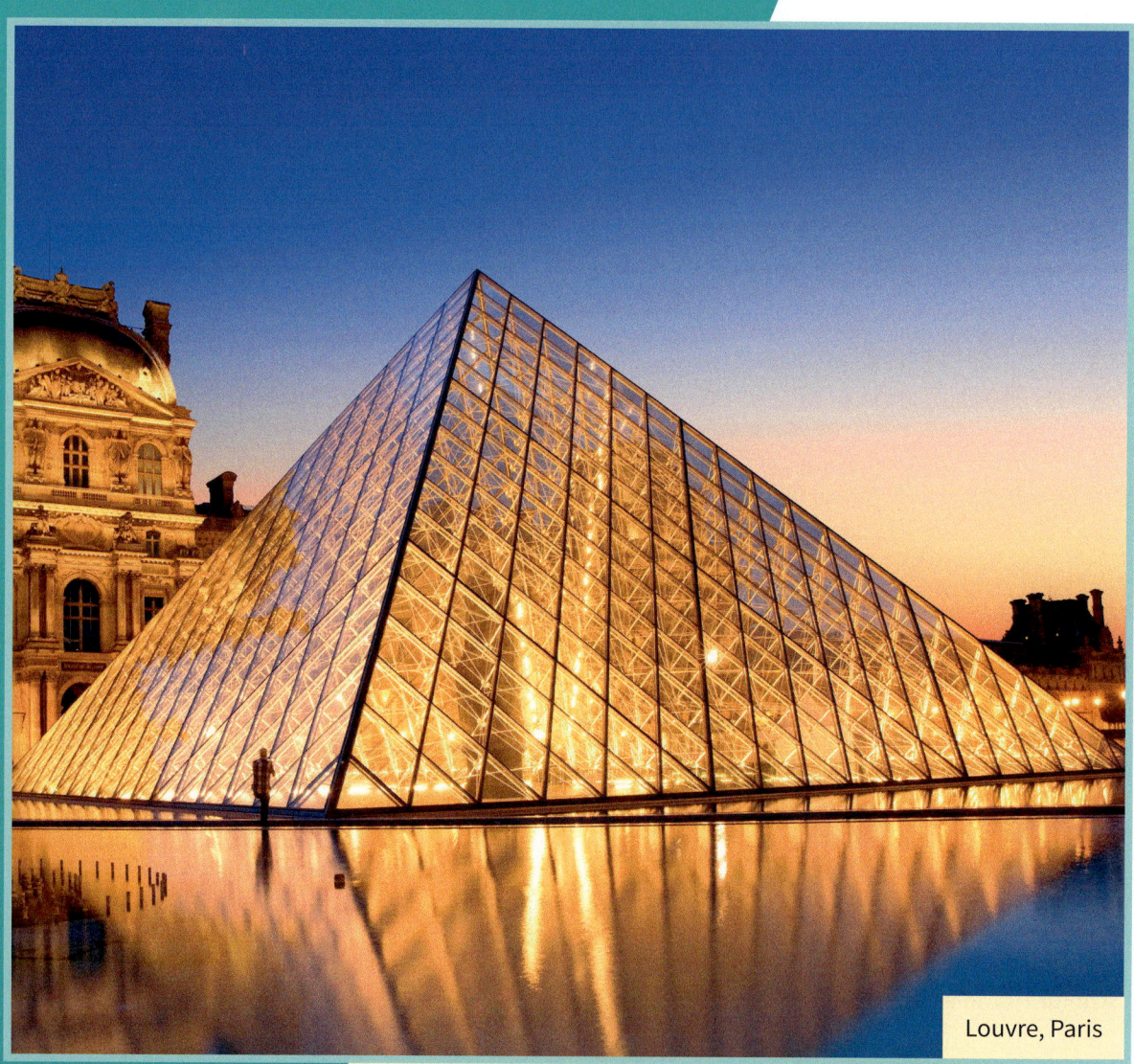

Louvre, Paris

Bist du fit für dieses Kapitel? Eingangstest auf Seite 209.

**In diesem Kapitel …**

– lernst du unterschiedliche geometrische Körper und ihre Eigenschaften kennen.
– zeichnest du Schrägbilder und Netze von Würfeln und Quadern.
– unterscheidest du verschiedene Vierecke anhand ihrer Eigenschaften.

# Geometrische Körper in der Architektur

Bürogebäude, Hannover

Leuchtturm, Pilsum

- Bauwerke oder Teile von Bauwerken haben häufig die Form geometrischer Körper. Welche geometrischen Körper kannst du in den einzelnen Bauwerken erkennen?

Holstentor, Lübeck

Fernsehturm, Berlin

# Geometrische Körper in der Umwelt

1   Körper in der Umwelt kommen in den unterschiedlichsten Formen vor. In vielen Fällen erkennst du geometrische Körper oder Teile geometrischer Körper. Vergleiche sie mit den links abgebildeten geometrischen Körpern.

Zylinder

Kegel

Würfel

Quader

Pyramide

Kugel

Dreiecksprisma

Sechsecksprisma

Dreieckspyramide

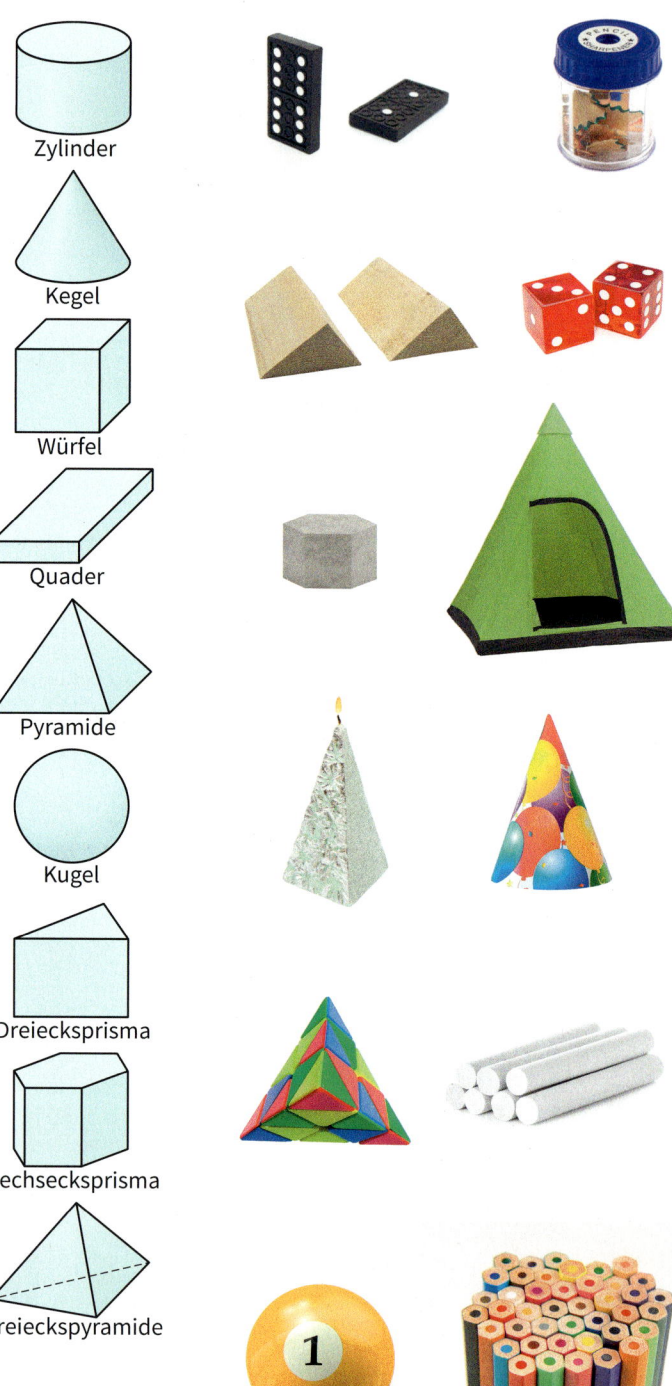

2   Welche unterschiedlichen geometrischen Körper kannst du in den Gebäuden entdecken?

3   Nenne Beispiele für Gegenstände aus deinem Umfeld, die die folgenden Formen haben:
a) Quader    b) Würfel    c) Zylinder
d) Pyramide   e) Kegel     f) Kugel
g) Prisma.

4   Ordne den folgenden Gegenständen einen geometrischen Körper zu. Manchmal gibt es mehrere Möglichkeiten.

Zylinder

Schuhkarton, Schultüte, Fruchtsaftpackung, Blechtonne, Pralinenschachtel, Paket, Geschenkverpackung, Pizzakarton

# Eigenschaften von Körpern

**1** Elias hat das Kantenmodell eines Würfels aus Papierstrohhalmen gebastelt.
Für die Würfelkanten hat er Strohhalme auf 6 cm Länge zugeschnitten. Die Ecken des Modells hat er aus kleinen Knetgummikugeln geformt.

a) Aus wie vielen Kanten (Strohhalmabschnitten) besteht das Modell?
b) Bestimme die Anzahl der Knetgummikugeln, die für den Bau des Kantenmodells nötig sind.

**2** Sofia hat Strohhalmabschnitte für das Kantenmodell eines Quaders zugeschnitten. Die Knetgummikugeln hat sie vorbereitet.

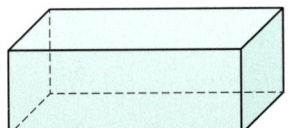

a) Überprüfe die Anzahl der Kanten und der Knetgummikugeln und gib an, ob etwas fehlt.
b) Baue das Kantenmodell eines Quaders, der 9 cm lang, 6 cm breit und 4 cm hoch ist.

**3** Baue ein Kantenmodell für den abgebildeten Körper.

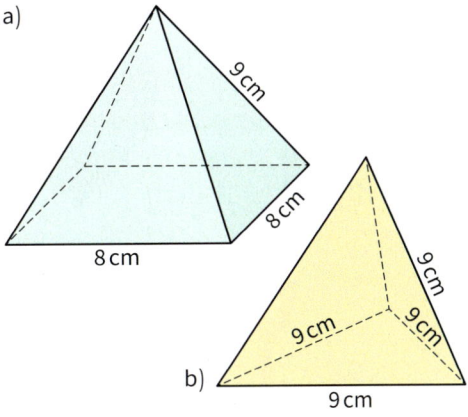

a)

b)

**4** Die Spinne sitzt in Ecke A.
a) Wie lang ist der Weg, den sie mindestens zurücklegen muss, um Ecke G zu erreichen?

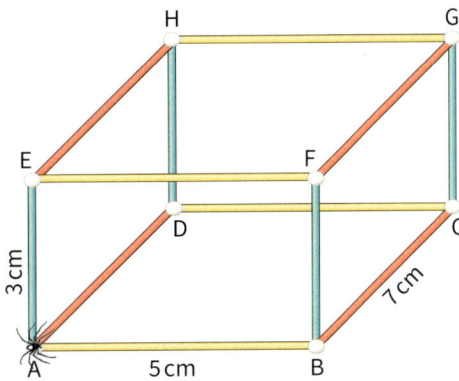

b) Die Spinne möchte alle anderen Eckpunkte des Kantenmodells erreichen. Wie lang ist der kürzeste Weg, den sie krabbeln muss?

**5** Paula hat nur noch zwei Strohhalme von je 25 cm Länge.

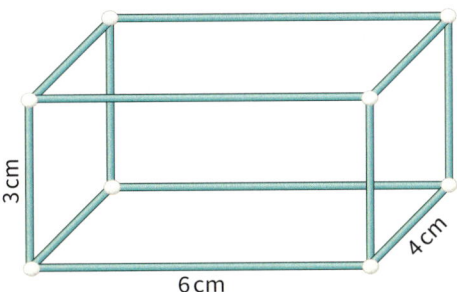

Kann sie daraus das abgebildete Kantenmodell bauen?

# Eigenschaften von Körpern

**6** Körper können mit unterschiedlichen Dingen oder Stoffen gefüllt werden.

a) Beschreibe die abgebildeten Körper.
b) Womit sind sie gefüllt?
c) In welchen Körper kann am meisten hineingefüllt werden, in welchen Körper am wenigsten.

> Jeder Körper hat einen **Rauminhalt.** Der Rauminhalt wird auch als **Volumen** bezeichnet.

**7** In der Abbildung wird gezeigt, wie du das Volumen eines Glases bestimmen kannst.

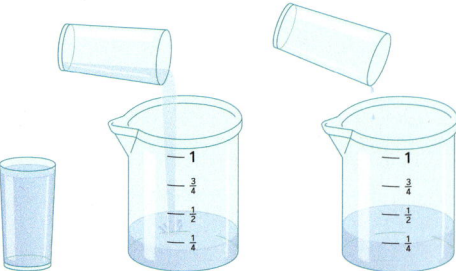

Beschreibe, wie du vorgehen musst.

**8** Der griechische Mathematiker und Physiker Archimedes (geboren um 287 vor Christus) soll als einer der ersten entdeckt haben, dass man mithilfe von Wasserverdrängung das Volumen von massiven Körpern bestimmen kann.

In den Abbildungen unten wird gezeigt, wie das Volumen einer Schraube und das Volumen einer Kugel bestimmt wird.

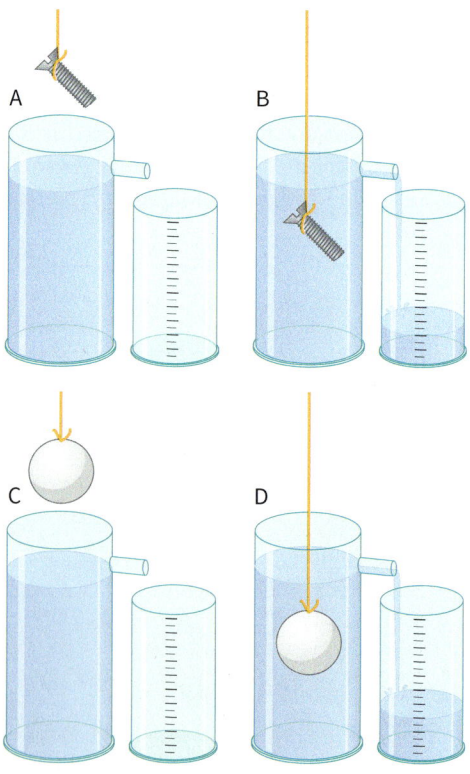

a) Beschreibe, wie das Volumen eines Körpers durch Wasserverdrängung bestimmt werden kann.
b) Hat die Kugel oder die Schraube ein größeres Volumen?

# Eigenschaften von Körpern

**9** Körper werden durch Flächen begrenzt, manche Körper haben Ecken und Kanten.

> **Körperkanten** entstehen, wenn Begrenzungsflächen aneinander stoßen. Kanten treffen sich in einer **Ecke.**
>
> Ecke
> Kante
> Fläche

a) Wie viele Ecken hat ein Quader?
b) Durch wie viele Flächen wird er begrenzt?
c) Wie viele Kanten zählst du?

**10** Zähle die Kanten, Ecken und Flächen des abgebildeten Körpers. Welchen Körper kennst du? Gib seinen Namen an.

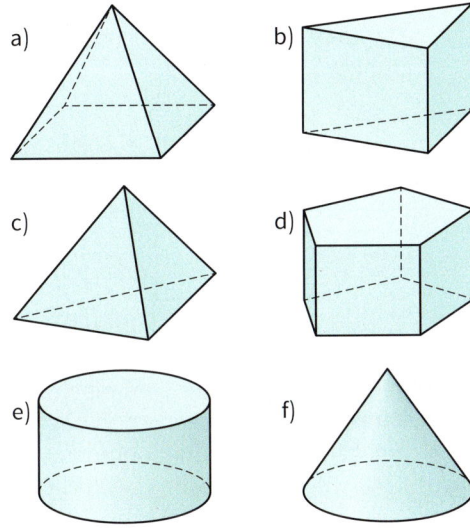

a)   b)
c)   d)
e)   f)

**11** a) Welche Körper haben gekrümmte Kanten?
b) Gibt es Körper ohne Kanten?
c) Nenne Körper mit gewölbten Begrenzungsflächen.

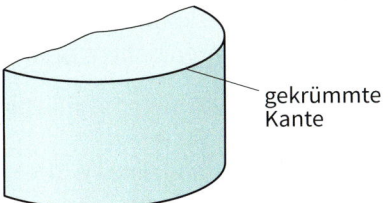

gekrümmte Kante

**12** Begrenzungsflächen von Körpern können verschiedene Formen haben.

Bei welchen Körpern findest du
a) dreieckige Begrenzungsflächen,
b) runde Begrenzungsflächen,
c) sechseckige Flächen,
d) achteckige Flächen,
e) quadratische Flächen,
f) rechteckige Flächen?

**13** Alle Begrenzungsflächen eines Körpers bilden seine **Oberfläche.** Welcher Körper hat
a) sechs gleich große Quadrate als Oberfläche?
b) zwei dreieckige Begrenzungsflächen und drei rechteckige Begrenzungsflächen?
c) keine Ecken, aber zwei Kanten?
d) keine Kanten?
e) sechs viereckige Begrenzungsflächen, die nicht alle Quadrate sind?
f) nur drei Begrenzungsflächen?

**14** Suche Körper mit
a) 12 Kanten  b) 8 Kanten  c) 8 Ecken
d) 5 Ecken  e) keiner Ecke  f) einer Kante.
Manchmal gibt es mehrere Möglichkeiten.

**15** Suche dir fünf Körper aus. Fertige für jeden dieser Körper einen Steckbrief an.

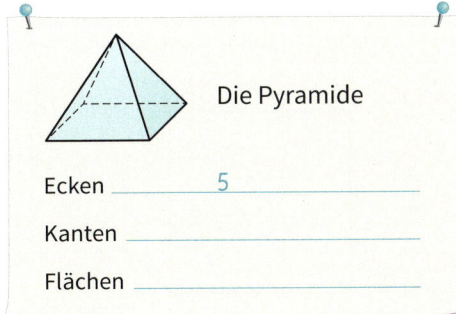

Die Pyramide

Ecken _____5_____

Kanten _____

Flächen _____

# Schrägbilder

**1** a) Mia und Paul haben das Schrägbild eines Würfels mit 4 cm Kantenlänge gezeichnet.

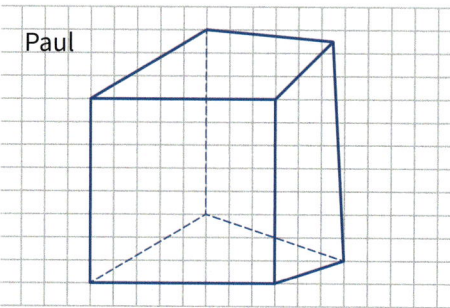

Paul

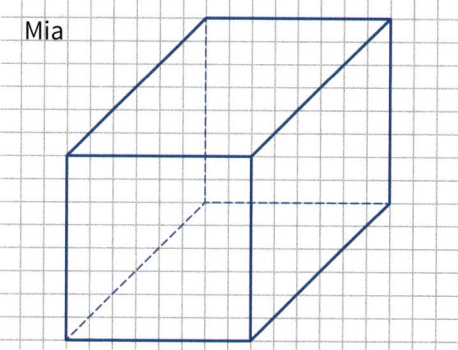

Mia

Beide sind mit ihrer Zeichnung nicht zufrieden.
Überlege mit deinem Nachbarn, welche Tipps ihr geben könnt, damit die Zeichnung besser gelingt.

b) Vervollständige das Schrägbild des Würfels in deinem Heft.

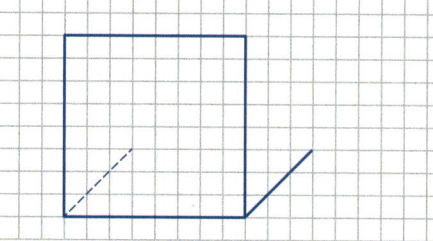

So kannst du das Schrägbild eines Würfels mit einer Kantenlänge von 3 cm zeichnen:

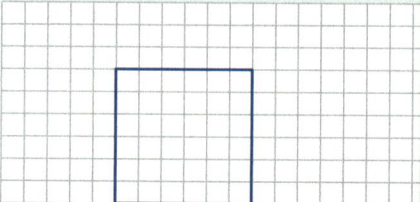

1. Zeichne die Vorderfläche des Würfels. Lege die Kanten auf Gitterlinien.

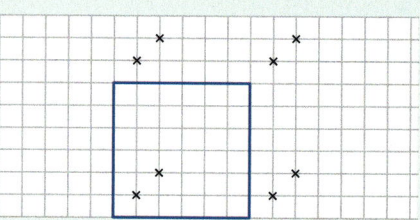

2. Zeichne nach hinten laufende Kanten auf Kästchendiagonalen. Markiere dazu zunächst einige Gitterpunkte.

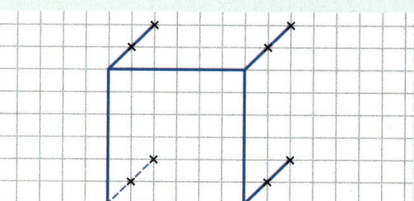

3. Die Länge der nach hinten laufenden Kanten wird auf die Hälfte gekürzt (1,5 cm). Zur Vereinfachung kannst du als Endpunkt den nächstgelegenen Gitterpunkt nehmen.

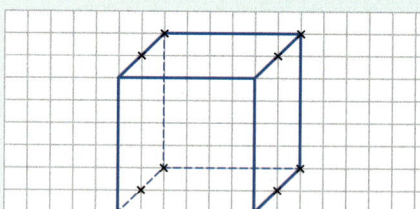

4. Verbinde die Eckpunkte. Zeichne alle nicht sichtbaren Kanten gestrichelt.

**2** Zeichne das Schrägbild eines Würfels mit 7 cm (10 cm) Kantenlänge.

# Schrägbilder

**3** Übertrage das Schrägbild des Quaders in dein Heft.

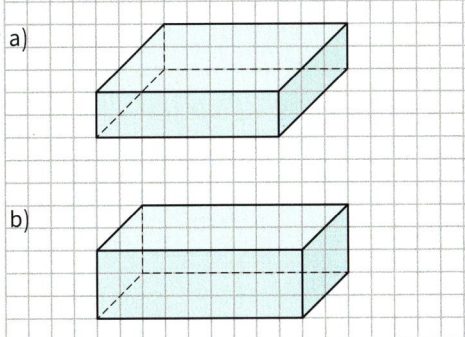

a)

b)

**4** Ergänze im Heft zum Schrägbild eines Quaders.

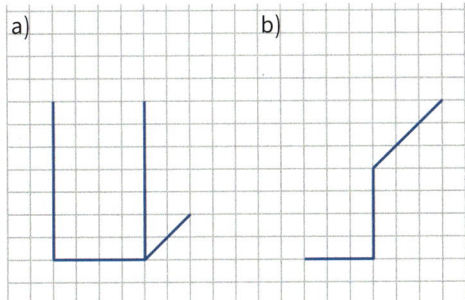

a)          b)

**5** Zeichne ein Schrägbild des Quaders mit den Kantenlängen 6 cm, 5 cm und 4 cm.

**6** Zeichne ein Schrägbild eines Würfels mit der Kantenlänge 5 cm (8 cm, 10 cm).

**7** Von einem quaderförmigen Holzstück ist ein Schrägbild erstellt worden.

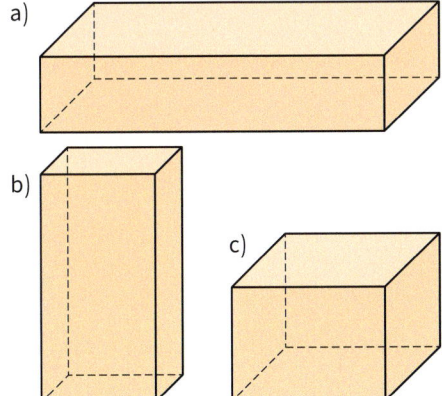

a)

b)

c)

Welche Maße hat das Holzstück in Wirklichkeit? Bestimme durch Messung.

**8** a) Wodurch unterscheiden sich die Fotos der Verpackung?

b) Zeichne drei unterschiedliche Schrägbilder eines Quaders mit den Kantenlängen 3 cm, 4 cm und 7 cm in dein Heft.

**9** Zeichne das abgebildete Schrägbild des Körpers.

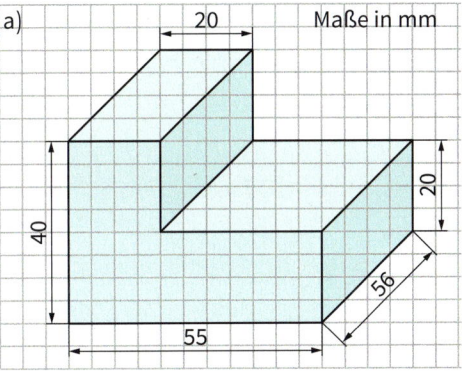

a)          Maße in mm

20

40

20

55

56

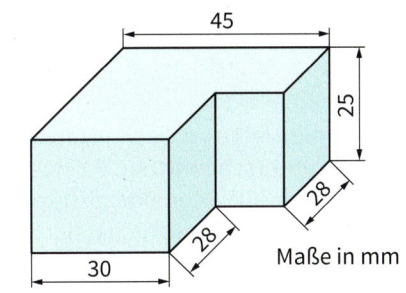

b)          45

25

30          28          28

Maße in mm

# Netze

**1** Luca hat verschiedene Verpackungen aufgetrennt und sie dann flach ausgebreitet.

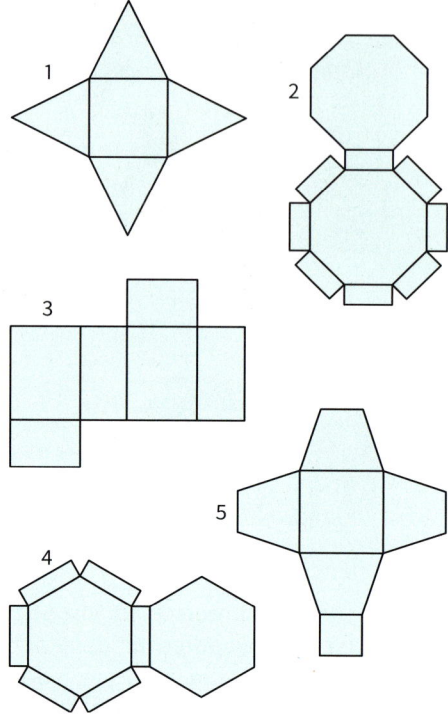

Ordne jeder Verpackung ihre ursprüngliche Form zu.

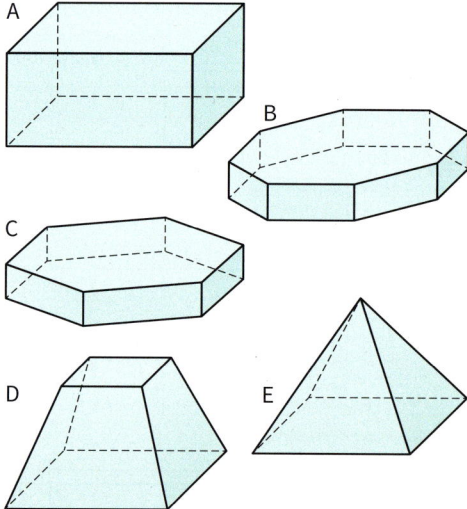

**2** Sammle kleine Verpackungen mit möglichst unterschiedlichen Formen und trenne sie auf. Schneide die Klebelaschen ab und klebe die restliche, flach ausgebreitete Verpackung in dein Heft.

Wenn du eine quaderförmige Verpackung auftrennst und die Klebelaschen entfernst, erhältst du ein Quadernetz.

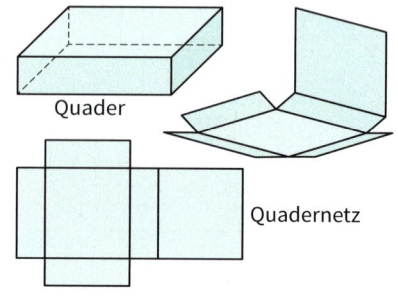

Der Würfel ist ein besonderer Quader. Sein Netz besteht aus 6 Quadraten.

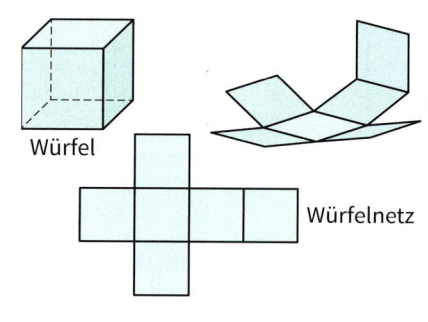

**3** Übertrage die Flächen auf Karopapier, schneide aus und versuche einen Quader zu falten. Was stellst du fest?

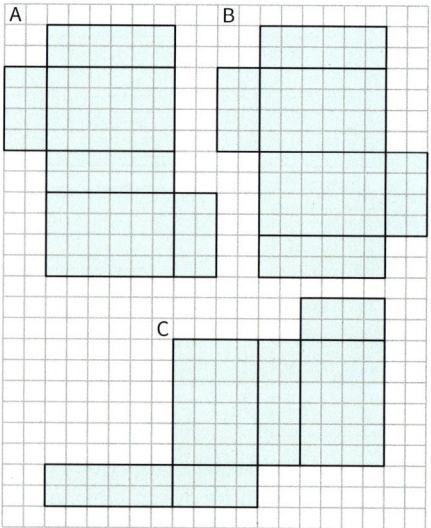

**4** Welche Flächen können zu Quadern gefaltet werden?

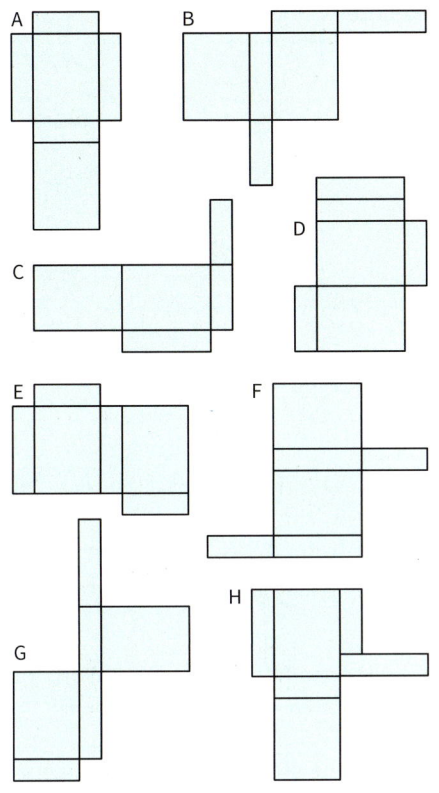

**5** Vervollständige die Abbildung auf Kästchenpapier zu einem Quadernetz. Schneide anschließend aus und überprüfe durch Falten.

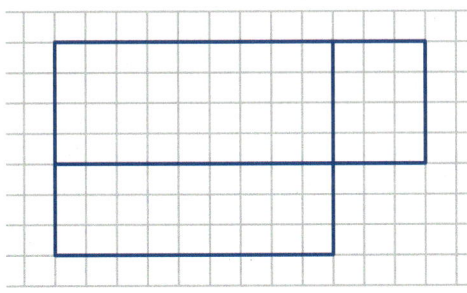

**6** Zeichne das Netz des Quaders mit den angegebenen Maßen auf Kästchenpapier.

|  | a) | b) | c) |
|---|---|---|---|
| Länge | 4 cm | 3,5 cm | 5 cm |
| Breite | 3 cm | 3,5 cm | 4,5 cm |
| Höhe | 2 cm | 5 cm | 0,5 cm |

**7** Zeichne ein Würfelnetz (Kantenlänge 6 cm) auf dünne Pappe, ergänze die Klebelaschen und schneide aus. Färbe gegenüberliegende Seiten mit der gleichen Farbe und klebe zu einem Würfel zusammen.

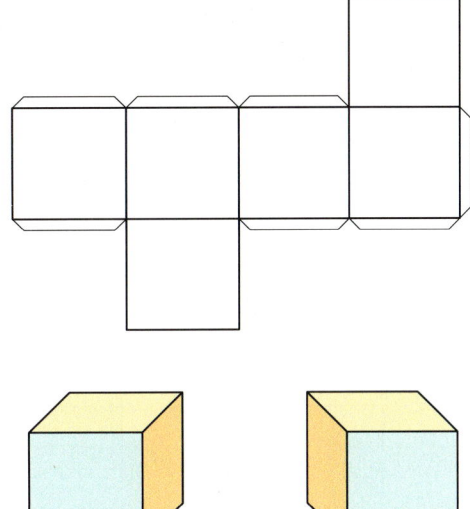

**8** Zeichne die abgebildeten Würfelnetze in dein Heft. Stelle dir vor, du faltest die Netze zu einem Würfel. Färbe jeweils die gegenüberliegenden Flächen des Würfels mit der gleichen Farbe.

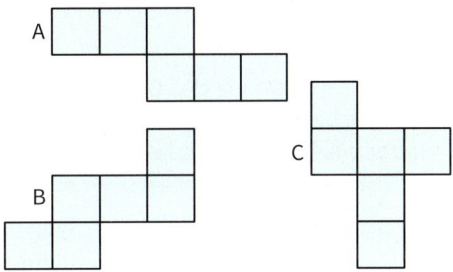

**9** Welche der abgebildeten Flächen sind Würfelnetze?

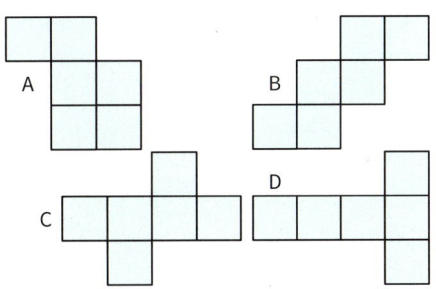

# Rechteck und Quadrat

**1** Bei geometrischen Körpern hast du unterschiedliche Begrenzungsflächen kennengelernt.

a) Zähle die Rechtecke und Quadrate bei den abgebildeten Verpackungen.
b) Gibt es eine Verpackung, die sechs gleich große Rechtecke als Begrenzungsflächen hat?

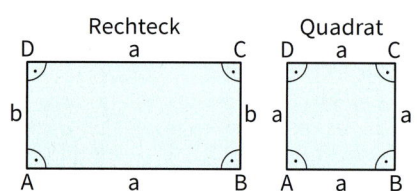

Ein Viereck, in dem die benachbarten Seiten senkrecht zueinander stehen, heißt **Rechteck.**
Die gegenüberliegenden Seiten sind gleich lang.
Ein Rechteck, in dem alle Seiten gleich lang sind, heißt **Quadrat.**

**2** Überprüfe mithilfe des Geodreiecks, ob es sich bei der Figur um ein Rechteck oder ein Quadrat handelt.

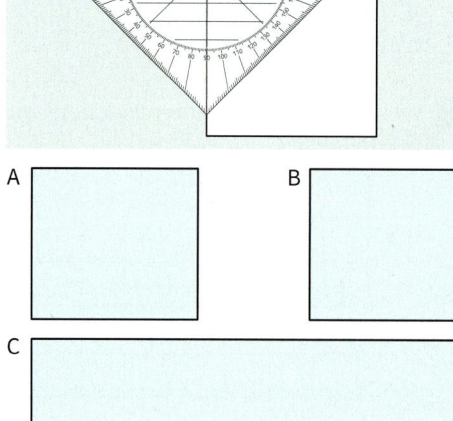

**3** Die folgenden Abbildungen zeigen dir, wie du ein 5 cm langes und 3 cm breites Rechteck zeichnen kannst.

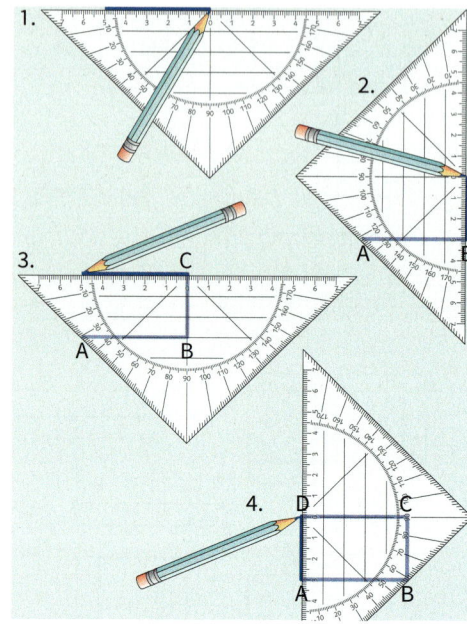

Zeichne ein Rechteck mit a = 6 cm und b = 4,5 cm (a = 2 cm, b = 7,5 cm).

**4** a) Zeichne ein 6 cm langes und 4 cm breites Rechteck. Verbinde die gegenüberliegenden Eckpunkte. Diese Verbindungsstrecken heißen **Diagonalen.**

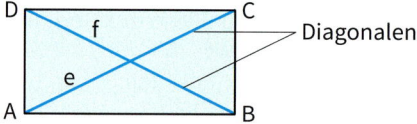

b) Zeichne in ein Quadrat mit der Seitenlänge 5 cm die Diagonalen ein.

**5** a) Zeichne ein Quadrat, dessen Diagonalen 5 cm lang sind.
b) Zeichne ein Rechteck. Die Diagonalen sollen 6 cm lang sein. Gibt es mehrere Lösungen?

**6** Ist die Aussage richtig oder falsch?
a) Ein Rechteck kann nie vier gleich lange Seiten haben.
b) Jedes Quadrat ist auch ein Rechteck.
c) Die Diagonalen eines Rechtecks stehen senkrecht zueinander.
d) Die Diagonalen eines Quadrats sind Symmetrieachsen des Quadrats.

# Parallelogramm und Raute

**1** Die Seitenfläche eines Gebäudes im Hamburger Hafen hat eine ungewöhnliche Form.

Beschreibe die Form der Seitenfläche. Was unterscheidet die Fläche von einem Rechteck? Was hat die Fläche mit einem Rechteck gemeinsam?

**Parallelogramm**

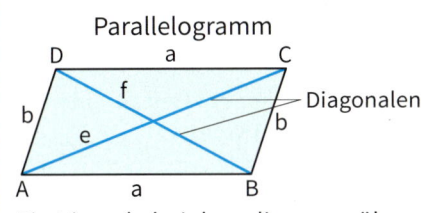

Ein Viereck, bei dem die gegenüberliegenden Seiten parallel sind, heißt **Parallelogramm.** Die gegenüberliegenden Seiten sind gleich lang.

**Raute**

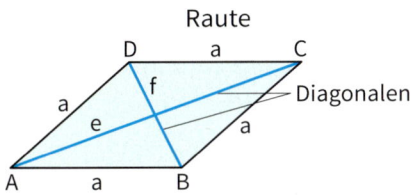

Ein Viereck mit vier gleich langen Seiten heißt **Raute.**

**2** Übertrage die Figuren in dein Heft. Bei welcher Figur handelt es sich um eine Raute? Welche Figur ist ein Parallelogramm?
Überprüfe auch mit dem Geodreieck.

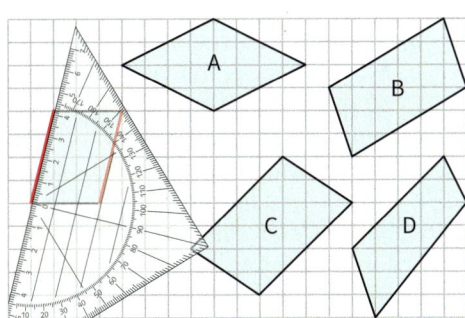

**3** Übertrage die Figuren in dein Heft und ergänze sie jeweils zu einem Parallelogramm.

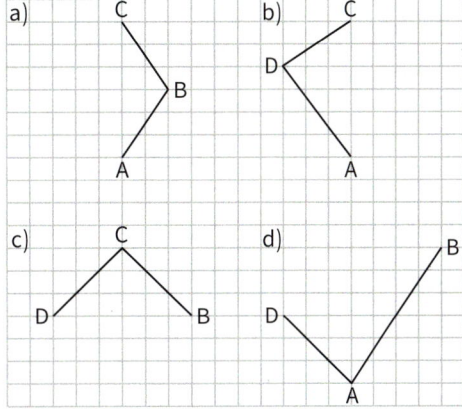

**4** Zeichne eine Raute und ein Parallelogramm auf Kästchenpapier. Beschreibe, wie du vorgegangen bist.

**5** Für welche Vierecke trifft die Aussage zu?
a) Alle vier Seiten sind gleich lang.
b) Die Diagonalen sind senkrecht zueinander.
c) Das Viereck hat vier rechte Winkel.
d) Die gegenüberliegenden Seiten sind parallel.

**6** Ist die Aussage richtig?
a) Jede Raute ist ein Quadrat.
b) Jedes Quadrat ist eine Raute.
c) Jedes Parallelogramm ist eine Raute.
d) Jede Raute ist ein Parallelogramm.
e) Jedes Quadrat ist ein Parallelogramm.
f) Jedes Rechteck ist ein Parallelogramm.

**7** Alexander stellt folgende Behauptung auf:
„Jedes Quadrat hat vier gleich lange Seiten. Also ist ein Viereck, das vier gleich lange Seiten hat, ein Quadrat".
Kann diese Behauptung stimmen? Finde den Fehler in Alexanders Argumentation.

**8** Widerlege die Aussage durch ein Gegenbeispiel.
a) Jedes Viereck hat vier rechte Winkel.
b) Bei jedem Viereck sind die beiden Diagonalen gleich lang.

# Trapez

**1** Welche Eigenschaft haben die abgebildeten Vierecke gemeinsam?

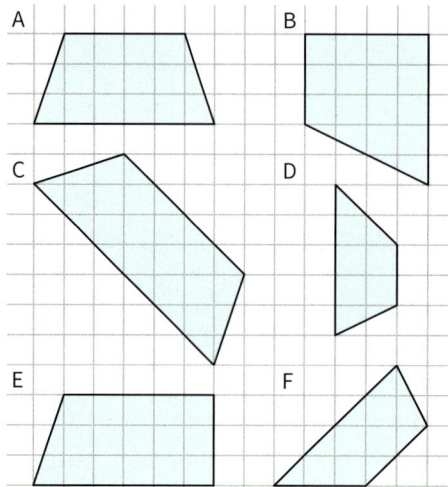

Trapez

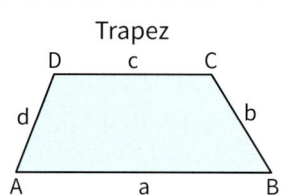

Ein Viereck mit zwei parallelen Seiten heißt **Trapez.**

Gleichschenkliges Trapez

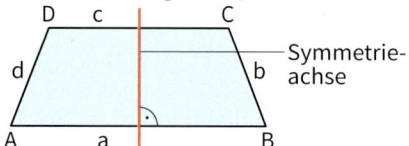

Ein Trapez mit einer Symmetrieachse, die senkrecht auf den beiden parallelen Seiten steht, heißt **gleichschenkliges Trapez** (b = d).

**2** Übertrage die Figuren in dein Heft.
Bei welcher Figur handelt es sich um ein Trapez?

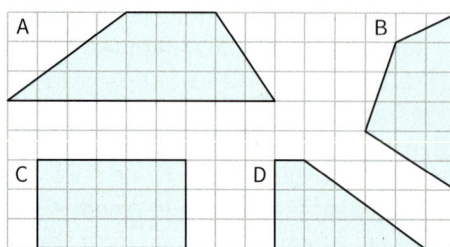

**3** Wo kommen Trapeze in deiner Umgebung vor?

**4** Ergänze in deinem Heft zu einem Trapez.

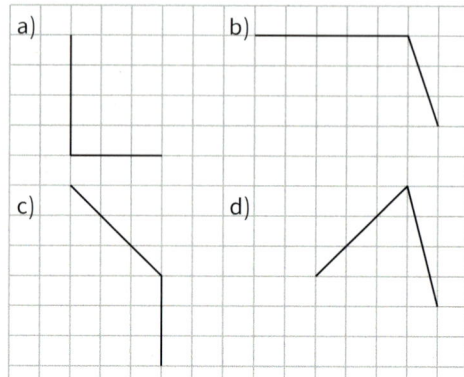

**5** Ergänze in deinem Heft zu einem gleichschenkligen Trapez.

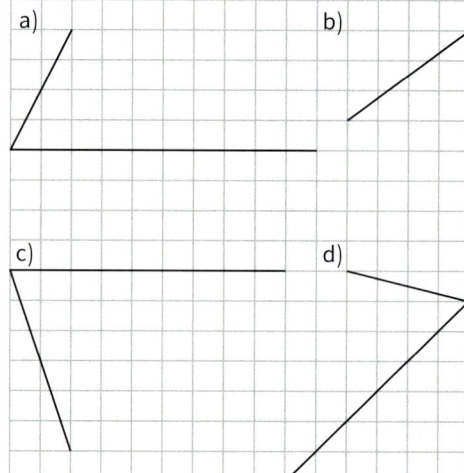

**6** Zeichne ein gleichschenkliges Trapez. Die parallelen Seiten a und c sollen einen Abstand von 3,5 cm haben. Seite a soll 5 cm und Seite c soll 3 cm lang sein.

**7** Welche Aussage ist wahr?
a) Jedes Trapez ist auch ein Rechteck.
b) Es gibt Trapeze mit vier gleich langen Seiten.
c) Jedes Rechteck ist auch ein Trapez.
d) Bei einem Trapez dürfen nur zwei Seiten parallel zueinander sein.
e) Jedes Quadrat ist auch ein Trapez.
f) Ein Trapez darf keinen rechten Winkel haben.

# Drachen

**1** Aus einem gefalteten Blatt Papier kannst du durch zwei Schnitte einen Drachen ausschneiden. Beschreibe seine Eigenschaften.

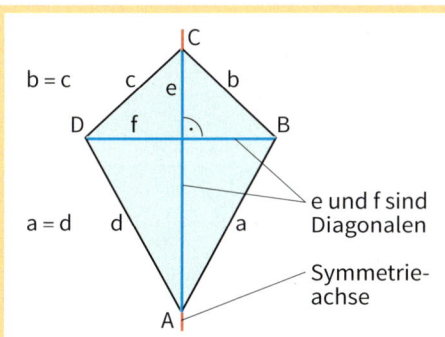

b = c

a = d

e und f sind Diagonalen

Symmetrieachse

Ein Viereck, in dem eine Diagonale Symmetrieachse ist, heißt **Drachen** (Drachenviereck).

**2** Welches Viereck ist ein Drachen? Überprüfe, ob eine Diagonale Symmetrieachse ist.

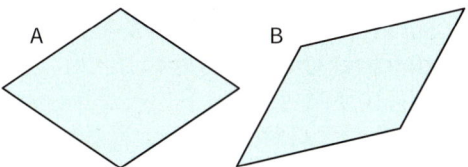

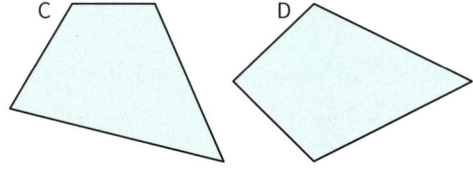

**3** Ergänze im Heft zu einem Drachen.

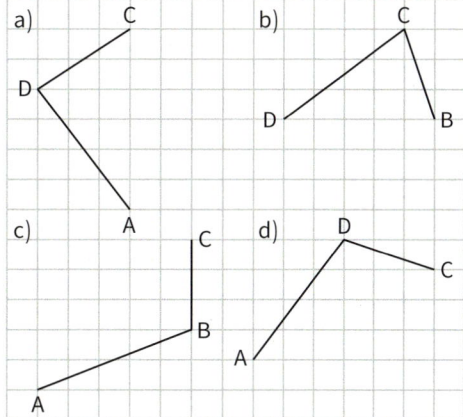

Zeichne bei den Drachenvierecken auch die Symmetrieachse ein.

**4** Zeichne Drachenvierecke mit den folgenden Diagonalen.
a) e = 3 cm; f = 2 cm
b) e = 8 cm; f = 6 cm
c) e = 7,6 cm; f = 4,8 cm
Gibt es jeweils nur eine Lösung?

**5** Welche Vierecke sind keine Drachen? Begründe deine Meinung.

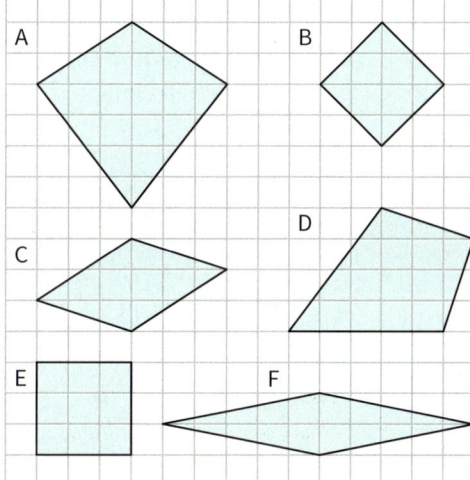

**6** Welche Aussagen sind wahr?
a) Jede Raute ist ein Drachen.
b) Es gibt Drachen mit vier gleich langen Seiten.
c) Jedes Quadrat ist ein Drachen.
d) Jeder Drachen ist ein Parallelogramm.
e) Ein Drachen hat zwei Symmetrieachsen.

# WISSEN KOMPAKT

**Körper**

  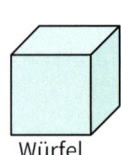 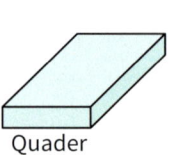 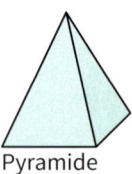  

| Zylinder | Kegel | Würfel | Quader | Pyramide | Kugel | Prisma |

**Flächen**

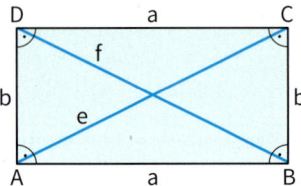

Ein Viereck, in dem die benachbarten Seiten senkrecht zueinander stehen, heißt **Rechteck.** Die gegenüberliegenden Seiten sind gleich lang.

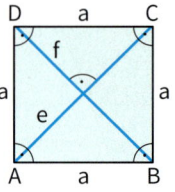

Ein Rechteck, in dem alle Seiten gleich lang sind, heißt **Quadrat.**

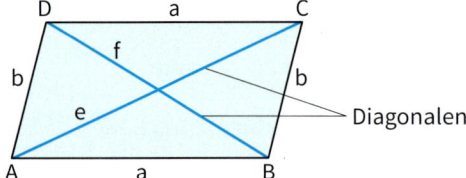

Diagonalen

Ein Viereck, bei dem alle gegenüberliegenden Seiten parallel sind, heißt **Parallelogramm.** Die gegenüberliegenden Seiten sind gleich lang.

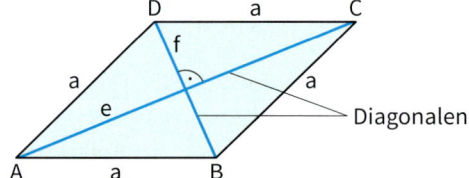

Diagonalen

Ein Parallelogramm mit vier gleich langen Seiten heißt **Raute.**

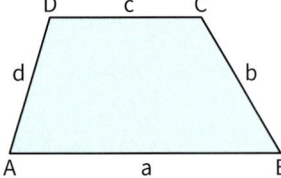

Ein Viereck mit zwei parallelen Seiten heißt **Trapez.**

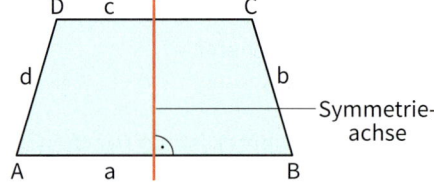

Symmetrieachse

Ein Trapez mit einer Symmetrieachse, die senkrecht auf den beiden parallelen Seiten steht, heißt **gleichschenkliges Trapez** (b = d).

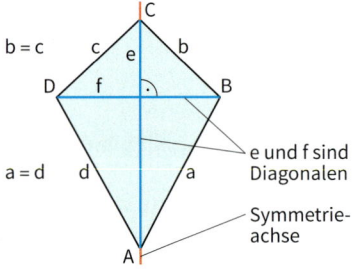

e und f sind Diagonalen

Symmetrieachse

Ein Viereck, in dem eine Diagonale Symmetrieachse ist, heißt **Drachen** (Drachenviereck).

## ÜBEN

**1** Benenne den Körper. Gib die Anzahl der Kanten, Ecken und Begrenzungsflächen an.

a) 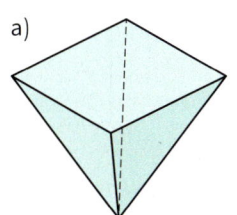    b)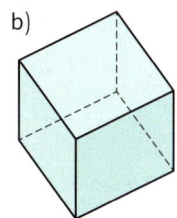

c) 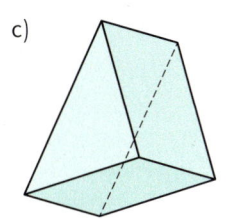    d)

e)

f)     g)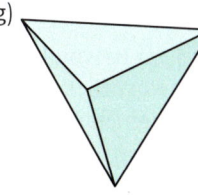

**2** a) Wie unterscheiden sich die vier dargestellten Schrägbilder eines Würfels?

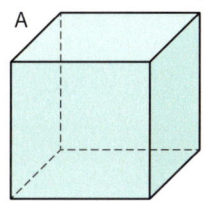   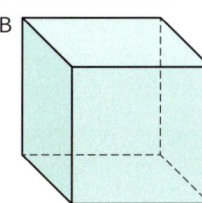

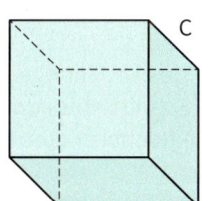   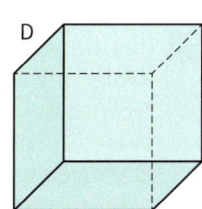

b) Zeichne ein Schrägbild des Würfels (Kantenlänge 3 cm) auf Kästchenpapier.

**3** Zeichne zwei unterschiedliche Schrägbilder des Quaders mit den Kantenlängen 8 cm, 7 cm und 3 cm.

**4** Welche Flächen sind Quadernetze?

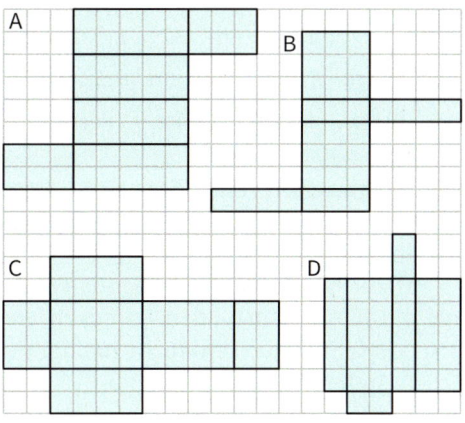

**5** Im Beispiel ist eine Ecke des Würfels gefärbt. Du findest im Würfelnetz die Punkte wieder, die zur gefärbten Ecke gehören.

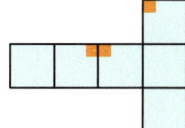

Übertrage das Würfelnetz in dein Heft. Markiere die beiden anderen Quadratecken, die beim Zusammenfalten eine gemeinsame Würfelecke ergeben.

a) 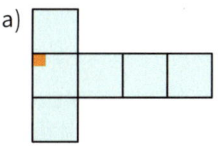    b)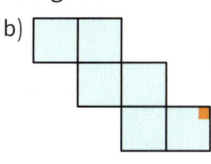

**6** Es gibt elf mögliche Würfelnetze. Timo hat vier Netze gefunden. Finde weitere Netze und zeichne sie auf Kästchenpapier.

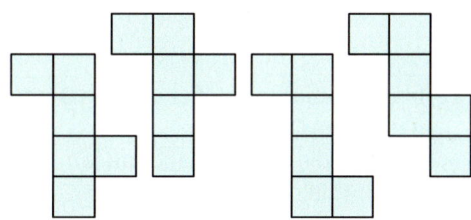

**7** Suche einen kleinen quaderförmigen Gegenstand z. B. eine Streichholzschachtel und zeichne ein Schrägbild des Gegenstandes und ein Netz in Originalgröße.

# ÜBEN

**8** Zeichne das Rechteck.

|  | a) | b) | c) | d) |
|---|---|---|---|---|
| Länge | 7,5 cm | 12,2 cm | 2,5 cm | 6,3 cm |
| Breite | 4,3 cm | 8,9 cm | 2,5 cm | 6,3 cm |

**9** Zeichne ein 7,5 cm langes und 2,5 cm breites Rechteck und ein Quadrat mit der Seitenlänge 6,5 cm.
a) Zeichne jeweils die Diagonalen ein.
b) Überprüfe in beiden Vierecken, welche Strecken senkrecht zueinander stehen.

**10** Ergänze die Figur in deinem Heft zu einem Rechteck. Zähle dazu genau die Kästchen aus.

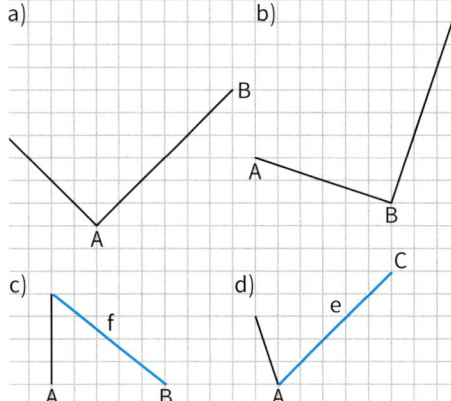

**11** Ergänze die Figur in deinem Heft zu einem Quadrat. Überprüfe dann die Seitenlängen und Winkel.

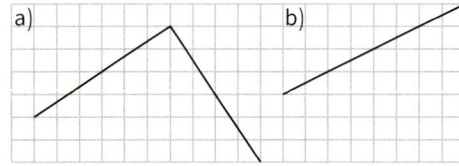

**12** In der Abbildung siehst du eine Diagonale eines Quadrats.
Ergänze die zweite Diagonale und das Quadrat in deinem Heft.

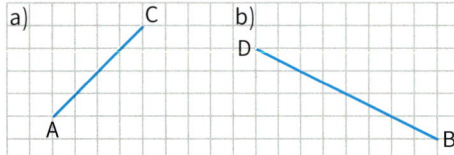

**13** Übertrage die Tabelle in dein Heft und kreuze das Zutreffende an.

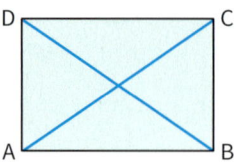 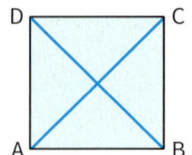

| Eigenschaft | Quadrat | Rechteck |
|---|---|---|
| Die Diagonalen sind senkrecht zueinander. | ▨ | ▨ |
| Die Diagonalen sind gleich lang. | ▨ | ▨ |
| Die Diagonalen halbieren sich. | ▨ | ▨ |
| Alle vier Seiten sind gleich lang. | ▨ | ▨ |
| Alle Winkel sind rechte Winkel. | ▨ | ▨ |

**14** Im Beispiel siehst du die Teilfigur eines Rechtecks. Sie ist durch Schnitte längs der Diagonalen entstanden.
Übertrage die Figur in dein Heft und vervollständige das Rechteck.

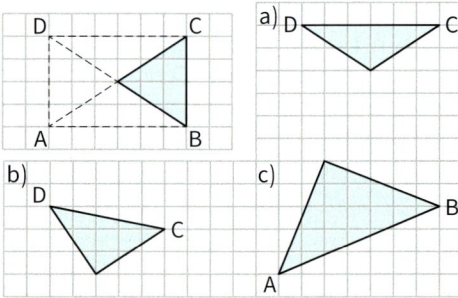

**15** Übertrage die Figuren auf kariertes Papier und schneide sie aus. Zerlege jede Figur so durch einen Schnitt, dass du die beiden Teile zu einem Rechteck zusammenfügen kannst.

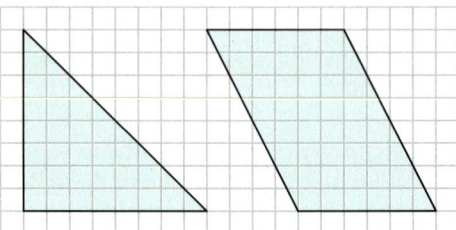

**16** Übertrage die Vierecke in dein Heft und zeichne die Diagonalen ein.
Welches Viereck ist ein Parallelogramm (eine Raute, ein Drachen, ein Rechteck, ein Quadrat)?

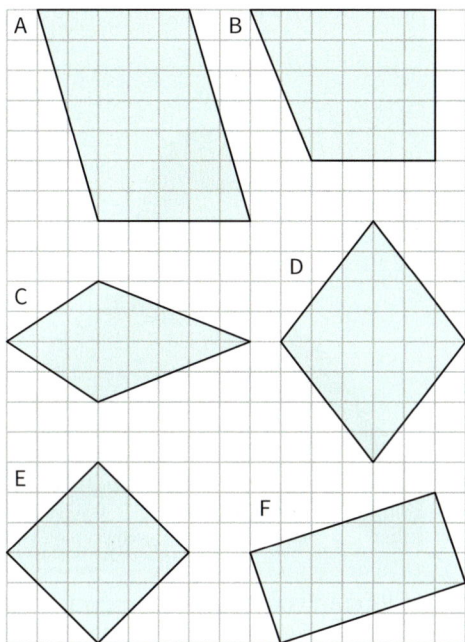

**17** Lukas, Kim und Elli haben jeweils ein Viereck gezeichnet.
Lukas sagt: „Mein Viereck hat vier gleich lange Seiten".
Kim sagt: „Bei meinem Viereck stehen die Diagonalen senkrecht zueinander".
Elli sagt: „Beide Diagonalen meines Vierecks sind Symmetrieachsen.
a) Nenne ein Viereck, das Lukas (Kim, Elli) gezeichnet haben könnte.
b) Überlege, ob es jeweils mehrere Möglichkeiten gibt.

**18** Ergänze im Heft zu
a) einem Parallelogramm.
b) einem Trapez.
c) einem Drachen.

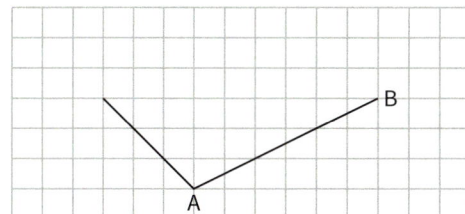

**19** Übertrage die Figuren auf kariertes Papier und schneide sie aus.
a) Setze sie so zusammen, dass eine neue Figur entsteht.
Lege ein Quadrat, ein Rechteck, ein Parallelogramm, ein Trapez, ein gleichschenkliges Trapez.
b) Kannst du auch eine Raute legen?

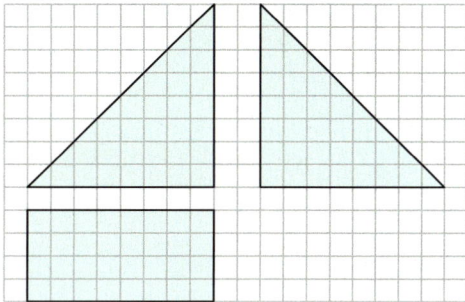

**20** a) Zeichne einen Drachen, bei dem alle Seiten gleich lang sind.
b) Zeichne eine Raute, die kein Quadrat ist.
c) Zeichne ein Trapez, das auch ein Parallelogramm ist.
d) Zeichne ein Viereck, bei dem die Diagonalen senkrecht zueinander stehen, bei dem aber nur zwei Seiten einen rechten Winkel miteinander bilden.

**21** Welches Viereck ist
a) ein Parallelogramm und zugleich ein gleichschenkliges Trapez?
b) ein Drachen und zugleich ein Parallelogramm?

**22** Gehe in der Abbildung von dem beliebigen Viereck aus. Welche Eigenschaft kommt jeweils in Pfeilrichtung hinzu?

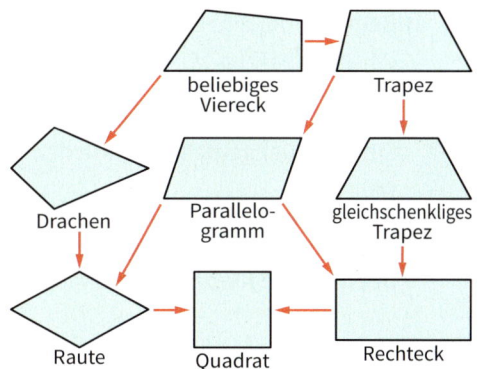

# VERTIEFEN: Verpackungen selbst herstellen

**1** Kim möchte ihrer Freundin einen Füllfederhalter schenken. Die Verpackung dafür will sie selbst herstellen und gestalten.
Sie bestimmt die Maße des Füllers und entscheidet sich für eine quaderförmige Verpackung.

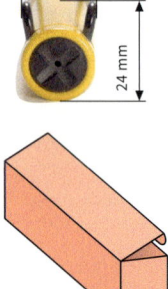

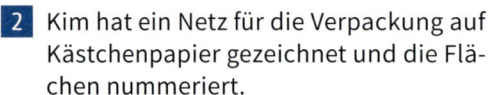

Welche Innenmaße a, b, c muss die Verpackung mindestens haben, damit der Füller hineinpasst?

**2** Kim hat ein Netz für die Verpackung auf Kästchenpapier gezeichnet und die Flächen nummeriert.

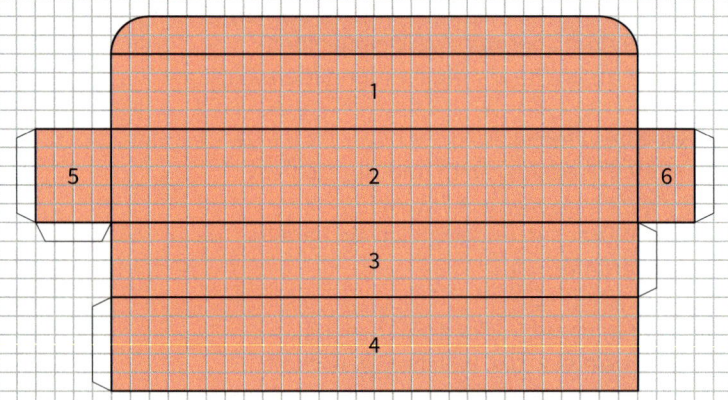

a) Benenne die einzelnen Flächen mit „Grundfläche", „Seitenfläche" und „Deckel".
b) Kim hat beim Entwurf des Netzes einen Fehler gemacht. Finde den Fehler.
c) Kontrolliere auch die Klebelaschen. Sind alle Laschen vorhanden? Gibt es überflüssige Klebelaschen?

**3** Nachdem Kim alle Fehler korrigiert hat, überträgt sie das Netz auf dünne Pappe. Sie ritzt die Knicklinien mit einem spitzen Gegenstand an, schneidet das Netz aus und gestaltet es farbig.
Anschließend klebt sie die Box zusammen.

a) Entwirf wie Kim eine quaderförmige Verpackung für deinen Füllfederhalter. Vergiss nicht, vorher die Maße deines Füllers zu bestimmen.
b) Überlegt in eurer Tischgruppe, welche anderen geometrischen Körper als Verpackungsformen für einen Füller in Frage kommen. Diskutiert über Materialverbrauch, Arbeitsaufwand, Schwierigkeitsgrad, Verwendbarkeit für andere Schreibgeräte und Aussehen. Entscheidet euch dann für eine Form, die ihr in Partnerarbeit anfertigt.

c) Präsentiert eure Ergebnisse an der Pinnwand in der Klasse.

# AUSGANGSTEST

**1** Gib die Bezeichnungen der abgebildeten Körper an.

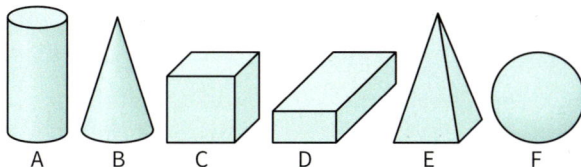

**2** Welcher Körper hat
a) sechs Quadrate als Begrenzungsflächen?
b) drei Begrenzungsflächen?
c) fünf Ecken?
d) keine Ecken, aber zwei Kanten?
e) sechs Kanten?
f) drei Rechtecke und zwei Dreiecke als Begrenzungsflächen?

**3** Zeichne das Schrägbild eines Würfels mit 4 cm Kantenlänge.

**4** Zeichne zwei unterschiedliche Schrägbilder eines Quaders mit den Kantenlängen 6 cm, 4 cm und 3 cm.

**5** Zeichne das Netz des abgebildeten Quaders.

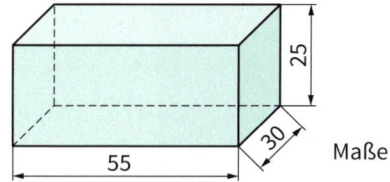

Maße in mm

**6** Ergänze in deinem Heft zu einem Quadernetz.

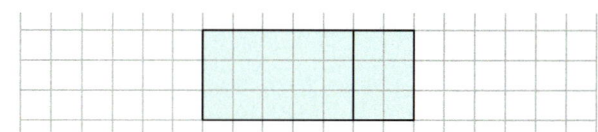

**7** Zeichne ein Rechteck mit den angegebenen Maßen: Länge 5,5 cm, Breite 3,5 cm.

**8** Zeichne das angegebene Viereck auf Kästchenpapier. Die Größe der Figur ist beliebig.
a) Trapez b) Parallelogramm c) Raute d) Drachen

**9** Prüfe, ob die abgebildete Fläche ein Quadernetz ist. Begründe deine Antwort.

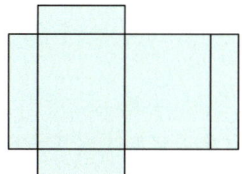

**10** Mia behauptet: „Bei jedem Rechteck sind die gegenüberliegenden Seiten parallel. Also ist jedes Viereck, das diese Eigenschaft hat, ein Rechteck. Finde den Fehler in Mias Argumentation.

**11** Widerlege die Aussage durch ein Gegenbeispiel.
a) Bei einem Viereck schneiden sich die Diagonalen im rechten Winkel.
b) Es gibt kein Viereck, das nur eine Symmetrieachse hat.

## Ich kann ...

| | Aufgabe | Hilfen und Aufgaben | |
|---|---|---|---|
| geometrische Körper benennen. | 1 | Seite 118, 131 | |
| geometrische Körper an ihren Eigenschaften erkennen. | 2 | Seite 118, 121 | |
| einfache Schrägbilder von Würfeln zeichnen. | 3 | Seite 122 | I |
| Netze von Quadern zeichnen. | 5 | Seite 124, 125 | |
| ein Rechteck nach vorgegebenen Maßen zeichnen. | 7 | Seite 126, 132 | |
| unterschiedliche Schrägbilder eines Körpers zeichnen. | 4 | Seite 122, 123 | |
| eine vorgegebene Figur zu einem Quadernetz ergänzen. | 6 | Seite 125 | |
| verschiedene Vierecke zeichnen. | 8 | Seite 126, 127, 128, 129 | II |
| überprüfen, ob eine vorgegebene Fläche ein Quadernetz ist. | 9 | Seite 124, 125 | |
| Fehler in einer Argumentation finden | 10 | Seite 127 | |
| eine falsche Aussage durch ein Gegenbeispiel widerlegen. | 11 | Seite 126, 127, 128, 129 | III |

# 7 Vergleichen und Messen

Schon in frühester Zeit haben Menschen Längen gemessen. In allen Kulturen verwendeten sie dazu Einheiten, die vom Körper des Menschen abgeleitet waren.

Als „Standardmaße" galten Finger- und Handbreite, Unterarm und Fuß. Eine große Einheit war das Klafter. Die Einheiten legte jeder Herrscher (König, Fürst, …) in seinem Land fest.

*Bist du fit für dieses Kapitel? Eingangstest auf Seite 209.*

**In diesem Kapitel …**

- *rechnest du mit Längen und Flächeninhalten.*
- *bestimmst du den Flächeninhalt und Umfang von Rechteck und Quadrat.*
- *löst du Sachaufgaben zu Längen und Flächen.*

# Messen mit Hand und Fuß

- Miss mit deiner Spannweite (Daumenbreite, Ellenlänge, Schrittlänge, . . .) Breite, Länge und Höhe verschiedener Gegenstände im Klassenzimmer und Entfernungen auf dem Schulgelände. Vergleiche deine Ergebnisse mit denen deiner Mitschülerinnen und Mitschüler. Was stellst du fest?

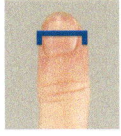
Daumenbreite

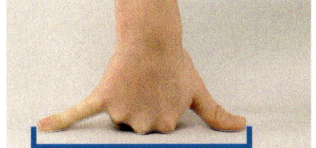
Handspanne

Elle

Fuß

Klafter

Schritt

In den Städten wurde häufig das gültige Ellenmaß an einem öffentlichen Gebäude in eine Wand eingelassen oder öffentlich ausgehängt. Bis zum Beginn des 19. Jahrhunderts hatte fast jede Stadt ihre eigene Elle.

Elle am Münster von Freiburg
(54 cm)

Goslarer Elle
(58 cm)

Elle am Rathaus von Celle
(62,5 cm)

- Notiere dafür eine Erklärung. Welche Nachteile ergaben sich dadurch?

# Längenmaße früher und heute

Ende des 18. Jahrhunderts wurden zum Messen von Längen in vielen Ländern Meter und Zentimeter eingeführt. Der zehnmillionste Teil der Entfernung zwischen Äquator und Pol wurde als neue Längeneinheit festgelegt. Das Längenmaß erhielt die Bezeichnung **1 Meter.**
Nach dieser Vorschrift wurde ein Maßstab aus Platin hergestellt. Dieser **Urmeterstab** wird in Paris aufbewahrt.

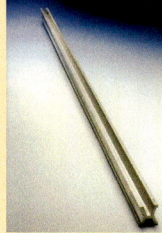

Seit 1983 wird das Meter mithilfe der Lichtgeschwindigkeit festgelegt.

**1** Für große und kleine Längen wurden weitere Einheiten festgelegt. Dazu verwendete man die Vorsilben Dezi, Kilo, Milli und Zenti.
a) Notiere diese Einheiten.
b) Gib andere Maßeinheiten an, bei denen diese Vorsilben verwendet werden.

**2** Ein **Fuß** ist ebenfalls eine sehr alte Maßeinheit. Dieses Längenmaß war überall in der Welt verbreitet und wird heute noch in englischsprachigen Ländern verwendet. Der englische Fuß (foot, kurz: ft) beträgt 30,48 cm.

8 ft hoch und 24 ft breit

Gib die Angaben für die Maße des abgebildeten Fußballtores in Zentimeter an.

**3** Eine heute noch gebräuchliche alte Maßeinheit ist der Zoll (Daumenbreite). Ein Zoll (engl.: inch) beträgt 2,54 cm.

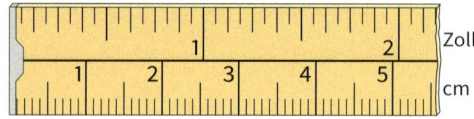

1 Zoll (inch): 1″ = 2,54 cm

Die Bildschirmdiagonale eines Handys (eines Monitors, eines Fernsehers) wird meistens in der internationalen Maßeinheit Zoll angegeben.

 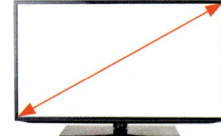

a) Die Displaydiagonale eines Smartphones beträgt 6″, die Bildschirmdiagonale eines Fernsehers 50″. Gib diese Angaben jeweils in Zentimeter an.
b) Auch Rohrdurchmesser werden in Zoll angegeben.
Suche weitere Beispiele, in denen die Maßeinheit Zoll vorkommt.

**4** a) Viele Züge in Irland fahren auf einer Spurweite von 5 ft 3″. Sie wird irische Breitspur genannt.

Gib die Spurweite in Millimeter an.

b) Piloten fliegen ihre Jets in 35 000 ft Höhe.
Gib die Flughöhe in Meter an.

**5** 1 yard entspricht 3 feet; 1 foot entspricht 12 inches.
Gib 1 yard in inch und in Zentimeter an.

# Längeneinheiten

Wir messen Längen in Kilometern (km), Metern (m), Dezimetern (dm), Zentimetern (cm) und in Millimetern (mm).

1 km = 1000 m

1 m = 10 dm

1 dm = 10 cm

1 cm = 10 mm

**25**          **cm**

**Maßzahl**     **Einheit**

**Größe**

**1** Schätze jeweils die Körperlänge einer Hummel, die Breite einer Schultasche und die Länge eines Autos.

**2** Schätze zuerst und miss dann die Länge und Breite verschiedener Gegenstände oder Entfernungen in deinem Schulgebäude und auf deinem Schulgelände. Gib auch an, welche der abgebildeten Messgeräte dafür benötigt werden.

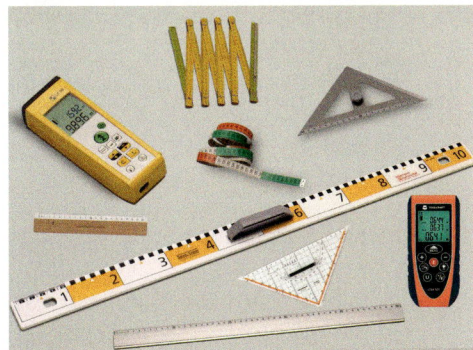

Führe diese Aufgabe mit einem Partner durch.

**3** In welchen Längeneinheiten werden die folgenden Größen gemessen:
Länge und Breite der Tafel,
Breite eines Schulheftes,
Weite beim Weitsprung,
Höhe und Tiefe von Schränken,
Länge einer Schraube,
Stärke einer Holzplatte,
Entfernung zweier Städte,
Länge und Breite eines Zimmers,
Entfernung vom Wohnort zur Schule?

**4** Ordne zu. Überlege auch, ob für die angegebenen Längen jeweils eine sinnvolle Einheit gewählt wurde. Wandle gegebenenfalls einzelne Längeneinheiten sinnvoll um.

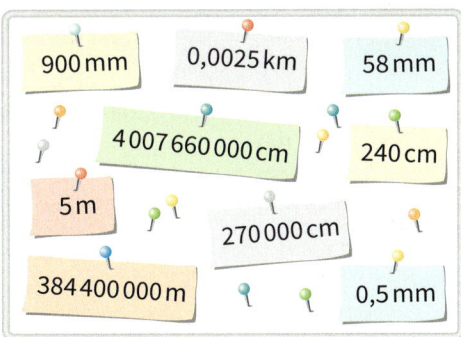

Ergänze dazu die folgende Tabelle in deinem Heft.

| Breite einer Tür | 900 mm = 90 cm |
|---|---|
| Dicke eines Drahtes | |
| | |

# Rechnen mit Längen

**1** Schreibe in der Einheit, die in Klammern steht.
Beachte die Umwandlungszahlen.

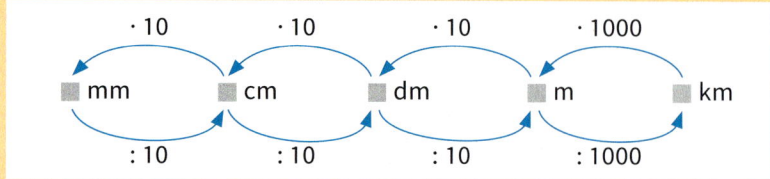

a) 4 cm (mm)     b) 50 mm (cm)
   70 cm (mm)       600 cm (dm)
   8 dm (cm)         470 m (dm)
   42 m (dm)        100 mm (cm)

> Weitere Hinweise und Aufgaben findest du im Wiederholungsteil auf Seite 219.

**2** Gib wie in den Beispielen an.

> 5 m = 50 dm = 500 cm
> 900 cm = 90 dm = 9 m

a) 14 m (cm)     b) 1200 cm (m)
   123 dm (mm)     48 000 mm (dm)
   56 km (dm)      23 000 km (dm)

**3** Gib mithilfe der Tabelle die folgenden Längen in Meter an.

512 m 80 cm = 512,80 m
36 m 5 dm 2 cm 5 mm = 36,525 m
7 m 4 dm 4 cm = 7,44 m
8 m 9 cm = 8,09 m
2 m 5 mm = 2,005 m

| | | m | | dm | cm | mm |
|---|---|---|---|---|---|---|
| H | Z | E | z | h | t |
| 5 | 1 | 2 | 8 | 0 | |
| | 3 | 6 | 5 | 2 | 5 |
| | | 7 | 4 | 4 | |
| | | 8 | 0 | 9 | |
| | | 2 | 0 | 0 | 5 |

a)   2 m   36 cm     b)   3 m    7 cm
   16 m   5 dm       12 m    6 mm
    4 m   17 cm      25 m    3 dm   7 cm
   11 cm   3 mm      4 m   45 cm   3 mm

> **7,376**
> Sprich:
> sieben
> Komma
> drei sieben
> sechs

**4** Gib in Kilometer an.

> 7 km 376 m = 7,376 km
> 185 m = 0,185 km

a) 5 km   874 m     b) 5 460 m
   2 km   500 m        625 m
  11 km    40 m         57 m
   8 km     3 m          8 m

**5** Welche Längen sind gleich?

> 0,70 m   2 m 50 cm   25 dm
> 4 km 500 m   920 mm   2,5 m
> 70 cm   250 cm   0,92 m   4$\frac{1}{2}$ km
> 7 dm   2,50 m   4,5 km   9,2 dm
> 9 dm 2 m   0,7 m   4 500 m
> 700 mm   2 500 mm

**6** Ergänze die fehlende Längeneinheit.
a) 6 cm = 60 ▦     b) 5 km = 5 000 ▦
   4,5 m = 450 ▦       2 000 mm = 2 ▦
   0,2 m = 200 ▦       3 070 dm = 307 ▦
   1,1 dm = 110 ▦      790 m = 0,79 ▦

**7** Kann die Angabe stimmen?
Wähle für die Längenangabe eine sinnvolle Einheit.
a) Das Schulbuch ist 0,12 m dick.
b) Die Kellerassel ist 0,1 dm lang.
c) Der Kirchturm ist 10 500 cm hoch.
d) Mein Schulweg beträgt 32 178 800 cm.
e) Der Klassenraum ist 0,005 km lang.
f) Heute bin ich 156 230 dm mit dem Fahrrad gefahren.

**8** In den folgenden Beispielen werden die Längen vor dem Rechnen in gleiche Längeneinheiten umgewandelt. Das Ergebnis wird dann in der größeren Einheit angegeben.

> 4,55 m + 32 cm
> = 455 cm + 32 cm
> = 487 cm
> = 4,87 m
>
> $\begin{array}{r} 455 \\ + \phantom{0}32 \\ \hline 487 \end{array}$

> 9,40 m − 89 cm
> = 940 cm − 89 cm
> = 851 cm
> = 8,51 m
>
> $\begin{array}{r} 940 \\ - \phantom{0}89 \\ \hline 851 \end{array}$

Berechne. Vergleiche mit den Ergebnissen deines Partners.
a) 3,20 m + 15 cm    b) 43,200 km − 543 m
   45 m + 8,5 dm        5 m − 5 cm
   0,48 m + 46 cm      7,4 dm − 7 cm
   24 km + 453 m       9 dm − 85 mm

# Rechnen mit Längen

**9** Familie Rudolph steht auf einer zweispurigen Autobahn im Stau.

> Wie viele Autos stehen in dem Stau?

> Der Verkehrsfunk meldet einen Stau von 35 km Länge.

Lisa will ausrechnen, wie viele Autos in der Schlange stehen. Ihr Vater schlägt vor, 7 m für einen Wagen einschließlich Abstand zum Vordermann zu rechnen.

**10** In einer Großstadt wird ein neues Hochhaus mit 30 Stockwerken gebaut.

Die beiden unteren Stockwerke sind jeweils 6 m hoch. Jedes weitere Stockwerk ist ungefähr 3,50 m hoch. Wie hoch wird das Gebäude ungefähr?

**11** Paul macht von zu Hause bis zur Schule 420 Schritte. Seine Schrittlänge beträgt ungefähr 60 cm. Wie weit wohnt er von der Schule entfernt?

**12** Oldrik und Tim besteigen einen Kirchturm. Sie zählen 250 Stufen. Eine Stufe ist 18 cm hoch.

*Lösungen zu Aufgabe 9 bis 12:*
10 000  110  252  45

**13** Die Zugspitze ist mit 2962 m der höchste Berg Deutschlands. Der Kölner Dom ist 157 m hoch. Collin behauptet: „Die Zugspitze ist 19-mal so hoch wie der Kölner Dom." Überprüfe seine Behauptung durch eine Rechnung.

**14** Du hast ungefähr 100 000 Kopfhaare. Jedes Haar wächst 10 mm pro Monat.
a) Prüfe rechnerisch, ob deine Haare insgesamt jeden Monat einen Kilometer wachsen.
   Rechne dazu schrittweise von Millimeter in Kilometer um.
b) Zupfe dir ein Haar aus und miss es. Wie lange hat es gedauert bis das Haar so lang geworden ist?

**15** In einem Ameisenhaufen im Wald leben ungefähr 600 000 Ameisen. Eine Waldameise ist etwa 8 mm lang. Wie lang wäre eine Ameisenkette, wenn alle Ameisen hintereinander liefen? Schätze zunächst und berechne anschließend den genauen Wert.

**16** Frau Haverkamp arbeitet im Außendienst und ist viel mit dem Auto unterwegs. Sie notiert vor und nach jeder beruflichen Fahrt den Kilometerstand.

| Datum | Kilometerstand | |
| | Abfahrt | Ankunft |
|---|---|---|
| 03.09. | 45 589 | 45 909 |
| 04.09. | 45 944 | 46 455 |
| 05.09. | 46 523 | 46 809 |
| 06.09. | 46 809 | 47 054 |
| 08.09. | 47 371 | 47 494 |
| 09.09. | 47 515 | 47 762 |
| 10.09. | 47 762 | 48 063 |

a) Bestimme die Streckenlänge, die sie vom 3.9. bis zum 10.9. zurückgelegt hat.
b) Wie viele Kilometer fuhr sie privat?
c) Für dienstliche Fahrten erstattet die Firma 0,30 € pro Kilometer.
d) Zeige, dass sie fast fünfmal so viel Kilometer dienstlich fuhr wie privat.

*Lösungen zu Aufgabe 15 und 16:*
4800  2033  441  2474  609,90

# Maßstab

**1** Auf einem Lageplan ist das Haus eingezeichnet, in dem Lauras und Kims neue Wohnung liegt.

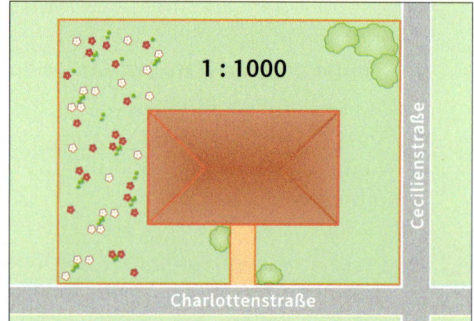

**1 : 1000**

Cecilienstraße

Charlottenstraße

> *In der Wirklichkeit sind die Längen 1000 mal größer als in der Zeichnung.*

a) Erkläre, wie Laura die wirkliche Länge und Breite des Hauses berechnet.

| 1 : 1000 | |
|---|---|
| Länge in der Zeichnung | Länge in der Wirklichkeit |
| 2,5 cm = 25 mm | 25 mm · 1000 = 25 000 mm = 25 m |
| 1,5 cm = 15 mm | 15 mm · 1000 = 15 000 mm = 15 m |

b) Miss auf dem Lageplan die Länge und Breite des Grundstücks. Berechne dann die wirkliche Länge und Breite.

> Der Maßstab einer Karte gibt an, wie viel mal so groß die Strecken in Wirklichkeit sind.
>
> Der Maßstab 1 : 1000 bedeutet: 1 cm in der Karte entspricht 1000 cm in der Wirklichkeit.
>
> 1 cm ≙ 1000 cm = 10 m

**2** Ergänze die Tabelle in deinem Heft. Gib deine Ergebnisse in Meter an.

| | Maßstab | Länge in der Zeichnung | Länge in der Wirklichkeit |
|---|---|---|---|
| a) | 1 : 10 | 2,6 cm | |
| b) | 1 : 100 | 4,8 cm | |
| c) | 1 : 200 | 56 mm | |
| d) | 1 : 500 | 7,2 cm | |
| e) | 1 : 1000 | 34 mm | |

**3** In der Abbildung ist eine Milbe in hundertfacher Vergrößerung dargestellt.

Maßstab 100 : 1

| Länge in der Zeichnung | Länge in der Wirklichkeit |
|---|---|
| 100 mm | 100 mm : 100 = 1 mm |
| 10 mm | 10 mm : 100 = 0,1 mm |

Berechne die wirkliche Länge der abgebildeten Milbe.

**4** Die Abbildung zeigt die Vergrößerung einer Schraube.

Vergrößerung       Original

Welcher Maßstab wurde für die Vergrößerung benutzt?

**5** Der abgebildete Löwe hat eine Körperlänge von 250 cm und eine Schulterhöhe von 120 cm.

a) Schätze, in welchem Maßstab die Fotografie das Tier zeigt. Miss dazu die Schulterhöhe im Foto.
b) Wie breit ist der Kopf des Löwen in Wirklichkeit? Vergleiche mit deiner Kopfbreite.

# Umfang

**1** Eine Theater-AG benötigt für die nächste Aufführung neue Kostüme.
Dazu müssen von jedem Mitglied der Gruppe verschiedene Körpermaße ermittelt werden.
a) Beschreibe die Messung, die Sarah an ihrer Mitspielerin Leni durchführt.

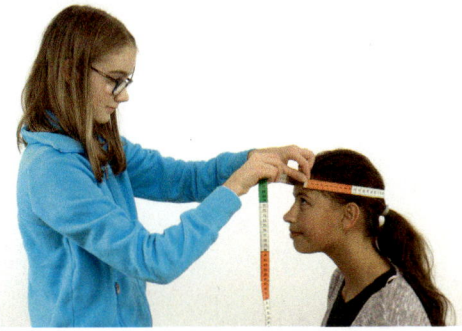

b) Miss wie abgebildet mit einem Maßband auch den Umfang des Handgelenks (des Oberkörpers, der Taille) einer Mitschülerin oder eines Mitschülers.

**2** Öslem hat mit einem Gliedermaßstab (Zollstock) die folgenden Figuren gelegt. Vergleiche den Umfang der Figuren.

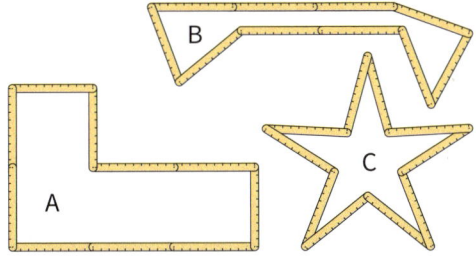

**3** Vergleiche den Umfang der abgebildeten Figuren.

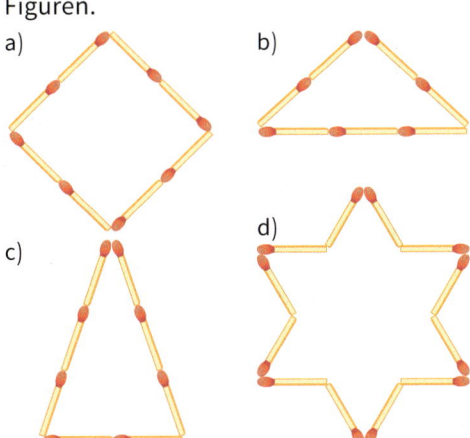

a)

b)

c)

d)

**4** a) Beschreibe, wie Sarah den Umfang des abgebildeten Vielecks bestimmt.

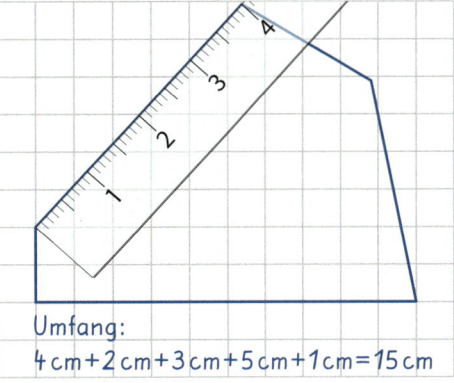

Umfang:
4 cm + 2 cm + 3 cm + 5 cm + 1 cm = 15 cm

b) Bestimme jeweils den Umfang der Vielecke.

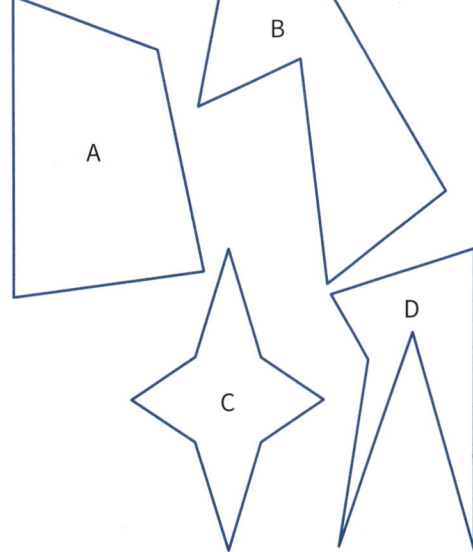

A

B

C

D

**5** In welchen Aussagen wird das Wort „Umfang" im mathematischen Sinn verwendet?

A: Jeder Band des Lexikons hat einen Umfang von 780 Seiten.

B: Der Umfang eines Baumstammes beträgt 152 cm.

C: Der Umfang der Schäden lässt sich noch nicht überblicken.

D: Der Angeklagte war in vollem Umfang geständig.

E: Der Umfang der Fläche war leicht zu bestimmen.

# Umfang von Rechteck und Quadrat

**1** Familie Richter möchte für ihre Kaninchen Freigehege bauen.
Die weiblichen Tiere werden einen quadratischen Auslauf erhalten. Eine Seite des Quadrats soll 1,50 m lang sein.
Für die männlichen Tiere wird ein 2,40 m langes und 1,80 m breites rechteckiges Freigehege vorgesehen.
Wie viel Meter Kaninchendraht wird für die Umzäunung des Freigeheges für die weiblichen Kaninchen benötigt, wie viel für die männlichen?
Beschreibe deine Lösungswege.

**2** Berechne den Umfang des abgebildeten Rechtecks (Quadrats).

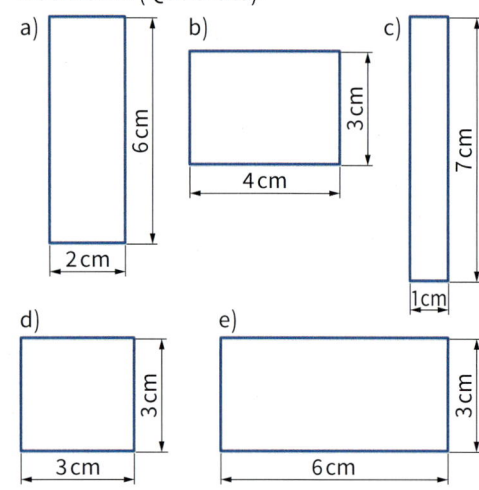

a) 6 cm / 2 cm
b) 3 cm / 4 cm
c) 7 cm / 1 cm
d) 3 cm / 3 cm
e) 3 cm / 6 cm

*Lösungen zu Aufgabe 1 und 2:*
8,40　6　16　14　16　12　18

**3** In Lenis und in Pauls Zimmer wurde jeweils ein neuer Parkettboden verlegt. Ihre Eltern müssen dafür noch die Fußleisten einkaufen.

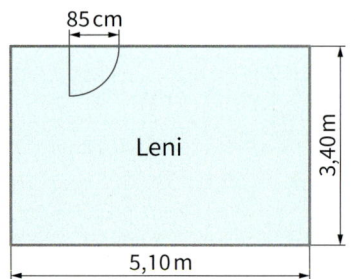

Leni: 85 cm / 3,40 m / 5,10 m

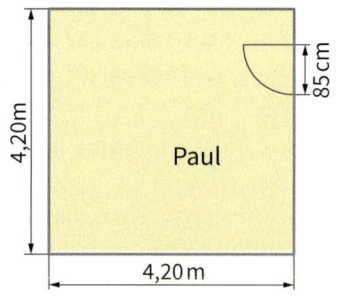

Paul: 4,20 m / 4,20 m / 85 cm

Wie viel Meter Fußleisten werden für Lenis Zimmer (für Pauls Zimmer) mindestens benötigt?

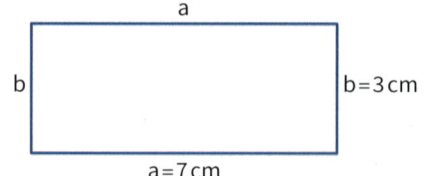

**Umfang eines Rechtecks**

a / b / b = 3 cm / a = 7 cm

u = a + b + a + b
u = 7 + 3 + 7 + 3
u = 20
u = 20 cm
oder:
**u = 2 · a + 2 · b**
u = 2 · 7 + 2 · 3
u = 20
u = 20 cm

**Umfang eines Quadrats**

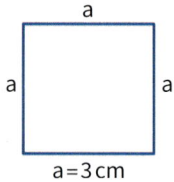

a / a / a / a = 3 cm

u = a + a + a + a
u = 3 + 3 + 3 + 3
u = 12
u = 12 cm
oder
**u = 4 · a**
u = 4 · 3
u = 12
u = 12 cm

**4** Berechne jeweils den Umfang der Vierecke.

|  | Rechteck | Quadrat |
|---|---|---|
| a) | a = 5 cm, b = 3 cm | a = 25 m |
| b) | a = 6,8 cm, b = 5,2 cm | a = 8,2 cm |
| c) | a = 45 mm, b = 6,5 cm | a = 37 mm |

*Lösungen zu Aufgabe 3 und 4:*
16,15　15,95　16　22　24　100　32,8　148

# Flächeninhalte vergleichen

**1** Die Diele mit den angegebenen Maßen soll mit quadratischen Korkfliesen ausgelegt werden.

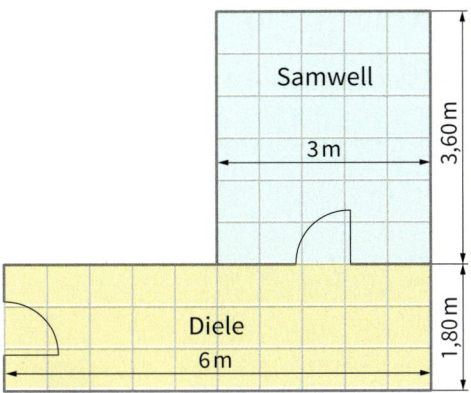

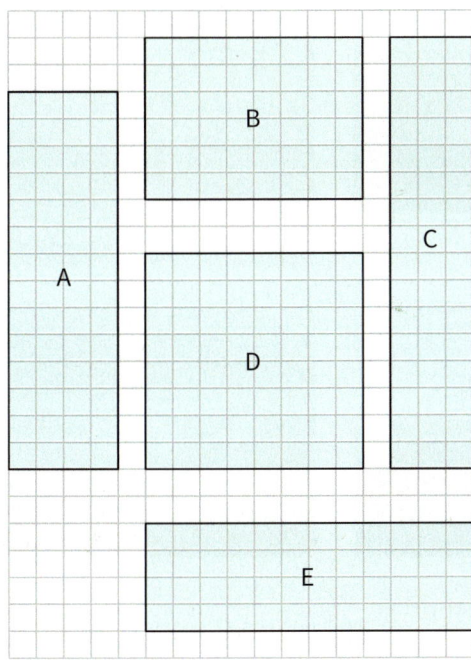

*Mit der gleichen Anzahl Korkfliesen könnte ich mein Zimmer auch ganz auslegen.*

Was meinst du zu Samwells Aussage?

**2** Welche Flächen sind gleich groß?

**3** Bestimme jeweils den Flächeninhalt der abgebildeten Figur. Ermittle dazu die Anzahl der zugehörigen Gitterquadrate.

**4** Welche Figur hat den größten Flächeninhalt. Beschreibe, wie du den Flächeninhalt der einzelnen Figuren ermittelst.

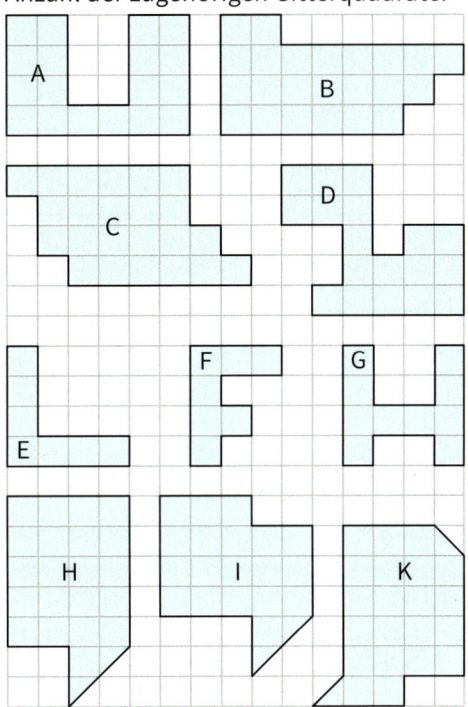

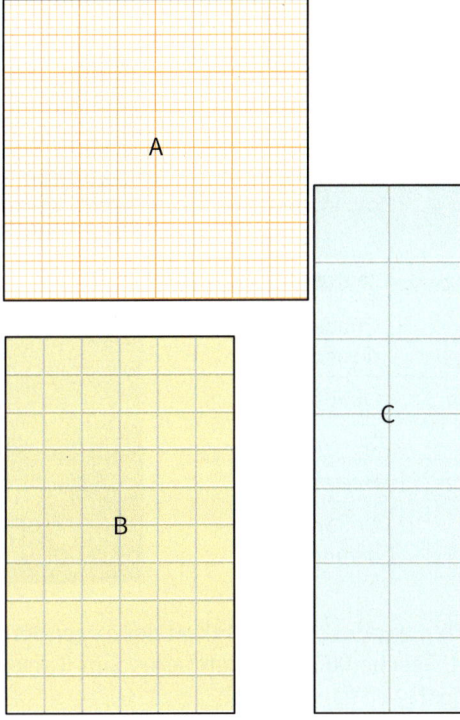

# Flächeneinheiten

1  Zum Messen von Flächeninhalten werden Einheitsquadrate mit festgelegten Flächeneinheiten verwendet.
Zum Ausmessen einer kleinen Fläche wird zum Beispiel ein Einheitsquadrat mit der Seitenlänge 1 mm benutzt.
Der Flächeninhalt dieses Quadrates beträgt 1 mm².

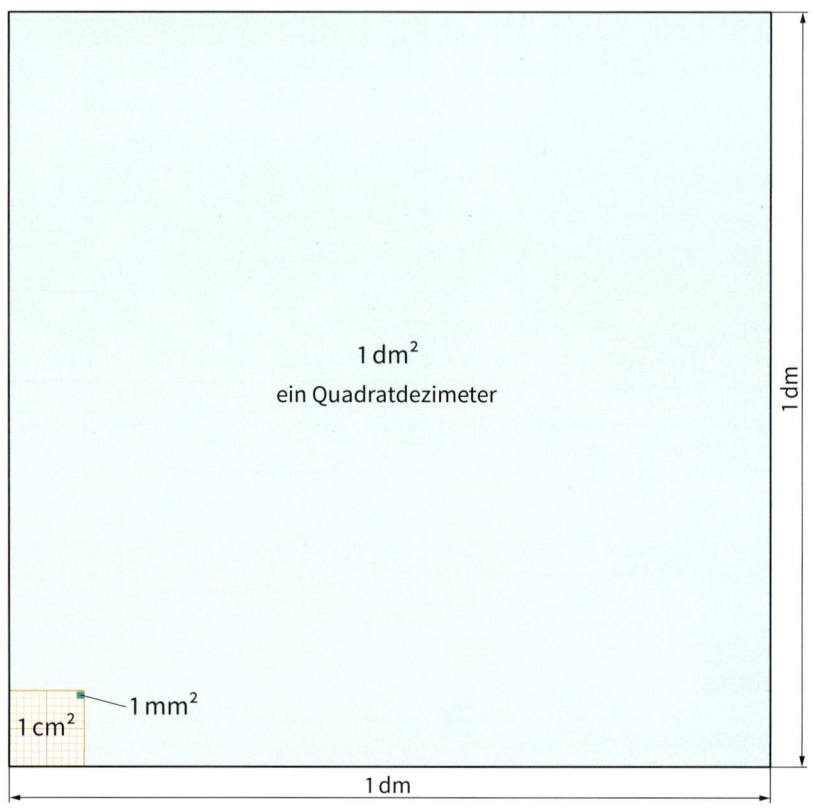

| Quadrat mit der Seitenlänge | Flächen-inhalt | Name |
|---|---|---|
| 1 mm | 1 mm² | Quadrat-millimeter |
| 1 cm | 1 cm² | Quadrat-zentimeter |
| 1 dm | 1 dm² | Quadrat-dezimeter |
| 1 m | 1 m² | Quadratmeter |
| 10 m | 1 a | Ar |
| 100 m | 1 ha | Hektar |
| 1 km | 1 km² | Quadrat-kilometer |

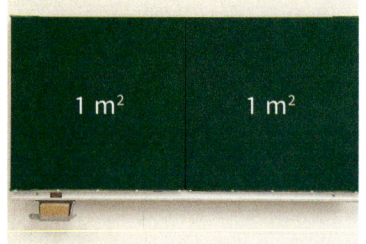

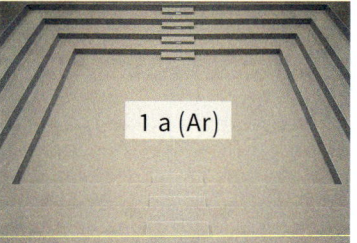

In welchen Einheiten würdest du den Inhalt der folgenden Flächen angeben:
Teppich, Schulhof, Geschenkkarte, Briefmarke, Sim-Karte, Familienfoto, Ackerfläche, Baugrundstück, Fläche
eines Bundeslandes?

# Flächeneinheiten

**2** Wie viel Quadratdezimeter enthält ein Quadratmeter?

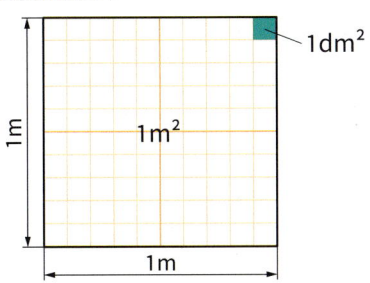

Begründe deine Antwort.

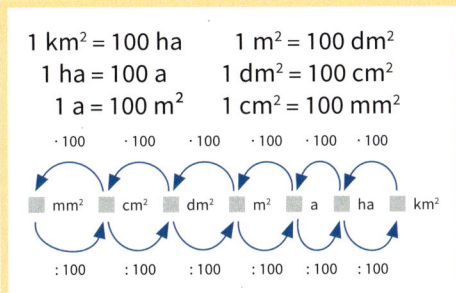

**3** Gib den Flächeninhalt in der nächst-kleineren Einheit an. Dazu musst du die Maßzahl mit 100 multiplizieren.

$$3\ m^2 = 300\ dm^2$$

a) 5 m²    b) 6 km²    c) 83 km²
   8 dm²      60 dm²      60 ha
  17 m²      81 a        99 dm²

**4** Gib den Flächeninhalt in der nächst-größeren Einheit an. Dazu musst du die Maßzahl durch 100 dividieren.

$$5600\ m^2 = 56\ a$$

a) 2100 cm²   b) 1500 m²   c)    3900 ha
  6700 m²     49 000 a        7800 dm²
   900 a       300 dm²    540 000 m²

**5** Gib in der Einheit an, die in der Klammer steht.

a)    99 ha (a)      b)    200 cm² (dm²)
  8300 dm² (m²)          16 dm² (cm²)
    55 cm² (mm²)      4500 mm² (cm²)

**6** Schreibe wie in den Beispielen mit Komma in der größten genannten Einheit.

| a | m² | | dm² | | cm² | | mm² |
|---|---|---|---|---|---|---|---|
| E | Z | E | Z | E | Z | E | E |
| | | | | | | 2 | 8 | 5 |
| | | | 5 | 3 | 7 | 9 | |
| | 1 | 9 | 3 | 0 | | | |
| 7 | 5 | 0 | | | | | |
| | | | | | | | 5 |
| | | | 7 | 3 | | | |

2 cm² 85 mm² = 2,85 cm²
53 dm² 79 cm² = 53,79 dm²
19 m² 30 dm² = 19,30 m²
7 a 50 m² = 7,50 a
5 cm² = 0,05 dm²
73 dm² = 0,73 m²

a)   5 m²    42 dm²     b)   7 a     65 m²
   9 dm²   15 cm²       18 m²   13 dm²
  79 ha    26 a         20 a    50 m²

**7** Schreibe mit Komma in der nächst-größeren Einheit.

a) 340 mm²   b) 1750 m²   c) 40 mm²
  980 ha      4580 cm²     30 dm²
  485 m²     1015 ha      6 cm²
  1234 cm²    567a       89 m²

**8** Gib in der Einheit an, die in der Klammer steht.

$$3\ m^2 = 300\ dm^2 = 30\,000\ cm^2$$

a)    5 m² (cm²)     b) 6 300 000 m² (ha)
  17 ha (m²)         110 000 cm² (m²)
   9 km² (a)        600 000 dm² (a)
  81 a (dm²)       23 000 mm² (dm²)
  63 dm² (mm²)    450 000 a (km²)

**9** Schreibe jeweils in der angegebenen Flächeneinheit.

a) $\frac{1}{2}$ m² (dm²)    b) $\frac{1}{2}$ ha (a)    c) $1\frac{1}{2}$ m² (cm²)
  $\frac{1}{4}$ dm² (cm²)     $\frac{1}{4}$ km² (ha)     $1\frac{1}{4}$ a (m²)
  $\frac{3}{4}$ cm² (mm²)    $\frac{3}{4}$ a (m²)     $2\frac{3}{4}$ ha (m²)

Weitere Hinweise und Aufgaben findest du im Wiederholungsteil auf Seite 219.

# Flächeninhalt von Rechteck und Quadrat

**1** Im Wohnzimmer von Johanna und Johannes soll ein Parkettboden verlegt werden.
Dafür muss der Inhalt der Fußbodenfläche in Quadratmeter bestimmt werden.

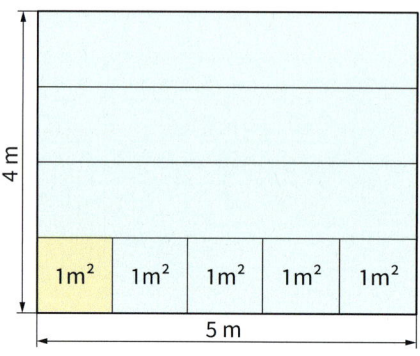

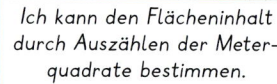

Ich kann den Flächeninhalt durch Auszählen der Meterquadrate bestimmen.

Den Flächeninhalt kann ich schneller ausrechnen.

Wie wird Johannes rechnen?

**2** Im folgenden Beispiel wird der Flächeninhalt eines Rechtecks mit den Seitenlängen 6 cm und 3 cm berechnet. Erläutere den Lösungsweg.

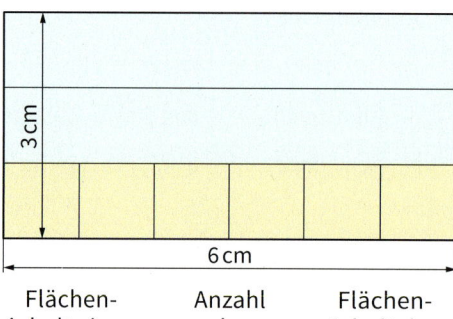

| Flächeninhalt eines Streifens | · | Anzahl der Streifen | = | Flächeninhalt des Rechtecks |
|---|---|---|---|---|
| 6 cm² | · | 3 | = | 18 cm² |

**3** Bestimme jeweils den Flächeninhalt der abgebildeten Rechtecke wie in den Beispielen.

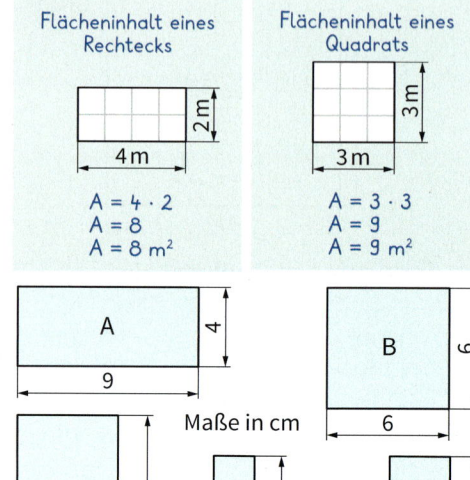

Flächeninhalt eines Rechtecks

$A = 4 \cdot 2$
$A = 8$
$A = 8\ m^2$

Flächeninhalt eines Quadrats

$A = 3 \cdot 3$
$A = 9$
$A = 9\ m^2$

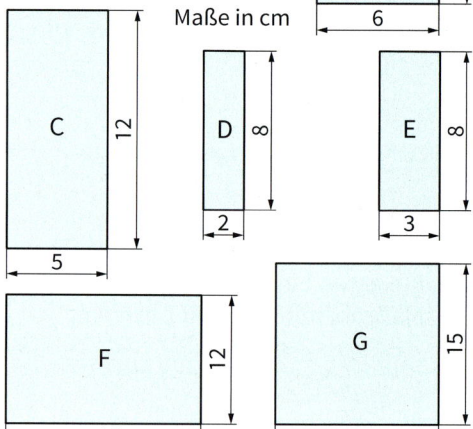

Maße in cm

**Flächeninhalt eines Rechtecks**
mit den Seitenlängen a und b

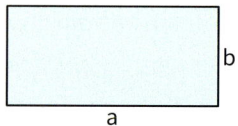

$$A = a \cdot b$$

**Flächeninhalt eines Quadrats**
mit der Seitenlänge a

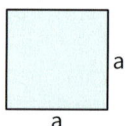

$$A = a \cdot a = a^2$$

Der Buchstabe **A** (von englisch: area) ist das Formelzeichen des Flächeninhalts.

# Flächeninhalt von Rechteck und Quadrat

**4** Berechne jeweils den Flächeninhalt der abgebildeten Rechtecke. Achte auf die Maßeinheiten.

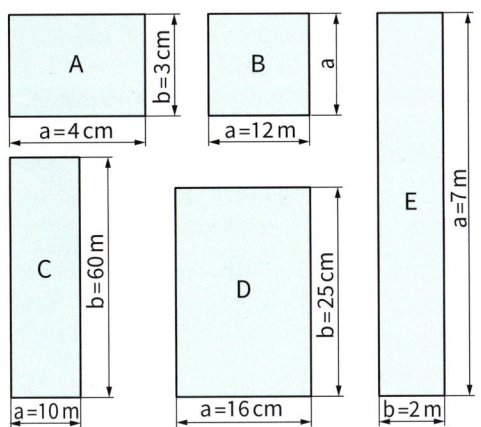

**5** Bestimme den Flächeninhalt des Rechtecks mit den angegebenen Seitenlängen.
a) $a = 24$ m; $b = 8$ m
b) $a = 25$ cm; $b = 12$ cm

**6** Berechne jeweils den Flächeninhalt der einzelnen Spielfelder.

| Sportart | Länge | Breite |
|---|---|---|
| Fußball | 105 m | 70 m |
| Basketball | 26 m | 14 m |
| Tennis | 24 m | 8 m |
| Handball | 40 m | 20 m |

*Lösungen zu Aufgabe 4 bis 6:*
12  144  600  400  14  192  300  7350
364  192  800

**7** Bestimme die fehlende Seitenlänge des abgebildeten Rechtecks wie im Beispiel.

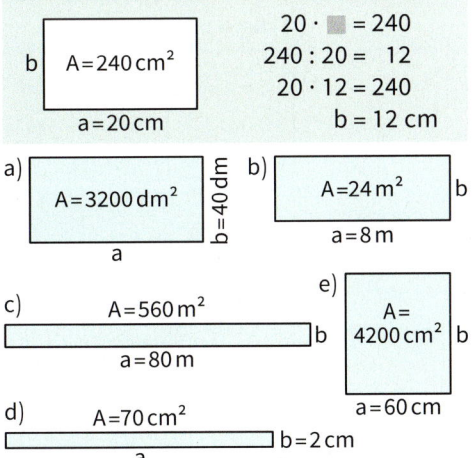

**8** a) Beschreibe, wie im folgenden Beispiel der Flächeninhalt A bestimmt wird.

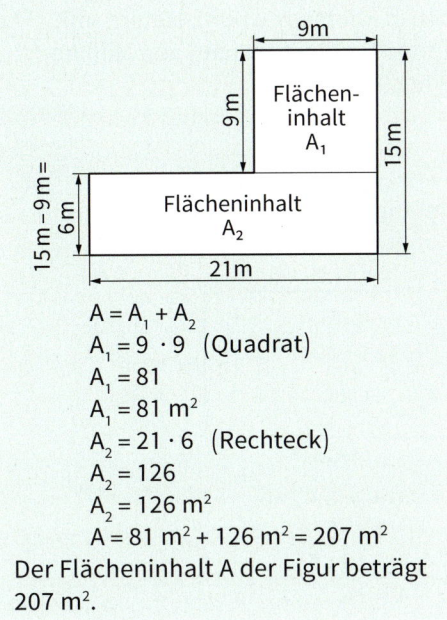

$A = A_1 + A_2$
$A_1 = 9 \cdot 9$ (Quadrat)
$A_1 = 81$
$A_1 = 81$ m$^2$
$A_2 = 21 \cdot 6$ (Rechteck)
$A_2 = 126$
$A_2 = 126$ m$^2$
$A = 81$ m$^2 + 126$ m$^2 = 207$ m$^2$

Der Flächeninhalt A der Figur beträgt 207 m$^2$.

b) Finde eine weitere Möglichkeit, den Flächeninhalt der Figur zu berechnen.
c) Ermittle den Flächeninhalt der folgenden Figuren in Partnerarbeit.

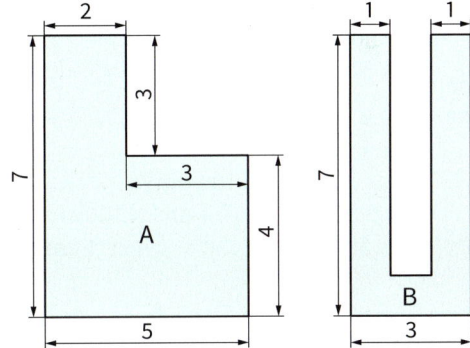

Maße in m

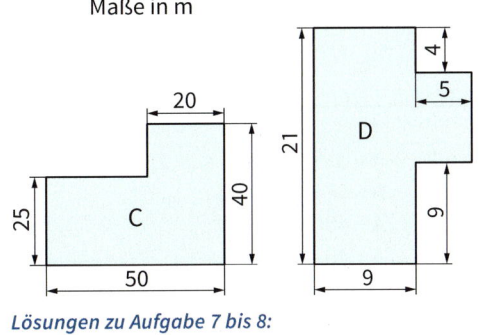

*Lösungen zu Aufgabe 7 bis 8:*
26  15  80  70  1550  7  229  3  35

# WISSEN KOMPAKT

## Längeneinheiten

Längen werden in Kilometern (km), Metern (m),
Dezimetern (dm), Zentimetern (cm) und Millimetern (mm) gemessen.

$$1 \text{ km} = 1000 \text{ m}$$
$$1 \text{ m} = 10 \text{ dm}$$
$$1 \text{ dm} = 10 \text{ cm}$$
$$1 \text{ cm} = 10 \text{ mm}$$

### Umfang eines Rechtecks
**u = 2 · a + 2 · b**

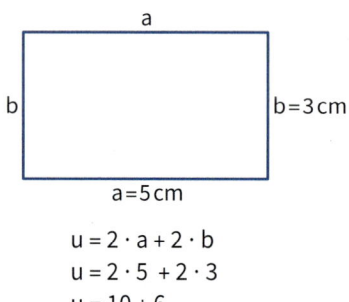

$$u = 2 \cdot a + 2 \cdot b$$
$$u = 2 \cdot 5 + 2 \cdot 3$$
$$u = 10 + 6$$
$$u = 16$$
$$u = 16 \text{ cm}$$

### Umfang eines Quadrats
**u = 4 · a**

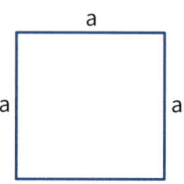

$$u = 4 \cdot a$$
$$u = 4 \cdot 7$$
$$u = 28$$
$$u = 28 \text{ cm}$$

## Flächeneinheiten

Zum Messen von Flächeninhalten werden Einheitsquadrate mit
festgelegten Flächeninhalten verwendet.

$$1 \text{ km}^2 = 100 \text{ ha}$$
$$1 \text{ ha} = 100 \text{ a}$$
$$1 \text{ a} = 100 \text{ m}^2$$
$$1 \text{ m}^2 = 100 \text{ dm}^2$$
$$1 \text{ dm}^2 = 100 \text{ cm}^2$$
$$1 \text{ cm}^2 = 100 \text{ mm}^2$$

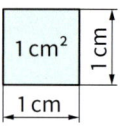

### Flächeninhalt eines Rechtecks
**A = a · b**

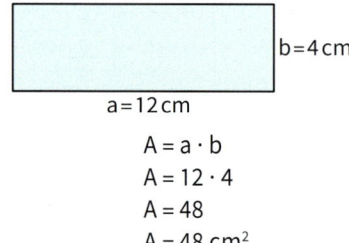

$$A = a \cdot b$$
$$A = 12 \cdot 4$$
$$A = 48$$
$$A = 48 \text{ cm}^2$$

### Flächeninhalt eines Quadrats
**A = a · a**

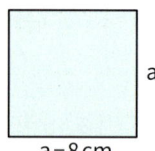

$$A = a \cdot a$$
$$A = 8 \cdot 8$$
$$A = 64$$
$$A = 64 \text{ cm}^2$$

**1** Gib in der Einheit an, die in der Klammer steht.

a) 7 cm (mm)
9 cm (mm)
38 m (dm)
170 m (dm)

b) 40 mm (cm)
8000 mm (cm)
60 cm (dm)
801 cm (dm)

c) 63 km (m)
700 cm (m)
11 m (cm)
64 dm (cm)

d) 40 m (dm)
2 m (mm)
87 000 m (km)
9002 mm (m)

**2** Gib in Meter an.

a) 4 m 45 cm
28 m 8 dm
25 cm
7 dm 5 cm

b) 5 m 5 cm
18 m 8 mm
4 dm
6 km 25 m

**3** Gib in Kilometer an.

a) 8 km 655 m
12 km 400 m
2 km 50 m
9 km 7 m

b) 8734 m
625 m
43 m
4509 m

**4** Schreibe wie im Beispiel.

> 2,38 m = 2 m 38 cm = 238 cm

a) 3,5 m
5,24 m
0,48 m
11,1 m

b) 2,56 m
3,52 m
5,7 m
0,09 m

c) 0,5 m
0,05 m
1,09 m
2,345 m

d) 3,5 cm
4,0 cm
0,94 m
5,678 km

e) 2,02 dm
0,4 km
3,2 cm
6,08 m

f) 3,2 km
4,9 cm
2,07 km
0,1 km

**5** May-Britt hat in ihren Umrechnungen Fehler gemacht. Beschreibe die Fehler und berichtige sie.

> 35 km = 3500 m
> 2 km 5 m = 2,5 km
> 4,1 m = 401 cm

**6** Berechne.

a) 5,40 m + 35 cm
0,56 m + 22 cm
75 km + 675 m
3,5 km + 750 m

b) 7,600 km − 382 m
7 m − 8 cm
8,9 dm − 6 cm
13 m − 560 cm

**7** Berechne den Umfang.

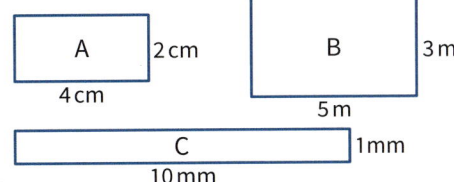

**8** Berechne den Umfang des Rechtecks. Achte auf die Einheiten.

| | a) | b) | c) |
|---|---|---|---|
| Seitenlänge a | 35 cm | 4 dm | 5 m |
| Seitenlänge b | 15 cm | 35 cm | 40 dm |

**9** Berechne den Umfang des Quadrats mit der Seitenlänge 40 cm (4,20 m).

**10** Bestimme den Umfang der Figur.

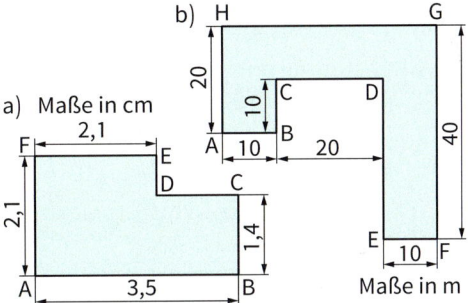

**11** a) Gib die Länge und Breite von drei weiteren Rechtecken mit dem Umfang 24 cm an.

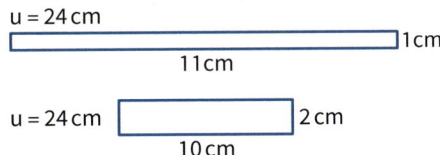

b) Zeichne vier verschiedene Rechtecke jeweils mit dem Umfang u = 18 cm.

c) Gib die Länge und Breite von drei rechteckigen Flächen an, die du mit einer 60 m langen Schnur umranden kannst.

**12** Ein Spielfeld ist 100 m lang und 65 m breit. In 5 m Entfernung vom Rand des Spielfeldes wird ein Zaun errichtet. Berechne die Zaunlänge. Fertige zunächst eine Skizze an.

# ÜBEN

Die Aufgaben auf dieser Seite kannst du auch in Partnerarbeit lösen.

**13** Gib in der Einheit an, die in der Klammer steht.

a) $7 \, m^2 \, (dm^2)$
   $400 \, cm^2 \, (dm^2)$
   $1100 \, mm^2 \, (cm^2)$
   $1700 \, km^2 \, (ha)$

b) $11 \, cm^2 \, (mm^2)$
   $3000 \, a \, (ha)$
   $500 \, dm^2 \, (m^2)$
   $35\,000 \, cm^2 \, (dm^2)$

**14** Schreibe mit Komma in der nächst-größeren Einheit.

a) $2540 \, dm^2$
   $790 \, ha$

b) $255 \, cm^2$
   $1655 \, a$

c) $650 \, mm^2$
   $1346 \, m^2$

**15** Berechne den Flächeninhalt des Rechtecks. Achte auf die Einheiten.

|              | a)    | b)   | c)     |
|--------------|-------|------|--------|
| Seitenlänge a | 20 cm | 8 m  | 470 mm |
| Seitenlänge b | 45 cm | 52 dm | 50 cm  |

**16** Bestimme den Flächeninhalt des Quadrats mit der Seitenlänge 65 cm (150 m; 0,80 m).

**17** a) Bestimme anhand der Abbildung jeweils die Größe der Grundfläche des Hauses und den Flächeninhalt der gepflasterten Auffahrt.

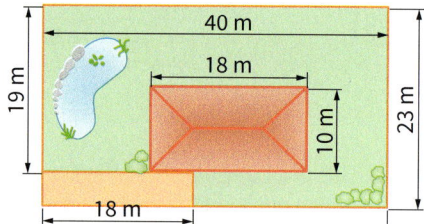

b) Wie groß ist die restliche Fläche des Grundstücks?

**18** Frau Klimmer bezieht eine neue Wohnung.

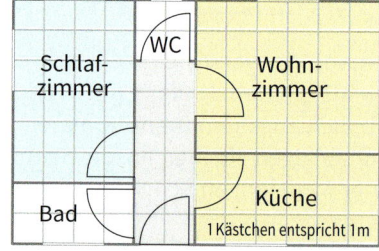

1 Kästchen entspricht 1 m

a) Wie lang und wie breit ist das Wohn-zimmer? Notwendige Maße entnimm der Zeichnung.

b) Wie groß ist der Flächeninhalt des Fußbodens im Wohnzimmer?

**19** In einem 5,50 m langen und 4 m breiten Zimmer soll ein neuer Teppichboden verlegt werden. Ein Quadratmeter des Teppichbodens kostet 15 €.

**20** Berechne jeweils den Umfang und den Flächeninhalt der abgebildeten Rechtecke.

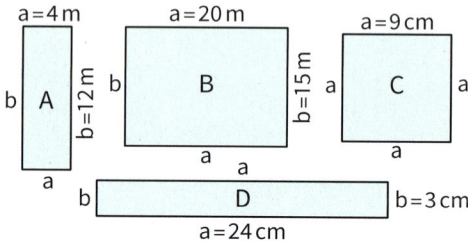

**21** Ordne die Rechtecke zunächst nach der Größe ihrer Flächeninhalte, danach nach der Größe ihrer Umfänge.

| A       | B      | C      | D      | E       |
|---------|--------|--------|--------|---------|
| a=12 cm | a=9 cm | a=8 cm | a=6 cm | a=24 cm |
| b=3 cm  | b=4 cm | b=5 cm | b=6 cm | b=1 cm  |

**22** Überprüfe, ob es ein Rechteck mit dem angegebenen Flächeninhalt und Umfang geben kann.

a) $A = 8 \, cm^2$; $u = 12 \, cm$
b) $A = 16 \, cm^2$; $u = 12 \, cm$
c) $A = 24 \, cm^2$; $u = 22 \, cm$

**23** Wie groß ist die Seitenlänge des Quadrats mit dem angegebenen Flächeninhalt?

a) $A = 64 \, m^2$  b) $A = 144 \, m^2$  c) $A = 256 \, m^2$

**24** Bestimme zunächst die fehlende Seitenlänge des abgebildeten Rechtecks. Berechne anschließend den Umfang des Rechtecks.

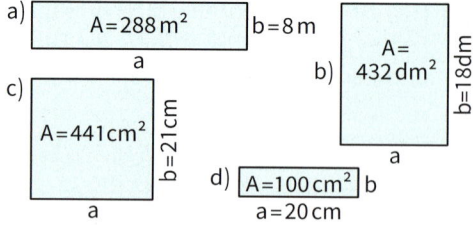

**25** Reichen die Seiten deines Mathebuches, um damit die Wände eures Klassen-raumes zu tapezieren? Überprüfe deine Schätzung durch Messen. Beschreibe, wie du vorgehst.

# VERTIEFEN: Umfang und Flächeninhalt

**1** Aus einem quadratischen Blatt Papier werden wie abgebildet jeweils Rechtecke ausgeschnitten.
Bestimme jeweils den Flächeninhalt und den Umfang. Was stellst du fest?

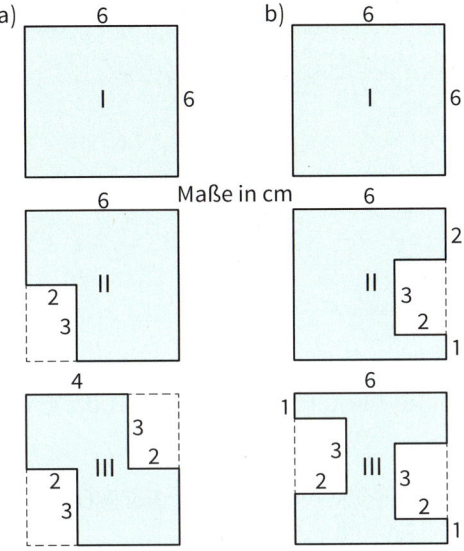

Maße in cm

**2** Ein Quadrat hat die Seitenlänge 3 cm.
a) Gib seinen Umfang und den Flächeninhalt an.
b) Die Seitenlängen des Quadrats werden verdoppelt.

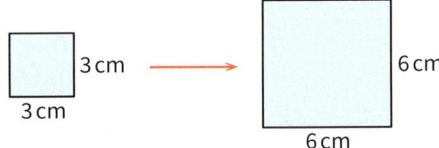

Wie ändert sich der Umfang, wie der Flächeninhalt des Quadrats?
c) Die Seitenlängen des Quadrats werden verdreifacht. Wie verändern sich jeweils Umfang und Flächeninhalt? Überprüfe deine Vermutung durch eine Rechnung.

**3** Überprüfe.
a) Die Seitenlänge eines Quadrats wird von 4 cm auf 5 cm vergrößert. Um wie viel wird der Umfang größer, um wie viel der Flächeninhalt?
b) Ein Quadrat hat eine Seitenlänge von 4 cm. Ein Rechteck ist 3 cm breit und 5 cm lang. Vergleiche Umfang und Flächeninhalt.

**4** a) Der Umfang eines Rechtecks beträgt 20 cm.
Gib alle möglichen ganzzahligen Seitenlängen an und bestimme jeweils den Flächeninhalt.
Ergänze dazu die Tabelle im Heft.

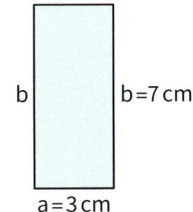

| u | a | b | A |
|---|---|---|---|
| 20 cm | 1 cm | ▦ | ▦ |
| 20 cm | ▦ | ▦ | ▦ |
| 20 cm | ▦ | ▦ | ▦ |

Was stellst du fest?

b) Ein Rechteck hat einen Flächeninhalt von 36 cm². Gib alle möglichen ganzzahligen Seitenlängen an und berechne jeweils den Umfang.
Vervollständige die Tabelle im Heft.

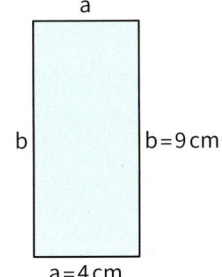

| A | a | b | u |
|---|---|---|---|
| 36 cm² | 4 cm | 9 cm | ▦ |
| 36 cm² | ▦ | ▦ | ▦ |
| 36 cm² | ▦ | ▦ | ▦ |

Was stellst du fest?

c) Der Umfang des abgebildeten Rechtecks beträgt 28 cm. Berechne seinen Flächeninhalt.

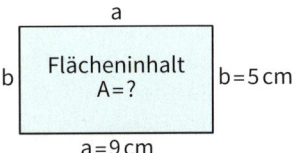

Notiere weitere Seitenlängen eines Rechtecks mit dem Umfang 28 cm
Wähle die Seitenlängen so aus, dass der Flächeninhalt des Rechtecks so groß wie möglich wird.
Probiere verschiedene Möglichkeiten aus.
Bei welchen Seitenlängen erhältst du den größten Flächeninhalt?

**5** Der Umfang eines Rechtecks soll 32 m (44 m, 52 cm, 100 m) betragen.
Bestimme seine Seitenlängen, so dass der Flächeninhalt des Rechtecks so groß wie möglich wird.

# VERTIEFEN: Flächeninhalt schätzen

**1** Nicht immer sind Figuren geradlinig begrenzt. Den Flächeninhalt solcher Figuren kannst du meistens nur schätzen.

a) Die Abbildung zeigt ein Birkenblatt in Originalgröße. Mats gibt an, dass dieses Blatt einen Flächeninhalt von 9 cm² hat. Überprüfe seine Behauptung.

b) Lia hat ein Quadratgitter über das Blatt gelegt. Sie behauptet, dass der Flächeninhalt des Blattes ungefähr 6 cm² groß ist. Überprüfe ihre Schätzung.

**2** Welchen Flächeninhalt hat die abgebildete Figur? Besprich das Ergebnis mit einem Partner.

a)

b)

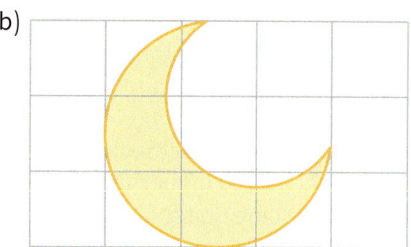

**3** Wie groß ist die Ostseeinsel Fehmarn?

10 km²

a) Schätze die Größe der Insel Fehmarn.
b) Recherchiere im Internet die genaue Größe der Insel Fehmarn.

**4** Schätze die Größe der Nordseeinsel Amrum.

2 km²

**5** Schätze, wie groß die Insel Föhr ist.

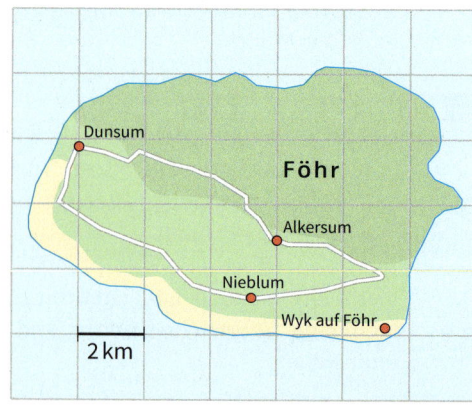

2 km

# AUSGANGSTEST

**1** Gib in der Einheit an, die in der Klammer steht.

a) 71 dm (cm)  b) 350 mm (cm)
65 m (dm)  200 dm (m)
23 cm (mm)  65 000 m (km)
24 m (cm)  63 m (km)

c) 20 000 m (km)  d) 2800 cm (m)
7000 mm (cm)  85 m (cm)
6500 mm (cm)  7000 m (km)
5000 mm (m)  7,5 km (m)

**2** Berechne.

a) 480 dm + 25 cm  b) 2 m – 48 cm

**3** Paulas täglicher Schulweg ist insgesamt 1800 m (Hin- und Rückweg) lang. Sie besucht seit fünf Jahren die Schule. Jedes Jahr hat 198 Schultage. Wie viel Kilometer hat sie in diesem Zeitraum zurückgelegt?

**4** Bestimme mithilfe der Karte die Entfernung (Luftlinie) zwischen Leverkusen und Hannover.

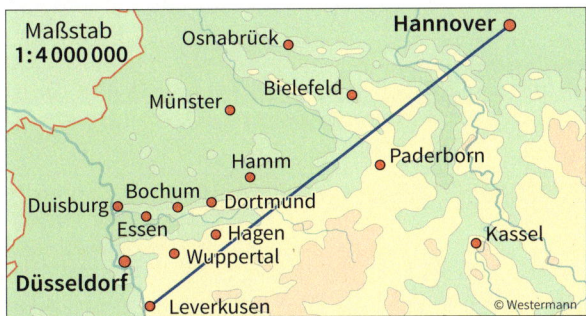

**5** Berechne den Umfang und Flächeninhalt der Rechtecke mit den angegebenen Seitenlängen.

a) $a = 1$ m; $b = 5$ m  b) $a = 3$ cm; $b = 3$ cm
c) $a = 25$ mm; $b = 13$ mm  d) $a = 2$ cm; $b = 2,5$ cm

**6** a) Gib die Länge und Breite von drei verschiedenen Rechtecken mit dem Umfang 56 cm an.
b) Der Umfang eines Quadrates beträgt 56 cm. Berechne die Seitenlänge.

**7** Gib in der Einheit an, die in der Klammer steht.

a) $80$ m² (dm²)  b) $5600$ m² (a)
$24$ dm² (cm²)  $4000$ cm² (dm²)
$352$ ha (a)  $1800$ a (ha)
$7200$ a (ha)  $4,55$ cm² (mm²)
$25$ a (m²)  $50 000$ m² (ha)

**8** Berechne den Flächeninhalt und den Umfang der Figur.

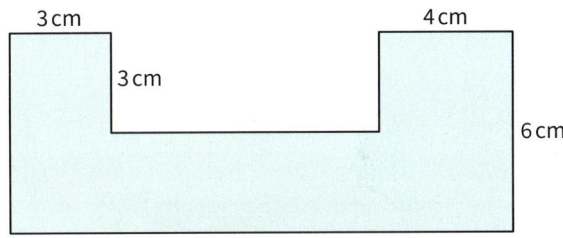

**9** Welchen Umfang hat das Quadrat mit dem angegebenen Flächeninhalt?

a) $A = 81$ m²  b) $A = 121$ cm²  c) $A = 900$ m²

**10** Wahr oder falsch? Begründe deine Antwort.
a) Verdoppelt man die Breite eines Rechtecks und ändert die Länge nicht, so verdoppelt sich der Flächeninhalt des Rechtecks.
b) Verdoppelt man Länge und Breite eines Rechtecks, so vervierfacht sich sein Flächeninhalt.
c) Halbiert man Länge und Breite eines Rechtecks, so halbiert sich sein Flächeninhalt.

## Ich kann ...

| | Aufgabe | Hilfen und Aufgaben | |
|---|---|---|---|
| Längen in anderen Einheiten angeben. | 1 | Seite 138, 139, 140 | I |
| mit Längen rechnen. | 2, 3 | Seite 140, 141, 151 | |
| Flächeninhalt und Umfang von Rechtecken und Quadraten berechnen. | 5 | Seite 144, 148, 149 | |
| Flächeneinheiten in anderen Einheiten angeben. | 7 | Seite 146, 147 | |
| Längen mithilfe des Maßstabs bestimmen. | 4 | Seite 142 | II |
| aus dem Umfang eines Rechtecks mögliche Seitenlängen bestimmen. | 6 | Seite 153 | |
| den Flächeninhalt und Umfang von zusammengesetzten Figuren berechnen. | 8 | Seite 149, 151 | |
| aus dem Flächeninhalt eines Quadrats seinen Umfang bestimmen. | 9 | Seite 152 | III |
| Aussagen zum Flächeninhalt beurteilen. | 10 | Seite 153 | |

# 8 Symmetrien und Muster

Bist du fit für dieses Kapitel?
Eingangstest auf
Seite 210.

**In diesem Kapitel ...**

– erzeugst du symmetrische Figuren und Muster.
– spiegelst und verschiebst du Figuren.
– untersuchst du Figuren auf Symmetrie.

# Symmetrien und Muster entdecken

● Beschreibe die Regelmäßigkeiten, die du in den einzelnen Abbildungen entdeckst.

# Symmetrische Figuren und Muster erzeugen

**1** a) Betrachte die beiden Klecksbilder. Was fällt dir auf?

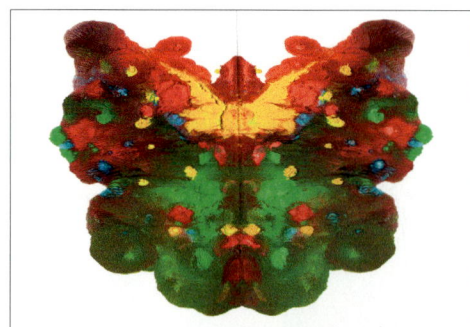

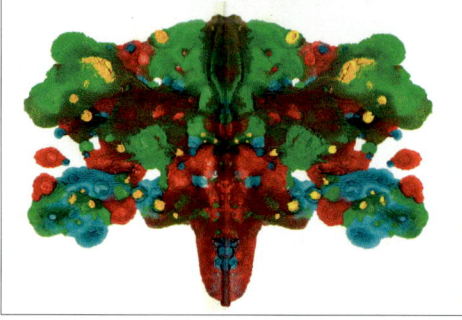

b) Fertige selbst Klecksbilder an.

**2** Erkläre, wie der Papierschmetterling entstanden ist.

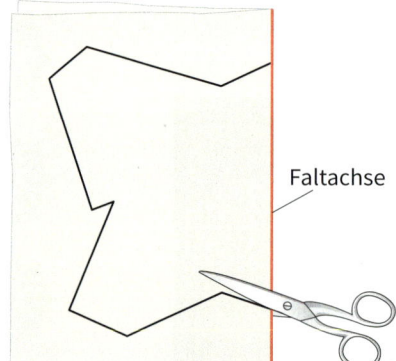

Faltachse

Faltachse

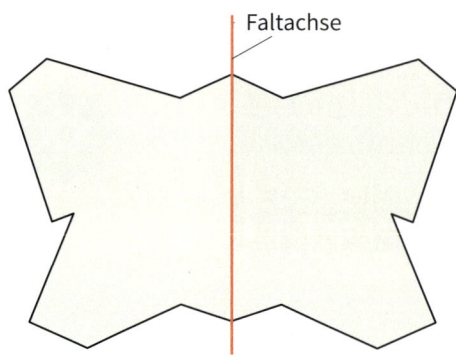

**3** Zeichne eine Hälfte eines Blattes, eines Baumes, eines Autos, eines Hauses auf ein gefaltetes Blatt Papier. Lege die beiden Blatthälften aufeinander und schneide aus. Markiere die Faltachse farbig. Klebe alle Ergebnisse in dein Heft. Du kannst die Ergebnisse auch auf Karton kleben und in der Klasse aushängen.

**4** a) Schneide aus kariertem Papier ein 12 cm langes und 6 cm breites Rechteck aus. Falte das Rechteck so, dass beide Hälften genau aufeinander passen. Zeichne die Faltachse farbig nach. Überlege, ob es mehrere Möglichkeiten gibt.

b) Verfahre ebenso mit einem Quadrat, dessen Seite 10 cm lang ist. Wie viele Faltachsen hast du gefunden?

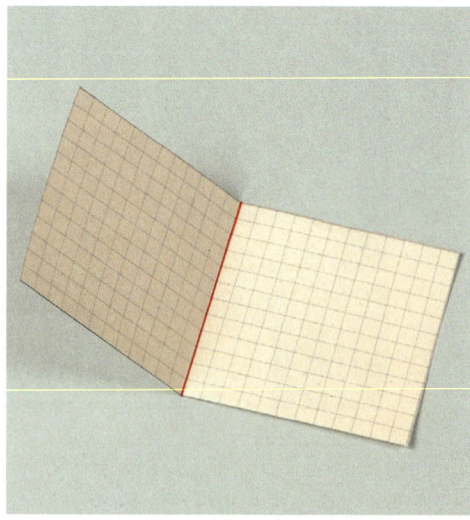

# Symmetrische Figuren und Muster erzeugen

**5** Schneide aus einem karierten DIN-A4-Blatt vier Quadrate mit der Seitenlänge 10 cm aus.

a) Überlege dir eine oder mehrere geeignete Faltachsen und falte. Schneide aus, so dass die abgebildeten Lochmuster entstehen.

b) Entwirf selbst Lochmuster mit einer oder mehreren Faltachsen. Markiere die Faltachsen jeweils farbig.

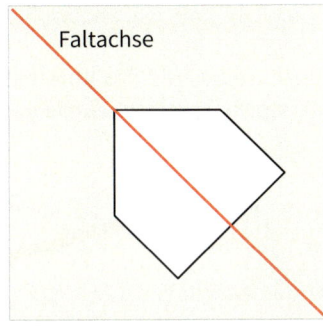

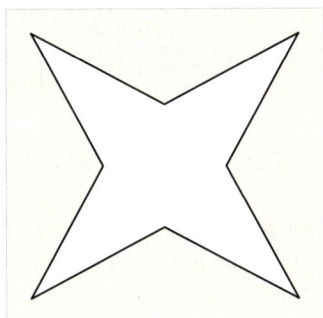

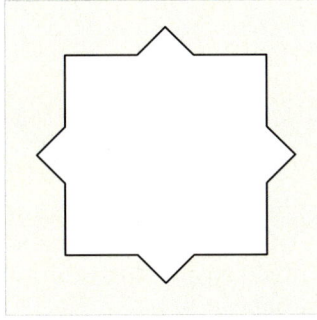

**6** Fertige die folgenden Figuren in Partnerarbeit an. Zeichne alle Symmetrieachsen in die fertige Figur ein.

Die Faltachse einer Figur wird auch **Symmetrieachse** genannt.

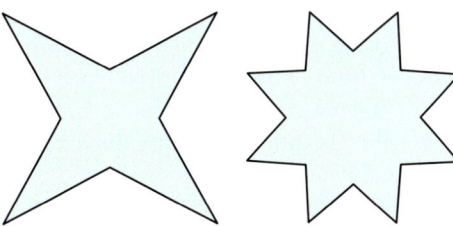

**7** a) Stelle aus quadratischem Papier mit der Seitenlänge 10 cm die folgenden Faltmuster her.

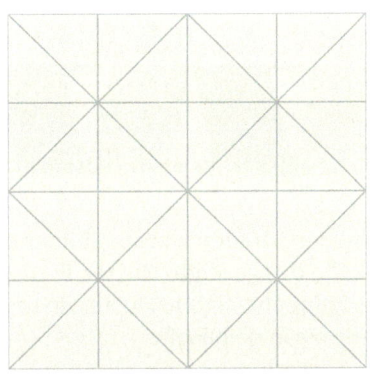

b) Gestalte die Muster farbig, so dass eine achsensymmetrische Figur entsteht. Zeichne die Symmetrieachsen farbig nach.

# Symmetrische Figuren und Muster erzeugen

8 a) Schneide von einer DIN-A4-Seite einige 5 cm breite Streifen ab. Am besten geeignet ist dünne Pappe. Falte einen Streifen wie in der Abbildung und schneide den zusammengefalteten Streifen seitlich ein. Beim Auseinanderfalten erhältst du ein Muster. Beschreibe dieses Muster.

b) Falte den Streifen wie abgebildet und erstelle das gezeigte Muster. Fertige anschließend eigene Muster an und klebe sie in dein Heft.

9 a) Beschreibe, wie das unten abgebildete Muster hergestellt wurde.

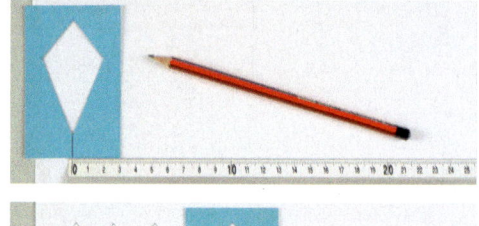

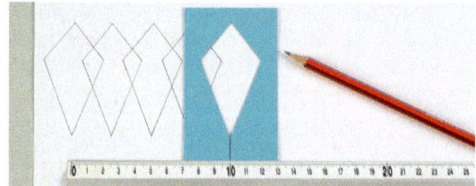

b) Versuche, die abgebildeten Muster nach dem gleichen Verfahren herzustellen.

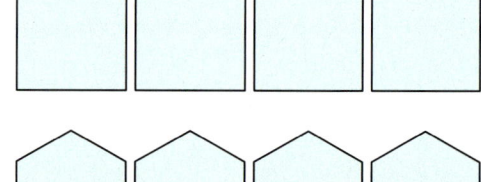

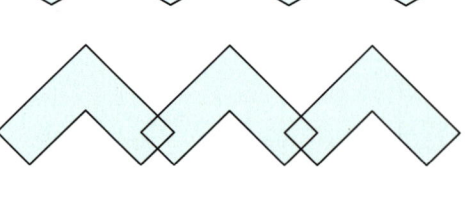

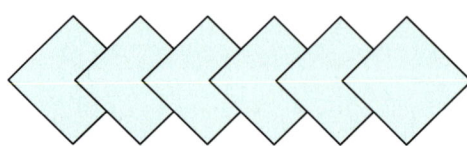

c) Entwirf eigene Muster und gestalte sie farbig.

# Symmetrische Figuren und Muster erzeugen

**10** Regelmäßige Muster spielen bei der Verzierung von Gegenständen eine große Rolle. Setze die Streifenmuster in deinem Heft fort (Länge mindestens 10 cm) und gestalte sie farbig.

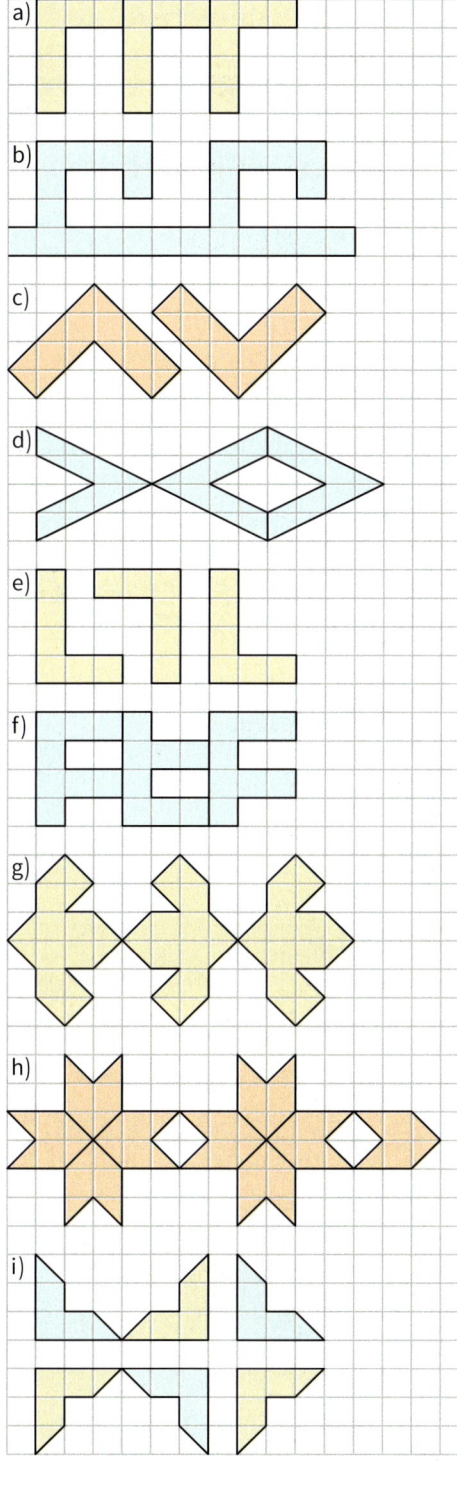

a)

b)

c)

d)

e)

f)

g)

h)

i)

**11** a) Finja wollte ein schräg nach oben laufendes Muster mit dem Anfangsbuchstaben ihres Vornamens entwerfen. Überprüfe, ob ihr das gelungen ist.

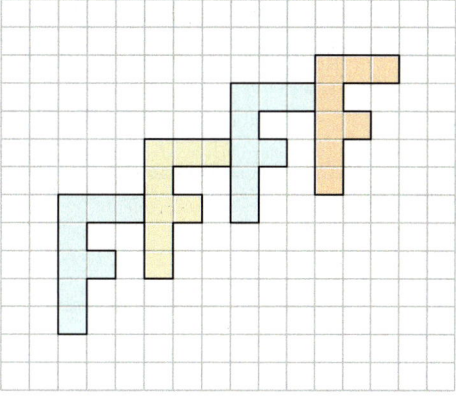

Drei Kästchen nach rechts und zwei Kästchen nach oben.

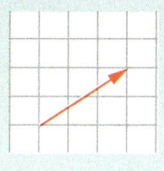

b) Nimm den Anfangsbuchstaben deines Vornamens und entwirf ein ähnliches Muster. Dabei soll der neue Buchstabe jeweils drei Kästchen nach rechts und zwei Kästchen nach oben wandern.

**12** Anton hat ein Logo mit dem Anfangsbuchstaben seines Namens entworfen.
a) Beschreibe, wie Anton dabei vorgegangen ist.

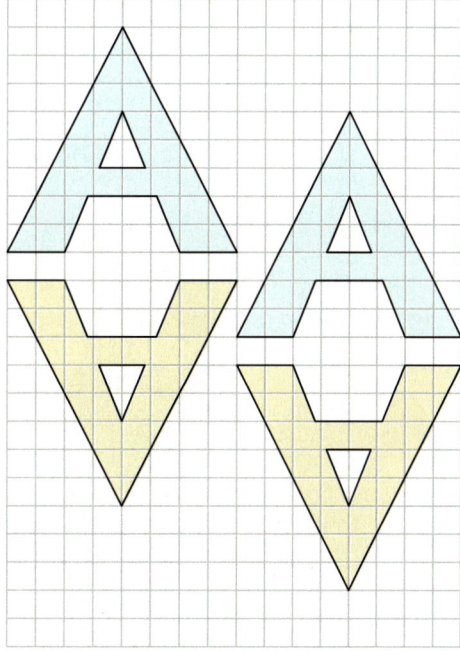

b) Entwirf ein ähnliches Logo mit dem Anfangsbuchstaben deines Vornamens.

# Achsenspiegelung

1 a) Lies das Wort auf dem Fahrzeug.
   b) Warum wurde es in Spiegelschrift auf die Motorhaube lackiert?

2 Lea und Sophia schreiben kleine Briefe in Spiegelschrift.

a) Lies die Briefe.
b) Schreibe ebenfalls Wörter oder Sätze in Spiegelschrift auf. Fordere anschließend eine Mitschülerin oder einen Mitschüler auf, die Texte richtig zu lesen.

3 Beim Schreiben der Wörter in Spiegelschrift sind Fehler passiert. Findest du sie?

4 Das Spiegelbild am See enthält neun Fehler. Findest du sie?

# Achsenspiegelung

**5** a) Erzeuge das Spiegelbild einer Figur durch Falten und Durchstechen.

Die Faltachse wird auch Spiegelachse genannt.

b) Verbinde jeden Punkt mit seinem Spiegelpunkt. Was stellst du fest?

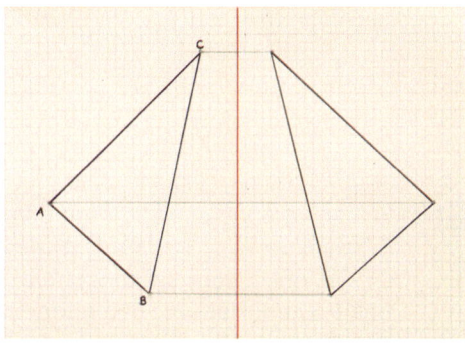

**6** David will ein Dreieck ABC an der Geraden s (Spiegelachse) spiegeln. Beschreibe, wie er dabei vorgeht. Wie benennt er die gespiegelten Punkte (Bildpunkte)?

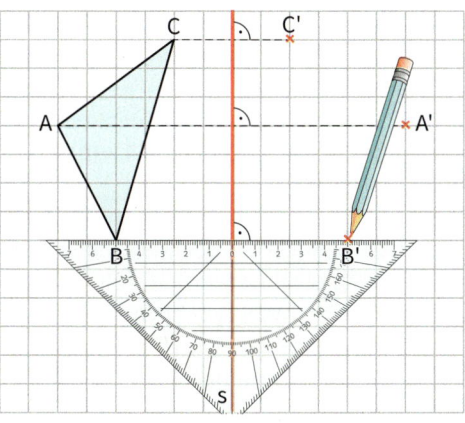

**Achsenspiegelung**

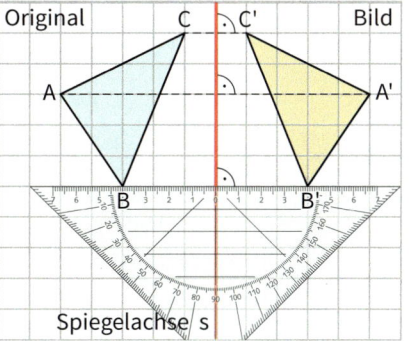

Spiegelachse s

Bei der Achsenspiegelung steht die Verbindungsstrecke zwischen einem **Originalpunkt** und seinem **Bildpunkt** senkrecht auf der Spiegelachse.
Ein Originalpunkt und sein Bildpunkt haben jeweils den gleichen Abstand zur **Spiegelachse.**

**7** Spiegele die Figur im Heft an der Spiegelachse s. Kennzeichne die Bildpunkte mit A', B', C' oder D'.

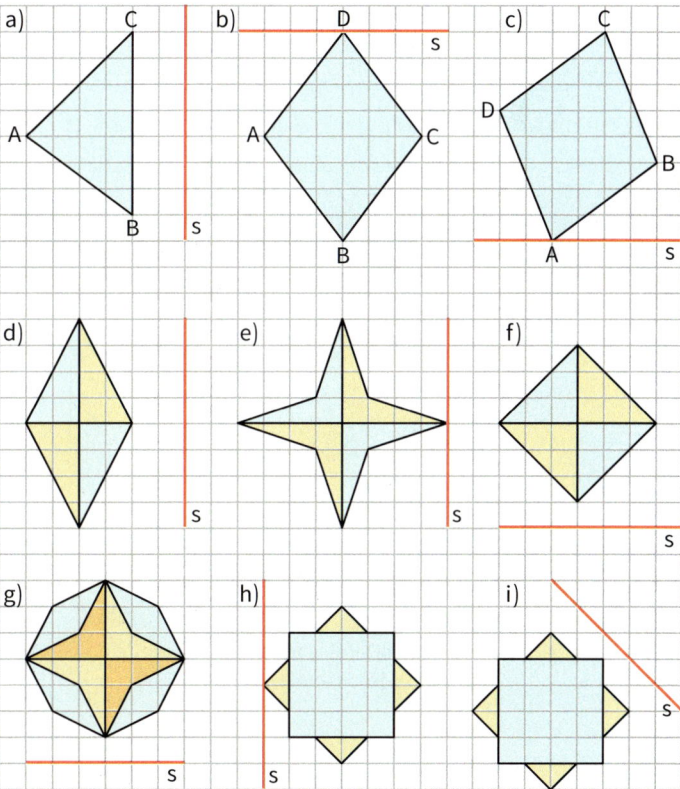

# Achsenspiegelung

**8** Übertrage die Figur und zeichne ihr Spiegelbild. Verlängere, wenn notwendig, die Spiegelachse s.

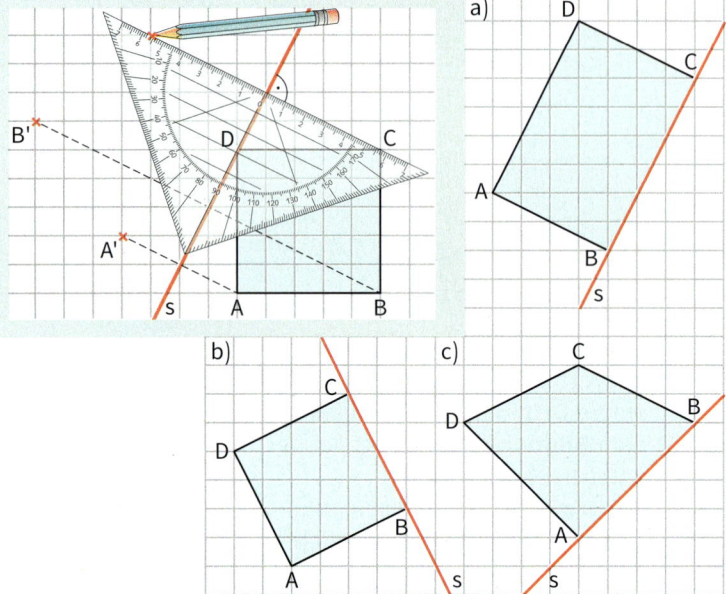

**9** Bei den folgenden Figuren fehlt die Spiegelachse s. Stattdessen ist ein Bildpunkt angegeben.
a) Konstruiere die Spiegelachse s.
b) Spiegele die Figur an s.

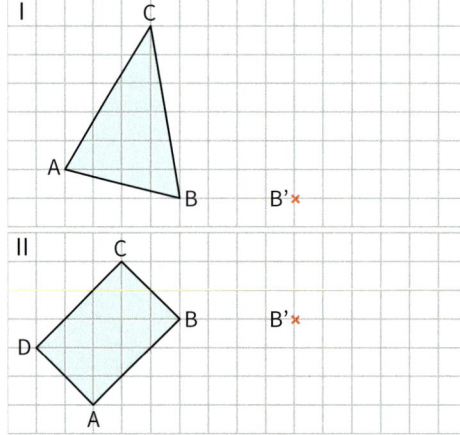

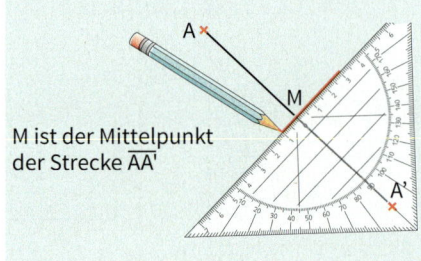

M ist der Mittelpunkt der Strecke $\overline{AA'}$

**10** Zeichne zunächst die Spiegelachse s. Spiegele dann an s.

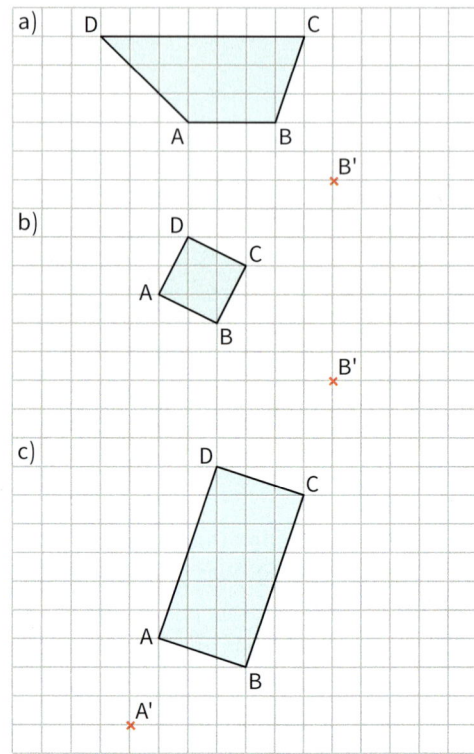

**11** a) Zeichne das Viereck ABCD mit den Eckpunkten A (1|5), B (3|1), C (4|4), D (2|8) in ein Koordinatensystem (Einheit 0,5 cm). Markiere den Bildpunkt B′ (11|15) im Koordinatensystem.
b) Konstruiere die Spiegelachse s.
c) Spiegele das Viereck an s.
d) Gib die Koordinaten der restlichen Bildpunkte an.

**12** a) Zeichne das Dreieck ABC mit den Eckpunkten A (0|3), B (5|6) und C (2|10) in ein Koordinatensystem (Einheit 0,5 cm).
b) Spiegele es an der Spiegelachse $s_1$, die durch die Punkte P (5|1) und Q (5|9) verläuft.
c) Spiegele das Bilddreieck A′B′C′ an einer weiteren Spiegelachse $s_2$. Die Spiegelachse $s_2$ soll durch die Punkte R (6|1) und S (12|7) verlaufen. Nenne die Bildpunkte A″, B″ und C″.
d) Gib die Koordinaten von A″, B″ und C″ an.

# Achsensymmetrische Figuren

**1** a) Der Schmetterling hat seine schön gezeichneten Flügel ausgebreitet. Was passiert mit den einzelnen Punkten auf den Flügeln, wenn der Schmetterling seine Flügel zusammenfaltet?

b) Suche Blumen und Blätter, deren Hälften beim Zusammenfalten aufeinander treffen. Erkläre deinen Mitschülern, wo die Faltachse ist.

Symmetrieachse

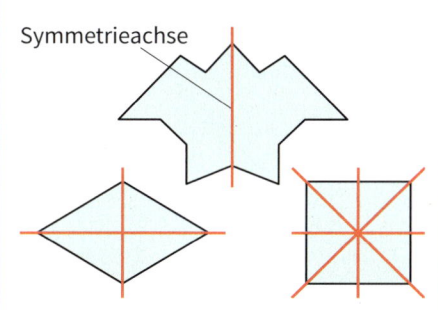

Eine Figur, in der sich beim Zusammenfalten die beiden Hälften genau decken, heißt **achsensymmetrisch.** Die Faltachse heißt **Symmetrieachse** der Figur. Es gibt auch Figuren mit mehreren **Symmetrieachsen.**

**2** Gib die Anzahl der Symmetrieachsen der jeweiligen Flagge an.

 Schweden
 Schweiz

 Großbritannien
 Österreich

 Japan
 Kanada

**3** a) Welche der abgebildeten Verkehrszeichen sind achsensymmetrisch? Gibt es Zeichen mit mehr als einer Symmetrieachse? Begründe jeweils deine Meinung.

b) Zeichne fünf weitere achsensymmetrische Verkehrszeichen in dein Heft.

Gegenverkehr

Verbot der Einfahrt

Kurve (rechts)

Schnee- oder Eisglätte

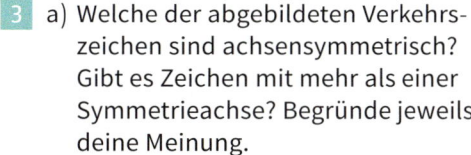
Vorfahrt gewähren

Gefahrenstelle

Haltestelle

Richtungstafel in Kurven

unebene Fahrbahn

verengte Fahrbahn

**4** Einige Großbuchstaben in Blockschrift sind achsensymmetrisch. Schreibe sie auf und zeichne die Symmetrieachsen ein. Es gibt Wörter, die achsensymmetrisch sind. Finde weitere Beispiele.

**5** In Umwelt und Technik findest du Figuren mit mehreren Symmetrieachsen. Suche Figuren mit einer Symmetrieachse, zwei Symmetrieachsen, drei, vier, sechs Symmetrieachsen.

# Achsensymmetrische Figuren

6   Luca möchte überprüfen, ob die Gerade Symmetrieachse der abgebildeten Figur ist. Er benutzt dazu sein Geodreieck.
a) Beschreibe, wie er vorgeht.

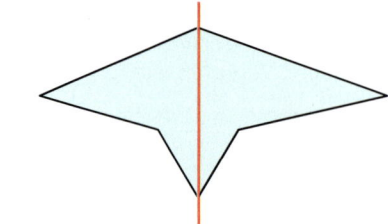

I

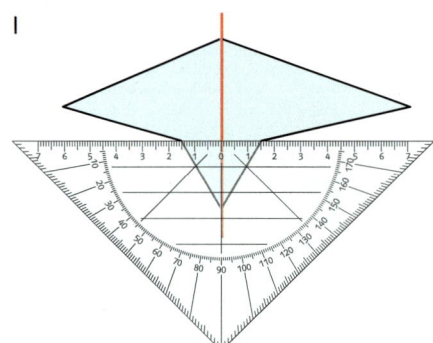

II

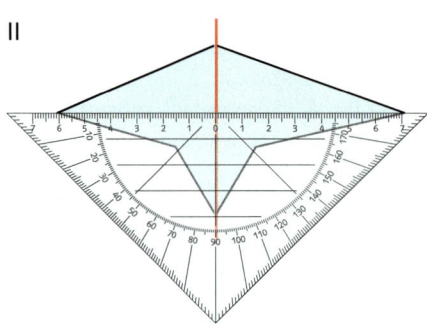

b) Ist die Gerade eine Symmetrieachse der Figur? Begründe deine Antwort.

7   Überprüfe, ob die eingezeichnete Gerade Symmetrieachse der Figur ist.

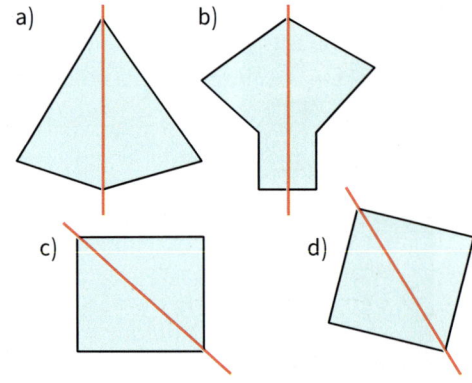

8   Ergänze im Heft zu einer achsensymmetrischen Figur mit der Symmetrieachse s.

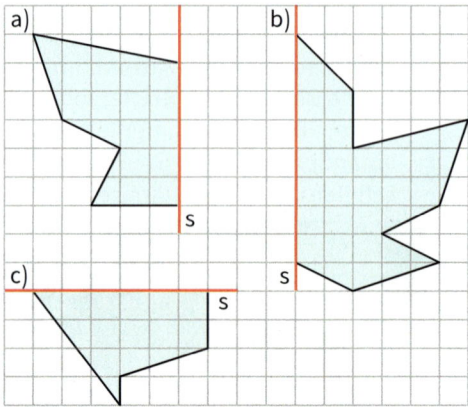

9   Übertrage die Figur in dein Heft und ergänze sie wie im Beispiel zu einer achsensymmetrischen Figur mit der Symmetrieachse s.

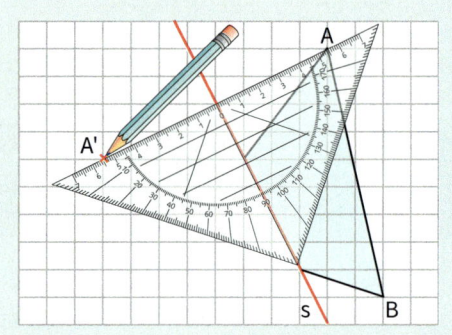

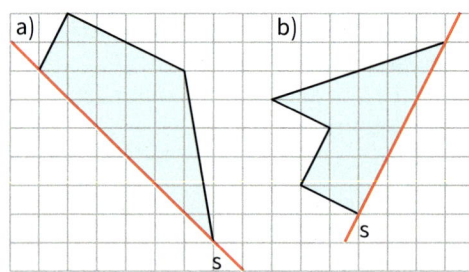

10   Ergänze zu einer achsensymmetrischen Figur mit mehreren Symmetrieachsen.

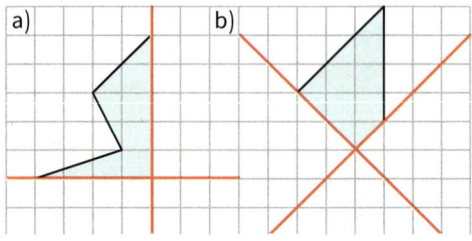

# Verschiebung

Viele Völker haben Bandornamente zum Verschönern von Gegenständen und Gebäuden genutzt. Bandornamente (Streifenmuster) kannst du durch wiederholtes Verschieben einer Figur in die gleiche Richtung herstellen.

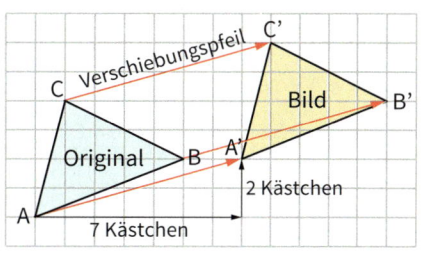

---

**Verschiebungsvorschrift:**
7 Kästchen nach rechts und
2 Kästchen nach oben

---

Bei einer Verschiebung sind die Verschiebungspfeile gleich lang und parallel zueinander.
Die Verschiebung wird durch die **Verschiebungsvorschrift** festgelegt.

**1** Setze das Bandornament in deinem Heft fort.

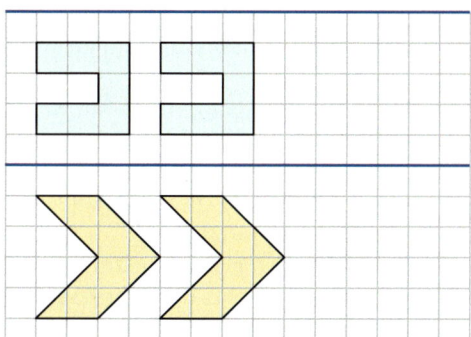

**2** In der Zeichnung ist die Raute A'B'C'D' durch Verschiebung aus der Raute ABCD hervorgegangen.

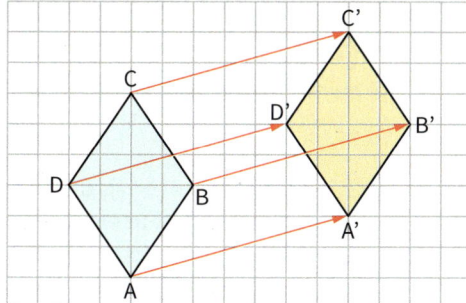

a) Wie liegen die rot eingezeichneten Verschiebungspfeile zueinander?
b) Vergleiche die Länge der einzelnen Pfeile miteinander.
c) Beschreibe die Verschiebung so, dass dein Sitznachbar sie ausführen kann.

**3** Übertrage die Figur in dein Heft und verschiebe sie. Die Verschiebungspfeile sind schon eingezeichnet.

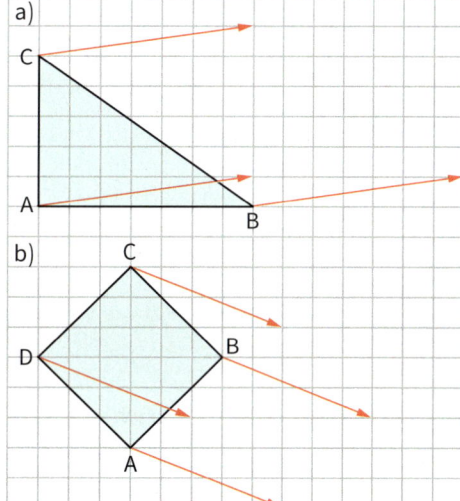

**4** Zeichne ein Dreieck. Lege die Eckpunkte der Figur auf Gitterpunkte des karierten Papiers. Verschiebe die Figur nach folgender Vorschrift:
a) 5 Kästchen nach rechts
b) 6 Kästchen nach rechts und 2 Kästchen nach unten
c) 4 Kästchen nach links und 7 Kästchen nach oben
d) 6 Kästchen nach unten.

# Verschiebung

**5** Übertrage die Figur in dein Heft und verschiebe sie mit dem eingezeichneten Pfeil. Kennzeichne die Bildpunkte und gib die Verschiebungsvorschrift an.

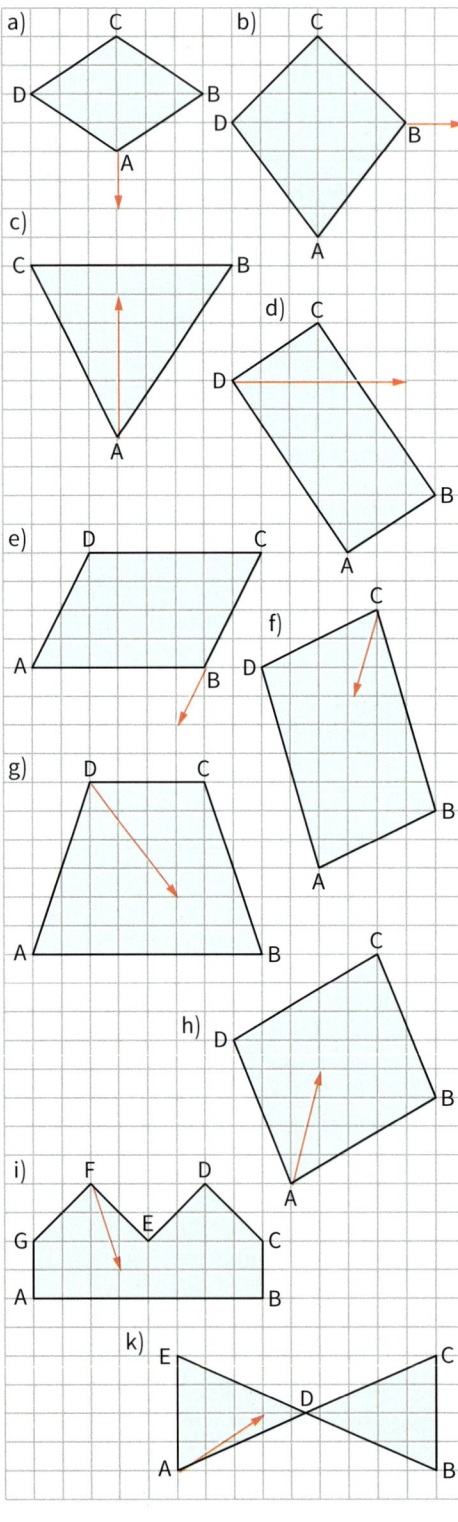

**6** Zeichne die Figur mit den angegebenen Eckpunkten in ein Koordinatensystem (Einheit 0,5 cm). Verschiebe sie, so dass der Punkt A in den Punkt A' übergeht. Gib die Koordinaten der fehlenden Bildpunkte an und bestimme die Verschiebungsvorschrift.

a) Dreieck

| Original | Bild |
|---|---|
| A (1\|1) | A' (6\|6) |
| B (6\|3) | ▨ |
| C (2\|6) | ▨ |

b) Rechteck

| Original | Bild |
|---|---|
| A (9\|1) | A' (1\|4) |
| B (15\|3) | ▨ |
| C (14\|6) | ▨ |
| D (8\|4) | ▨ |

c) Parallelogramm

| Original | Bild |
|---|---|
| A (3\|7) | A' (6\|2) |
| B (9\|9) | ▨ |
| C (7\|11) | ▨ |
| D (1\|9) | ▨ |

d) Raute

| Original | Bild |
|---|---|
| A (12\|4) | A' (4\|1) |
| B (15\|8) | ▨ |
| C (12\|12) | ▨ |
| D (9\|8) | ▨ |

**7** a) Zeichne das Dreieck ABC mit A (1\|1), B (5\|3) und C (1\|6) in ein Koordinatensystem (Einheit 0,5 cm).

b) Verschiebe das Dreieck um drei Kästchen nach rechts und vier Kästchen nach oben und benenne die Bildpunkte mit A', B' und C'.

c) Verschiebe das Bilddreieck A'B'C' um drei Kästchen nach rechts und vier Kästchen nach unten und benenne die neuen Bildpunkte mit A", B" und C".

d) Verschiebe das Dreieck A"B"C" um sechs Kästchen nach links und benenne die Bildpunkte mit A''', B''' und C'''. Was stellst du fest?

**8** Ein Viereck ABCD mit A (9\|1), B (15\|2), C (16\|8) und D (10\|7) ist in einem Koordinatensystem (Einheit 0,5 cm) zweimal nacheinander verschoben worden. Der Punkt A hat den Bildpunkt A' (7\|4). A' hat den Bildpunkt A" (0\|0).

a) Bestimme die erste und die zweite Verschiebungsvorschrift.

b) Bestimme die Koordinaten aller Bildpunkte.

# Arbeiten mit dem Computer: Figuren zeichnen

**1** a) Öffne dein Geometrieprogramm. Du erhältst eine leere Seite und eine Werkzeugleiste.

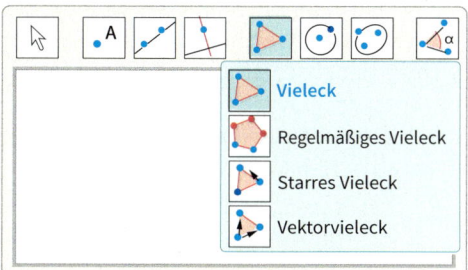

Auf jedem Werkzeug befindet sich ein kleines Dreieck, mit dem du weitere Werkzeuge erhältst.

b) Zeichne mithilfe des Werkzeugs „Vieleck" das abgebildete Dreieck.
Verändere anschließend die Lage einzelner Punkte und die Lage des Dreiecks mit dem Werkzeug „Bewege".

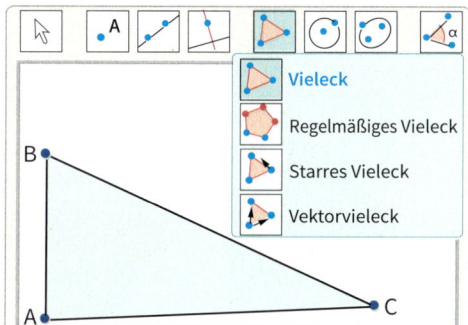

Durch Anklicken eines Objekts (Punkt, Strecke, ...) mit der rechten Maustaste öffnet sich das unten abgebildete Menü.
Hier kannst du Eigenschaften wie Farbe oder Linienstärke ändern oder Beschriftungen ausblenden beziehungsweise anzeigen. Auch Löschen und Umbenennen ist möglich.

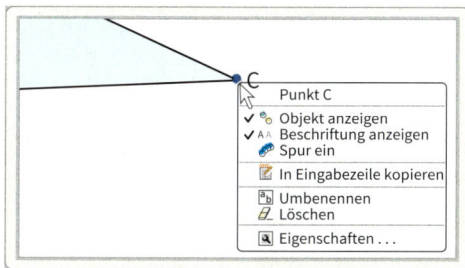

c) Entferne die Bezeichnungen A, B und C an den Eckpunkten des Dreiecks.

**2** Zeichne die abgebildeten Figuren mit deinem Geometrieprogramm.

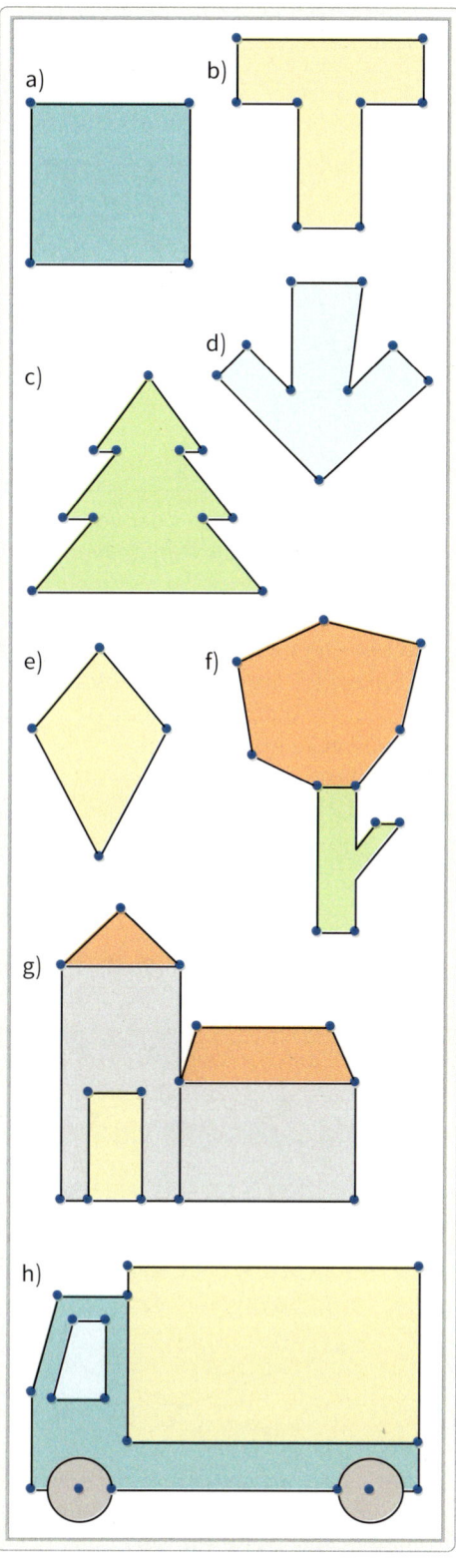

# Arbeiten mit dem Computer: Achsensymmetrische Figuren

**1** Zeichne mit dem Werkzeug „Vieleck" das Viereck ABCD. Das Viereck ABCD soll die Hälfte einer achsensymmetrischen Figur sein.

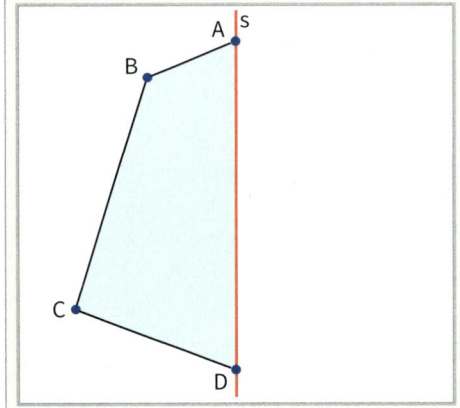

Die Symmetrieachse s der vollständigen Figur soll durch die Punkte A und D verlaufen.

Die zweite Hälfte der achsensymmetrischen Figur kannst du mit dem Werkzeug „Spiegele Objekt an einer Geraden" erzeugen. Die Symmetrieachse ist durch die Strecke $\overline{AD}$ festgelegt.

Klicke dazu nacheinander die Figur und die Strecke $\overline{AD}$ an.

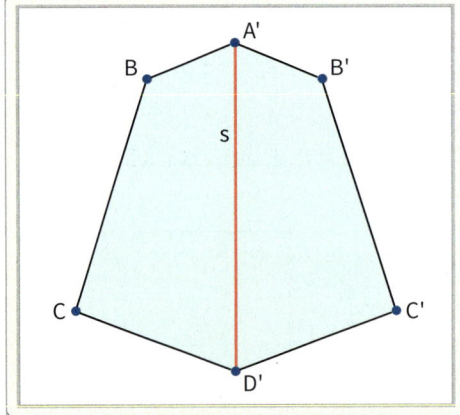

Verändere anschließend mit dem Werkzeug „Bewege" die Lage der Punkte B und C. Was stellst du fest?

**2** In der Abbildung ist jeweils eine Hälfte einer achsensymmetrischen Figur dargestellt.
Konstruiere ein ähnliches Vieleck. Lege fest, durch welche Punkte die Symmetrieachse verlaufen soll und färbe die entsprechende Strecke rot.
Ergänze das Vieleck zu einer achsensymmetrischen Figur.

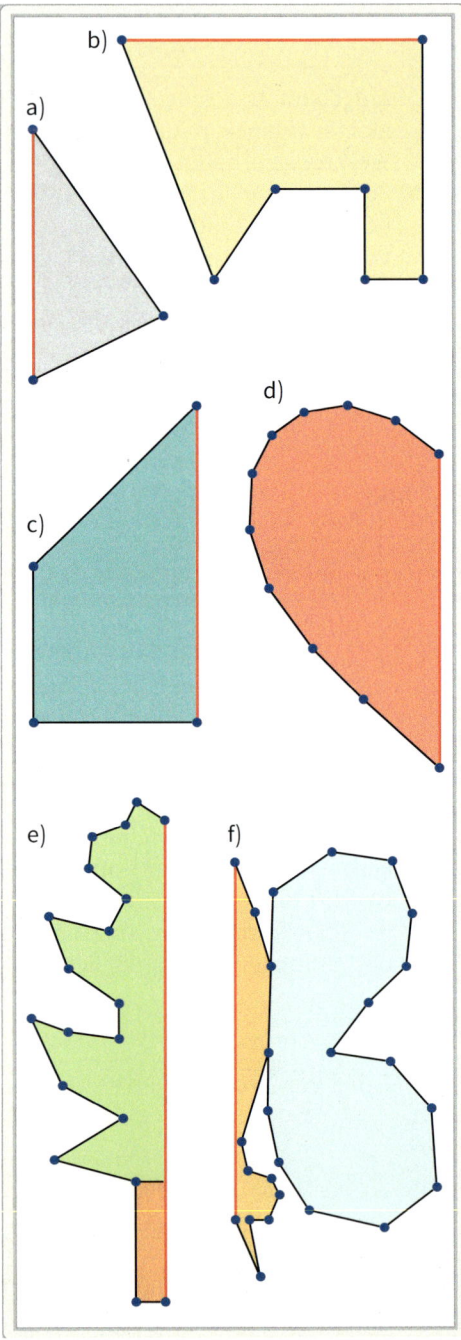

# WISSEN KOMPAKT

## Achsenspiegelung

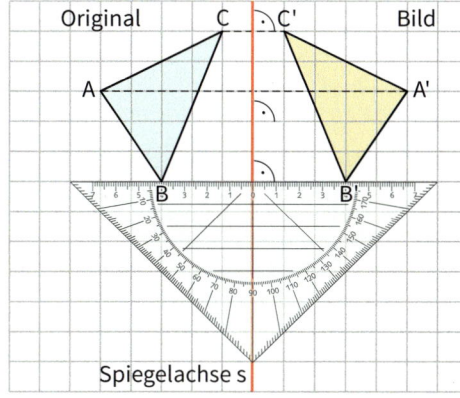

Das Dreieck ABC ist an der Geraden s gespiegelt.

Bei der Achsenspiegelung steht die Verbindungsstrecke zwischen einem **Originalpunkt** und seinem **Bildpunkt** senkrecht auf der Spiegelachse. Ein Originalpunkt und sein Bildpunkt haben jeweils den gleichen Abstand zur **Spiegelachse** s.

## Achsensymmetrie

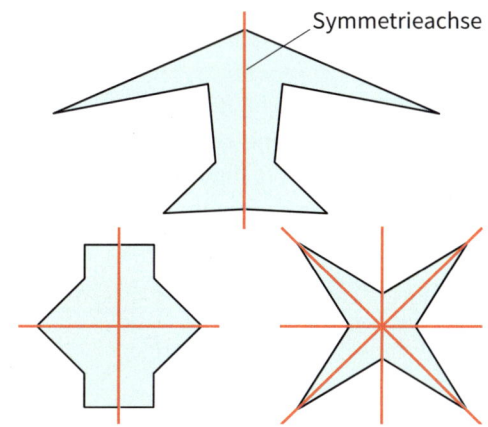

Eine Figur, in der sich beim Zusammenfalten die beiden Hälften genau decken, heißt achsensymmetrisch.

Die Faltachse heißt **Symmetrieachse** der Figur.

Es gibt auch Figuren mit mehreren Symmetrieachsen.

## Verschiebung

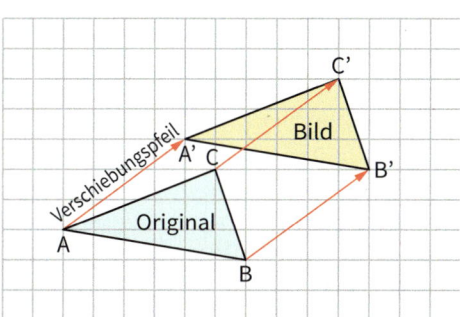

Bei einer Verschiebung sind die Verschiebungspfeile gleich lang und parallel zueinander.

Die Verschiebung wird durch die Verschiebungsvorschrift festgelegt.

Verschiebungsvorschrift: vier Kästchen nach rechts und drei Kästchen nach oben

# ÜBEN

**1**  Spiegele die Figur an der Spiegelachse s.

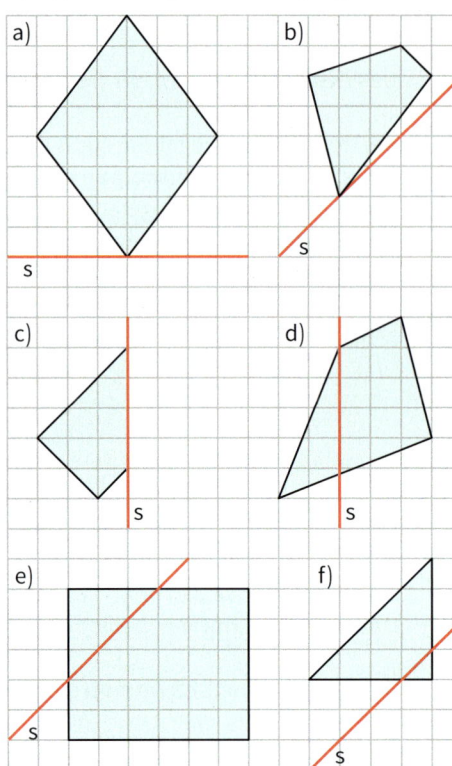

**2**  Übertrage Original- und Bildfigur in dein Heft und zeichne die Spiegelachse ein.

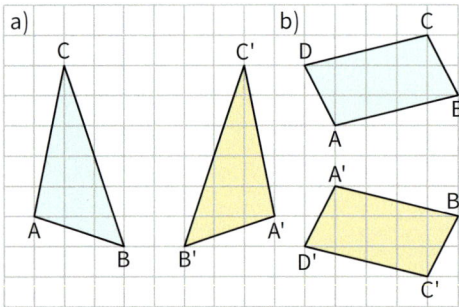

**3**  Zeichne zunächst die Spiegelachse s und spiegele danach an s.

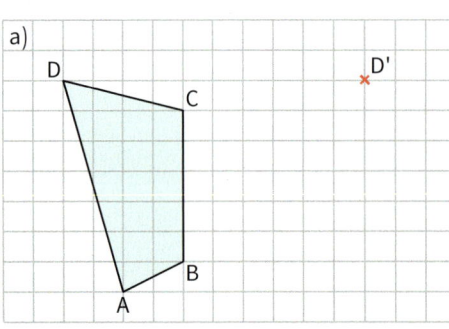

**4**  Übertrage die Figur in dein Heft und zeichne alle Symmetrieachsen ein.

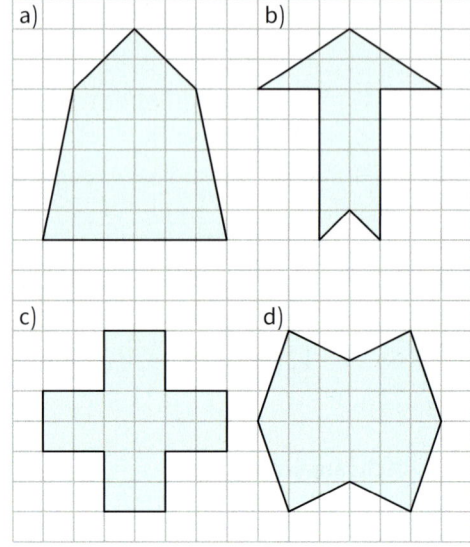

**5**  Gib an, welche der abgebildeten Figuren achsensymmetrisch sind. Zur Kontrolle kannst du die Figur auf Kästchenpapier übertragen und durch Falten mögliche Symmetrieachsen bestimmen.

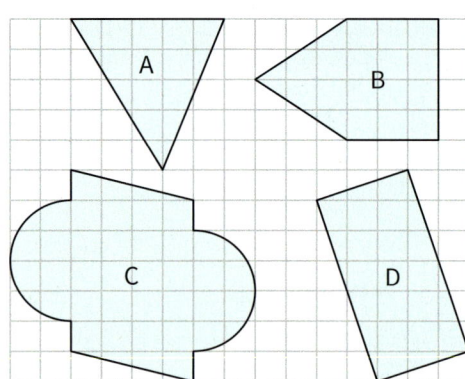

**6**  Ergänze im Heft zu einer achsensymmetrischen Figur.

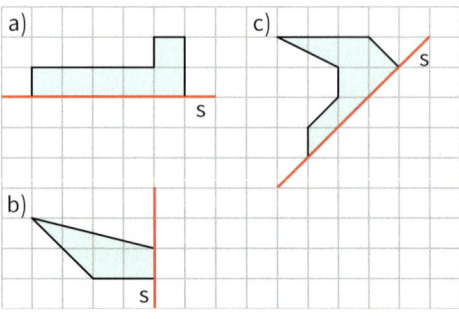

**7** Griechische Ornamente werden auch Mäander genannt. Übertrage das Muster in dein Heft und setze es fort.

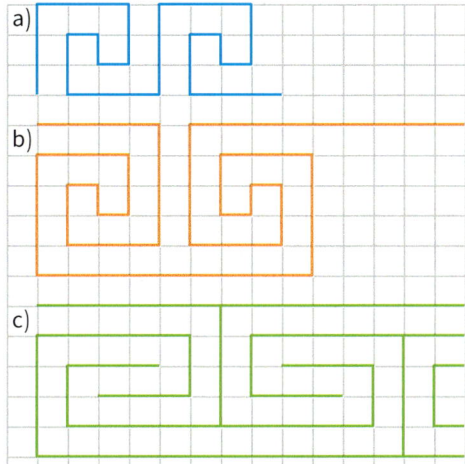

a)

b)

c)

**8** Übertrage die Figur in dein Heft und verschiebe sie mit dem eingezeichneten Verschiebungspfeil.

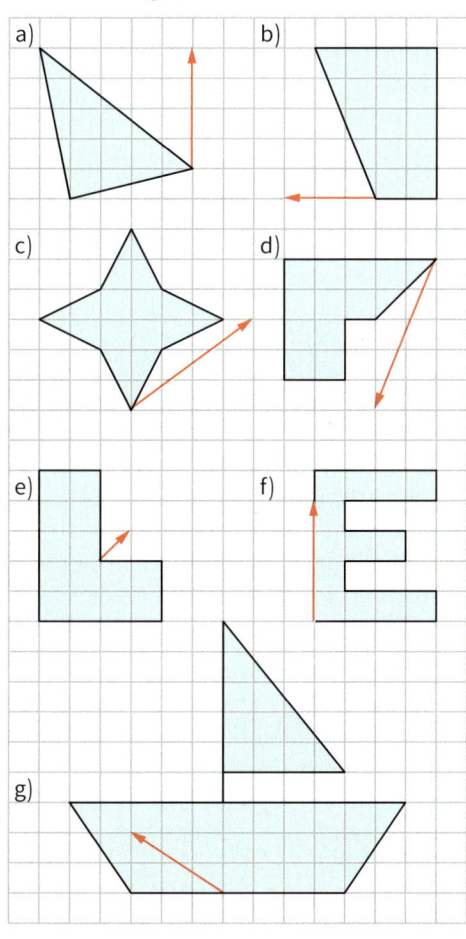

a)      b)

c)      d)

e)      f)

g)

**9** Zeichne die Figur mit den angegebenen Punkten in ein Koordinatensystem (Einheit 0,5 cm).
Verschiebe sie anschließend um die angegebene Verschiebungsvorschrift. Gib die Koordinaten der Bildpunkte an.

a) A (1 | 0), B (4 | 0), C (4 | 3)
   3 Einheiten nach rechts, 2 Einheiten nach oben

b) A (8 | 6), B (7 | 10), C (5 | 8)
   4 Einheiten nach links, 2 Einheiten nach unten

**10** Zeichne die Figur mit den angegebenen Punkten in ein Koordinatensystem (Einheit 0,5 cm) und verschiebe sie so, dass Punkt A in Punkt A' übergeht.
Gib die Koordinaten der restlichen Bildpunkte an.

a)

| Original | Bild |
|---|---|
| A (8 | 0) | A' (4 | 2) |
| B (10 | 3) | |
| C (8 | 6) | |
| D (6 | 3) | |

b)

| Original | Bild |
|---|---|
| A (9 | 6) | A' (13 | 3) |
| B (13 | 6) | |
| C (13 | 10) | |
| D (9 | 10) | |

**11** Erzeuge in deinem Heft ein Muster aus einer vorgegebenen Grundfigur G. Du darfst die Grundfigur verschieben und spiegeln.
Gestalte dein Muster farbig.

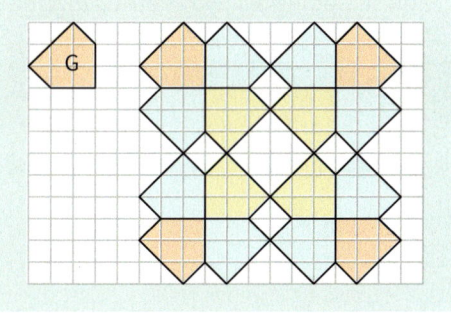

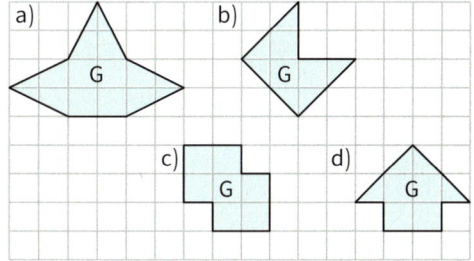

a)      b)

c)      d)

## ÜBEN

**12** Übertrage die Zeichnung in dein Heft und ergänze sie zu einer achsensymmetrischen Figur. Die rot eingezeichneten Geraden sollen Symmetrieachsen der vollständigen Figur sein.

a)
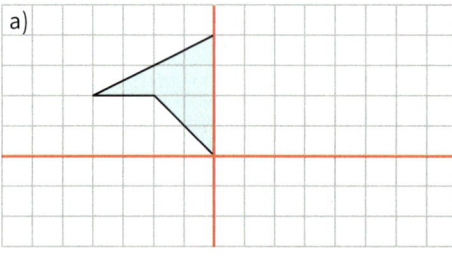

b)
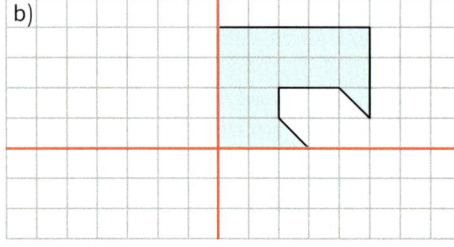

c)
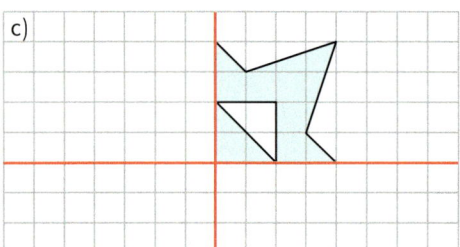

**13** Übertrage die abgebildete Gerade in dein Heft und zeichne eine Figur, die diese Gerade als Symmetrieachse hat.

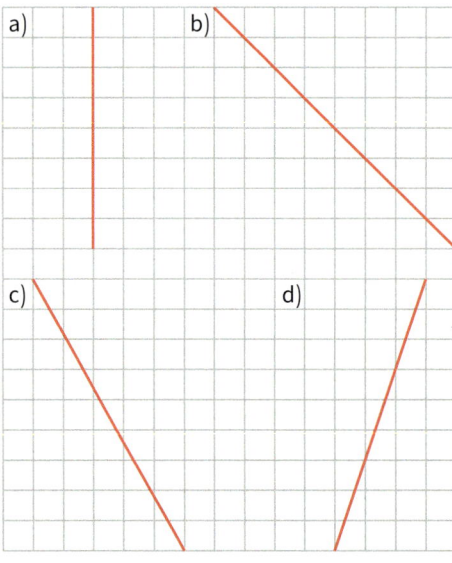

**14** Ein Punkt wurde in einem Koordinatensystem von A (4 | 9) nach A' (7 | 4) verschoben. Gib die Verschiebungsvorschrift an.

**15** Ein Punkt A wurde um 2 cm nach rechts und 4 cm nach oben verschoben. Der Bildpunkt A' wurde um 3 cm nach unten und 3 cm nach rechts auf Punkt A″ verschoben.

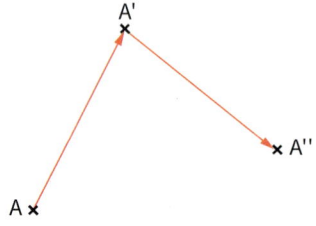

Gib eine Verschiebungsvorschrift an, die Punkt A direkt auf Punkt A″ abbildet.

**16** Spiegele die Figur zuerst an Spiegelachse $s_1$. Die Bildfigur spiegelst du an $s_2$. Fahre so fort bis $s_7$. Gestalte das Muster farbig.

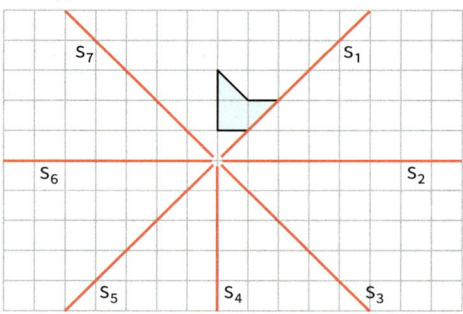

**17** In der Abbildung siehst du eine Original- und eine Bildfigur. Entscheide, ob es sich um eine Verschiebung oder eine Achsenspiegelung handelt oder ob beides möglich ist.

a)　　　　b)　　　　c)

d)　　　　e)　　　　f)

## VERTIEFEN: Wirklich symmetrisch?

1 a) Es gibt viele Dinge in deiner Umwelt, die als symmetrisch bezeichnet werden. Betrachte die abgebildeten Blätter. Sind sie wirklich symmetrisch?

b) Suche andere Beispiele für Gegenstände oder Figuren, die als symmetrisch bezeichnet werden, es aber im mathematischen Sinne nicht sind. Begründe deine Meinung.

2 a) Betrachte die drei Fotos genau. Was fällt dir auf? Ist das menschliche Gesicht symmetrisch?

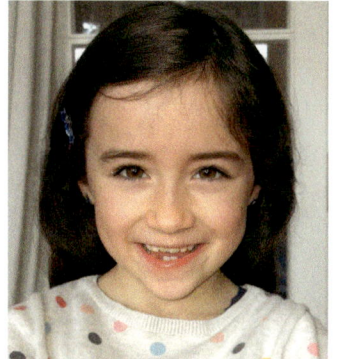 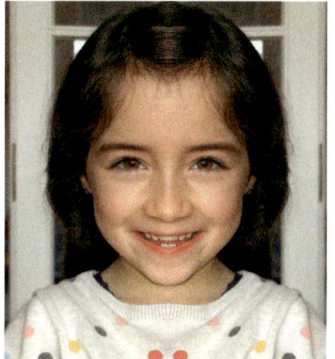 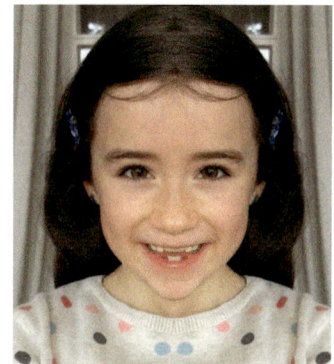

b) Wie sind die Fotos entstanden? Welches Foto ist das Original? Bei welchen Fotos liegt Symmetrie vor?

3 Suche ein Bild von dir, auf dem du möglichst frontal abgebildet bist. Unten wird gezeigt, wie du mithilfe einer Bildbearbeitungssoftware eine Gesichtshälfte spiegeln kannst. Fertige ein wirklich symmetrisches Bild an und hänge „Original" und „Fälschung" in der Klasse aus.

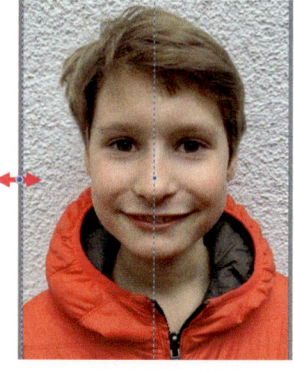 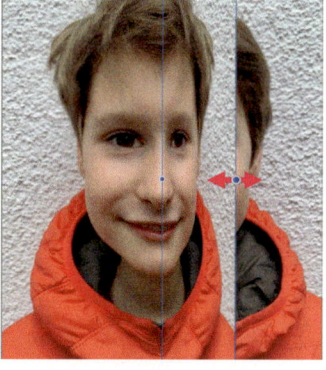 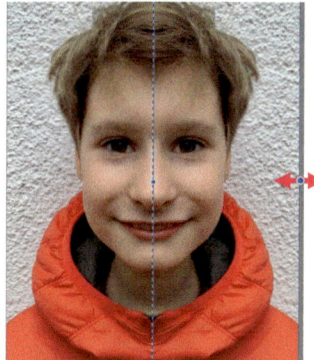

Markiere eine Bildhälfte, fertige eine Kopie von der Bildhälfte an und füge die Kopie sofort wieder ein. Klicke auf den linken mittleren Ankerpunkt der Kopie.

Ziehe die Kopie über die zweite Hälfte des Originals hinweg.

Du erhältst ein symmetrisches Bild.

# VERTIEFEN: Achsensymmetrische Figuren legen

**1** a) Zeichne das abgebildete Puzzle auf Kästchenpapier. Du musst dabei die Kästchen zählen und sehr genau arbeiten.

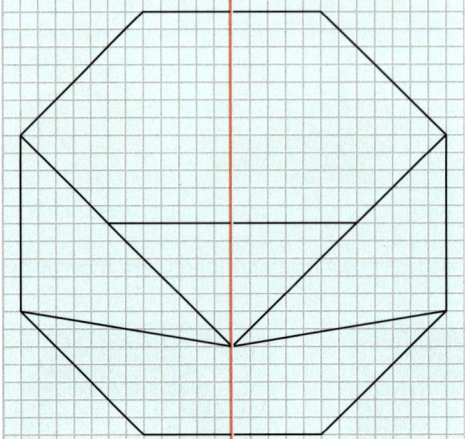

b) Schneide anschließend die Einzelteile aus. Aus den Puzzleteilen kannst du viele achsensymmetrische Figuren legen.

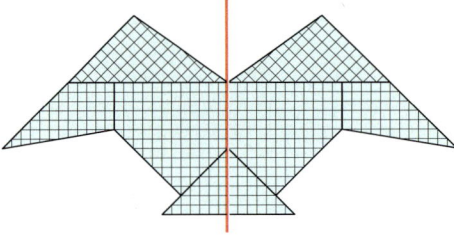

c) Lege die abgebildete Figur und zwei weitere aus deinen Puzzleteilen.

**2** Lege die abgebildete Hälfte des Puzzles und ergänze sie zu einer achsensymmetrischen Figur. Die Symmetrieachse ist rot eingezeichnet.

a)             b)

c)

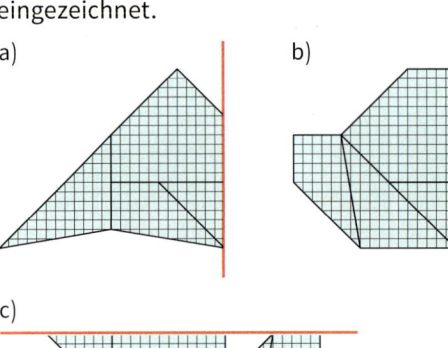

**3** Lege die abgebildete Hälfte des Puzzles und ergänze sie zu einer achsensymmetrischen Figur. Die Symmetrieachse ist rot eingezeichnet.

a)             b)

c)

d)             e)

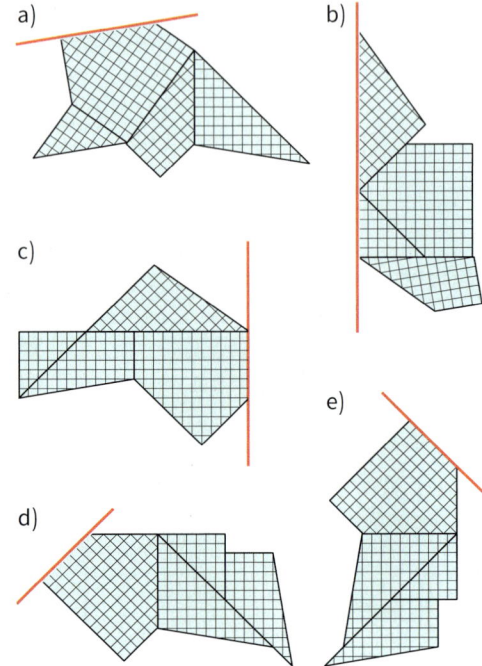

**4** Lege die abgebildeten achsensymmetrischen Figuren.

a)

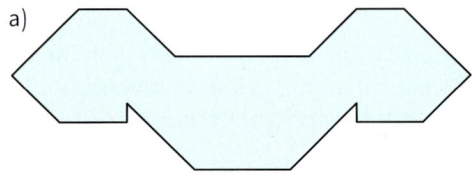

b)

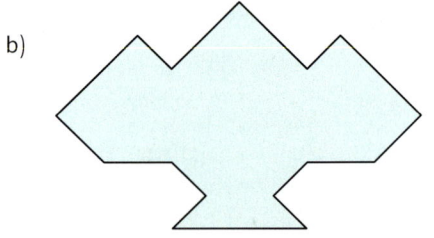

c)

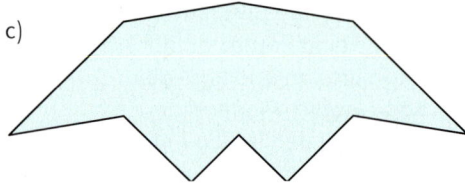

# AUSGANGSTEST

**1** Setze das Bandmuster in deinem Heft fort.

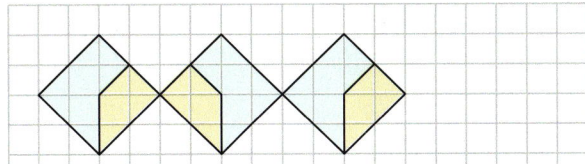

**2** Übertrage die Figur in dein Heft und spiegele sie an der Spiegelachse s. Benenne die Bildpunkte.

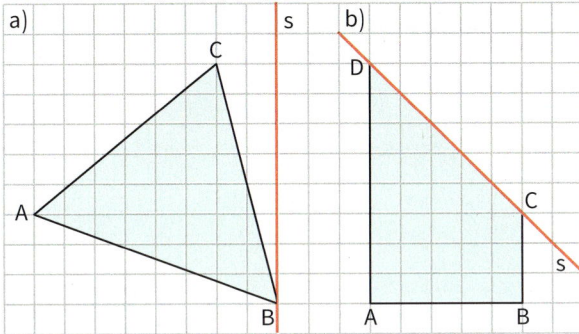

**3** Konstruiere die Spiegelachse s und spiegele das Dreieck ABC an s.

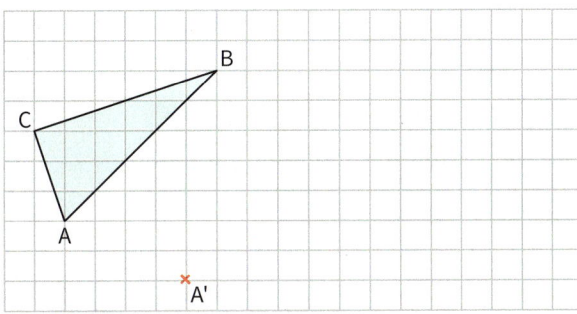

**4** Gib die Anzahl der Symmetrieachsen an.

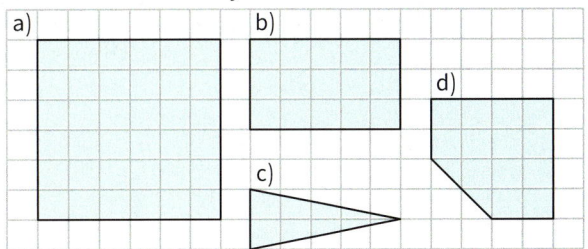

**5** Zeichne das Viereck ABCD mit A (5|2), B (11|3), C (8|5) und D (2|4) in ein Koordinatensystem (Einheit 0,5 cm). Verschiebe das Viereck um zwei Einheiten nach links und drei Einheiten nach oben. Gib die Koordinaten der Bildpunkte an.

**6** Übertrage die Geraden in dein Heft. Zeichne eine Figur, die diese Geraden als Symmetrieachsen hat. Alle Eckpunkte der Figur sollen auf Gitterpunkten des Karopapiers liegen.

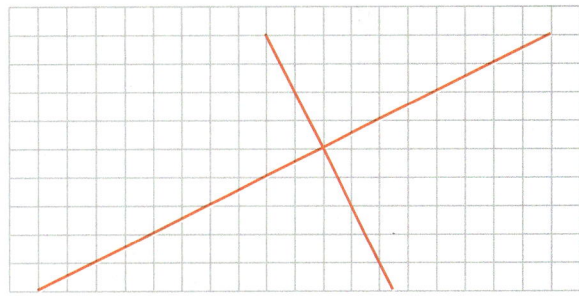

**7** Du hast Figuren mit mehreren Symmetrieachsen kennengelernt. Ein Quadrat hat vier Symmetrieachsen. Wie könnte eine Figur mit fünf Symmetrieachsen aussehen?

## Ich kann ...

| | Aufgabe | Hilfen und Aufgaben | |
|---|---|---|---|
| Regelmäßigkeiten in Mustern erkennen und die Muster entsprechend fortsetzen. | 1 | Seite 160, 161, 173 | I |
| Figuren an einer Spiegelachse spiegeln. | 2 | Seite 163, 164, 172 | |
| die Anzahl der Symmetrieachsen in einer Figur nennen. | 4 | Seite 165 | |
| eine Spiegelachse konstruieren. | 3 | Seite 163, 164, 172 | II |
| eine Figur mit einer Verschiebungsvorschrift im Koordinatensystem verschieben und die Bildpunkte benennen. | 5 | Seite 167, 168, 173 | |
| zu vorgegebenen Geraden eine Figur zeichnen, die diese Geraden als Symmetrieachsen hat. | 6 | Seite 174 | III |
| eine Figur mit fünf Symmetrieachsen beschreiben. | 7 | Seite 165, 174 | |

# 9 Brüche

Von der Pizza ist noch die Hälfte übrig.

Ein Drittel der Deutschlandfahne ist schwarz.

Eine Viertelstunde ist verstrichen.

Ein Zehntel der Gummibären ist rot.

*Bist du fit für dieses Kapitel?*
*Eingangstest auf*
*Seite 210.*

**In diesem Kapitel ...**

- *beschreibst du den Teil eines Ganzen als Bruch.*
- *stellst du Brüche unterschiedlich dar.*
- *bestimmst du Anteile und vergleichst diese.*

# Brüche im täglichen Leben

$\dfrac{3}{4}$

Drei Viertel der Torte wurde nicht gegessen.

$\dfrac{3}{8}$

Für ein Mixgetränk werden
drei Achtel Liter Saft benötigt.

$\dfrac{2}{3}$

Zwei Drittel der Erdoberfläche sind
mit Wasser bedeckt.

$\dfrac{3}{10}$

Drei Zehntel der Kugeln sind blau.

- Nenne weitere Beispiele, in denen Brüche auftreten.

# Brüche im täglichen Leben

**1** Für ein Gartenfest haben Paul und Leni eine Lichterkette aufgehängt.

a) Gib die Anzahl der Lampen an.
b) Welcher Anteil der Lampen leuchtet blau (rot, gelb)?

**2** Der Rückgabeautomat im Markt erkennt die Anzahl fehlender Flaschen.

a) Wie viele Flaschen passen jeweils in die Kiste?
b) Gib für jede Kiste den Anteil der fehlenden Flaschen als Bruch an.

**3** Für die Fahrradtour der Klasse 5 a ist eine Strecke von etwa 15 km vorgesehen.

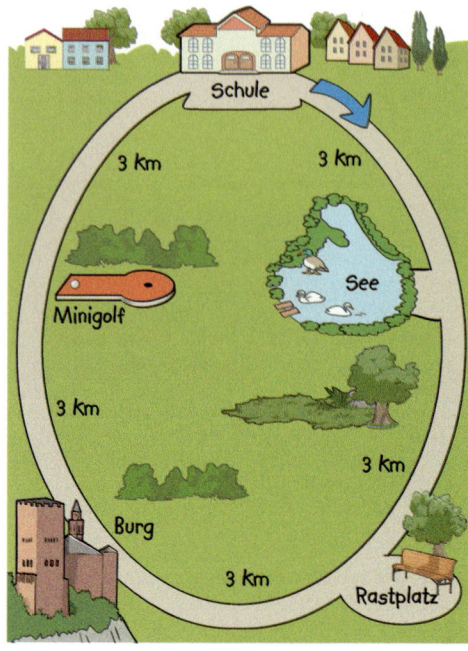

Welchen Teil ihrer Tour haben die Schülerinnen und Schüler bis zum Badesee (zum Rastplatz, zur Burgruine, zur Minigolfanlage) zurückgelegt?

**4** Für einen Kuchenteig benötigt Liz 250 g Mehl, 50 g Zucker und 125 g Butter.

Welchen Bruchteil Mehl (Zucker, Butter) muss sie dazu der Packung entnehmen?

# Bruchteile

**1** Der abgebildete Kuchen ist in gleich große Teile geteilt. Gib an, welcher Bruchteil des Ganzen abgeteilt wurde.

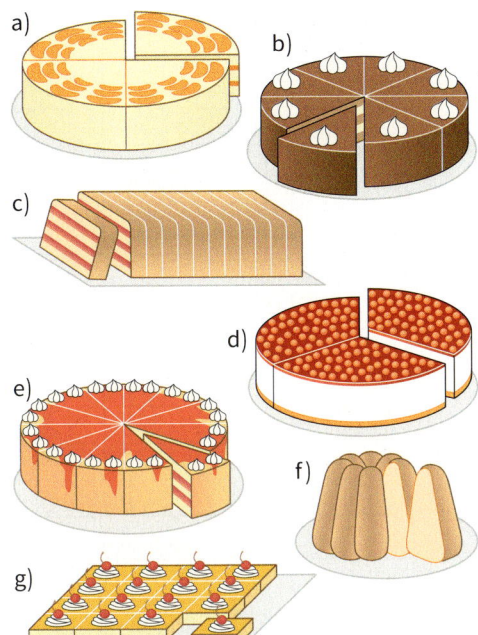

**2** Welcher Bruchteil ist gefärbt?

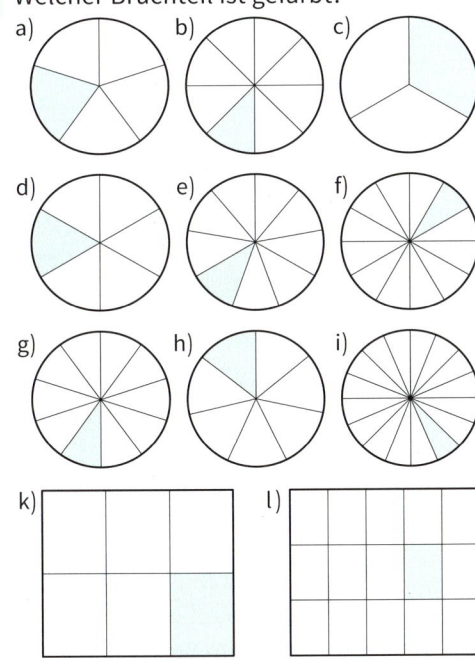

**Lösungen zu Aufgabe 1 und 2:**

$\frac{1}{16}$, $\frac{1}{7}$, $\frac{1}{4}$, $\frac{1}{8}$, $\frac{1}{10}$, $\frac{1}{12}$, $\frac{1}{12}$, $\frac{1}{3}$, $\frac{1}{9}$, $\frac{1}{6}$, $\frac{1}{12}$,

$\frac{1}{8}$, $\frac{1}{3}$, $\frac{1}{8}$, $\frac{1}{16}$, $\frac{1}{5}$, $\frac{1}{6}$, $\frac{1}{15}$

**3** In den Abbildungen wurden Rechtecke in gleich große Teile geteilt.

Vervollständige die Sätze in deinem Heft:
Das Rechteck A ist in ▥ gleich große Teile geteilt, ein halbes ($\frac{1}{2}$) Rechteck ist gefärbt.
Das Rechteck B ist in ▥ gleich große Teile geteilt, ein Drittel (▥) des Rechtecks ist gefärbt.
Das Rechteck C ist in ▥ gleich große Teile geteilt, ein ▥ (▥) des Rechtecks ist gefärbt.
Das Rechteck D ist in ▥ gleich große Teile geteilt, ein ▥ (▥) des Rechtecks ist gefärbt.
Das Rechteck E ist in …
Das Rechteck F ist in …

**4** Stelle den folgenden Bruch mithilfe eines Rechtecks (6 cm lang, 4 cm breit) in deinem Heft dar.
a) $\frac{1}{4}$  b) $\frac{1}{6}$  c) $\frac{1}{8}$  d) $\frac{1}{12}$  e) $\frac{1}{24}$

> Die Brüche ein Halb ($\frac{1}{2}$), ein Drittel ($\frac{1}{3}$), ein Viertel ($\frac{1}{4}$), ein Fünftel ($\frac{1}{5}$), … sind Bezeichnungen für Bruchteile.
> Die Zahlen 2, 3, 4, 5, … unter dem Bruchstrich geben an, in wie viele gleich große Teile das Ganze geteilt worden ist.

# Bruchteile

**Brüche beschreiben Teile eines Ganzen**

Die untere Zahl, der **Nenner,** gibt an, in wie viele gleich große Teile das Ganze geteilt wurde.

$$\frac{5}{8}$$

Die obere Zahl, der **Zähler,** gibt an, wie viele Teile betrachtet werden.

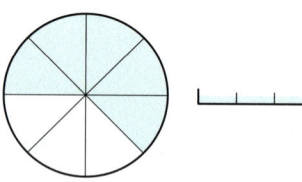
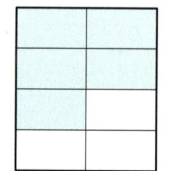

**5** Gib den gefärbten Bruchteil an. Überlege zunächst: In wie viele gleich große Teile ist die Figur geteilt? Wie viele Teile davon sind gefärbt?

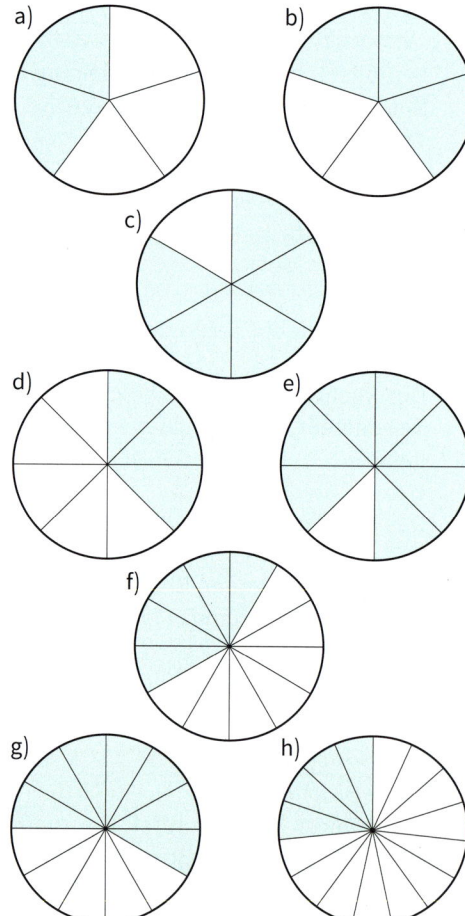

*Lösungen zu Aufgabe 5:*

$$\frac{4}{15},\ \frac{2}{5},\ \frac{7}{12},\ \frac{3}{5},\ \frac{5}{12},\ \frac{5}{6},\ \frac{7}{8},\ \frac{3}{8}$$

**6** Welcher Bruchteil ist hier eingefärbt? Es gibt mehrere Möglichkeiten. Gib zwei mögliche Brüche an.

a)     b)     c)

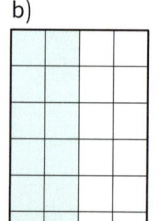

d)     e)     f)

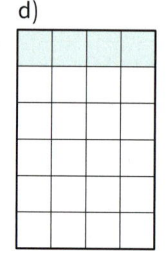
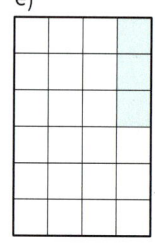

g)     h)     i)

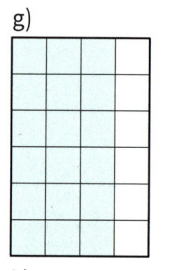
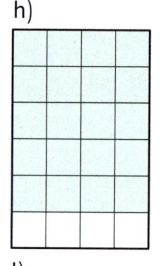
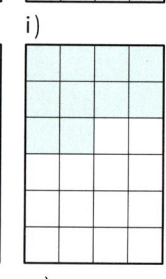

k)     l)     m)

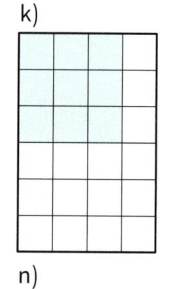
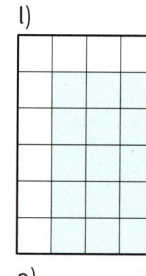
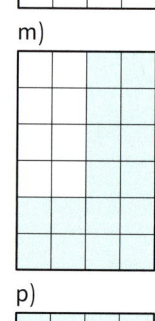

n)     o)     p)

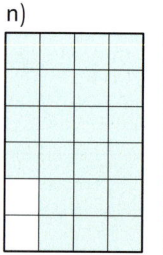

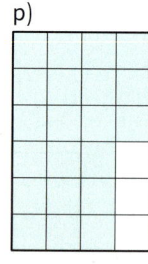

**7** Stelle den folgenden Bruch mithilfe eines Rechtecks (6 cm lang, 4 cm breit) in deinem Heft dar.

a) $\frac{5}{8}$     b) $\frac{3}{12}$     c) $\frac{4}{6}$

d) $\frac{7}{24}$     e) $\frac{3}{4}$     f) $\frac{2}{3}$

# Bruchteile

**8** Welcher Bruchteil ist gefärbt (nicht gefärbt)?

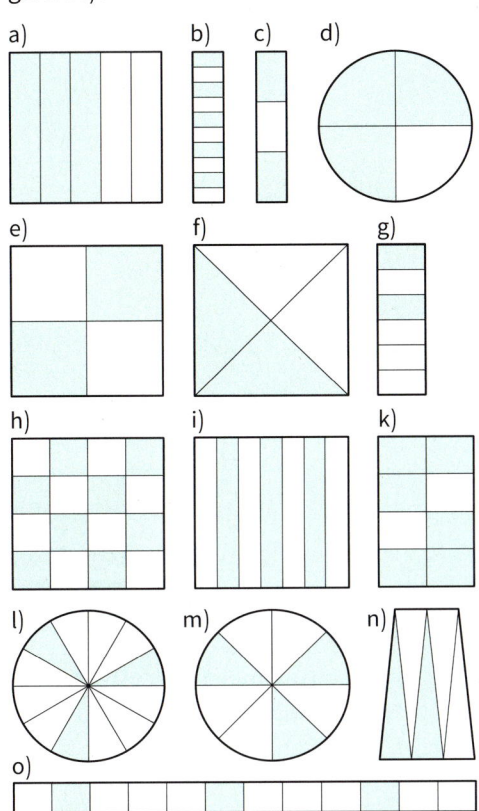

**9** Welcher Bruchteil der Figur ist grün (orange, gelb, blau)?

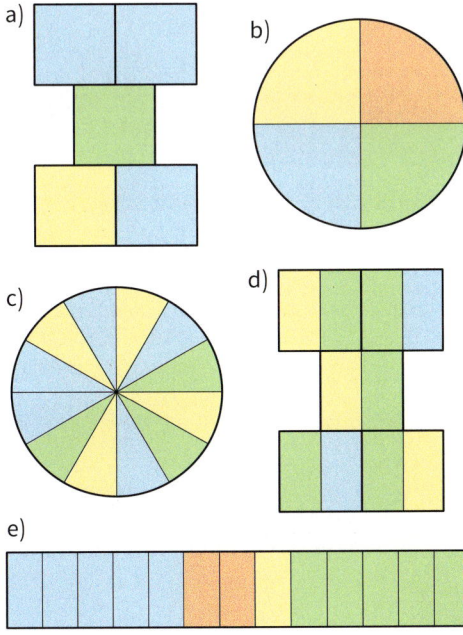

**10** Bestimme wie im Beispiel den Bruchteil der gefärbten Fläche.

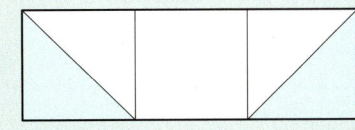

1. Teile die Figur in gleich große Teilflächen ein.

2. Bestimme die Anzahl gleich großer Teile: 6

3. Bestimme die Anzahl der gefärbten Teile: 2

4. Gib den Bruch an: $\frac{2}{6}$

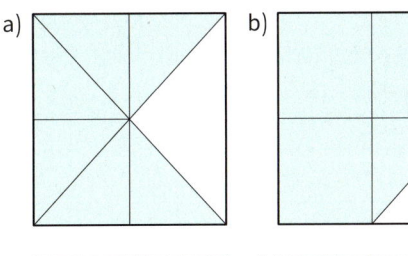

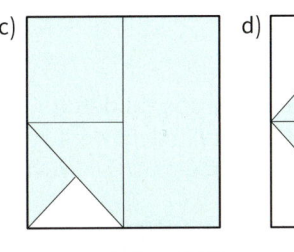
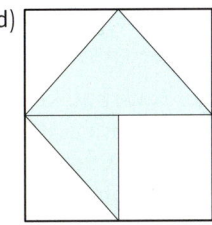

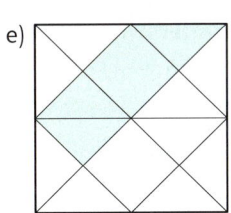
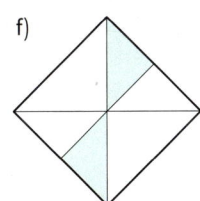

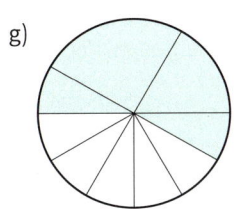
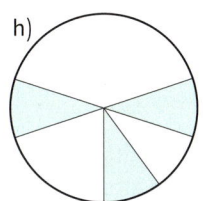

*Lösungen zu Aufgabe 10:*

$\frac{3}{8}$, $\frac{30}{32}$, $\frac{3}{10}$, $\frac{7}{12}$, $\frac{2}{8}$, $\frac{7}{8}$, $\frac{6}{8}$, $\frac{5}{16}$

# Brüche durch Falten darstellen

**1** Selma hat quadratische Zettel gefaltet. Die Faltlinien hat sie nachgezeichnet und einige Teilflächen gefärbt.

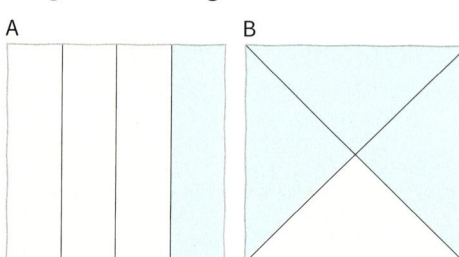

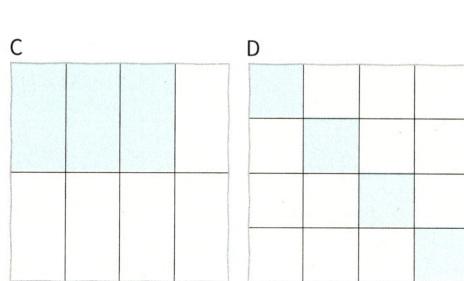

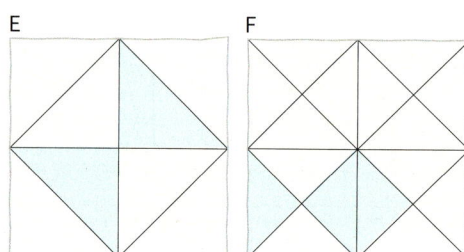

Falte und färbe die abgebildeten Quadrate. Klebe sie in dein Heft. Notiere den Bruch, der den gefärbten Bruchteil beschreibt.

**2** Versuche auf zwei unterschiedliche Arten den Bruch durch Falten und Färben darzustellen.

a) $\frac{5}{8}$      b) $\frac{7}{16}$      c) $\frac{2}{8}$

**3** Stelle durch Falten und Färben den angegebenen Bruch dar. Klebe das Quadrat dann in dein Heft und beschrifte es.

a) $\frac{5}{16}$      b) $\frac{7}{8}$      c) $\frac{9}{16}$

**4** Falte ein Quadrat so, dass die kleinste Unterteilung $\frac{1}{16}$ ist. Stelle in diesem Quadrat die folgenden Brüche dar:

$\frac{1}{16}$, $\frac{1}{8}$, $\frac{1}{4}$, $\frac{3}{16}$.

**5** Im Beispiel siehst du, wie durch Falten, Abschneiden und Färben der Bruch $\frac{7}{12}$ dargestellt werden kann.

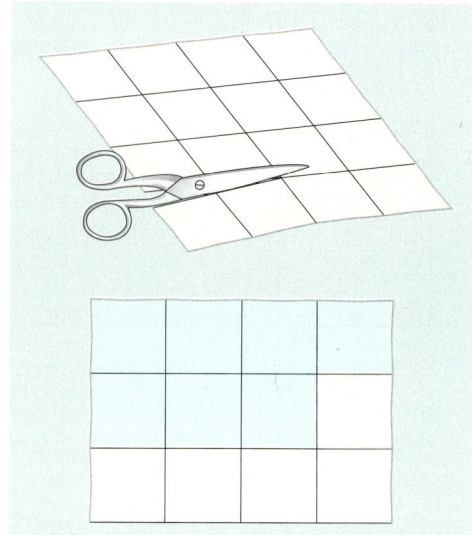

Welche Brüche werden durch die gefärbten Bruchteile dargestellt, die unten abgebildet sind?

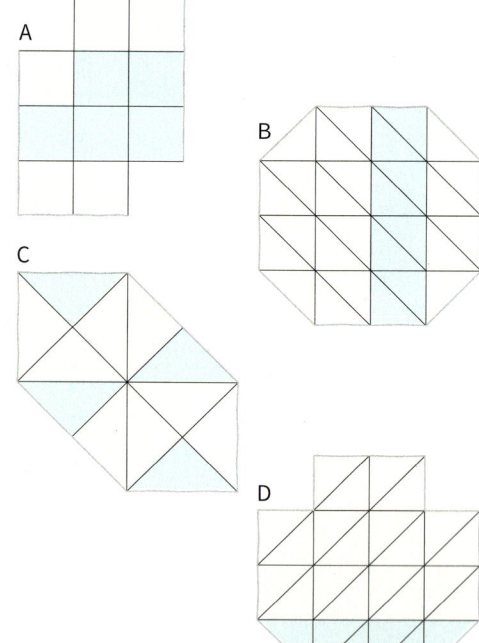

**6** Stelle durch Falten, Abschneiden und Färben den folgenden Bruch dar.

a) $\frac{7}{10}$      b) $\frac{5}{12}$      c) $\frac{3}{20}$

# Brüche mit dem Geobrett darstellen

**1** Mit dem Geobrett kannst du Brüche darstellen. Das blaue Gummiband umfasst das Ganze. Das rote Gummiband umfasst einen Bruchteil des Ganzen. Im Beispiel wird der Bruch $\frac{1}{2}$ dargestellt.

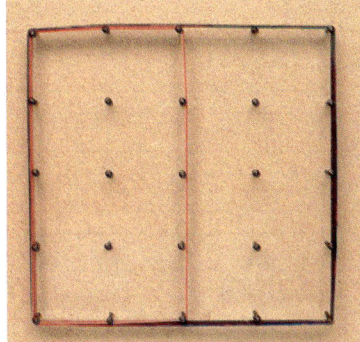

a) Gib jeweils den Bruch an, der auf dem Geobrett dargestellt wird.

A 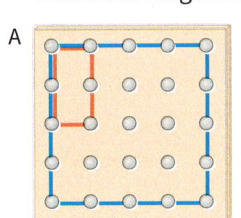 B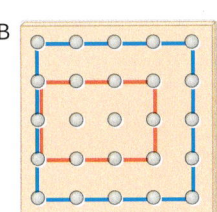

C 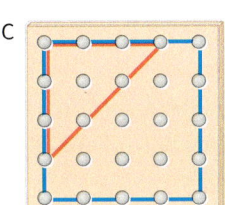 D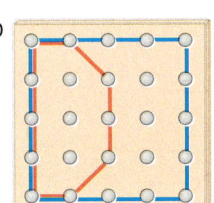

E 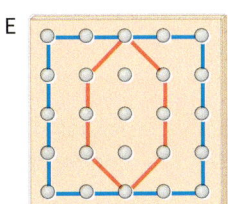 F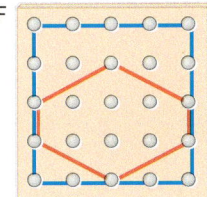

b) Stelle die folgenden Brüche jeweils mit dem Geobrett dar:

$$\frac{3}{4}, \quad \frac{5}{8}, \quad \frac{7}{16}, \quad \frac{1}{32}, \quad \frac{11}{32}.$$

**2** Welcher Bruch wird hier auf dem Geobrett dargestellt?

a) 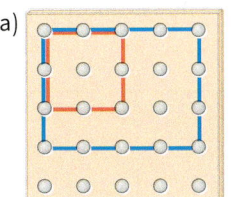 b)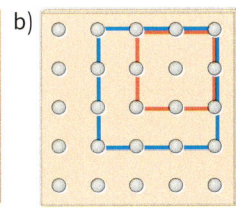

c) 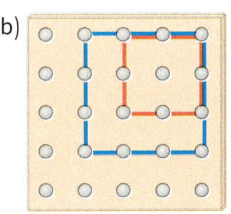 d)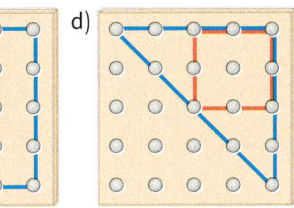

e) 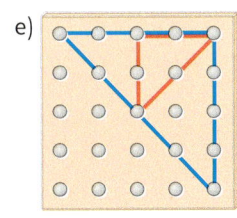 f)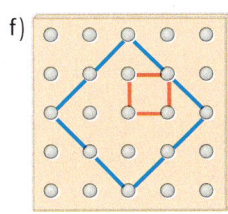

**3** Stelle den Bruch mit dem Geobrett dar.

a) $\frac{5}{12}$    b) $\frac{4}{9}$    c) $\frac{6}{13}$    d) $\frac{11}{24}$

**4** Das rote Gummiband stellt den angegebenen Bruchteil eines Ganzen dar. Stelle mit dem blauen Gummiband auf dem Geobrett das Ganze dar.

a) $\frac{1}{6}$             b) $\frac{1}{3}$

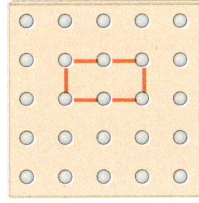 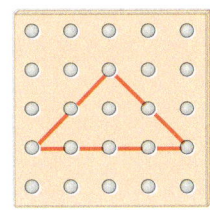

c) $\frac{1}{4}$             d) $\frac{2}{7}$

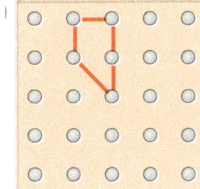 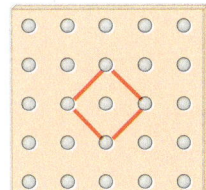

Die Aufgaben auf dieser Seite kannst du auch in Partner- oder Gruppenarbeit lösen.

# Brüche vergleichen

**1** Barans Vater hat für den Geburtstag Pizza gebacken. Nach dem Essen bleibt ein Teil der Pizza Margarita und ein Teil der Pizza Funghi übrig.

a) Bestimme jeweils den Bruchteil, der übrig geblieben ist.
b) Von welcher Pizza ist mehr übrig geblieben?

**2** Benenne jeweils die dargestellten Brüche und vergleiche wie im Beispiel.

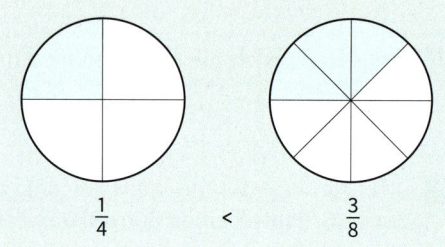

a) b) c) d)

e) f)

**3** Benenne die dargestellten Brüche und ordne sie der Größe nach. Beginne mit dem kleinsten Bruch.

A
B
C
D
E
F

**4** a) In der Abbildung sind die Brüche $\frac{4}{6}$ und $\frac{3}{6}$ dargestellt.

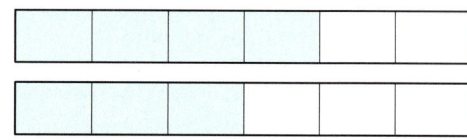

Begründe, warum gilt $\frac{3}{6} < \frac{4}{6}$.
b) In der Abbildung sind die Brüche $\frac{3}{7}$ und $\frac{3}{5}$ dargestellt.

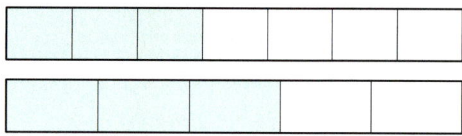

Begründe, warum gilt $\frac{3}{5} > \frac{3}{7}$.

> Brüche mit **gleichen Nennern** kannst du vergleichen, indem du die Zähler vergleichst.
>
> $$\frac{7}{11} < \frac{9}{11}, \text{ denn } 7 < 9$$
>
> Brüche mit **gleichen Zählern** kannst du vergleichen, indem du die Nenner vergleichst.
>
> $$\frac{3}{7} > \frac{3}{10}, \text{ denn } \frac{1}{7} > \frac{1}{10}$$

**5** Vergleiche die Brüche. Setze kleiner oder größer (<, >) ein. Begründe deine Entscheidung.

a) $\frac{3}{5} \blacksquare \frac{3}{8}$    b) $\frac{5}{9} \blacksquare \frac{7}{9}$    c) $\frac{2}{9} \blacksquare \frac{2}{7}$

d) $\frac{4}{5} \blacksquare \frac{4}{6}$    e) $\frac{6}{8} \blacksquare \frac{5}{8}$    f) $\frac{7}{12} \blacksquare \frac{7}{9}$

g) $\frac{3}{10} \blacksquare \frac{3}{9}$    h) $\frac{4}{9} \blacksquare \frac{4}{7}$    j) $\frac{4}{19} \blacksquare \frac{3}{19}$

# Anteile bestimmen und vergleichen

**1** In der Klasse 5 a sind 20 Schülerinnen und Schüler anwesend, fünf Schülerinnen und Schüler fehlen. Im Beispiel siehst du, wie der Anteil der abwesenden Schülerinnen und Schüler als Bruch bestimmt wird.

| | |
|---|---|
| Anzahl aller Schülerinnen und Schüler der Klasse: | $20 + 5 = 25$ |
| Anzahl der abwesenden Schülerinnen und Schüler: | $5$ |
| Anteil der abwesenden Schülerinnen und Schüler als Bruch: | $\frac{5}{25}$ |

In der Klasse 5 b fehlen vier Schülerinnen und Schüler, 23 sind anwesend. Bestimme den Anteil der abwesenden Schülerinnen und Schüler als Bruch.

**2** Leni und Tom haben einen gemeinsamen Stand auf dem Flohmarkt.

Leni nimmt insgesamt 60 € ein, Tom 40 €. Gib ihre Einnahmen jeweils als Bruch an.

**3** Eine Bäckerei verkauft in einer Stunde 20 Roggenbrötchen, 40 Weizenbrötchen und 30 Dinkelbrötchen.

Bestimme für jede Brötchensorte den Anteil als Bruch.

**4** Auf einer Klassenfahrt an die Nordsee können die Schülerinnen und Schüler der Klasse 5 b aus mehreren Freizeitangeboten wählen.
Von den 28 Schülerinnen und Schülern möchten sieben Minigolf spielen, 14 eine Fahrradtour machen und vier den Strand besuchen.
a) Gib jeweils den Anteil der Schülerinnen und Schüler, die sich für ein Angebot entschieden haben, als Bruch an.
b) Gib den Anteil der unentschlossenen Schülerinnen und Schüler als Bruch an.

**5** Das Diagramm zeigt, wie viel Gramm Zucker jeweils in 100 g eines Lebensmittels enthalten ist.

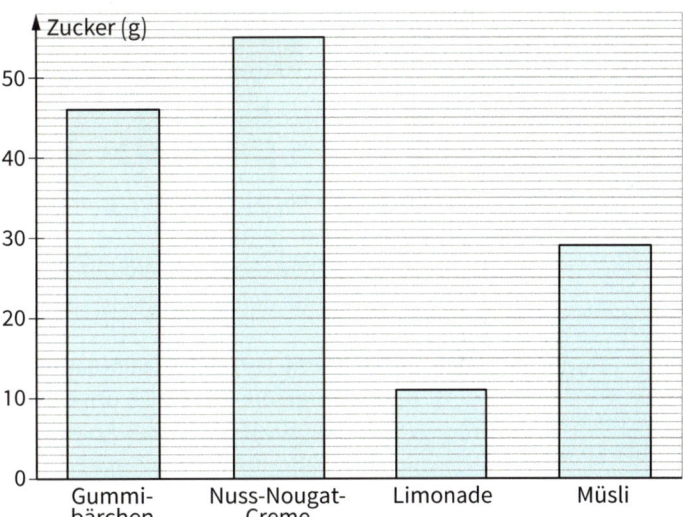

a) Gib den Zuckeranteil jeweils als Bruch an.
b) Ordne die Brüche der Größe nach. Beginne mit dem kleinsten.

**6** In einem Kino werden am Tag drei Vorstellungen angeboten, die erste um 14.00 Uhr, die zweite um 17.00 Uhr und die dritte um 20.00 Uhr. Der Kinosaal hat 150 Plätze. Für die erste Vorstellung wurden 30 Karten verkauft, für die 2. Vorstellung 60 Karten und für die 3. Vorstellung 120 Karten.
Gib den Anteil der verkauften Karten jeweils als Bruch an und vergleiche.

# Anteile bestimmen und vergleichen

**7** Herr Steiner und Frau Kromer besitzen beide eine Losbude auf dem Jahrmarkt. Die Preise für ein Los sind bei beiden gleich, auch die Gewinne unterscheiden sich nicht.

> Von 900 Losen sind bei mir 100 Gewinnlose.

> Ich habe in meiner Lostrommel 100 Gewinne und 900 Nieten.

a) Bestimme jeweils den Anteil der Gewinnlose als Bruch.
b) Bei wem würdest du ein Los kaufen? Begründe deine Entscheidung.

Die Aufgaben auf dieser Seite kannst du auch zusammen mit einem Partner bearbeiten.

**8** In der Klasse 5 a sind 26 Schülerinnen und Schüler, die Klasse 5 b besuchen 28 Kinder. Aus jeder Klasse kommen jeweils acht Kinder mit dem Rad zur Schule.

a) Bestimme für jede Klasse den Anteil der Kinder, die mit dem Rad zur Schule kommen, als Bruch.
b) In welcher Klasse ist der Anteil größer? Begründe deine Entscheidung.

**9** Die Astrid-Lindgren-Schule und die James-Krüss-Schule werden beide von jeweils 640 Schülerinnen und Schülern besucht.
Das Diagramm zeigt, wie viele Mädchen und Jungen aus jeder Schule täglich soziale Netzwerke nutzen.

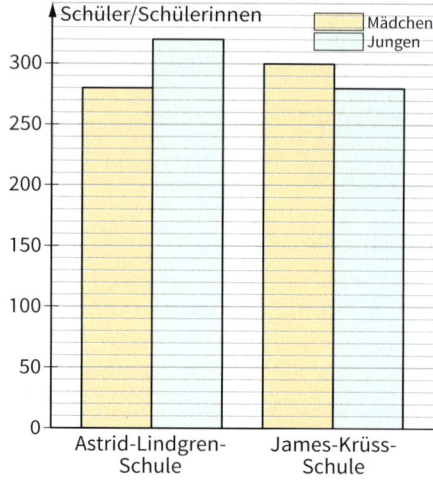

Ich nutze täglich soziale Netzwerke

a) Bestimme für jede Schule den Anteil der Schülerinnen und Schüler, die täglich soziale Netzwerke nutzen, als Bruch.
b) In welcher Schule ist der Anteil größer?

**10** Die Tabelle zeigt, wie viel Gramm Fett in den aufgelisteten Lebensmitteln enthalten ist.

| Lebensmittel | Fettanteil |
| --- | --- |
| 500 g Margarine | 400 g |
| 800 g Hähnchenschenkel | 24 g |
| 300 g Eiscreme | 27 g |
| 100 g Hamburger | 13 g |
| 600 g Lachs | 78 g |
| 200 g Salami | 90 g |

Vergleiche die Fettanteile der Lebensmittel miteinander.
Berechne zunächst für jedes Lebensmittel, wie viel Gramm Fett in 100 g enthalten sind. Dann kannst du den Anteil jeweils als Bruch bestimmen und vergleichen.

# WISSEN KOMPAKT

## Brüche beschreiben Teile eines Ganzen

Die untere Zahl, der **Nenner,** gibt an, in wie viele gleich große Teile das Ganze geteilt wurde.

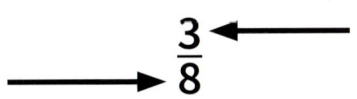

Die obere Zahl, der **Zähler,** gibt an, wie viele Teile betrachtet werden.

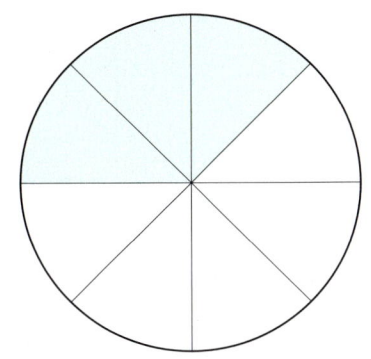
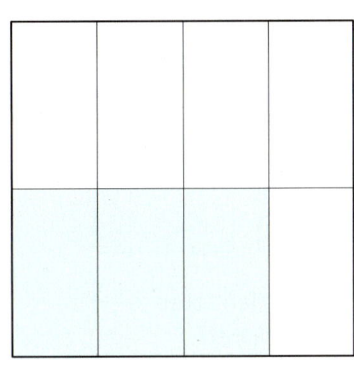

## Den gefärbten Bruchteil einer Figur bestimmen

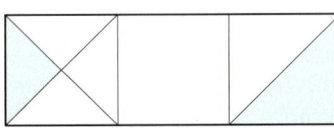

Bruchteil der gefärbten Fläche: ■

Teile die Figur in gleich große Teilflächen ein.

Anzahl gleich großer Teile: 12

Anzahl der gefärbten Teile: 3

Bruchteil der gefärbten Fläche: $\frac{3}{12}$

## Brüche vergleichen

Brüche mit **gleichen Nennern** kannst du vergleichen, indem du die Zähler vergleichst.

$$\frac{7}{12} < \frac{11}{12}, \text{ denn } 7 < 11$$

Brüche mit **gleichen Zählern** kannst du vergleichen, indem du die Nenner vergleichst.

$$\frac{7}{12} > \frac{7}{15}, \text{ denn } \frac{1}{12} > \frac{1}{15}$$

# ÜBEN

**1** Welcher Bruchteil ist gefärbt?

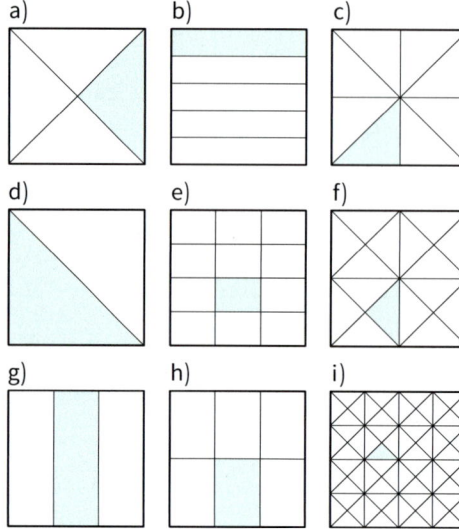

**2** Welcher Bruch wird durch den roten (blauen) Flächenteil dargestellt?

a) 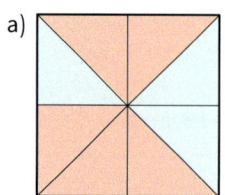 b)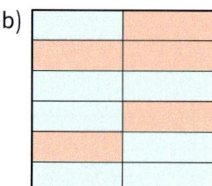

c) 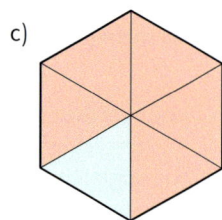 d)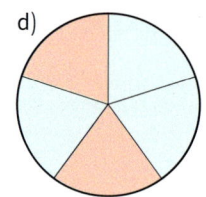

e) 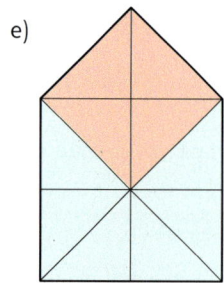 f)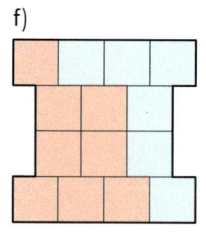

g)  h)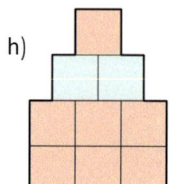

**3** Teile die Figur in gleich große Teilflächen ein und bestimme dann den Bruchteil der gefärbten Fläche.

a) 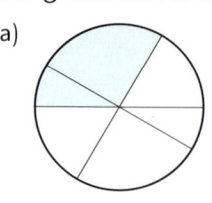 b)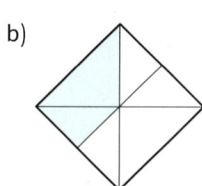

c) 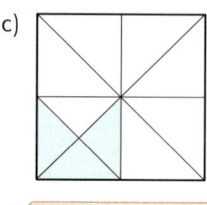 d)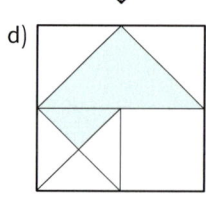

e) 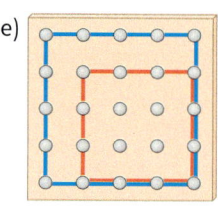 f)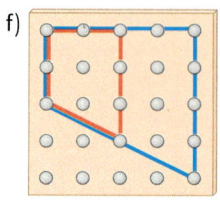

**4** Welcher Bruchteil fehlt hier am Ganzen?

a) 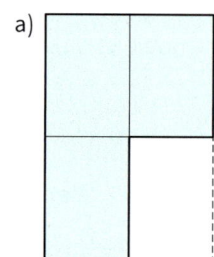 b)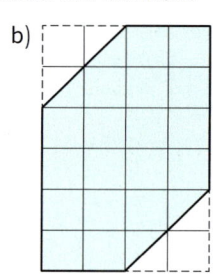

**5** Du siehst einen Bruchteil eines Ganzen. Übertrage die Figur in dein Heft und ergänze zum Ganzen.

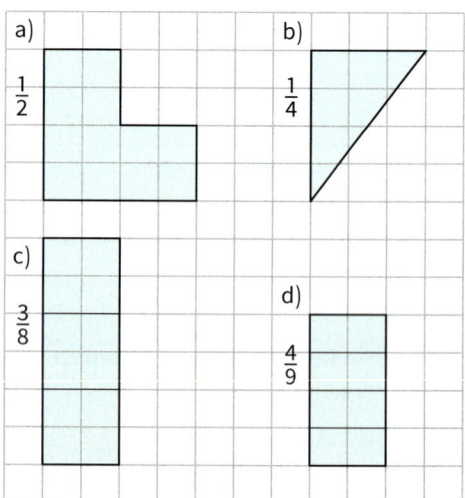

**6** Stelle den folgenden Bruch mithilfe eines Rechtecks in deinem Heft dar.

a) $\frac{4}{7}$    b) $\frac{11}{16}$    c) $\frac{5}{12}$

d) $\frac{19}{24}$    e) $\frac{3}{10}$    f) $\frac{4}{15}$

**7** Benenne die dargestellten Brüche und ordne sie der Größe nach. Beginne mit dem kleinsten Bruch.

A
B
C
D
E
F

**8** Vergleiche die Brüche. Setze kleiner oder größer (<, >) ein. Begründe deine Entscheidung.

a) $\frac{1}{5}$ ■ $\frac{1}{8}$    b) $\frac{2}{9}$ ■ $\frac{4}{9}$    c) $\frac{2}{3}$ ■ $\frac{2}{5}$

d) $\frac{3}{5}$ ■ $\frac{3}{6}$    e) $\frac{7}{8}$ ■ $\frac{7}{9}$    f) $\frac{5}{11}$ ■ $\frac{5}{7}$

g) $\frac{3}{6}$ ■ $\frac{4}{6}$    h) $\frac{1}{9}$ ■ $\frac{1}{7}$    i) $\frac{5}{17}$ ■ $\frac{7}{17}$

**9** Die Schülerinnen und Schüler der Klassen 5 a und 5 b erhalten Schwimmunterricht.

Von den 26 Schülerinnen und Schülern der 5 a sind fünf Nichtschwimmer, zehn haben bereits das Seepferdchen. Von den 28 Schülerinnen und Schülern der 5 b sind sechs Nichtschwimmer, elf haben das Seepferdchen. Bestimme für jede Klasse den Anteil der Nichtschwimmer als Bruch.

**10** Bei einer Verkehrskontrolle werden 65 Pkw, 25 Lkw und 10 Motorräder überprüft. Bestimme für jedes Verkehrsmittel den Anteil als Bruch.

**11** Die Fahrräder der Schülerinnen und Schüler der Klassen 5 a und 5 b werden überprüft. In der 5 a haben vier von 20 überprüften Fahrrädern technische Mängel, in der 5 b vier von 18. Stelle für jede Klasse den Anteil der Fahrräder mit technischen Mängeln als Bruch dar und vergleiche.

**12** In der Klasse 5 a sind 14 Schülerinnen und Schüler zehn Jahre alt, 13 Schülerinnen und Schüler elf Jahre alt und ein Schüler 12 Jahre alt. In der Klasse 5 b gibt es 13 Zehnjährige, 13 Elfjährige und zwei Zwölfjährige.
a) Bestimme für jede Klasse den Anteil der Zehnjährigen (Elfjährigen, Zwölfjährigen) als Bruch.
b) In welcher Klasse ist der Anteil der Zehnjährigen größer?

**13** In den unten abgebildeten Figuren sollte der angegebene Bruchteil eingefärbt werden. Doch nicht immer ist alles richtig gemacht worden. Finde die Fehler. Begründe deine Entscheidung.

a) $\frac{2}{3}$

(1)
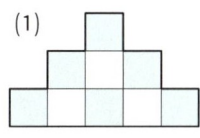

(2)
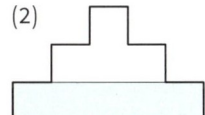

(3)
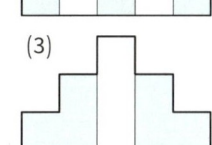

b) $\frac{1}{3}$

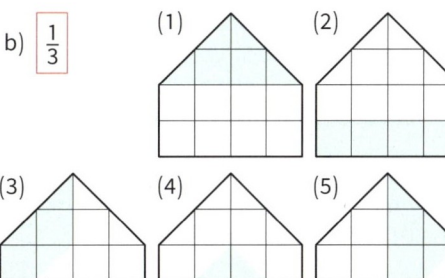

(1)    (2)

(3)    (4)    (5)

# VERTIEFEN: Brüche und Prozentzahlen

**1** Im Lebensmittelhandel werden Fruchtgetränke angeboten.

| Bezeichnung | Fruchtanteil |
|---|---|
| Fruchtsaft | 100 Prozent |
| Fruchtnektar | 50 Prozent |
| Fruchtsaftgetränk | 15 Prozent |

Was bedeuten diese Prozentangaben?

Italienisch „per cento"

Cento
cto
cto
%
%
%

Der Anteil an einer Gesamtgröße wird häufig als Hundertstelbruch angegeben. Ein Hundertstel einer Gesamtgröße wird **Prozent** genannt.

$$\frac{1}{100} = 0,01 = 1\,\%$$

**2** Gib den Anteil der blauen (gelben) Felder als Hundertstelbruch und in Prozent an.

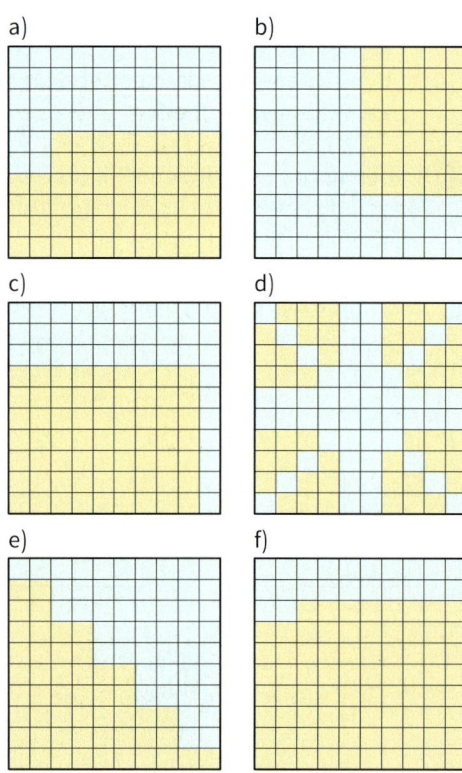

a)

b)

c)

d)

e)

f)

**3** Zeichne ein Hunderterfeld in dein Heft und stelle den angegebenen Anteil dar. Gib die Anteile in Prozent an.

a) $\frac{17}{100}$  b) $\frac{1}{4}$  c) $\frac{1}{5}$  d) $\frac{3}{10}$  e) $\frac{4}{50}$

**4** Gib den Anteil der farbigen Fläche jeweils als Bruch und in Prozent an.

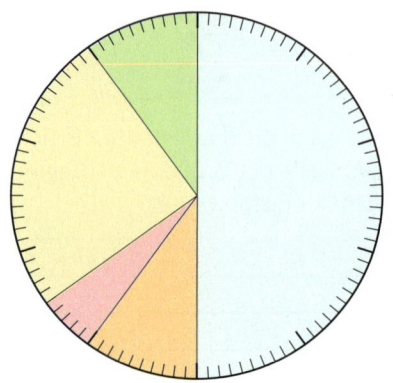

**5** Vergleiche die Angaben über den Zuckergehalt der Lebensmittel in beiden Darstellungen. Was fällt dir auf?

### Zucker im Essen
So viele Stücke Würfelzucker stecken in diesen Lebensmitteln

 **1,5**

1 Portionsbeutel **Ketchup** (20 g)

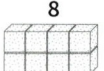 **8**

1 Becher **Fruchtjoghurt** 3,5 % Fett (150 g)

 **4,3**

1 **Tiefkühlpizza Salami** (390 g)

 **17**

1 Orange-Karotte-Banane-**Smoothie** (200 ml)

 **17,5**

1 kleine Flasche **Cola** (500 ml)

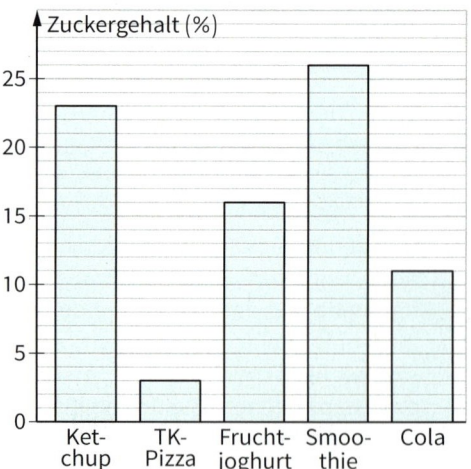

Zuckergehalt (%)

25

20

15

10

5

0

Ket-chup  TK-Pizza  Frucht-joghurt  Smoo-thie  Cola

# AUSGANGSTEST

**1** Welcher Bruch wird durch den roten (gelben, grünen, blauen) Flächenteil dargestellt?

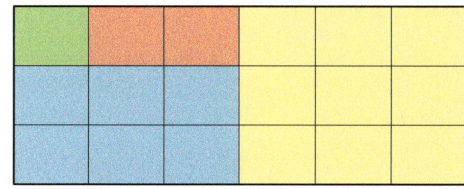

**2** Stelle die folgenden Brüche in einem Rechteck (4 cm breit, 6 cm lang) zeichnerisch dar:

$\frac{1}{3}$, $\frac{1}{4}$, $\frac{3}{8}$, $\frac{1}{24}$.

**3** Welcher Bruch wird durch den gefärbten Flächenteil dargestellt?

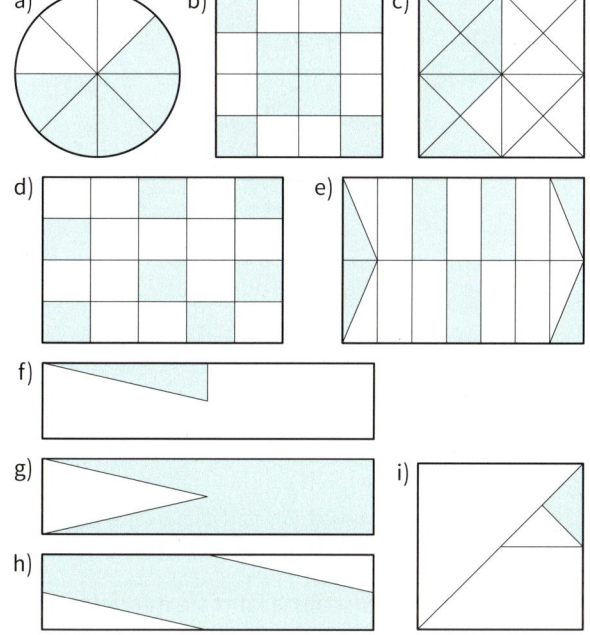

**4** Welcher Bruch wird auf dem Geobrett dargestellt?

a) 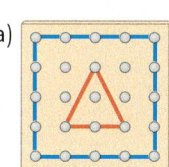  b)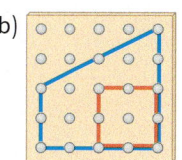

**5** Die Abbildung zeigt dir den Bruchteil eines Ganzen. Ergänze in deinem Heft zum Ganzen. Es gibt mehrere Möglichkeiten.

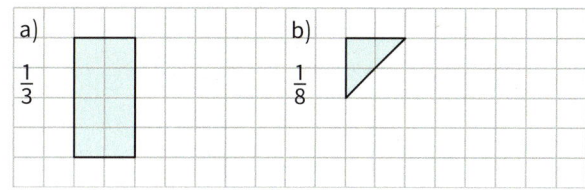

**6** Vergleiche die Brüche.

a) $\frac{2}{5}$ ▦ $\frac{2}{7}$   b) $\frac{4}{11}$ ▦ $\frac{6}{11}$   c) $\frac{3}{10}$ ▦ $\frac{3}{100}$

d) $\frac{7}{13}$ ▦ $\frac{7}{10}$   e) $\frac{1}{10}$ ▦ $\frac{1}{20}$   f) $\frac{7}{12}$ ▦ $\frac{10}{12}$

**7** In der Klasse 5 b kommen neun Kinder zu Fuß zur Schule, sieben nehmen den Bus, acht das Fahrrad und zwei werden mit dem Auto gebracht. In der 5 c kommen sieben zu Fuß, acht mit dem Bus, acht mit dem Rad und vier mit dem Auto.
a) Bestimme für jede Klasse die Anteile für jedes Verkehrsmittel als Bruch.
b) In welcher Klasse ist der Anteil der Kinder, die mit dem Fahrrad kommen, größer? Begründe.

**8** In der Abbildung soll der Bruchteil $\frac{2}{5}$ dargestellt werden. Begründe, dass die Darstellung falsch ist und gib den richtigen Bruchteil an.

## Ich kann ...

| Aufgabe | Hilfen und Aufgaben | |
|---|---|---|
| Bruchteile mit Brüchen beschreiben. | 1, 3 | Seite 181, 182, 183 | I |
| Brüche zeichnerisch darstellen. | 2 | Seite 181, 182 | |
| Bruchteile am Geobrett mit Brüchen beschreiben. | 4 | Seite 185 | II |
| Bruchteile zu einem Ganzen ergänzen. | 5 | Seite 185, 190 | |
| Brüche mit gleichen Zählern oder gleichen Nennern vergleichen. | 6, 7 | Seite 186, 189 | |
| Anteile als Bruch angeben und vergleichen. | 7 | Seite 187, 188 | |
| den Fehler bei einer falschen Bruchdarstellung erkennen und korrigieren. | 8 | Seite 191 | III |

# 10 Zeit

Liz hat heute erst um 15.30 Uhr Schulschluss. Fünf Minuten nach Schulschluss fährt sie mit dem Bus nach Hause. Die Busfahrt dauert 25 Minuten. Von der Bushaltestelle aus muss Liz noch zehn Minuten bis nach Hause gehen. Für das Verstauen ihrer Schulsachen und Umziehen rechnet sie mit weiteren fünf Minuten.

Zu welcher Zeit kann Liz das Haus verlassen, um ihre Freundin Tina zu treffen?

## In diesem Kapitel …

– gibst du Zeitspannen in unterschiedlichen Einheiten an.
– bestimmst du Beginn und Ende von Ereignissen.
– liest du Informationen aus Fahr- und Stundenplänen ab.

*Bist du fit für dieses Kapitel?*
*Eingangstest auf*
*Seite 211.*

## Zeit richtig einteilen

- Die Zeit spielt in unserem Leben eine wichtige Rolle. Wer zum richtigen Zeitpunkt am richtigen Ort sein möchte, muss seine Zeit gut einteilen.
  Lies die Texte und beantworte die Fragen.

Mats möchte am Wochenende mit seinem Freund ins Kino gehen. Die Vorstellung beginnt um 15.00 Uhr. Für den Weg zum Kino rechnet Mats mit 35 Minuten. Da er vor der Vorstellung noch Popcorn und ein Getränk kaufen will, möchte Mats zehn Minuten vor der Vorstellung da sein.
Wann muss er spätestens das Haus verlassen?

Leni besucht mit ihren Freundinnen ein Freizeitbad. Für zwei Stunden müssen sie 8,00 Euro Eintritt bezahlen. Auf ihrer Eintrittskarte wird als Eintrittszeit 16.38 Uhr ausgedruckt. Vor dem Verlassen des Bades muss Leni noch duschen, sich anziehen und die Haare föhnen. Dafür rechnet sie mit insgesamt 20 Minuten.
Wann muss Leni spätestens unter die Dusche gehen?

# Pünktlich zur Schule

| Name | Wann stehe ich auf? | Wann verlasse ich das Haus? | Wann komme ich an der Schule an? |
|------|---------------------|------------------------------|-----------------------------------|
| Mia | 6.45 Uhr | 7.35 Uhr | 7.55 Uhr |
| Jan | 6.30 Uhr | 7.10 Uhr | 7.54 Uhr |
| Max | 6.05 Uhr | 7.00 Uhr | 7.48 Uhr |
| Rico | 7.00 Uhr | 7.45 Uhr | 7.58 Uhr |
| Lea | 6.25 Uhr | 7.35 Uhr | 7.50 Uhr |

1 a) Berechne, wer die meiste Zeit (am wenigsten Zeit) für Waschen, Anziehen und Frühstücken braucht.
b) Berechne die Dauer des Schulwegs in Minuten. Wer benötigt die meiste (wenigste) Zeit für seinen Schulweg?
c) Frage fünf Mädchen und Jungen in deiner Klasse. Übertrage die abgebildete Tabelle in dein Heft und notiere dort die Ergebnisse deiner Befragung. Berechne jeweils die Zeit für Waschen, Anziehen und Frühstücken und die Dauer des Schulwegs in Minuten.

2 David besucht die Schule in Leopoldshöhe. Er hat seinen Schulweg aufgezeichnet und dabei an einigen Stellen die Zeiten eingetragen, zu denen er morgens dort vorbeikommt.
a) Wie lange ist David morgens unterwegs?
b) David fährt mit dem Fahrrad zur Schule. Er legt dabei in fünf Minuten durchschnittlich einen Kilometer zurück. Berechne die Länge des Schulwegs in Kilometer.

3 Ermittle mithilfe des Internets den Verlauf deines eigenen Schulwegs. Bestimme seine Länge in Kilometer und die dafür benötigte Zeit.

# Pünktlich zur Schule

**4** Mathis besucht ebenfalls die Gesamtschule in Leopoldshöhe. Er fährt im Sommer mit dem Fahrrad zur Schule. Mathis hat seinen Schulweg in eine Karte eingezeichnet.
a) Bestimme die Länge des Schulwegs. Achte auf den Maßstab.
b) Wie lange braucht Mathis bis zur Schule, wenn er einen Kilometer im Durchschnitt in fünf Minuten zurücklegt?
c) Wann muss Mathis das Haus verlassen, wenn er noch sechs Minuten rechnet, um sein Fahrrad zu holen und wieder wegzustellen? Der Unterricht beginnt um 7.30 Uhr.

**5** Ergun wohnt in Hannover und besucht die Bertolt-Brecht-Gesamtschule. Er fährt jeden Morgen mit dem Bus zur Schule. Der Bus braucht von der Haltestelle bis zur Schule 19 Minuten. Der Unterricht beginnt um 8.00 Uhr. Ergun möchte zehn Minuten vor dem Unterricht an der Schule ankommen.
a) Wann muss er an der Haltestelle sein?
b) Zu welcher Zeit muss Ergun das Haus verlassen, wenn er bis zur Haltestelle ungefähr fünf Minuten zu Fuß gehen muss?
c) Wann muss Ergun spätestens aufstehen, wenn er für Waschen, Anziehen und Frühstück 40 Minuten rechnet?

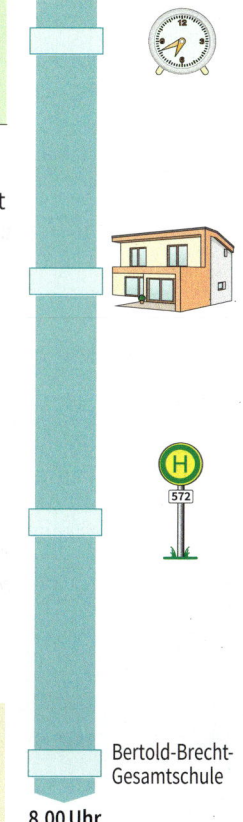

Bertold-Brecht-Gesamtschule

8.00 Uhr

# Zeiteinheiten

**1** Beschreibe die unterschiedlichen Funktionen der abgebildeten Uhren und vergleiche.

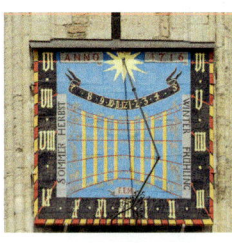 

> Eine Zeitspanne ist die Zeit, die zwischen zwei Zeitpunkten vergeht.

**2** In welcher Zeiteinheit messen wir folgende Zeitspannen: eine Unterrichtsstunde, das Alter eines Menschen, einen 100-m-Lauf, einen Marathonlauf, eine Schwangerschaft, die Sommerferien?

**3** In welcher Einheit wird der Vorgang im Bild gemessen?

A

B

C

D

---

> 1 Jahr = 365 Tage      (1 a = 365 d)
> 1 Tag = 24 Stunden     (1 d = 24 h)
> 1 Stunde = 60 Minuten  (1h = 60 min)
> 1 Minute = 60 Sekunden (1 min = 60 s)

**4** Gib in Sekunden (s) an.

> 2 min 15 s = 120 s + 15 s = 135 s

a) 4 min            b) 5 min 39 s
   8 min 10 s          7 min 28 s
   2 min 32 s          15 min 35 s

**5** Gib in Minuten (min) und Sekunden (s) an.

> 80 s = 1 min 20 s

a) 300 s       b) 140 s       c) 230 s
   600 s          87 s           310 s
   660 s          150 s          750 s
   200 s          250 s          999 s

**6** Gib in Stunden (h) und Minuten (min) an.

> 135 min = 2 h 15 min

a) 115 min    b) 100 min    c) 1000 min
   160 min       420 min       1100 min
   360 min       800 min       1200 min

**7** Gib in Stunden an.
a) 2 d          5 d          2 d 18 h
b) 3 d 12 h     4 d 21 h     $2\frac{1}{2}$ d

**8** Gib in Minuten an.

> 1 h 35 min = 95 min

a) 1 h 17 min  b) 3 h 45 min  c) $1\frac{3}{4}$ h

   2 h 10 min     $\frac{1}{2}$ h      $2\frac{1}{2}$ h

   4 h 25 min     $\frac{1}{4}$ h      $6\frac{1}{2}$ h

**9** Gib in Tagen und Stunden an.
a) 32 h         48 h         68 h
b) 120 h        264 h        300 h

**10** a) Gib in Monaten an.
    4 Jahre 6 Monate; 5 Jahre 10 Monate;
    $\frac{1}{4}$ Jahr;  $\frac{1}{2}$ Jahr;  $2\frac{1}{2}$ Jahre;  $1\frac{3}{4}$ Jahre

b) Rechne um in Jahre und Monate.
    60 Monate; 100 Monate; 130 Monate

# Zeitspannen

| Anna Jüttner | | **Stundenplan** | | Klasse 5 a | |
|---|---|---|---|---|---|
| **Zeit** | **Montag** | **Dienstag** | **Mittwoch** | **Donnerstag** | **Freitag** |
| 7.30– 8.15 | Gesellschaftslehre | Biologie | Deutsch | Sport | Religion |
| 8.20– 9.05 | Gesellschaftslehre | Englisch | Englisch | Sport | Gesellschaftslehre |
| 9.25–10.10 | Mathematik | Sport | Technik | Mathematik | Deutsch |
| 10.15–11.00 | Deutsch | Deutsch | Technik | Englisch | Englisch |
| 11.15–12.00 | Musik | Mathematik | Religion | Biologie | Mathematik |
| 12.05–12.50 | Englisch | Chor | Arbeitsstunden | Musik | Mathe-Fö |
| 13.10–13.55 | | | | | |
| 14.00–14.45 | Arbeitsstunden | | AG | Kunst | |
| 14.45–15.30 | Deutsch-Fö | | AG | Kunst | |

**1** a) Berechne in Stunden und Minuten, wie lange Anna an den einzelnen Tagen in der Schule ist.
b) Berechne die Zeit für die ganze Woche. Wie viel Pausenzeit ist darin enthalten?

**2** Beim Rechnen mit verschiedenen Zeitspannen musst du die Umrechnungen beachten.

|   |   | | | |   |   |   |
|---|---|---|---|---|---|---|---|
| | 4 | 5 | min | | 8 | h 38 | min |
| + 2 | 0 | min | | + | 5 | h 54 | min |
| 6 | 5 | min | | 1 | 3 | h 92 | min |
| = 1 h | 5 | min | | = 1 4 | h 3 2 | min | |

a) 25 min + 51 min    b) 7 min + 58 min
15 min + 47 min        57 min + 56 min
38 min + 42 min        49 min + 59 min
c) 15 h 7 min + 7 h 54 min
18 h 5 min + 27 h 58 min
25 h 48 min + 37 h 33 min

**3** Berechne.

| 7 h 35 min | → | 6 h 95 | min |
|---|---|---|---|
| – 4 h 40 min | | – 4 h 40 | min |
| | | 2 h 55 | min |

a)  9 h 34 min – 2 h 33 min
12 h 45 min – 11 h 37 min
25 h 14 min – 14 h 9 min
b)  1 h 14 min – 20 min
2 h 46 min – 58 min
14 h  9 min – 13 h 44 min

**4** Berechne.
a) 4 h 59 min + 19 h 21 min
24 h 27 min – 12 h 30 min
b) 98 h – 16 h 48 min
34 h 16 min + 7 h 45 min

**5** Wie viele Stunden und Minuten sind es vom angegebenen Zeitpunkt bis Mitternacht?
a) 21.00 Uhr        b) 13.10 Uhr
c) 20.30 Uhr        d) 6.40 Uhr
e) 1.24 Uhr        f) 0.39 Uhr

**6** Eine Fernsehsendung beginnt um 18.25 Uhr. Sie dauert 50 min ($\frac{3}{4}$ h, 1 h 45 min; $1\frac{1}{2}$ h; 75 min). Wann ist sie zu Ende?

**7** Wann endet die Veranstaltung?

| | a) | b) | c) |
|---|---|---|---|
| Beginn: | 12.40 Uhr | 17.30 Uhr | 20.40 Uhr |
| Dauer: | 3 h 10 min | 2 h 35 min | $2\frac{1}{2}$ h |

| | d) | e) | f) |
|---|---|---|---|
| Beginn: | 19.30 Uhr | 20.45 Uhr | 22.40 Uhr |
| Dauer: | 2 h 45 min | $2\frac{3}{4}$ h | $1\frac{1}{2}$ h |

**8** Wie viele Stunden und Minuten dauert die Veranstaltung?

| | a) | b) | c) |
|---|---|---|---|
| Beginn: | 17.30 Uhr | 14.09 Uhr | 21.40 Uhr |
| Ende: | 19.40 Uhr | 15.17 Uhr | 0.30 Uhr |

Beginn
17.30 Uhr
+ 30 min
18.00 Uhr
+ 1 h
19.00 Uhr
+ 40 min
19.40 Uhr
Ende

Weitere Hinweise und Aufgaben findest du im Wiederholungsteil auf Seite 221.

# Ferienfreizeit

**1** Steffi möchte mit ihrer Jugendgruppe zu
einer Ferienfreizeit nach Freiburg fahren.
Die Jugendlichen haben zusammen mit
den Betreuern beschlossen, mit dem Zug
zu fahren.
Der EuroCity „EC 9" fährt um 10.53 Uhr
vom Hauptbahnhof Köln ab.
a) Wie viele Minuten braucht der Zug bis
Koblenz (Mannheim, Baden-Baden)?
b) Wie lange dauert die gesamte Bahn-
fahrt?
c) Wie viel Kilometer muss der Zug bis
Freiburg insgesamt zurücklegen?

**2** Die Jugendlichen haben vor ihrer Fahrt
den Liniennetzplan von Freiburg studiert.
Wie gelangen sie vom Hauptbahnhof
Freiburg mit öffentlichen Verkehrsmitteln
zur Jugendherberge?

| Eurocity EC 9 | | |
|---|---|---|
| **Köln Hbf** | **ab 10.53** | |
| | | 33 km |
| Bonn Hbf | ab 11.14 | |
| | | 60 km |
| Koblenz Hbf | ab 11.48 | |
| | | 90 km |
| Mainz Hbf | ab 12.42 | |
| | | 70 km |
| Mannhein Hbf | ab 13.23 | |
| | | 61 km |
| Karlsruhe Hbf | ab 13.49 | |
| | | 29 km |
| Baden-Baden | ab 14.07 | |
| | | 106 km |
| **Freiburg Hbf** | **an 14.53** | |

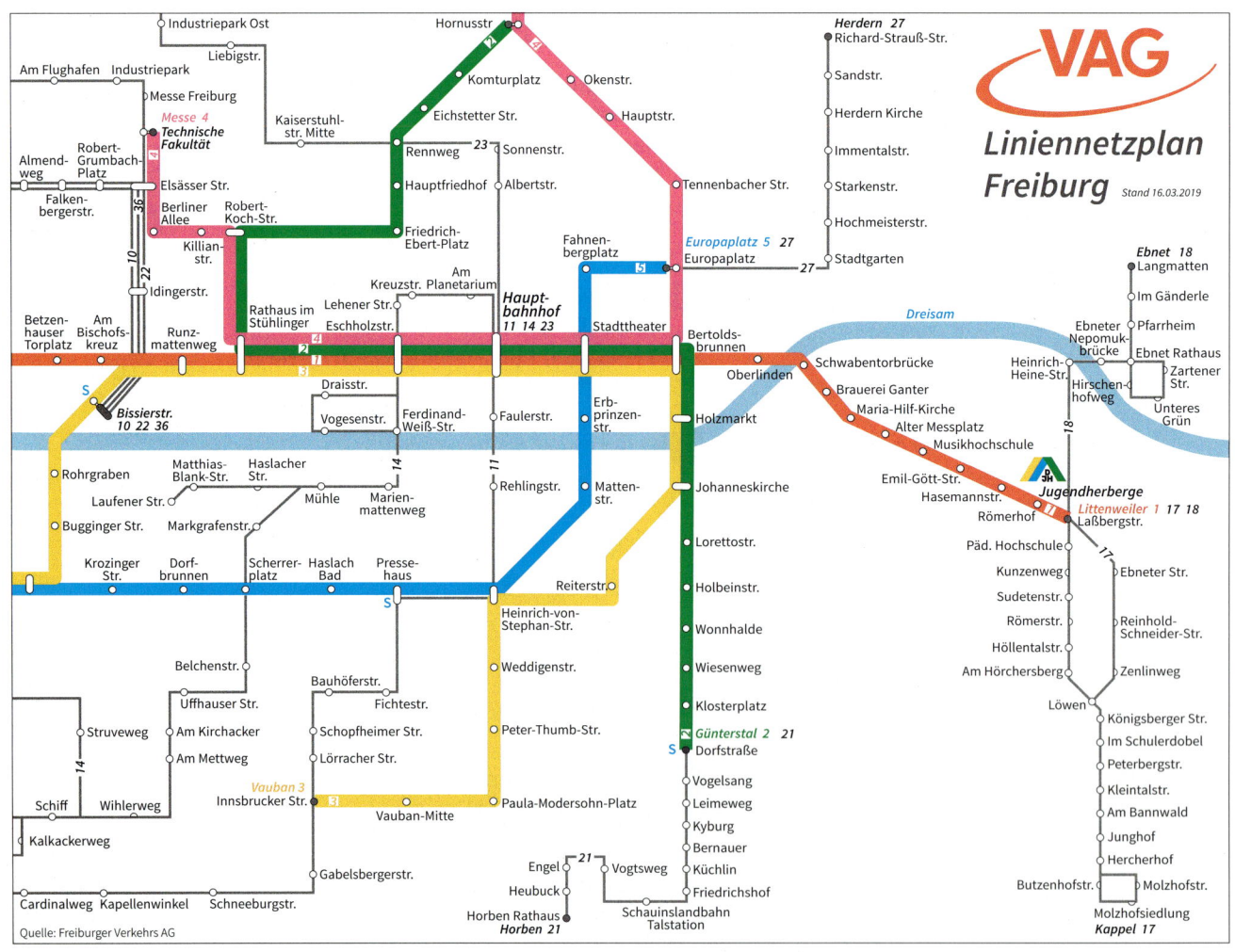

Quelle: Freiburger Verkehrs AG

# Ferienfreizeit

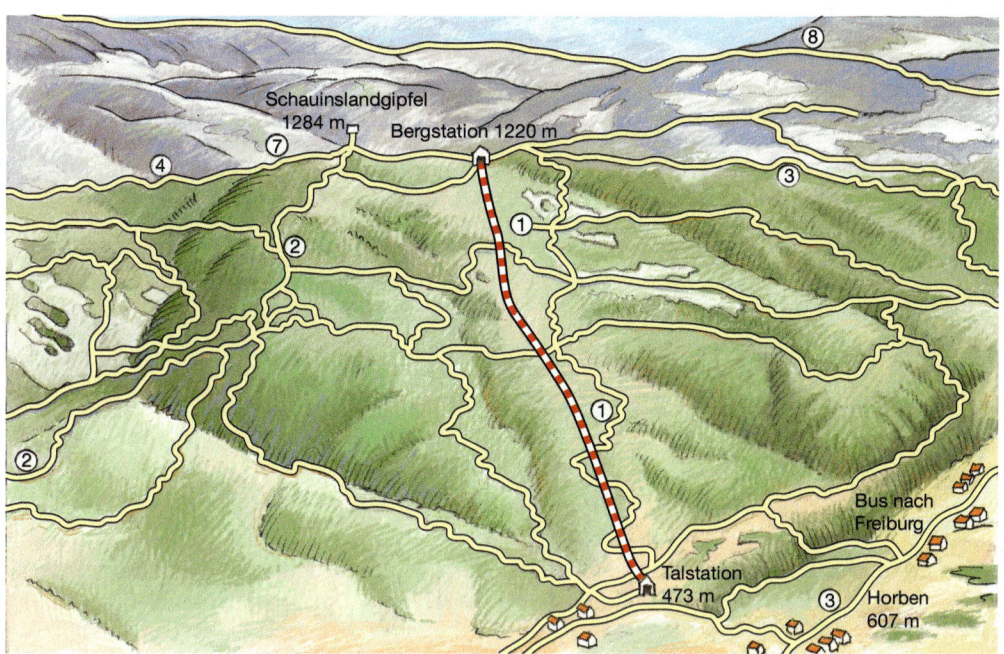

**3** Die Jugendgruppe möchte mithilfe der Schauinslandbahn auf den Schauinslandgipfel gelangen. Zunächst fahren sie dazu von der Haltestelle „Römerhof" mit der Linie 1 in Richtung Bahnhof.
a) Wie gelangen sie mit öffentlichen Verkehrsmitteln zur Talstation? Benutze den Liniennetzplan.
b) Wann müssen sie in die Straßenbahn einsteigen, wenn sie spätestens um 10.00 Uhr an der Talstation sein wollen?
c) Wann können die Jugendlichen den Schauinslandgipfel erreichen, wenn die Fahrt mit der Seilbahn 15 Minuten dauert und sie für den restlichen Weg 20 Minuten rechnen?

**4** Plane in deiner Gruppe eine Ferienfreizeit mit der Bahn und anderen öffentlichen Verkehrsmitteln zu einem anderen Ort. Informationen zu öffentlichen Verkehrsmitteln erhältst du über die Stadt- oder Gemeindeverwaltungen der Orte und im Internet. So erhältst du auch Informationen über die Freizeitmöglichkeiten und Sehenswürdigkeiten in der Nähe des Ortes.

| Linie 1 | Montag – Freitag | | | |
|---|---|---|---|---|
| Römerhof | ... 9.00 | 9.06 | 9.12 | 9.18 |
| Hasemannstraße | ... 9.01 | 9.07 | 9.13 | 9.19 |
| Emil-Göttstraße | ... 9.02 | 9.08 | 9.14 | 9.20 |
| | ... | | alle 6 Minuten | |
| Bertoldsbrunnen | ... 9.11 | 9.17 | 9.23 | 9.29 |
| Stadttheater | ... 9.14 | 9.20 | 9.26 | 9.32 |
| Hauptbahnhof | ... 9.15 | 9.21 | 9.27 | 9.33 |

| Linie 2 | Montag – Freitag | | | |
|---|---|---|---|---|
| Siegesdenkmal | ... 7.04 | 7.14 | 7.24 | 7.34 |
| Bertoldsbrunnen | ... 7.06 | 7.16 | 7.26 | 7.36 |
| Holzmarkt | ... 7.08 | 7.18 | 7.28 | 7.38 |
| | ... | | alle 10 Minuten | |
| Wiesenweg | ... 7.16 | 7.26 | 7.36 | 7.46 |
| Klosterplatz | ... 7.18 | 7.28 | 7.38 | 7.48 |
| Dorfstraße | ... 7.19 | 7.29 | 7.39 | 7.49 |

| Linie 21 | Montag – Freitag | | |
|---|---|---|---|
| Dorfstraße | ... 9.04 | 9.24 | 9.44 |
| Vogelsang | ... 9.06 | 9.26 | 9.46 |
| | ... | alle 20 Minuten | |
| Friedrichshof | ... 9.10 | 9.29 | 9.50 |
| Schauinslandbahn | ... 9.11 | 9.30 | 9.51 |

# WISSEN KOMPAKT

**Zeiteinheiten**

1 Jahr (a) = 12 Monate (mon) = 365 Tage (d)

$\qquad$ 1 Tag (d) = 24 Stunden (h)

$\qquad\qquad$ 1 Stunde (h) = 60 Minuten (min) = 3600 Sekunden (s)

$\qquad\qquad\qquad$ 1 Minute (min) = 60 Sekunden (s)

Ein Schaltjahr (mit einigen Ausnahmen jedes vierte Jahr) hat 366 Tage.
Die Monate Januar, März, Mai, Juli, August, Oktober und Dezember haben 31 Tage. April, Juni, September und November haben 30 Tage. Der Februar hat in einem Schaltjahr 29 Tage, sonst 28 Tage.
Wir rechnen bei Monaten mit 30 Tagen.

**Mit Zeitspannen rechnen**

Eine Zeitspanne wird durch den Zeitpunkt ihres Beginns, den Zeitpunkt des Endes und die Dauer festgelegt. Sind zwei Größen gegeben, kannst du die fehlende Größe berechnen. Dazu musst du in einigen Fällen Umrechnungen vornehmen.

**Das Ende eines Ereignisses berechnen.**

In einem Kino beginnt die Vorstellung um 20.10 Uhr. Der Film dauert 100 Minuten. Wann ist der Film zu Ende?

$$20\ h\ 10\ min + 100\ min$$
$$= 20\ h\ 10\ min + 1\ h\ 40\ min$$
$$= 21\ h\ 50\ min$$

$$\begin{array}{r} 20\ h\ 10\ min \\ +\ \ 1\ h\ 40\ min \\ \hline 21\ h\ 50\ min \end{array}$$

Die Kinovorstellung endet um 21.50 Uhr.

**Den Beginn eines Ereignisses berechnen.**

Für den wöchentlichen Einkauf benötigt Frau Steinkamp 75 Minuten. Der Supermarkt schließt um 19.30 Uhr. Wann muss sie spätestens im Supermarkt sein, um rechtzeitig ihre Einkäufe zu erledigen?

$$= 19\ h\ 30\ min - 75\ min$$
$$= 19\ h\ 30\ min - 1\ h\ 15\ min$$
$$= 18\ h\ 15\ min$$

$$\begin{array}{r} 19\ h\ 30\ min \\ -\ \ 1\ h\ 15\ min \\ \hline 18\ h\ 15\ min \end{array}$$

Frau Steinkamp muss spätestens um 18.15 Uhr mit dem Einkauf beginnen.

**Die Dauer eines Ereignisses berechnen.**

Bente fährt mit dem Zug um 15.49 Uhr in Oldenburg ab und kommt um 17.11 Uhr in Osnabrück an. Wie lange dauert ihre Zugfahrt?

$$17\ h\ 11\ min - 15\ h\ 49\ min$$
$$= 16\ h\ 71\ min - 15\ h\ 49\ min$$
$$= 1\ h\ 22\ min$$

$$\begin{array}{r} 16\ h\ 71\ min \\ -\ 15\ h\ 49\ min \\ \hline 1\ h\ 22\ min \end{array}$$

Die Fahrtdauer beträgt 1 h 22 min.

**1** Übertrage und berechne die fehlenden Angaben.

| | Abfahrt | Ankunft | Fahrtdauer |
|---|---|---|---|
| a) | 8.19 Uhr | ▓ | 2 h 16 min |
| b) | 18.26 Uhr | 19.12 Uhr | ▓ |
| c) | 20.07 Uhr | 23.14 Uhr | ▓ |
| d) | 0.05 Uhr | 17.15 Uhr | ▓ |
| e) | 16.30 Uhr | ▓ | 3 h 59 min |
| f) | 13.12 Uhr | 22.57 Uhr | ▓ |
| g) | ▓ | 17.35 Uhr | 8 h 24 min |

**2** Das Herz eines Jugendlichen schlägt im Schlaf etwa 54-mal in der Minute. Wie oft schlägt es in acht Stunden?

**3** Wie viele Sekunden hat ein Tag?

**4** Ein Schuljahr hat rund 40 Wochen, eine Schulwoche 36 Schulstunden und eine Unterrichtsstunde 45 Minuten. Wie viele Stunden Unterricht hast du im Jahr?

**5** a) Bei einem Gewitter misst du zwischen Blitz und Donner drei Sekunden. Wie weit ist das Gewitter entfernt, wenn der Schall in der Luft in einer Sekunde 340 m zurücklegt?
b) Bei der nächsten Messung erhältst du einen Wert von zwölf Sekunden.
c) Der Blitz schlägt 1700 m von dir entfernt ein. Wie viele Sekunden später hörst du den Donner?

**6** Eine Musikveranstaltung beginnt um 19.30 Uhr und dauert $2\frac{3}{4}$ Stunden. Wann endet die Vorstellung?

**7** Herr Fabian hat als Ankunftszeit 9.30 Uhr auf der Parkscheibe eingestellt. Er darf dort zwei Stunden parken.
a) Er kommt um 12.00 Uhr zurück. Um wie viele Minuten hat er seine Parkzeit überschritten?
b) Die Parkdauer darf um höchstens zehn Minuten überschritten werden. Wann hätte Herr Fabian spätestens zurück sein müssen?

**8** Um das Auge vor Austrocknung zu schützen, blinzelt jeder Mensch ungefähr alle fünf Sekunden.
a) Wie oft blinzelt man in einer Minute?
b) Ein Augenaufschlag dauert ungefähr 200 Millisekunden (1 Sekunde = 1000 Millisekunden). Wie lang bleibt ein Auge pro Minute (Stunde; Tag) geschlossen?

**9** Ein ICE benötigt für die Strecke München–Hamburg 5 Stunden und 52 Minuten. Der Zug fährt um 7.55 Uhr in München ab und hält sechsmal. Bis zum dritten Halt hat er 13 Minuten Verspätung. Bei den folgenden Stationen holt er bei jedem Halt wieder drei Minuten auf. Wann müsste der ICE fahrplanmäßig in Hamburg eintreffen? Wann trifft er jetzt ein?

**10** Die Biologin Jane Shen-Miller fand 1982 in einem ausgetrockneten See einen 1288 Jahre alten Lotosblumensamen. In welchem Jahr hat die Blume geblüht, von der dieser Samen stammt?

# VERTIEFEN: Zeitzonen

| Stadt | Aktuelle Uhrzeit |
|-------|------------------|
| Frankfurt | 13:00 |
| Chicago | 06:00 |
| New York | 07:00 |
| London | 12:00 |
| Paris | 13:00 |
| Athen | 14:00 |
| Mumbai | 17:00 |
| Hongkong | 20:00 |
| Tokio | 21:00 |
| Sydney | 22:00 |

**1** Frau Häger wartet mit ihrem Sohn Timo auf dem Frankfurter Flughafen auf die Ankunft eines Flugzeugs aus Athen.
a) Was könnten zur selben Zeit Bob in Chicago, Susan in Sydney, Han Su in Tokio und Pièrre in Paris machen?
b) Zwei Stunden später sitzt Timo über seinen Hausaufgaben. Wie spät ist es jetzt in Hongkong, London, Athen und Mumbai?

**2** Christine telefoniert um 9.00 Uhr in Chicago. Sie ruft ihre Mutter in Frankfurt an. Wie spät ist es zu diesem Zeitpunkt in Frankfurt?

**3** Eine Boeing 747-400 startet um 6.30 Uhr in New York mit Flugziel Frankfurt. Die Flugzeit beträgt 8 h 10 min.

**4** a) Ein Flugzeug startet um 13.00 Uhr in Frankfurt. Es fliegt nach Athen in 2 Stunden und 50 Minuten. Wann landet es in der griechischen Hauptstadt?
b) Ein anderes Flugzeug fliegt um 10.00 Uhr von Paris ab. Es hat das Ziel Frankfurt. Die Flugzeit beträgt 1 h 20 min.

**5** a) Wann kommt ein Flugzeug in Paris an, wenn es in Chicago um 6.00 Uhr abfliegt (Flugzeit 8 h 15 min)?
b) Um wie viel Uhr landet ein Passagier in Athen, wenn er um 8.30 Uhr in New York startet (Flugzeit 11 h 5 min)?

**6** Ein Airbus A340-300 startet um 13.20 Uhr in Frankfurt mit Flugziel New York. Die Landung erfolgt in New York um 15.00 Uhr. Was stellst du fest?

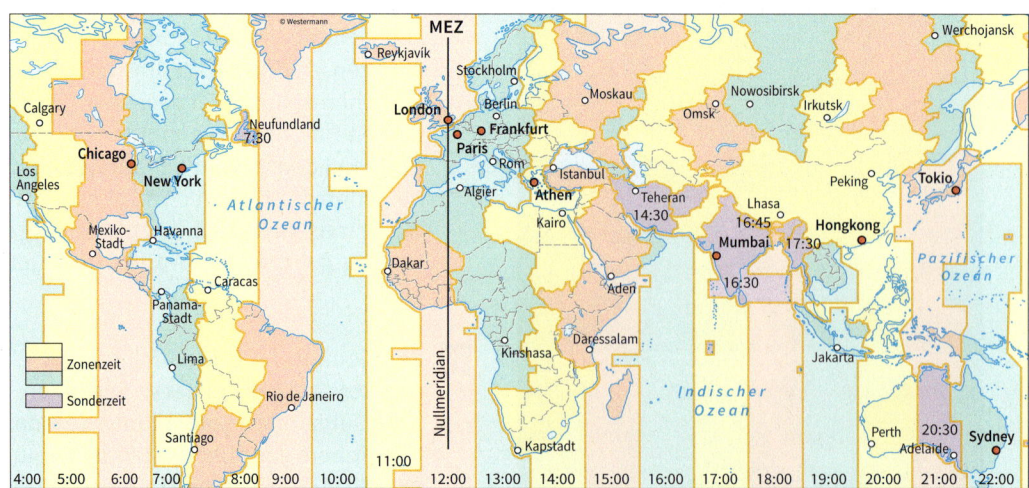

1 Gib in der angegebenen Einheit an.
a) 6 min (s)
720 min (h)
b) 3 h 17 min (min)
5 min 24 s (s)
c) 48 h (d)
3 d (h)
d) 2 h 28 min (min)
2 d 14 h (h)

2 Berechne.
a) 11 h 17 min + 5 h 39 min
b) 5 h 46 min + 7 h 36 min
c) 8 h 55 min + 9 h 49 min

3 Berechne.
a) 6 h 47 min – 5 h 38 min
b) 7 h 32 min – 4 h 56 min
c) 4 h 12 min – 3 h 46 min

4 Ergänze die fehlenden Angaben in der Tabelle.

| Start | 5.28 Uhr | 19.54 Uhr | |
|---|---|---|---|
| Dauer | 90 min | | 179 min |
| Ende | | 21.05 Uhr | 14.03 Uhr |

5 Ein Intercity fährt in Oldenburg um 7.35 Uhr ab und kommt um 9.14 Uhr in Hannover an. Gib die Fahrtdauer an.

6 Metin fährt mittags von der Schule nach Hause. Sein Bus braucht 25 Minuten für den Weg. Metin steigt um 13.06 Uhr aus dem Bus. Wann fuhr der Bus von der Schule ab?

7 In einer Sekunde legt ein Fußgänger 1,30 m zurück, ein Pkw 26,50 m und ein Düsenflugzeug 250 m. Berechne jeweils die in einer Minute zurückgelegte Strecke.

8 Alexandra wohnt in der Mozartstraße und besucht eine Gesamtschule in Braunschweig. Der Unterricht beginnt um 8.00 Uhr. Alexandra möchte fünf Minuten vor dem Unterricht an der Schule ankommen.

| Linie 3 | Mozartstr. | ....... | Gesamtschule |
|---|---|---|---|
| | 7.00 | | 7.23 |
| Mo | 7.10 | ....... | 7.33 |
| bis | 7.20 | | 7.43 |
| Fr | 7.30 | ....... | 7.53 |
| | 7.40 | | 8.03 |

a) Wann muss sie an der Haltestelle sein?
b) Wann muss sie das Haus verlassen, wenn sie bis zur Haltestelle ungefähr sieben Minuten zu Fuß gehen muss?
c) Wann muss Alexandra spätestens aufstehen, wenn sie für Waschen, Anziehen und Frühstücken 45 Minuten rechnet?

9 Wenn es in London 12.00 Uhr ist, ist es in Mumbai bereits 17.30 Uhr. Ein Flugzeug startet um 16.30 Uhr in London mit dem Ziel Mumbai. Die Flugzeit beträgt 7 h 55 min. Wie spät ist es bei der Landung in Mumbai?

# Ich kann ...

| | Aufgabe | Hilfen und Aufgaben | |
|---|---|---|---|
| die Dauer von Zeitspannen in anderen Zeiteinheiten angeben. | 1 | Seite 198, 202 | |
| die Dauer von Zeitspannen addieren und subtrahieren. | 2, 3 | Seite 199, 202 | I |
| bei Beginn, Dauer und Ende eines Ereignisses zu zwei gegebenen Größen die fehlende Größe berechnen. | 4 | Seite 199, 203 | |
| Sachaufgaben mit Zeitspannen lösen. | 5, 6, 7 | Seite 203 | |
| Informationen aus Fahrplänen zur Zeitplanung nutzen. | 8 | Seite 197, 200, 201 | II |
| Zeiten und die Dauer von Zeitspannen bei unterschiedlichen Zeitzonen berechnen. | 9 | Seite 204 | III |

# EINGANGSTEST

Zu den Kapiteln 1 bis 10 in diesem Buch wird jeweils ein Eingangstest angeboten.
Damit kannst du überprüfen, ob du die mathematischen Fähigkeiten hast, die bei der Bearbeitung des jeweiligen Kapitels vorausgesetzt werden.
Die Ergebnisse der Aufgaben findest du auf den Seiten 223 - 225.

Die Tabelle zur Selbsteinschätzung hilft dir zu entscheiden, welche Kompetenzen du bereits hast und welche du noch erwerben musst.
Kommst du mithilfe der Tabelle zu dem Ergebnis, dass dir bestimmte Voraussetzungen fehlen, benutze die angegebenen Hilfen und bearbeite die angegebenen Aufgaben.

## 1  Natürliche Zahlen

**1** Welche Zahlen sind auf dem Zahlenstrahl durch Buchstaben markiert?

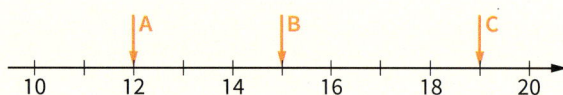

**2** Welche Zahl steht auf dem Zahlenstrahl in der Mitte zwischen den beiden angegebenen Zahlen?

a)

b)

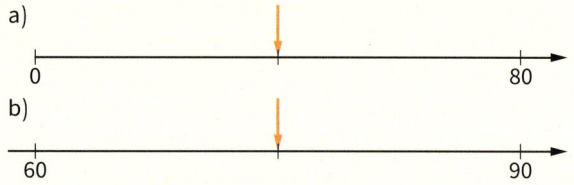

**3** Übertrage die Zahlen in dein Heft und setze das Zeichen < (kleiner) oder > (größer) ein.
a) 23 ▪ 32       b)  21 ▪ 17
c) 24 ▪ 42       d) 132 ▪ 123

**4** Notiere zu der angegebenen Zahl die benachbarten Hunderterzahlen.
a) 413                 b) 581

**5** Hunderter (H), Zehner (Z) und Einer (E) der Zahl sind angegeben. Notiere die Zahl in deinem Heft.
a) 5 H, 8 Z, 4 E       b) 9 H, 6 E, 2 Z
c) 7 E, 5 Z, 2 H       d) 8 E, 3 H

### Ich kann ...

| | Aufgabe | Hilfen und Aufgaben |
|---|---|---|
| natürliche Zahlen am Zahlenstrahl ablesen. | 1, 2 | Seite 212 |
| natürliche Zahlen vergleichen. | 3 | Seite 212 |
| zu einer Zahl die benachbarten Hunderterzahlen angeben. | 4 | Seite 212 |
| eine Zahl aus ihren Stellenwerten zusammensetzen. | 5 | Seite 212 |

## 2 Daten

**1** Berechne.
a) 5000 + 12 000 + 17 000
b) 150 000 + 200 000
c) 100 000 – 18 000 – 45 000
d) 500 000 – 170 000 – 200 000

**2** Runde
a) auf Tausender.   b) auf Hunderttausender.

| a) | b) |
|----|----|
| 6508 | 245 789 |
| 12 500 | 1 499 999 |
| 21 599 | 49 000 |
| 490 | 950 000 |

**3** Wie heißen die markierten Zahlen?

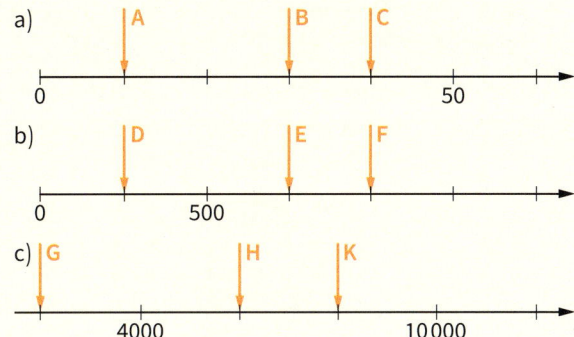

### Ich kann ...

| | Aufgabe | Hilfen und Aufgaben |
|---|---|---|
| natürliche Zahlen addieren und subtrahieren. | 1 | Seite 214, 215 |
| natürliche Zahlen runden. | 2 | Seite 212 |
| am Zahlenstrahl markierte Zahlen benennen. | 3 | Seite 212 |

## 3 Addieren und Subtrahieren

**1** Berechne.

| a) | b) | c) |
|----|----|----|
| 17 + 45 | 78 + 24 | 77 – 59 |
| 23 + 28 | 45 + 69 | 83 – 68 |
| 39 + 38 | 76 + 89 | 112 – 67 |

**2** Berechne.

| a) | b) | c) |
|----|----|----|
| 348 | 1366 | 3422 |
| + 236 | + 3655 | – 1768 |

**3** Gib in der in Klammern angegebenen Einheit an.

| a) | b) | c) |
|----|----|----|
| 300 cm (m) | 3000 g (kg) | 2300 ct (€) |
| 560 cm (m) | 7500 g (kg) | 450 ct (€) |
| 4 m (cm) | 12 kg (g) | 2 € (ct) |
| 5,2 m (cm) | 2 t (kg) | 2,56 € (ct) |

**4** Paul und Leni sind zusammen vier Jahre alt. Leni ist zwei Jahre älter als Paul. Wie alt ist Leni, wie alt ist Paul?

### Ich kann ...

| | Aufgabe | Hilfen und Aufgaben |
|---|---|---|
| natürliche Zahlen addieren und subtrahieren. | 1 | Seite 213 |
| natürliche Zahlen schriftlich addieren und subtrahieren. | 2 | Seite 214, 215 |
| Längenangaben, Massenangaben, Geldbeträge in anderen Einheiten angeben. | 3 a<br>3 b<br>3 c | Seite 219<br>Seite 220<br>Seite 218 |
| Informationen aus Texten entnehmen und in Additions- und Subtraktionsaufgaben umsetzen. | 4 | Seite 214, 215, 222 |

# EINGANGSTEST

## 4 Figuren und Graphen im Koordinatensystem

1 Miss die Länge der abgebildeten Strecken.
Notiere dein Ergebnis.
Schreibe so: $\overline{AB}$ = ▥ cm

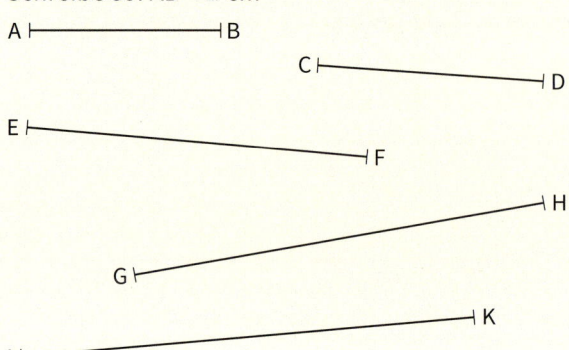

2 Gib in der Einheit an, die in Klammern steht.
a) 40 mm (cm)   b) 2 cm (mm)   c) 500 cm (m)
d) 55 cm (mm)   e) 34 mm (cm)   f) 7 m (cm)

3 Welche Zahlen sind am Zahlenstrahl dargestellt?

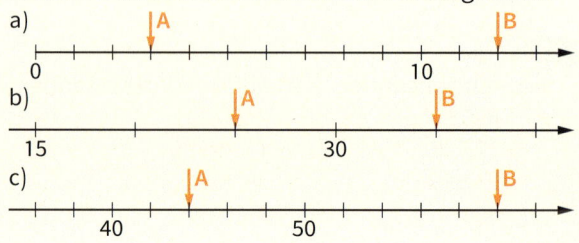

### Ich kann ...

| | Aufgabe | Hilfen und Aufgaben |
|---|---|---|
| die Länge einer Strecke messen. | 1 | Seite 219 |
| Längen in anderen Einheiten angeben. | 2 | Seite 219 |
| auf dem Zahlenstrahl markierte Zahlen benennen. | 3 | Seite 212 |

## 5 Multiplizieren und Dividieren

1 Ergänze jeweils die fehlende Zahl.

a) $1 \cdot 4$ = ▥   b) $1 \cdot 7$ = ▥   c) $1 \cdot 12$ = ▥
$2 \cdot 4$ = ▥   $2 \cdot 7$ = ▥   $2 \cdot 12$ = ▥
$3 \cdot 4$ = ▥   $3 \cdot 7$ = ▥   $3 \cdot 12$ = ▥
$4 \cdot 4$ = ▥   $4 \cdot 7$ = ▥   $4 \cdot 12$ = ▥
$5 \cdot 4$ = ▥   $5 \cdot 7$ = ▥   $5 \cdot 12$ = ▥
$6 \cdot 4$ = ▥   $6 \cdot 7$ = ▥   $6 \cdot 12$ = ▥
$7 \cdot 4$ = ▥   $7 \cdot 7$ = ▥   $7 \cdot 12$ = ▥
$8 \cdot 4$ = ▥   $8 \cdot 7$ = ▥   $8 \cdot 12$ = ▥
$9 \cdot 4$ = ▥   $9 \cdot 7$ = ▥   $9 \cdot 12$ = ▥
$10 \cdot 4$ = ▥   $10 \cdot 7$ = ▥   $10 \cdot 12$ = ▥

2 Berechne im Kopf.

a) $3 \cdot 9$   b) $7 \cdot 5$   c) $6 \cdot 8$   d) $11 \cdot 7$
$5 \cdot 8$   $4 \cdot 6$   $9 \cdot 9$   $3 \cdot 13$

e) $24 : 3$   f) $27 : 9$   g) $36 : 6$   h) $48 : 8$
$25 : 5$   $40 : 5$   $56 : 7$   $30 : 6$

3 Schreibe als Multiplikationsaufgabe und berechne.
a) Multipliziere 7 mit 10.
b) Berechne das Achtfache von 11.

4 Schreibe als Divisionsaufgabe und berechne.
a) Dividiere 60 durch 3.
b) Bestimme den dritten Teil von 15.

5 Die 22 Schülerinnen und Schüler der Klasse 5a
unternehmen eine Fahrt in den Zoo. Jedes Kind
bezahlt 6 € Eintritt.
Wie viel Euro beträgt der Eintritt für alle Kinder
zusammen?

6 Ein Buch aus der Reihe „Drei ???" hat 136 Seiten.
Melissa liest jeden Tag vier Seiten.
Nach wie viel Tagen hat sie das ganze Buch gelesen?

### Ich kann ...

| | Aufgabe | Hilfen und Aufgaben |
|---|---|---|
| einfache Multiplikations- und Divisionsaufgaben im Kopf lösen. | 1, 2 | Seite 213 |
| einfache Multiplikations- und Divisionsaufgaben von der Wortform in die Zahlform übertragen. | 3, 4 | Seite 217 |
| einfache Sachaufgaben zum Multiplizieren und Dividieren lösen. | 5, 6 | Seite 216, 217 |

# EINGANGSTEST

## 6 Körper und Flächen

**1** a) Überprüfe, welche Geraden senkrecht zueinander stehen.
b) Welche Geraden verlaufen parallel zueinander?

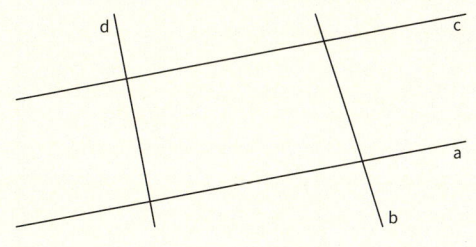

**2** Übertrage die Zeichnung in dein Heft.
a) Zeichne eine Gerade durch Punkt A, die senkrecht zur Strecke $\overline{AB}$ verläuft.
b) Zeichne eine Parallele zur Strecke $\overline{AB}$ im Abstand von 2 cm.

### Ich kann ...

| | Aufgabe | Hilfen und Aufgaben |
|---|---|---|
| überprüfen, ob Geraden senkrecht (parallel) zueinander verlaufen. | 1 | Seite 74, 76 |
| eine Gerade zeichnen, die senkrecht (parallel) zu einer Strecke verläuft. | 2 | Seite 74, 75, 76, 77 |

## 7 Vergleichen und Messen

**1** Miss die Länge der abgebildeten Strecken. Notiere dein Ergebnis. Schreibe so:
$\overline{AB}$ = ■ cm

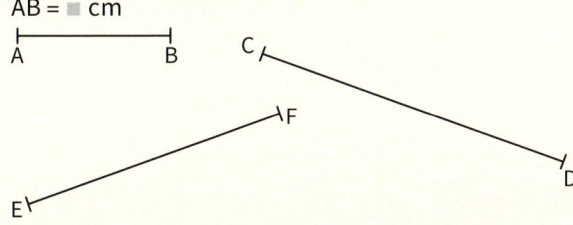

**2** Berechne im Kopf
a) 9 · 6    b) 12 · 5    c) 7 · 14    d) 25 · 8
e) 7 · 10    f) 15 · 100    g) 34 · 1000

**3** Berechne im Kopf
a) 12 : 3    b) 36 : 9    c) 72 : 6    d) 45 : 3
e) 360 : 10    f) 4200 : 100    g) 90 000 : 1000

**4** a) Welche Figuren sind Quadrate?
b) Welche Figuren sind Rechtecke, aber keine Quadrate?

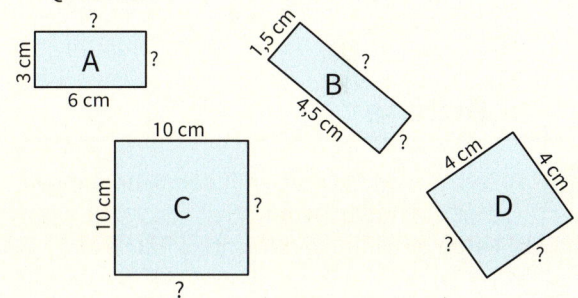

**5** a) Zeichne die Strecke $\overline{AB}$ = 6 cm. Zeichne jeweils eine Senkrechte zu $\overline{AB}$ durch die Punkte A und B. Zeichne eine Parallele im Abstand von 3 cm zur Strecke $\overline{AB}$.
b) Wie heißt die entstandene Figur?

### Ich kann ...

| | Aufgabe | Hilfen und Aufgaben |
|---|---|---|
| die Länge einer Strecke messen. | 1 | Seite 219 |
| natürliche Zahlen im Kopf multiplizieren und dividieren. | 2, 3 | Seite 213 |
| Quadrate und Rechtecke unterscheiden. | 4 | Seite 126 |
| Geraden zeichnen, die zueinander parallel oder senkrecht verlaufen. | 5 | Seite 74, 77 |

# EINGANGSTEST

## 8 Symmetrien und Muster

**1** Übertrage die Figur auf Kästchenpapier.

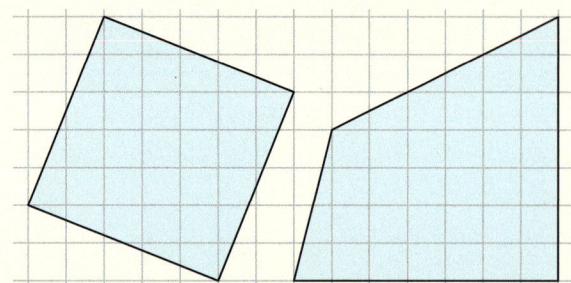

**2** Miss die Länge der abgebildeten Strecken.

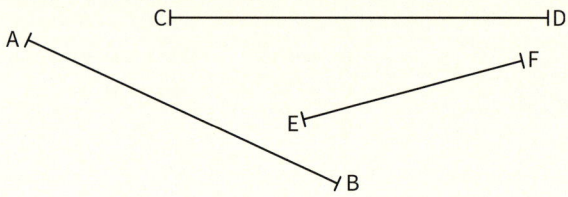

**3** Gib die Koordinaten der Punkte A, B und C an.

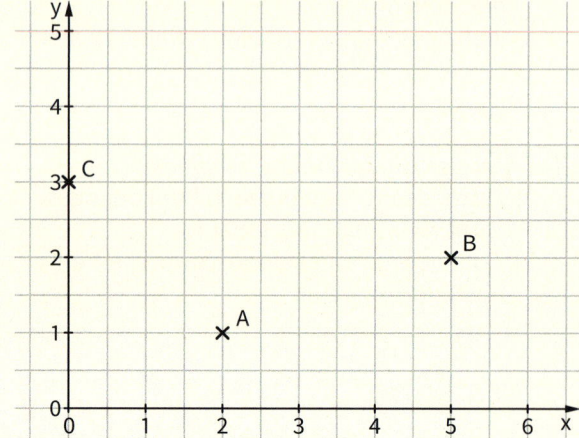

**4** Zeichne die Figur ABC mit den Eckpunkten A (0 | 0), B (4 | 2), C (1 | 3) in ein Koordinatensystem.

### Ich kann ...

| | Aufgabe | Hilfen und Aufgaben |
|---|---|---|
| Figuren auf kariertes Papier übertragen. | 1 | Seite 127 |
| die Länge einer Strecke messen. | 2 | Seite 219 |
| die Koordinaten von Punkten im Koordinatensystem ablesen. | 3 | Seite 69 |
| eine Figur in ein Koordinatensystem zeichnen. | 4 | Seite 70 |

## 9 Brüche

**1** a) Zeichne ein Rechteck mit den Seitenlängen a = 6 cm und b = 4 cm.
b) Färbe die Hälfte der Rechteckfläche ein.

**2** a) Zeichne ein Quadrat mit der Seitenlänge a = 4 cm.
b) Färbe ein Viertel der Fläche ein.

**3** Multipliziere.
a) 7 · 50      b) 70 · 8      c) 6 · 300
8 · 80      90 · 6      7 · 400
9 · 40      60 · 9      600 · 8

**4** Dividiere.
a) 50 : 2      b) 120 : 6      c) 240 : 8
60 : 4      180 : 3      280 : 7
70 : 5      150 : 5      240 : 12

**5** Familie Hansen mietet im Urlaub einen Strandkorb für sechs Tage. Sie bezahlt dafür insgesamt 45,00 €.

**6** Frau Krause möchte für vier Tage ein E-Bike mieten. Der Preis pro Tag beträgt 8,50 €.

### Ich kann ...

| | Aufgabe | Hilfen und Aufgaben |
|---|---|---|
| Rechtecke und Quadrate zeichnen und einfache Flächenanteile einfärben. | 1, 2 | Seite 126 |
| einfache Aufgaben zur Multiplikation und Division rechnen. | 3, 4 | Seite 213 |
| einfache Sachaufgaben zur Multiplikation und Division lösen. | 5, 6 | Seite 216, 217 |

## 10 Zeit

**1** Berechne schriftlich.
a) 769 + 472          b) 762 − 279

**2** Berechne schriftlich.
a) 43 · 60          b) 1272 : 3

**3** Gib in der Einheit an, die in Klammern steht.
a) 3 h (min)          b) 6 min (s)
   2 h 45 min (min)       3 min 15 s (s)
   4 h 5 min (min)        9 min 55 s (s)

**4** Um 7.50 Uhr beginnt der Unterricht. Es ist bereits halb acht. Welche der folgenden Aussagen sind wahr?
A: In weniger als einer halben Stunde beginnt der Unterricht.
B: Vor einer Dreiviertelstunde war es 6.45 Uhr.
C: In zehn Minuten haben wir immer noch eine Viertelstunde Zeit.
D: Der Unterricht beginnt in 20 Minuten.
E: Die erste Schulstunde (45 min) endet um halb neun.

### Ich kann ...

| | Aufgabe | Hilfen und Aufgaben |
|---|---|---|
| Additions- und Subtraktionsaufgaben schriftlich berechnen. | 1 | Seite 214, 215 |
| Multiplikations- und Divisionsaufgaben schriftlich berechnen. | 2 | Seite 216, 217 |
| die Dauer von Zeitspannen in anderen Einheiten angeben. | 3 | Seite 221 |
| Aussagen mit Zeitangaben beurteilen. | 4 | Seite 221 |

# WIEDERHOLUNG
## Zahlenstrahl und Stellenwerttafel

Alle Zahlen lassen sich am Zahlenstrahl darstellen.

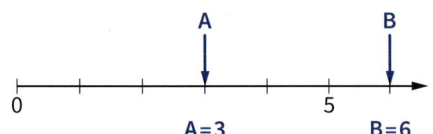

A = 3    B = 6

Von zwei Zahlen steht die kleinere Zahl am Zahlenstrahl links.

19 ist kleiner als 22:    19 < 22
22 ist größer als 19:    22 > 19

Jede Zahl auf dem Zahlenstrahl (außer 0) hat zwei Nachbarzahlen. Die kleinere Nachbarzahl heißt Vorgänger, die größere heißt Nachfolger.

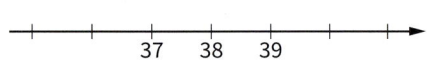

Nachbarzahlen von 38:  37, 39
Vorgänger von 38:    37
Nachfolger von 38:    39

**Nachbarzehner, Nachbarhunderter**

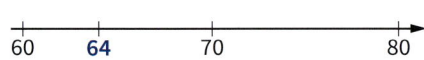

Nachbarzehner von 64:   60, 70

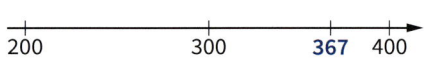

Nachbarhunderter von 367:  300, 400

**Stellenwerttafel**

| H | Hunderter | Z | Zehner | E | Einer |

| H | Z | E |
| --- | --- | --- |
| 2 | 1 | 9 |
|  | 5 | 8 |
| 4 | 0 | 1 |

$219 = 2\,H + 1\,Z + 9\,E = 200 + 10 + 9$
$58 = 5\,Z + 8\,E = 50 + 8$
$401 = 4\,H + 0\,Z + 1\,E = 400 + 0 + 1$

1 | Welche Zahlen sind am Zahlenstrahl dargestellt?

a)
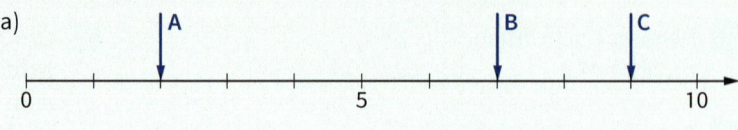

b)
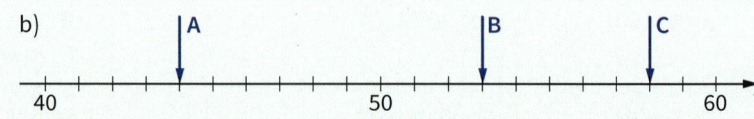

c)
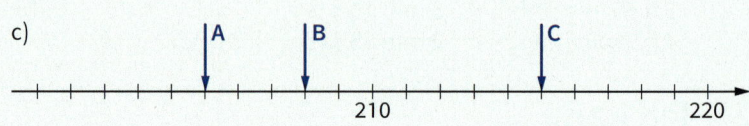

2 | Gib die Nachbarzahlen der markierten Zahl an.

a)                                    b)
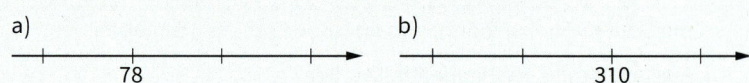

3 | Schreibe die Nachbarzahlen auf.

|  |  | a) | b) | c) | d) | e) |
| --- | --- | --- | --- | --- | --- | --- |
| Vorgänger | 47 | ▦ | ▦ | ▦ | ▦ | ▦ |
| Zahl | 48 | 15 | 24 | 449 | 600 | 799 |
| Nachfolger | 49 | ▦ | ▦ | ▦ | ▦ | ▦ |

4 | Wie heißen die Nachbarzehner?
a) 56         b) 23         c) 156        d) 981
e) 91         f) 201        g) 918        h) 899

5 | Wie heißen die Nachbarhunderter?
a) 145        b) 312        c) 569        d) 810
e) 801        f) 199        g) 99         h) 899

6 | Lies die Zahl. Zerlege in Hunderter, Zehner und Einer.
a) 234        b) 995        c) 345        d) 811
e) 500        f) 308        g) 34         h) 220

7 | Hunderter, Zehner und Einer der Zahl sind angegeben. Notiere die Zahl in deinem Heft.
a) 4 H 3 Z 1 E    b) 1 H 2 Z 9 E    c) 9 H 9 Z 9 E    d) 7 H 1 Z 0 E
e) 5 H 0 Z 7 E    f) 0 H 9 Z 5 E    g) 5 H 1 Z 0 E    h) 8 H 0 Z 0 E

8 | Die Zahl 310 ist aus den Ziffern 3, 1 und 0 zusammengesetzt. Wie viele dreistellige Zahlen kannst du aus diesen Ziffern bilden? Beachte, dass die Null nicht als erste Ziffer stehen darf.

# WIEDERHOLUNG
## Die vier Grundrechenarten

**1** Addiere.

| a) | b) | c) | d) |
|---|---|---|---|
| $5 + 35$ | $8 + 28$ | $7 + 9$ | $5 + 8$ |
| $5 + 36$ | $8 + 29$ | $7 + 29$ | $25 + 18$ |
| $5 + 37$ | $8 + 27$ | $6 + 29$ | $25 + 17$ |
| | | | |
| $45 + 35$ | $38 + 28$ | $17 + 19$ | $35 + 18$ |
| $45 + 36$ | $38 + 29$ | $17 + 29$ | $45 + 18$ |
| $45 + 37$ | $38 + 27$ | $16 + 29$ | $45 + 17$ |

**2** Berechne. Es gibt mehrere Rechenwege.

| a) | b) | c) | d) |
|---|---|---|---|
| $37 + 29$ | $56 + 25$ | $69 + 23$ | $76 + 18$ |
| $137 + 29$ | $256 + 25$ | $369 + 23$ | $576 + 18$ |
| $37 + 229$ | $56 + 325$ | $69 + 423$ | $76 + 118$ |

**3** Subtrahiere.

| a) | b) | c) | d) |
|---|---|---|---|
| $70 - 20$ | $60 - 34$ | $56 - 27$ | $72 - 34$ |
| $70 - 25$ | $61 - 34$ | $66 - 28$ | $83 - 35$ |
| $75 - 25$ | $62 - 34$ | $76 - 29$ | $85 - 49$ |
| | | | |
| $90 - 20$ | $40 - 23$ | $54 - 35$ | $120 - 45$ |
| $90 - 25$ | $40 - 24$ | $64 - 36$ | $130 - 45$ |
| $93 - 23$ | $40 - 25$ | $74 - 37$ | $140 - 55$ |

**4** Multipliziere.

| a) | b) | c) | d) |
|---|---|---|---|
| $9 \cdot 7$ | $8 \cdot 7$ | $9 \cdot 5$ | $6 \cdot 8$ |
| $90 \cdot 7$ | $80 \cdot 7$ | $90 \cdot 5$ | $60 \cdot 8$ |
| $9 \cdot 70$ | $8 \cdot 70$ | $9 \cdot 50$ | $6 \cdot 80$ |

| e) | f) | g) | h) |
|---|---|---|---|
| $4 \cdot 9$ | $6 \cdot 9$ | $7 \cdot 6$ | $3 \cdot 6$ |
| $40 \cdot 9$ | $60 \cdot 9$ | $70 \cdot 6$ | $30 \cdot 6$ |
| $4 \cdot 90$ | $6 \cdot 90$ | $7 \cdot 60$ | $3 \cdot 60$ |

**5** Die angegebene Zahl ist das Ergebnis einer Multiplikation.
Finde dazu möglichst viele Multiplikationsaufgaben.

$$24 = 4 \cdot 6 = 3 \cdot 8 = 12 \cdot 2 = 24 \cdot 1$$

a) 20    b) 40    c) 36    d) 18    e) 50    f) 23    g) 25    h) 60

**6** Dividiere.

| a) | b) | c) | d) |
|---|---|---|---|
| $35 : 7$ | $40 : 5$ | $49 : 7$ | $36 : 9$ |
| $350 : 7$ | $400 : 5$ | $490 : 7$ | $360 : 9$ |
| $350 : 70$ | $400 : 50$ | $490 : 70$ | $360 : 90$ |
| | | | |
| $32 : 4$ | $56 : 8$ | $18 : 9$ | $36 : 6$ |
| $320 : 4$ | $560 : 8$ | $180 : 9$ | $360 : 6$ |
| $320 : 40$ | $560 : 80$ | $180 : 90$ | $360 : 60$ |

**7** Berechne.

| a) | b) | c) | d) |
|---|---|---|---|
| $160 : 40$ | $720 : 8$ | $640 : 80$ | $320 : 80$ |
| $250 : 5$ | $810 : 9$ | $360 : 4$ | $640 : 8$ |
| $100 : 20$ | $720 : 90$ | $630 : 70$ | $540 : 60$ |

### Addieren

$$\underbrace{125 + 57}_{} = 182$$

Summe        Summe

Rechenweg 1

| $125 + 57 =$ ☐ |
|---|
| $125 + \phantom{0}7 = 132$ |
| $132 + 50 = 182$ |
| $125 + 57 = 182$ |

Rechenweg 2

| $125 + 57 =$ ☐ |
|---|
| $120 + 50 = 170$ |
| $\phantom{00}5 + \phantom{0}7 = \phantom{0}12$ |
| $170 + 12 = 182$ |
| $125 + 57 = 182$ |

### Subtrahieren

$$\underbrace{243 - 67}_{} = 176$$

Differenz        Differenz

Rechenweg 1

| $243 - 67 =$ ☐ |
|---|
| $243 - \phantom{0}7 = 236$ |
| $236 - 30 = 206$ |
| $206 - 30 = 176$ |
| $243 - 67 = 176$ |

Rechenweg 2

| $243 - 67 =$ ☐ |
|---|
| $243 - 40 = 203$ |
| $203 - 20 = 183$ |
| $183 - \phantom{0}7 = 176$ |
| $243 - 67 = 176$ |

### Multiplizieren

$$\underbrace{14 \cdot 7}_{} = 98$$

Produkt        Produkt

Rechenweg 1

| $14 \cdot 7 =$ ☐ |
|---|
| $10 \cdot 7 = 70$ |
| $\phantom{0}4 \cdot 7 = 28$ |
| $70 + 28 = 98$ |
| $14 \cdot 7 = 98$ |

Rechenweg 2

| $14 \cdot 7 =$ ☐ |
|---|
| $14 \cdot 5 = 70$ |
| $14 \cdot 2 = 28$ |
| $70 + 28 = 98$ |
| $14 \cdot 7 = 98$ |

### Dividieren

$$\underbrace{1200 : 4}_{} = 300$$

Quotient        Quotient

| $1200 : 4 =$ ☐ |
|---|
| $12 : 4 = 3$ |
| $120 : 4 = 30$ |
| $1200 : 4 = 300$ |

# WIEDERHOLUNG
## Schriftliches Addieren

### Addition zweier Summanden

Beim schriftlichen Addieren werden die Summanden untereinander geschrieben: Einer unter Einer, Zehner unter Zehner, Hunderter unter Hunderter, …

$131 + 437 = $ ▨

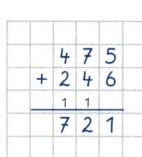

Einer:
$7 + 1 = 8$

Zehner:
$3 + 3 = 6$

Hunderter:
$4 + 1 = 5$

$131 + 437 = 568$

Ist beim stellenweisen Addieren die Summe größer als neun, gibt es einen Übertrag in die nächsthöhere Stelle.

$475 + 246 = $ ▨

Einer:
$6 + 5 = 11$
Übertrag: 1

Zehner:
$1 + 4 + 7 = 12$
Übertrag: 1

Hunderter:
$1 + 2 + 4 = 7$

$475 + 246 = 721$

### Addition mehrerer Summanden

$3508 + 358 + 775 = $ ▨

Einer:
$5 + 8 + 8 = 21$
Übertrag: 2

Zehner:
$2 + 7 + 5 + 0 = 14$
Übertrag: 1

Hunderter:
$1 + 7 + 3 + 5 = 16$
Übertrag: 1

Tausender:
$1 + 3 = 4$

$3508 + 358 + 775 = 4641$

1 Berechne schriftlich.
a) $46 + 23$
$31 + 45$
$73 + 14$
b) $16 + 75$
$28 + 45$
$69 + 21$
c) $76 + 47$
$88 + 42$
$59 + 63$

2 Berechne schriftlich.
a) $241 + 33$
$312 + 45$
$174 + 14$
b) $16 + 137$
$38 + 256$
$59 + 622$
c) $156 + 349$
$488 + 624$
$591 + 839$

3 Addiere schriftlich.
a) $41 + 33 + 11$
$2 + 42 + 13$
$41 + 4 + 23$
b) $45 + 37 + 12$
$21 + 48 + 16$
$81 + 5 + 97$
c) $55 + 7 + 122$
$1 + 18 + 116$
$811 + 8 + 47$

4 Berechne die fehlenden Zahlen.
a) $33 + $ ▨ $= 51$
b) ▨ $+ 32 = 63$
c) $68 + 15 = $ ▨
d) $123 + $ ▨ $= 159$
e) ▨ $+ 342 = 363$
f) $371 + 19 = $ ▨
g) $521 + $ ▨ $= 753$
h) ▨ $+ 421 = 863$
i) $317 + 819 = $ ▨

5 Ergänze den Additionsturm.

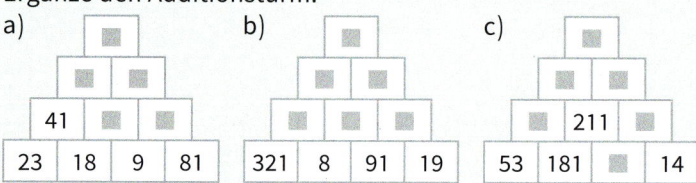

a)
41
23 | 18 | 9 | 81

b)
321 | 8 | 91 | 19

c)
211
53 | 181 | ▨ | 14

6 Addiere 329 und 187.

7 Berechne die Summe aus 34, 297 und 854.

8 Welche Zahl muss ich zu 89 addieren, um 200 zu erhalten?

9 Die Summe zweier natürlicher Zahlen ist 78. Gib drei Beispielaufgaben an.

10 In einer Schülerbücherei werden 23 Mathematikbücher, 14 Deutschbücher und 56 Englischbücher neu angeschafft. Wie viele Bücher wurden insgesamt gekauft?

11 a) Mit einem Leihwagen sind in der letzten Woche die folgenden Strecken gefahren worden:
Montag 120 km, Mittwoch 46 km, Donnerstag: 287 km.
b) Der Tachostand des Leihwagens betrug vor der ersten Fahrt 350 km. Berechne den Kilometerstand am Ende der Woche.

**1** Subtrahiere schriftlich.

a) 76 – 23  
   69 – 45  
   78 – 14

b) 91 – 75  
   58 – 49  
   61 – 36

c) 456 – 41  
   888 – 42  
   596 – 63

**2** Subtrahiere schriftlich.

a) 760 – 28  
   611 – 45  
   381 – 24

b) 292 – 175  
   581 – 490  
   161 – 138

c) 551 – 419  
   777 – 49  
   960 – 143

**3** Berechne die fehlenden Zahlen.

a) 93 – ■ = 51  
b) ■ – 32 = 63  
c) 81 – 15 = ■

d) 123 – ■ = 59  
e) ■ – 42 = 363  
f) 371 – 29 = ■

g) 521 – ■ = 153  
h) ■ – 421 = 163  
i) 817 – 519 = ■

**4** Wenn du zu einer Zahl 171 addierst, erhältst du 245. Wie heißt die gesuchte Zahl?

**5** Subtrahierst du eine Zahl von 304, so erhältst du 197. Wie heißt die gesuchte Zahl?

**6** Welche Zahl musst du von 237 subtrahieren, um 178 zu erhalten?

**7** Berechne die Differenz von 311 und 209.

**8** Von welcher Zahl musst du 308 subtrahieren, um die Differenz 56 zu erhalten?

**9** Welche Ziffern fehlen?

a)   5 ■ 7  
  – ■ 2 ■  
   2 4 6

b)  ■ 6 6  
 – 2 ■ 5  
  3 5 ■

c)  8 ■ ■  
 – ■ 5 7  
  4 7 2

d)  8 0 5  
 – 5 ■ 7  
  ■ 7 ■

**10** Linda hat 638 Euro gespart und will sich für 519 Euro ein neues Fahrrad kaufen. Wie viel Euro bleiben übrig?

**11** Frau Janssen hat mit ihrem zwei Jahre alten Pkw insgesamt 27 410 km zurückgelegt. Im ersten Jahr ist sie 13 045 km gefahren.

**12** Nele, Carla und Mia kaufen zusammen für 3,35 Euro Süßigkeiten. Nele gibt 1,45 Euro, Carla 1,15 Euro. Was hat Mia gegeben?

**13** Herr Peters hat 136 Euro in seinem Portmonee und hebt zusätzlich 300 Euro von seinem Konto ab. Er möchte einen Tablet-PC für 389 Euro kaufen. Kann er dann noch für 50 Euro tanken?

---

Beim schriftlichen Subtrahieren werden die Zahlen wie bei der schriftlichen Addition untereinander geschrieben. Es gibt zwei verschiedene Verfahren.

**Verfahren: Ergänzen**

576 – 342 = ■

Einer:  
2 + 4 = 6

Zehner:  
4 + 3 = 7

Hunderter:  
3 + 2 = 5

576 – 342 = 234

Ist beim Ergänzen die untere Zahl größer als die obere Zahl, gibt es einen Übertrag in die nächsthöhere Stelle.

782 – 357 = ■

Einer:  
7 + 5 = 12  
Übertrag: 1

Zehner:  
1 + 5 + 2 = 8

Hunderter:  
3 + 4 = 7

782 – 357 = 425

**Verfahren: Abziehen**

782 – 357 = ■

Einer:  
2 – 7 = ?  
1 Zehner wechseln  
12 – 7 = 5

Zehner:  
8 – 1 = 7  
7 – 5 = 2

Hunderter:  
7 – 3 = 4

782 – 357 = 425

# WIEDERHOLUNG
## Schriftliches Multiplizieren

**Multiplikation mit einem ein-stelligen Faktor**

$321 \cdot 3 = \blacksquare$

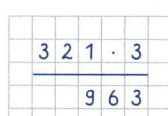

Einer:
$1 \cdot 3 = 3$

Zehner:
$2 \cdot 3 = 6$

Hunderter:
$3 \cdot 3 = 9$

$321 \cdot 3 = 963$

Ist ein Teilprodukt größer als neun, musst du dir die Zehnerziffer (den Übertrag) merken.

$647 \cdot 6 = \blacksquare$

Einer:
$7 \cdot 6 = 42$
Schreibe 2, merke 4.

Zehner:
$4 \cdot 6 = 24$
$24 + 4 = 28$
Schreibe 8, merke 2.

Hunderter:
$6 \cdot 6 = 36$
$36 + 2 = 38$
Schreibe 38.

$647 \cdot 6 = 3882$

**Multiplikation mit einem mehr-stelligen Faktor**

$946 \cdot 35 = \blacksquare$

$946 \cdot 35 = 33\,110$

Multipliziere die einzelnen Stellen des zweiten Faktors nacheinander mit dem ersten Faktor. Beachte den Übertrag.

Schreibe die Zwischenergebnisse stellenrichtig untereinander und addiere sie.

---

**1** Berechne schriftlich.
a) $245 \cdot 2$      b) $321 \cdot 3$      c) $201 \cdot 4$
d) $3102 \cdot 3$      e) $4032 \cdot 2$      f) $3210 \cdot 3$

**2** Berechne schriftlich.
a) $426 \cdot 3$      b) $527 \cdot 2$      c) $603 \cdot 8$
d) $509 \cdot 7$      e) $7025 \cdot 4$      f) $6207 \cdot 9$

**3** Multipliziere.
a) $376 \cdot 60$      b) $569 \cdot 700$      c) $5698 \cdot 90$
d) $3497 \cdot 800$      e) $873 \cdot 30$      f) $4312 \cdot 500$

**4** Multipliziere.
a) $67 \cdot 16$      b) $72 \cdot 27$      c) $56 \cdot 39$
d) $127 \cdot 35$      e) $238 \cdot 36$      f) $291 \cdot 13$

**5** Multipliziere.
a) $6 \cdot 1604$      b) $32 \cdot 2790$      c) $50 \cdot 396$
d) $403 \cdot 38$      e) $209 \cdot 367$      f) $29 \cdot 1343$

**6** Für die Klassenfahrt der Klasse 5 b werden von jeder Schülerin und jedem Schüler 128 € eingesammelt. In der Klasse sind 15 Jungen und 14 Mädchen.
Welchen Gesamtbetrag sammelt der Lehrer ein?

**7** Ein Herz eines Menschen schlägt in der Minute im Durchschnitt 72-mal. Wie oft schlägt das menschliche Herz an einem Tag?

**8** Eine Fledermaus hat einen Herzschlag von ungefähr 600 Schlägen pro Minute. Wie oft schlägt dieses kleine Herz am Tag?

**9** Der Elfmeterpunkt im Fußballfeld ist nicht genau elf Meter von der Torlinie entfernt. Der Abstand beträgt genau zwölf englische Yards. Ein Yard ist ungefähr 91 Zentimeter lang.
Berechne den genauen Abstand in Meter und Zentimeter.

**10** Eine Gesamtschule hat Klassen vom 5. bis zum 10. Jahrgang. In einem Jahrgang gibt es immer vier parallele Klassen. In einer Klasse sind im Durchschnitt 28 Schülerinnen und Schüler.
Wie viele Schülerinnen und Schüler hat die Schule ungefähr?

**11** Bei der folgenden Aufgabe entsteht ein ungewöhnliches Ergebnis: $13\,717\,421 \cdot 9$

# WIEDERHOLUNG
## Schriftliches Dividieren

**1** Dividiere schriftlich.

a) 76 : 4  
   84 : 3  
   75 : 5

b) 784 : 7  
   855 : 3  
   960 : 6

c) 918 : 9  
   344 : 2  
   984 : 8

**2** Berechne schriftlich. Achte auf die Nullen im Ergebnis.

a) 612 : 3  
   618 : 2  
   535 : 7

b) 1150 : 5  
   1260 : 7  
   3600 : 3

c) 6060 : 6  
   4045 : 5  
   3006 : 3

**3** Berechne schriftlich.

a)   360 : 30  
  1200 : 40  
  4900 : 70

b) 1250 : 50  
  1260 : 70  
  3660 : 30

c)    3060 : 60  
    4045 : 50  
  27 180 : 90

**4** Dividiere. Achte auf den Rest.

a) 361 : 3  
   122 : 4  
   493 : 7

b) 126 : 5  
   677 : 7  
   365 : 3

c)   301 : 6  
   489 : 5  
  2714 : 9

**5** Rechne schriftlich. Stimmt der Rest?

a) 938 : 6 = ▨ Rest 2  
b) 690 : 7 = ▨ Rest 4

c) 780 : 9 = ▨ Rest 6  
d) 396 : 5 = ▨ Rest 1

**6** Bestimme den Platzhalter.

a) 3 · ▨ = 411  
b) 5 · ▨ = 515  
c) 7 · ▨ = 595

d) ▨ · 4 = 284  
e) 9 · ▨ = 522  
f) ▨ · 8 = 272

**7** Dividiere 342 durch 9.

**8** Bestimme den Quotienten von 60 und 5.

**9** Welche Zahl musst du mit 9 multiplizieren, um 216 zu erhalten?

**10** Drei Geschwister teilen sich ein Erbe von 6720 Euro. Welchen Betrag erhält jeder?

**11** Familie Ehlers hat eine Woche Urlaub gemacht. Für Essen und Trinken haben die Eltern 413 Euro ausgegeben. Wie viel Euro hat die Verpflegung durchschnittlich pro Tag gekostet?

**12** Familie Brinkmann hat im Juni etwa 18300 Liter Wasser verbraucht. Die Familie besteht aus 5 Personen, die alle gleich viel Wasser verbrauchen.  
a) Wie hoch war der Wasserverbrauch pro Person im Juni?  
b) Wie hoch war der Wasserverbrauch pro Person pro Tag?

---

972 : 4 = ▨

**Schritt 1**

| H | Z | E | | | H | Z | E |
|---|---|---|---|---|---|---|---|
| 9 | 7 | 2 | : | 4 | = | 2 | ▨ ▨ |
| 8 | | | | | | | |
| 1 | | | | | | | |

9 : 4 = 2 Rest ▨  
2 · 4 = 8  
9 − 8 = 1

**Schritt 2**

| H | Z | E | | | H | Z | E |
|---|---|---|---|---|---|---|---|
| 9 | 7 | 2 | : | 4 | = | 2 | 4 ▨ |
| 8 | ↓ | | | | | | |
| 1 | 7 | | | | | | |
| 1 | 6 | | | | | | |
| | 1 | | | | | | |

17 : 4 = 4 Rest ▨  
4 · 4 = 16  
17 − 16 = 1

**Schritt 3**

| H | Z | E | | | H | Z | E |
|---|---|---|---|---|---|---|---|
| 9 | 7 | 2 | : | 4 | = | 2 4 | 3 |
| 8 | | | | | | | |
| 1 | 7 | | | | | | |
| 1 | 6 | ↓ | | | | | |
| | 1 | 2 | | | | | |
| | 1 | 2 | | | | | |
| | | 0 | | | | | |

12 : 4 = 3 Rest ▨  
3 · 4 = 12  
12 − 12 = 0

972 : 4 = 243

---

238 : 7 = ▨

**Schritt 1**

| 2 | 3 | 8 | : | 7 | = | 3 | ▨ |
|---|---|---|---|---|---|---|---|
| 2 | 1 | | | | | | |
| | 2 | | | | | | |

2 : 7 = 0 Rest ▨  
also  
23 : 7 = 3 Rest ▨  
3 · 7 = 21  
23 − 21 = 2

**Schritt 2**

| 2 | 3 | 8 | : | 7 | = | 3 | 4 |
|---|---|---|---|---|---|---|---|
| 2 | 1 | ↓ | | | | | |
| | 2 | 8 | | | | | |
| | 2 | 8 | | | | | |
| | | 0 | | | | | |

28 : 7 = 4 Rest ▨  
4 · 7 = 28  
28 − 28 = 0

238 : 7 = 34

# WIEDERHOLUNG
## Geld

Wenn ein Geldbetrag in der Komma-schreibweise angegeben wird, steht links vom Komma der Euro-Betrag, rechts vom Komma der Cent-Betrag.

3 € 11 Cent = 3,11 €

Geldbeträge in der Kommaschreib-weise können in Cent umgerechnet werden.

1 € = 100 Cent
3,11 € = 311 Cent

**Tabelle für Geldbeträge**

| Euro | | | Cent | | |
|---|---|---|---|---|---|
| H | Z | E | Z | E | |
| | | 3 | 5 | 6 | 3,56 € |
| | 3 | 5 | 0 | 0 | 35,00 € |
| 1 | 0 | 0 | 5 | 0 | 100,50 € |
| | | 4 | 2 | 5 | 5 | 42,55 € |

245,53 € + 73,07 € + 7,58 € = ▨

```
  2 4 5,5 3
+   7 3,0 7
+      7,5 8
    1 1 1
  3 2 6,1 8
```

245,53 € + 73,07 € + 7,58 € = 326,18 €

125,25 € − 89,75 € = ▨

```
  1 2 5,2 5
−    8 9,7 5
    1 1 1
    3 5,5 0
```

125,25 € − 89,75 € = 35,50 €

Werden Geldbeträge in der Komma-schreibweise angegeben, muss beim Addieren und Subtrahieren jeweils Komma unter Komma gesetzt werden.

**1** Übertrage die Tabelle für Geldbeträge aus der linken Spalte in dein Heft und trage den Geldbetrag ein.
a) 345 Cent    b) 3,56 €    c) 23,67 €
d) 456 €    e) 23 456 Cent    f) 170,5 €

**2** Gib in Euro an.
a) 456 Cent    b) 23 Cent    c) 1234 Cent
d) 9 Cent    e) 3005 Cent    f) 100 000 Cent

**3** Gib in Cent an.
a) 3 €    b) 15,04 €    c) 7,50 €
d) 35,78 €    e) 356 €    f) 9,5 €

**4** Schreibe mit Komma.
a) 3 € 17 Cent    b) 4 € 23 Cent    c) 17 € 45 Cent
d) 23 € 2 Cent    e) 5 Cent 12 €    f) 786 Cent

**5** Julia wünscht sich ein neues Mountainbike. Das Fahrrad kostet 328 €. Eine Lichtanlage muss zusätzlich für 23,50 € gekauft wer-den. Außerdem braucht Julia einen neuen Fahrradhelm für 32 €.

**6** Die Klasse 5 b plant eine Klassenfahrt. Von jeder Schülerin und von jedem Schüler werden 120 € eingesammelt. Insgesamt fahren 29 Personen mit.
Wie viel Euro werden insgesamt eingesammelt?

**7** Tim hat sein Sparschwein geleert. Er hat das Geld sortiert und will berechnen, wie viel er gespart hat.

| 5 € | 2 € | 1 € | 50 Cent | 20 Cent | 10 Cent | 5 Cent | 2 Cent | 1 Cent |
|---|---|---|---|---|---|---|---|---|
| 7 | 12 | 4 | 21 | 6 | 45 | 12 | 23 | 21 |

**8** Berechne schriftlich.
a) 232,56 € + 456,70 €    b) 34,09 € + 1,07 € + 315,00 €
3409,45 € + 208,60 €    145,78 € + 20 € + 17,49 €
12,78 € + 1209,70 €    15 € + 0,65 € + 112,89 €

**9** Berechne schriftlich.
a) 345,78 € − 56,09 €    b) 907,34 € − 80 €
678,45 € − 169,60 €    5000 € − 678,23 €

**10** Philip kauft Ersatzteile für seine Eisenbahn: einen Schalter für 2,75 €, ein Signal für 12,30 € und ein Haus für 7,25 €. Er will mit einem 20-€-Schein bezahlen. Reicht sein Geld? Schätze zuerst.

**11** Ramadan ist vorbei. Serkan hat 20 € für die Kirmes bekommen. Er fährt Autoscooter für 5 €, Geisterbahn für 4 €, isst Zuckerwatte für 1,50 €, bezahlt an der Wurfbude 3 €, kauft Popcorn für 2,50 €. Wie viele Lose zum Preis von einem Euro kann er noch kaufen?

1 | Miss die Länge jeder abgebildeten Strecke.

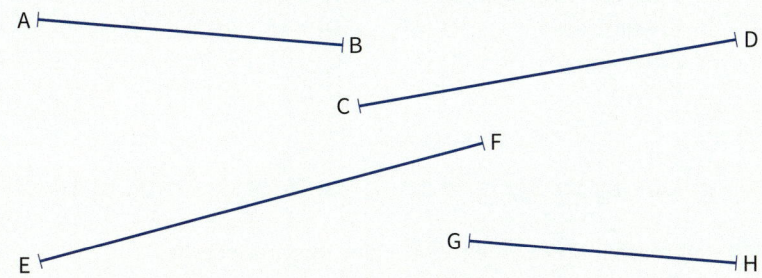

2 | Schreibe in der Einheit, die in der Klammer steht.

a) 6 cm (mm)
5 m (dm)
7 dm (cm)

b) 80 cm (mm)
6 dm (cm)
12 km (m)

c) 70 dm (cm)
12 cm (mm)
19 m (dm)

d) 70 cm (dm)
120 mm (cm)
20 dm (m)

e) 7000 m (km)
120 cm (dm)
300 mm (cm)

f) 200 cm (m)
300 mm (cm)
15 000 m (km)

3 | Gib in Kilometer an.

a) 1 km 400 m
1 km 40 m

b) 5 km 20 m
5 km 200 m

c) 8 km 3 m
8 km 30 m

4 | Gib jede Länge in Kilometer und Meter an.

a) 5,800 km
5,080 km

b) 6,86 km
7,7 km

c) 7,757 km
2,508 km

5 | Gib in Meter an.

a) 1 m 40 cm
1 m 4 cm

b) 5 m 2 dm
5 m 20 cm

c) 8 m 3 cm
8 m 3 mm

6 | Berechne schriftlich.

a) 5,7 km + 2,678 km
c) 564 cm + 6780 cm

b) 1228 m + 56 027 m
d) 5,689 m + 7,98 m

7 | Subtrahiere schriftlich.

a) 4,589 km – 0,87 km
25,67 km – 17 km

b) 65,6 m – 4,89 m
7 m – 5,874 m

8 | Die Außenlinien eines Fußballfeldes von 148,8 m Länge und 70,5 m Breite sollen mit Kreide nachgezeichnet werden. Wie lang ist die Kreidespur, die dabei entsteht?

9 | Sarah möchte in den Ferien mit ihrem Rad in vier Tagen eine Strecke von 90 km Länge zurücklegen. Am ersten Tag fährt sie 24,6 km, am zweiten Tag 18,5 km und am dritten Tag 29,7 km. Welche Strecke muss sie am vierten Tag zurücklegen?

10 | Von einem 30 m langen Tau werden drei Leinen abgeschnitten. Die Leinen sind 6,30 m, 5,60 m und 3,50 m lang. Wie lang ist der Rest?

---

Eine Strecke ist die kürzeste Verbindung zwischen zwei Punkten.

A ├———— a ————┤ B

Sie wird mit einem kleinen Buchstaben oder durch ihre zwei Endpunkte angegeben: $a = \overline{AB}$.

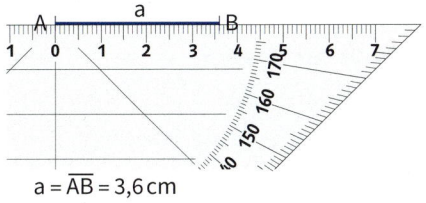

$a = \overline{AB} = 3{,}6\,cm$

Wir messen Längen in Kilometern (km), Metern (m), Dezimetern (dm), Zentimetern (cm) und Millimetern (mm).

1 km = 1000 m
1 m = 10 dm   1 m = 10 dm
1 dm = 10 cm   1 m = 100 cm
1 cm = 10 mm   1 m = 1000 mm

**Tabelle für Längen**

| km | | | m | | | |
|---|---|---|---|---|---|---|
| H | Z | E | H | Z | E | |
|  |  | 7 | 3 | 7 | 6 | 7,376 km |
|  | 4 | 5 | 0 | 9 | 0 | 45,090 km |
|  |  | 3 | 0 | 0 | 7 | 3,007 km |
|  |  |  | 4 | 2 | 6 | 0,426 km |
|  |  |  |  | 1 | 8 | 0,018 km |
|  |  |  |  |  | 3 | 0,003 km |

| m | | | | | | |
|---|---|---|---|---|---|---|
| H | Z | E | dm | cm | mm | |
| 5 | 1 | 2 | 8 | 0 |  | 512,80 m |
|  | 3 | 6 | 5 | 2 | 5 | 36,525 m |
|  |  | 7 | 4 | 4 |  | 7,44 m |
|  |  |  | 1 | 8 |  | 0,18 m |
|  |  |  |  | 5 | 3 | 0,053 m |

Werden Längen in der gleichen Einheit und in Kommaschreibweise angegeben, muss beim Addieren und Subtrahieren jeweils Komma unter Komma gesetzt werden.

# WIEDERHOLUNG
## Massen

Wir messen die Masse eines Körpers in Tonnen (t), Kilogramm (kg) und in Gramm (g). Im Alltag wird auch der Begriff Gewicht anstelle von Masse benutzt.

1 t = 1000 kg
1 kg = 1000 g

### Tabelle für Massen

| t | | | kg | | | |
|---|---|---|---|---|---|---|
| H | Z | E | H | Z | E | |
| | | 6 | 2 | 6 | 5 | 6,265 t |
| | 5 | 6 | 0 | 8 | 0 | 56,080 t |
| | | 2 | 0 | 0 | 7 | 2,007 t |
| | | | 4 | 7 | 5 | 0,475 t |
| | | | | 5 | 8 | 0,058 t |
| | | | | | 7 | 0,007 t |

| kg | | | g | | | |
|---|---|---|---|---|---|---|
| H | Z | E | H | Z | E | |
| 4 | 3 | 2 | 8 | 0 | | 432,80 kg |
| | 5 | 8 | 5 | 2 | 5 | 58,525 kg |
| | | 7 | 9 | 4 | | 7,94 kg |
| | | | 9 | 3 | | 0,93 kg |
| | | | | 1 | 3 | 0,013 kg |

4,053 kg + 0,759 kg + 15,37 kg = ▨

```
      4 , 0 5 3
  +   0 , 7 5 9
  + 1 5 , 3 7 0
    1 1 1 1
  2 0 , 1 8 2
```

16,55 t − 3,007 t = ▨

```
  1 6 , 5 5 0
  −  3 , 0 0 7
         1
  1 3 , 5 4 3
```

Werden Massen in der gleichen Einheit und in Kommaschreibweise angegeben, muss beim Addieren und Subtrahieren jeweils Komma unter Komma gesetzt werden.

**1** Ordne die Massen richtig zu.
a) Blatt DIN-A4-Papier
b) Erwachsener
c) Kind
d) Pkw
e) Lkw
f) Postkarte
g) Ein Liter Wasser

A) 25 kg
B) 1 kg
C) 12 t
D) 5 g
E) 1100 kg
F) 2 g
G) 75 kg

**2** Schreibe in der Einheit, die in der Klammer steht.
a) 8 kg (g)     b) 8 t (kg)     c) 70 t (g)
   15 kg (g)       26 t (kg)       120 t (g)

**3** Schreibe in der Einheit, die in der Klammer steht.
a) 7000 g (kg)     b) 6000 kg (t)     c) 20 000 g (kg)
   12 000 g (kg)      13 000 kg (t)      125 000 g (kg)

**4** Gib in Tonnen an.
a) 1 t 500 kg     b) 2 t 50 kg     c) 8 t 5 kg
   1 t 4 kg         5 t 250 kg      1 t 11 kg

**5** Gib in Kilogramm an.
a) 1 kg 300 g     b) 15 kg 70 g     c) 19 kg 3 g
   1 kg 30 g        5 kg 500 g      28 kg 30 g
   1 kg 3 g         25 kg 322 g     8 kg 736 g

**6** Gib jede Masse in Kilogramm und Gramm (nur in Gramm) an.
a) 6,400 kg     b) 7,96 kg     c) 1,756 kg
   6,040 kg       8,8 kg        2,205 kg
   6,004 kg       7,06 kg       3,010 kg

**7** Berechne schriftlich.
a) 37 t + 2659 t            b) 363,2 kg + 7,005 kg
   543 kg + 1328 kg        3,689 kg + 0,98 kg
   3006 g + 887 g         0,7 kg + 13 kg + 6,375 kg

**8** Subtrahiere schriftlich.
a) 1,589 t − 0,87 t      b) 65,6 kg − 14,89 kg
   75,67 t − 48 t         17 kg − 15,874 kg

**9** Arne bringt drei Pakete zur Post. Sie wiegen zusammen 5,8 kg. Das erste Paket wiegt 1,9 kg, das zweite 0,8 kg. Wie schwer ist das dritte Paket?

**10** Der Kleintransporter von Herrn Schewe hat eine zulässige Nutzlast von 750 kg. Darf er damit drei beladene Paletten, die 145 kg, 347 kg und 256 kg wiegen, auf einmal transportieren?

**11** Ein Wohnmobil hat ein zulässiges Gesamtgewicht von 3,5 t. Das Mobil wiegt mit Campingausrüstung 3,1 t. Herr und Frau Fischer wiegen zusammen 170 kg. Wie viel Kilogramm kann Herr Fischer noch für Lebensmittel und Wasser einplanen?

**1** Wie spät ist es? Gib zwei mögliche Zeitpunkte an.

a) 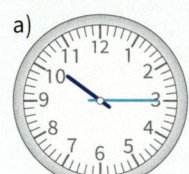 b) 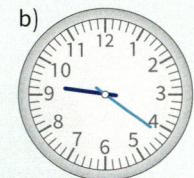 c)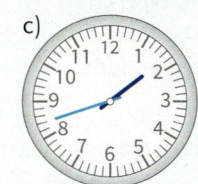

d) 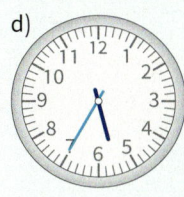 e) 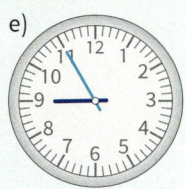 f)

**Zeitpunkte**

11.15 Uhr
oder
23.15 Uhr

9.26 Uhr
oder
21.26 Uhr

5.50 Uhr
oder
17.50 Uhr

1.47 Uhr
oder
13.47 Uhr

**2** Wie viele Minuten sind seit 9.00 Uhr vergangen. Gib die Zeitspanne auch als Teil einer Stunde an.

a) b) c)

d) 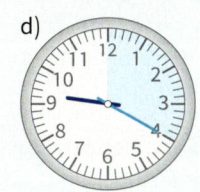 e) 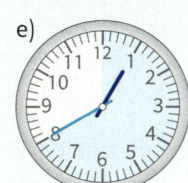 f)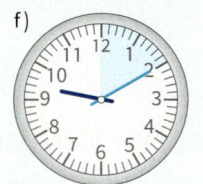

**Zeitspannen**

$\frac{1}{4}$ h = 15 min      $\frac{1}{2}$ h = 30 min

$\frac{3}{4}$ h = 45 min      1 h = 60 min

**3** Wie viel Zeit ist vergangen?

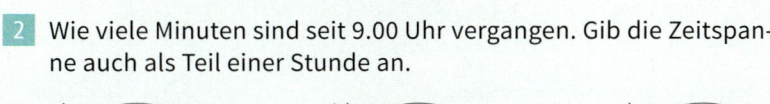

75 min

1 h 15 min

a)

b) 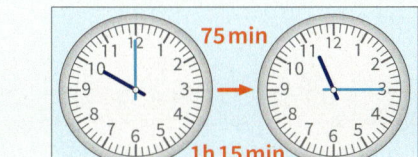 c)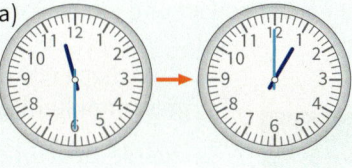

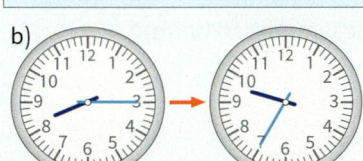 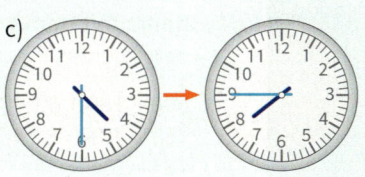

**4** Wie viele Minuten sind es?

a) 1 h 20 min     b) 4 h 50 min     c) $2\frac{1}{2}$ h

2 h 10 min     6 h     $1\frac{1}{4}$ h

3 h 30 min     10 h     $3\frac{3}{4}$ h

**Minuten und Stunden**

1 h 15 min = 60 min + 15 min = 75 min
$2\frac{1}{2}$ h = 120 min + 30 min = 150 min

135 min = 120 min + 15 min = 2 h 15 min
225 min = 180 min + 45 min = $3\frac{3}{4}$ h

**5** Wie viele Stunden und Minuten sind es?

a) 120 min     b) 150 min     c) 220 min     d) 245 min

## Einem Text Informationen entnehmen

1. Lies den Text im Ganzen durch. Schreibe in einem Satz auf, wovon der Text handelt.

2. Lies jeden einzelnen Abschnitt des Textes langsam und konzentriert.
   Schreibe zu jedem Abschnitt eine Überschrift auf.

3. Schreibe die Aussagen des Textes auf, die du für besonders wichtig hältst.

4. Schreibe die Wörter auf, die du nicht kennst. Kläre ihre Bedeutung, indem du ein Lexikon benutzt oder deine Lehrerin oder deinen Lehrer fragst.

5. Berichte einem Mitschüler oder einer Mitschülerin, was du gelesen hast.

## Sachaufgaben lösen

1. Lies die Aufgabe sorgfältig durch und schreibe alle Angaben auf, die du zum Lösen der Aufgabe benötigst.

2. Überlege, was du als Erstes berechnen musst, was als Zweites und was dann.

3. Führe die Rechnungen durch. Überprüfe dein Ergebnis durch eine Überschlagsrechnung oder eine Probe.

4. Überlege, ob das Ergebnis deiner Rechnung sinnvoll ist und gib eine Antwort.

Datum:
Ziel:
Abfahrt an der Schule:
Ankunft an der Schule:

Die Klasse 5 a plant einen Wandertag. Die Kosten für die Busfahrt betragen insgesamt 600 €, der Eintritt in das Museum kostet 120 €, die Führung 30 €. Die Lehrerin hat insgesamt 784 € eingesammelt.

1. Buskosten 600 €, Eintritt 120 €, Führung 30 €, eingesammelter Betrag 784 €

2. zuerst: Gesamtkosten berechnen,
   dann: mit dem eingesammelten Betrag vergleichen

3. $600 + 120 + 30 = 750$
   $750 < 784$
   $784 - 750 = 34$

   Probe: $600 + 120 + 30 + 34 = 784$

4. Der eingesammelte Betrag reicht aus. Es bleiben noch 34 € übrig.

# LÖSUNGEN
## zu den Eingangstests

## Natürliche Zahlen Seite 206

**1** A: 12     B: 15     C: 19

**2** a) 40     b) 75

**3** a) 23 < 32   b) 21 > 17   c) 24 < 42   d) 132 > 123

**4** a) 400; 500     b) 500; 600

**5** a) 584   b) 926   c) 257   d) 308

## Daten Seite 207

**1** a) 34 000   b) 350 000   c) 37 000   d) 130 000

**2** a) 7000      b) 200 000
    13 000        1 500 000
    22 000        0
    0           1 000 000

**3** a) A: 10; B: 30; C: 40
b) D: 250; E: 750; F: 1000
c) G: 2000; H: 6000; K: 8000

## Addieren und Subtrahieren Seite 207

**1** a) 62     b) 102     c) 18
    51        114        15
    77        165        45

**2** a) 584     b) 5021     c) 1654

**3** a) 3 m     b) 3 kg     c) 23 €
    5,60 m     7,5 kg     4,50 €
    400 cm     12 000 g     200 ct
    520 cm     2000 kg     256 ct

**4** Leni ist drei Jahre alt, Paul ist ein Jahr alt.

## Figuren und Graphen im Koordinatensystem Seite 208

**1** $\overline{AB}$ = 2,5 cm; $\overline{CD}$ = 3 cm; $\overline{EF}$ = 4,5 cm; $\overline{GH}$ = 5,5 cm; $\overline{IK}$ = 6 cm

**2** a) 4 cm     b) 20 mm     c) 5 m
d) 550 mm     e) 3,4 cm     f) 700 cm

**3** a) A: 3; B: 12     b) A: 25; B: 35     c) A: 44; B: 60

## Multiplizieren und Dividieren Seite 208

**1**

| a) | b) | c) |
|---|---|---|
| 4 | 7 | 12 |
| 8 | 14 | 24 |
| 12 | 21 | 36 |
| 16 | 28 | 48 |
| 20 | 35 | 60 |
| 24 | 42 | 72 |
| 28 | 49 | 84 |
| 32 | 56 | 96 |
| 36 | 63 | 108 |
| 40 | 70 | 120 |

**2**

| a) | b) | c) | d) | e) | f) | g) | h) |
|---|---|---|---|---|---|---|---|
| 27 | 35 | 48 | 77 | 8 | 3 | 6 | 6 |
| 40 | 24 | 81 | 39 | 5 | 8 | 8 | 5 |

**3** a) 7 · 10 = 70     b) 8 · 11 = 88

**4** a) 60 : 3 = 20     b) 15 : 3 = 5

**5** Für alle Kinder zusammen beträgt der Eintritt 132 €.

**6** Melissa hat nach 34 Tagen das ganze Buch gelesen.

## Körper und Flächen Seite 209

**1** a) Die Geraden a und d sind senkrecht zueinander (a ⊥ d).
    Die Geraden c und d sind senkrecht zueinander (c ⊥ d).
b) Die Geraden a und c sind parallel zueinander (a ∥ c).

**2** a)

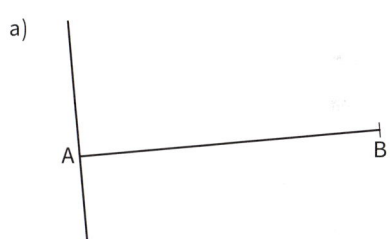

b)

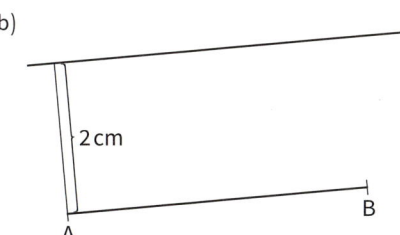

# LÖSUNGEN
## zu den Eingangstests

## Vergleichen und Messen Seite 209

**1** $\overline{AB}$ = 2 cm; $\overline{CD}$ = 4,2 cm; $\overline{EF}$ = 3,5 cm

**2**  a) 54  b) 60  c) 98  d) 200
e) 70  f) 1500  g) 34 000

**3**  a) 4  b) 4  c) 12  d) 15
e) 36  f) 42  g) 90

**4**  a) Die Figuren C unf D sind Quadrate.
b) Die Figuren A und B sind Rechtecke, aber keine Quadrate.

**5**  a)

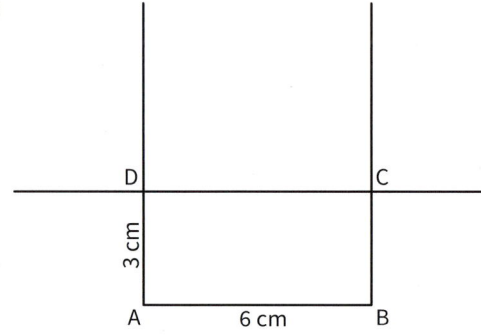

b) Es entsteht das Rechteck ABCD mit den Seitenlängen $\overline{AB}$ = $\overline{CD}$ = 6 cm und $\overline{AC}$ = $\overline{BD}$ = 3 cm.

## Symmetrien und Muster Seite 210

**1**  a) Jede Seite misst ca. 2,7 cm. Die Figur ist ein Quadrat und hat vier rechte Winkel.
b) Seitenlängen der Figur: ca. 3,5 cm; ca. 3,5 cm; ca. 2,1 cm; ca. 3,3 cm. Die Figur hat einen rechten Winkel.

**2**  $\overline{AB}$ = 4,5 cm; $\overline{CD}$ = 5 cm; $\overline{EF}$ = 3 cm

**3**  A (2 | 1); B (5 | 2); C (0 | 3)

**4**

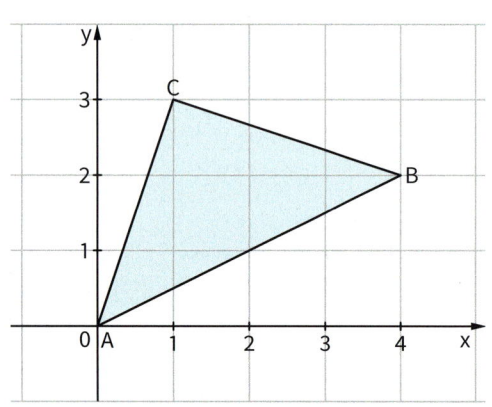

## Brüche Seite 210

**1**  a) und b)
Z. B.:

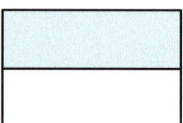

**2**  a) und b)
Z. B.:

**3**  a) 350  b) 560  c) 1800
640  540  2800
360  540  4800

**4**  a) 25  b) 20  c) 30
15  60  40
14  30  20

**5**  Pro Tag bezahlt Familie Hansen 7,50 € Miete für den Strandkorb.

**6**  Für die vier Tage bezahlt Frau Krause insgesamt 34 € Miete für das E-Bike.

## Zeit Seite 211

**1** a) 1241  b) 483

**2** a) 2580  b) 424

**3** a) 180 min  b) 360 s
165 min  195 s
245 min  595 s

**4** A: wahr  B: wahr  C: falsch  D: wahr  E: falsch

# LÖSUNGEN
## zu den Ausgangstests

**zu Seite 25**

**1** a)

| Millionen | | | Tausender | | | | | |
|---|---|---|---|---|---|---|---|---|
| H | Z | E | H | Z | E | H | Z | E |
| | | | 7 | 5 | 2 | 0 | 0 | 1 |
| | | 4 | 5 | 2 | 4 | 0 | 4 | 5 |

b)

| Millionen | | | Tausender | | | | | |
|---|---|---|---|---|---|---|---|---|
| H | Z | E | H | Z | E | H | Z | E |
| | 1 | 4 | 8 | 9 | 0 | 2 | 0 | 0 |
| 3 | 4 | 5 | 0 | 0 | 0 | 0 | 0 | 0 |

c)

| Millionen | | | Tausender | | | | | |
|---|---|---|---|---|---|---|---|---|
| H | Z | E | H | Z | E | H | Z | E |
| | 7 | 5 | 0 | 0 | 0 | 0 | 0 | 0 |
| 4 | 3 | 2 | 0 | 0 | 0 | 0 | 0 | 0 |

d)

| Millionen | | | Tausender | | | | | |
|---|---|---|---|---|---|---|---|---|
| H | Z | E | H | Z | E | H | Z | E |
| | | | 3 | 1 | 4 | 0 | 0 | 0 |
| | | 2 | 6 | 0 | 0 | 0 | 0 | 0 |

e)

| Millionen | | | Tausender | | | | | |
|---|---|---|---|---|---|---|---|---|
| H | Z | E | H | Z | E | H | Z | E |
| | | | 7 | 9 | 4 | 0 | 0 | |
| | | | | 8 | 7 | 1 | 2 | |

**2** a) fünfhundertvierzig
b) dreitausendachthundert
c) siebentausendfünfhundert

**3** Z. B.: Im letzten Kasten in der oberen Reihe befinden sich 11 Punkte. Insgesamt gibt es 16 Kästen, also ca. 16 · 11 Punkte = 176 Punkte.

**4** a) 139 < 143 < 150 < 151 < 162
b) 675 < 695 < 756 < 765 < 788
c) 2233 < 2323 < 3223 < 3232 < 3322

**5** a) 8300
4500
45 800
110 800
13 000
b) 6000
16 000
262 000
813 000
1 231 000

**6** a) Beginnend mit dem längsten Fluss:
Amazonas; Jangtsekiang; Argun-Amur; Mekong; Lena; Mississippi
b) Amazonas: 7000 km; Argun-Amur: 4400 km; Jangtsekiang: 6400 km; Lena: 4300 km; Mekong: 4400 km; Mississippi: 3800 km

**7** a) C    b) D

**8** kleinste Anzahl Äpfel: 11 500; größte Anzahl Äpfel: 12 499

**9** größte Zahl: 8732; kleinste Zahl: 2378

**zu Seite 41**

**1** a)

| Anzahl der Smartphones in der Familie | Häufigkeit |
|---|---|
| 0 | 1 |
| 1 | 3 |
| 2 | 12 |
| 3 | 7 |
| 4 | 4 |
| 5 | 1 |

b)

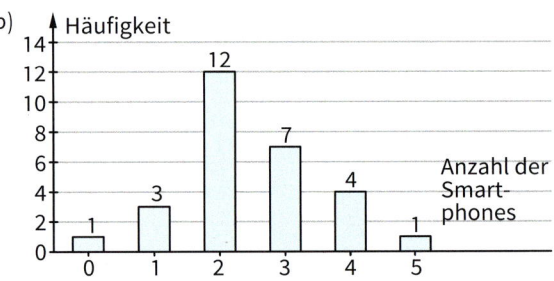

**2** a)

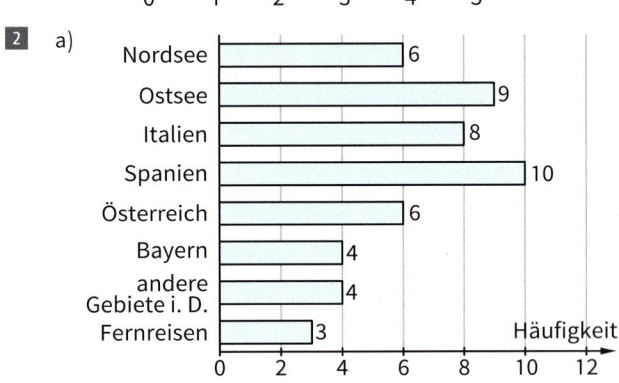

b) 50 Schülerinnen und Schüler wurden befragt.

**3** a)

| Verkehrsmittel | Häufigkeit in Mio. |
|---|---|
| Auto oder Wohnmobil | 25 |
| Flugzeug | 23 |
| Bus | 4 |
| Bahn | 3 |
| Sonstige | 2 |

b) Flugzeug: von 22 500 000 bis 23 499 999
Bahn: 2 500 000 bis 3 499 999

**4** ca. 1347 kg

## zu Seite 65

**1** a) 92        b) 9

**2** a) 48        b) 20

**3** a) 16        b) 62        c) 99

**4** a) $(69 + 31) + (137 + 23) = 260$
    b) $(198 + 102) + (76 + 24) = 400$
    c) $(238 + 132) + (147 + 323) = 840$

**5** a) $(34 + 45) + 54 = 133$      b) $(56 - 13) + 27 = 70$
    c) $(144 - 43) - 31 = 70$

**6** a)    345 127         b)    56 312
    +  67 819             − 47 403
       <u> 1 1   1 </u>           <u> 1 1  1 </u>
      412 946             8 909

**7** Die Kassiererin hat jetzt 1314 € in der Kasse.

**8** Im Parkhaus sind dann noch 176 Plätze frei.

**9** Z. B.: Ein Schüler kauft sich von seinem Taschengeld über 20 € eine Pizza für 6,95 € und eine Cola für 2,80 €. Wie viel Geld hat er noch von seinem Taschengeld übrig?

**10** a)    124 869         b)    756 886
     + 254 332           − 368 745
       <u> 1 1 1 </u>           <u> 1 1 </u>
      379 201             388 141

**11** a)

|     |     | 360 |     |     |
|-----|-----|-----|-----|-----|
|     | 186 |     | 174 |     |
|  91 |     |  95 |     |  79 |
| 43  | 48  |     | 47  | 32  |
| 16  | 27  | 21  | 26  |  6  |

    b) Die kleinste Zahl ist 354, wenn man im Additionsturm das Kästchen in der unteren Reihe ganz rechts mit 0 belegt.

## zu Seite 89

**1** a) A (2 | 1); B (11 | 1); C (11 | 3); D (4 | 3); E (4 | 6); F (2 | 6)
    b)

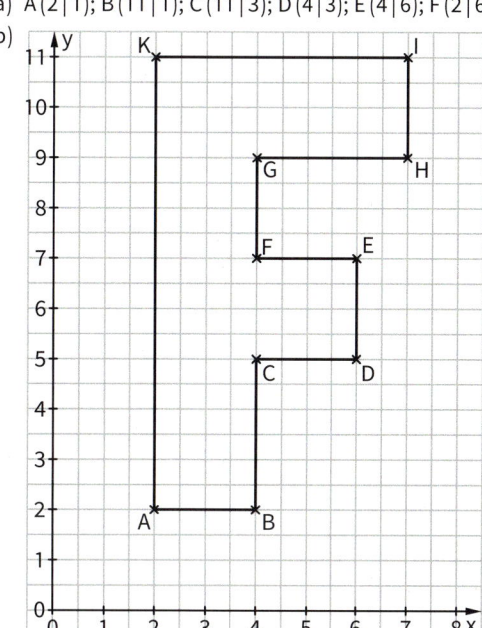

**2** $\overline{AB}$ = 5,5 cm      $\overline{CD}$ = 3,5 cm

**3** a), c) und d)

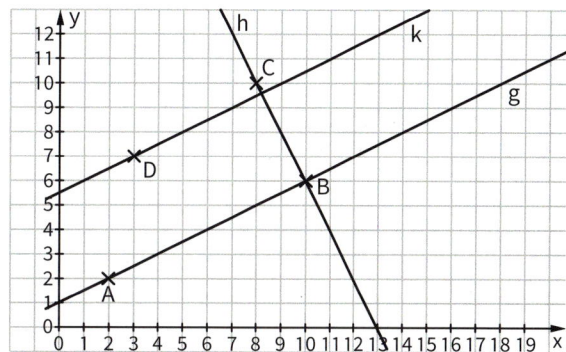

    b) Z. B.: P (4 | 3); R (6 | 4); S (12 | 7)

**4** a) Nach einer Stunde haben sie 10 km zurückgelegt.
    b) Nach 1,5 Stunden machen sie eine Pause von einer Stunde.
    c) Ihr Ziel erreichen sie nach 5,5 Std.
    d) Insgesamt legen sie 30 km zurück.
    e) Die reine Fahrzeit beträgt 4 Stunden.

# LÖSUNGEN
zu den Ausgangstests

**5**

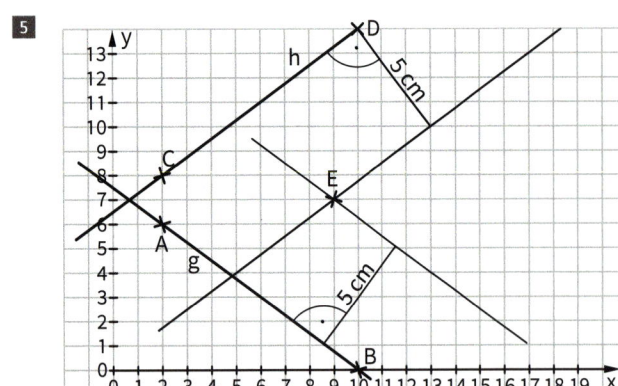

Der Punkt E (9 | 7) hat von den Geraden g und h jeweils den Abstand 5 cm.

## zu Seite 115

**1** a) 3000     b) 16 000     c) 800
       3600          21 000          8

**2** a) 5292     b) 17 004     c) 216 125

**3** a) 458     b) 11 571     c) 1423 Rest 3

**4** a) 84     b) 25

**5** a) 440    b) 3    c) 28    d) 75

**6** a) 8700    b) 2900    c) 890    d) 1500

**7** $(42 - 2) \cdot 3 = 120$       $2 \cdot (33 + 17) = 100$

**8** Es werden insgesamt 480 000 Blätter geliefert.

**9** Samira hat auf ihrem Schulweg täglich 4212 m zurückgelegt.

**10** Es sind 250 Kartons notwendig.

**11** Die Gruppe muss 14 Kanus mieten.

**12** a) 49     b) 125     c) 16     d) 100 000

**13** a) $6 \cdot 8 = 3 \cdot 16 = 2 \cdot 24 = 48$
     b) $8 : 1 = 16 : 2 = 24 : 3 = 8$

**14** Rechnung links: Jonas hat das Ergebnis der Multiplikation $371 \cdot 0$ nicht aufgeschrieben und dadurch das Ergebnis der Multiplikation $371 \cdot 2$ nicht stellengerecht notiert. (richtiges Ergebnis: 37 842).
Rechnung rechts: Bei der Division wurde ein Zwischenschritt vergessen. Jonas hat die Null an der Zehnerstelle der Zahl 405 bei der Rechnung nicht betrachtet (richtiges Ergebnis: 135).

## zu Seite 135

**1** A: Zylinder; B: Kegel; C: Würfel; D: Quader; E: Pyramide; F: Kugel

**2** a) Würfel
b) Zylinder
c) Pyramide (mit viereckiger Grundfläche)
d) Zylinder
e) Dreieckspyramide
f) Dreiecksprisma

**3**

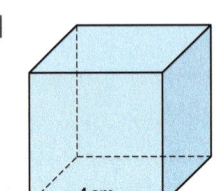

**4**

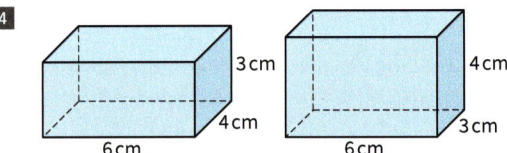

**5**

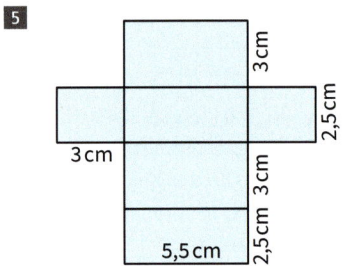

**6**

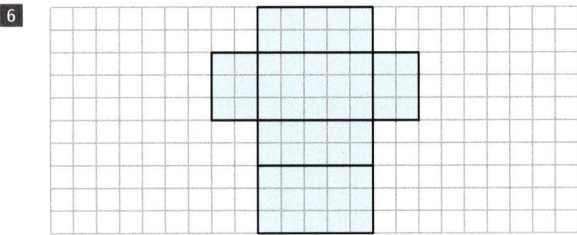

**7**

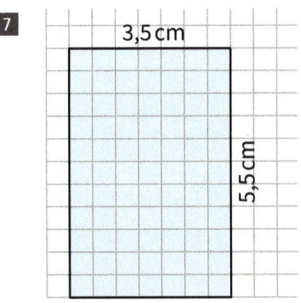

**8**

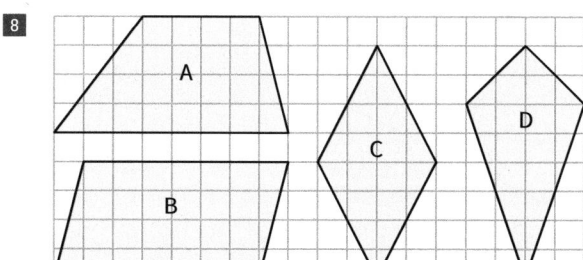

**9** Nein, die abgebildete Fläche ist kein Quadernetz. Die Reihenfolge der beiden rechten Flächen müsste vertauscht werden, damit beim Zusammenklappen ein Quader entsteht.

**10** Bei einem Rechteck müssen die benachbarten Seiten auch senkrecht zueinander stehen. Diese Eigenschaft des Rechtecks fehlt in Mias Begründung. (Gleich lange gegenüberliegende Seiten haben z. B. auch eine Raute oder ein Parallelogramm.)

**11** a) Gegenbeispiele sind das Parallelogramm oder Trapez.
b) Drachen und gleichschenkliges Trapez haben z. B. nur eine Symmetrieachse.

## zu Seite 155

**1** a) 710 cm    b) 35 cm    c) 20 km    d) 28 m
650 dm      20 m        700 cm    8500 cm
230 mm     65 km      650 cm    7 km
2400 cm    0,063 km   5 m        7500 m

**2** a) 482,5 dm = 4825 cm     b) 1,52 m = 152 cm

**3** 1782 km

**4** Die Entfernung zwischenLeverkusen Hannover (Luftlinie) auf der Karte beträgt 6 cm. 1 cm auf der Karte entspricht in Wirklichkeit 4 000 000 cm = 40 km. Daher beträgt die Entfernung zwischen Leverkusen und Hannover (Luftlinie) in Wirklichkeit 240 km.

**5** a) $u = 12$ m; $A = 5$ m²     b) $u = 12$ cm; $A = 9$ cm²
c) $u = 76$ mm; $A = 325$ mm²   d) $u = 9$ cm; $A = 5$ cm²

**6** a) Z. B.:

| Seitenlänge a | Seitenlänge b | Umfang u |
|---|---|---|
| 10 cm | 18 cm | 56 cm |
| 8 cm | 20 cm | 56 cm |
| 13 cm | 15 cm | 56 cm |

b) $a = 14$ cm

---

**7** a) 8000 dm²      b) 56 a
2400 cm²        40 dm²
35 200 a         18 ha
72 ha           455 mm²
2500 m²         5 ha

**8** $u = 48$ cm; $A = 66$ cm²

**9** a) $u = 36$ m     b) $u = 44$ cm     c) $u = 120$ m

**10** Als Beispiel wird das Rechteck mit den Seitenlängen $a = 4$ cm und $b = 6$ cm betrachtet.

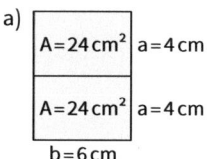

Für den Flächeninhalt eines Rechtecks gilt: $A = a \cdot b$.
$A = 4 \cdot 6 = 24$
$A = 24$ cm²

a)

| $A = 24$ cm² | $a = 4$ cm |
|---|---|
| $A = 24$ cm² | $a = 4$ cm |

$b = 6$ cm

$A = 8 \cdot 6 = 48$
$A = 48$ cm²
Wahr. Wird die Breite des Rechtecks verdoppelt, so verdoppelt sich auch der Flächeninhalt des Rechtecks.

b)

| $A = 24$ cm² | $A = 24$ cm² | $a = 4$ cm |
|---|---|---|
| $A = 24$ cm² | $A = 24$ cm² | $a = 4$ cm |

$b = 6$ cm   $b = 6$ cm

$A = 8 \cdot 12 = 96$
$A = 96$ cm²
Wahr. Werden Länge und Breite des Rechtecks verdoppelt, so vervierfacht sich der Flächeninhalt.

c)

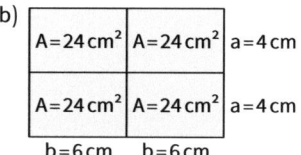

$A = 2$ cm $\cdot$ 3 cm $= 6$
$A = 6$ cm²
Falsch. Halbiert man Länge und Breite eines Rechtecks, so wird der Flächeninhalt geviertelt.

# LÖSUNGEN
## zu den Ausgangstests

## zu Seite 177

**1**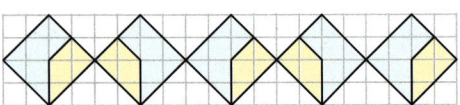

**2**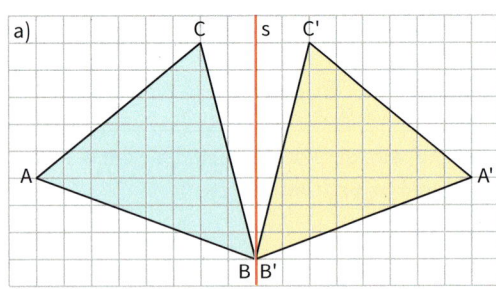

**3**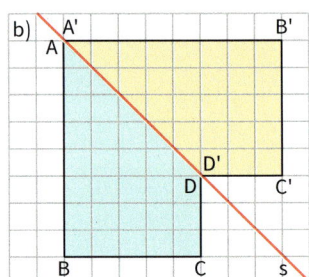

**4** a) 4     b) 2     c) 1     d) 1

**5**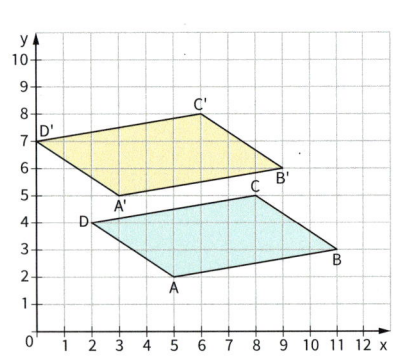

A'(3|5), B'(9|6), C'(6|8), D'(0|7)

**6**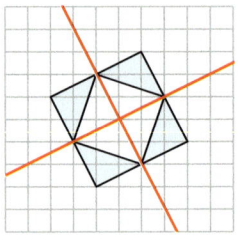

**7** Z. B. hat ein regelmäßiges Fünfeck fünf Symmetrieachsen.

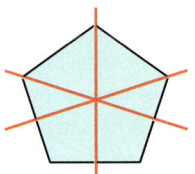

## zu Seite 193

**1**

| Farbe | Grün | Rot | Blau | Gelb |
|---|---|---|---|---|
| Flächenanteil | $\frac{1}{18}$ | $\frac{2}{18} = \frac{1}{9}$ | $\frac{6}{18} = \frac{1}{3}$ | $\frac{9}{18} = \frac{1}{2}$ |

**2** Gelb: $\frac{1}{3}$; Blau: $\frac{1}{4}$; Rot: $\frac{3}{8}$; Grün: $\frac{1}{24}$

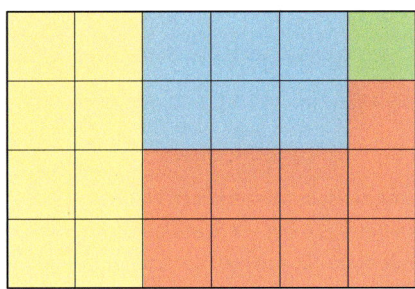

**3** a) $\frac{5}{8}$     b) $\frac{8}{16} = \frac{1}{2}$     c) $\frac{7}{16}$

   d) $\frac{7}{20}$     e) $\frac{5}{14}$     f) $\frac{1}{8}$

   g) $\frac{6}{8} = \frac{3}{4}$     h) $\frac{6}{8} = \frac{3}{4}$     i) $\frac{1}{16}$

**4** a) $\frac{2}{16} = \frac{1}{8}$     b) $\frac{4}{12} = \frac{1}{3}$

**5** a) Z. B.:

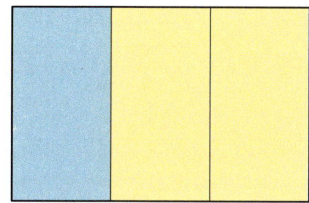

b) Z.B.:

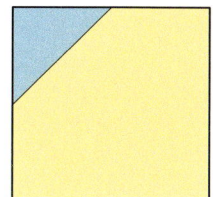

**6** a) $\frac{2}{5} > \frac{2}{7}$    b) $\frac{4}{11} < \frac{6}{11}$    c) $\frac{3}{10} > \frac{3}{100}$

d) $\frac{7}{13} < \frac{7}{10}$    e) $\frac{1}{10} > \frac{1}{20}$    f) $\frac{7}{12} < \frac{10}{12}$

**7** a)

| Klasse | Zu Fuß | Bus | Fahrrad | Auto |
|---|---|---|---|---|
| 5 b | $\frac{9}{26}$ | $\frac{7}{26}$ | $\frac{8}{26}$ | $\frac{2}{26}$ |
| 5 c | $\frac{7}{27}$ | $\frac{8}{27}$ | $\frac{8}{27}$ | $\frac{4}{27}$ |

b) In der Klasse 5 b ist der Anteil der Kinder, die mit dem Fahrrad zur Schule fahren, größer als in der 5 c. Begründung: $\frac{8}{26} > \frac{8}{27}$.

**8** Die Figur ist nicht in gleich große Teilflächen eingeteilt. Um den Flächenanteil von $\frac{2}{5}$ darzustellen, müsste z. B. ein weißes Dreieck entfernt werden. Tatsächlich stellt die Figur einen Flächenanteil von $\frac{2}{6}$ dar, da das Rechteck in der Mitte auch in zwei Dreiecke eingeteilt werden müsste, damit die Figur aus gleich großen Teilflächen besteht.

**7** Ein Fußgänger legt 78 m in einer Minute zurück.
Ein PKW legt 1590 m in einer Minute zurück.
Ein Düsenflugzeug legt 15 km in einer Minute zurück.

**8** a) Alexandra muss spätestens um 7.30 Uhr an der Haltestelle sein.
b) Sie muss (spätestens) um 7.23 Uhr das Haus verlassen.
c) Alexandra muss spätestens um 6.38 Uhr aufstehen.

**9** Es ist 5.55 Uhr (nächster Morgen) in Mumbai.

## zu Seite 205

**1** a) 360 s    b) 197 min    c) 2 d    d) 148 min
12 h           324 s           72 h        62 h

**2** a) 16 h 56 min    b) 13 h 22 min    c) 18 h 44 min

**3** a) 1 h 9 min    b) 2 h 36 min    c) 0 h 26 min

**4**

| Start | 5.28 Uhr | 19.54 Uhr | 11.04 Uhr |
|---|---|---|---|
| Dauer | 90 min | 71 min | 179 min |
| Ende | 6.58 Uhr | 21.05 Uhr | 14.03 Uhr |

**5** Die Fahrtdauer von Oldenburg nach Hannover beträgt 1 h 39 min.

**6** Der Bus fuhr um 12.41 Uhr von der Schule ab.

# LÖSUNGEN
## zu den Üben-Seiten

### zu Seite 18

**1**
a) 8 000 900
52 000 000
308 000 000

b) 472 000
888 000
9860

c) 3650
11 084
230 000 000

**2**
a) 42 436 900
b) 825 957 000
c) 74 354 108 719

**3** Tabea hat das Rechteck in der Mitte zur Schätzung benutzt, Tom das erste Rechteck. Da es insgesamt 32 Punkte sind, ist Toms Schätzung genauer.

**4**
a) Z. B.: Im ersten Gitter in der ersten Reihe sind ca. 15 Punkte. Geschätzte Anzahl: 8 · 15 Punkte = 120 Punkte
b) Z. B.: Im zweiten Gitter der ersten Reihe sind 14 Punkte. Geschätzte Anzahl: 20 · 14 Punkte = 280 Punkte

**5**
a) A: 76; B: 79; C: 81; D: 85
b) A: 90; B: 130; C: 160; D: 190
c) A: 60; B: 120; C: 180; D: 240

**6** a) und b)

**7** a), b) und c)

| Vorgänger | Zahl | Nachfolger |
|---|---|---|
| 23 789 | 23 790 | 23 791 |
| 56 799 | 56 800 | 56 801 |
| 98 999 | 99 000 | 99 001 |
| 987 998 | 987 999 | 988 000 |
| 600 998 | 600 999 | 601 000 |
| 999 998 | 999 999 | 1 000 000 |
| 500 301 199 | 500 301 200 | 500 301 201 |
| 230 989 999 | 230 990 000 | 230 990 001 |
| 200 999 999 | 201 000 000 | 201 000 001 |

**8**
a) 11 < 23 < 29 < 33 < 49 < 55 < 56 < 74 < 75 < 88 < 97 < 98
b) 798 < 879 < 888 < 897 < 899 < 977 < 978 < 987 < 997 < 998
c) 1122 < 1211 < 1212 < 1221 < 1222 < 2112 < 2121 < 2122 < 2211 < 2221
d) 10 001 < 10 011 < 10 101 < 10 110 < 10 111 < 11 001 < 11 010 < 11 011 < 11 100 < 11 101

**9**
a) 1 999 998, 1 999 999, 2 000 000, 2 000 001, 2 000 002, 2 000 003
b) 6 009 994, 6 009 995, 6 009 996, 6 009 997, 6 009 998, 6 009 999, 6 010 000, 6 010 001
c) 2 999 990, 2 999 991, 2 999 992, 2 999 993, 2 999 994, 2 999 995, 2 999 996, 2 999 997, 2 999 998, 2 999 999, 3 000 000, 3 000 001

**10**
a) 460; 3840
b) 6700; 11 900
c) 52 000; 312 000
d) 720 000; 360 000
e) 2 300 000; 4 800 000
f) 13 000 000; 60 000 000

### zu Seite 19

**11**
a) 100
b) 999
c) 9998
d) 10 001
e) 9997
f) 112
g) 8886

**12**
a) 457 < 475 < 547 < 574 < 745 < 754
b) 3048 < 3084 < 3408 < 3480 < 3804 < 3840 < 4038 < 4083 < 4308 < 4380 < 4803 < 4830 < 8034 < 8043 < 8304 < 8340 < 8403 < 8430

**13**
a) 7654
b) 6079
c) 1032
d) 3332
e) 8000
f) 99 959

**14**
a) 25
71
99

b) 1999
1299
429

c) 1 499 999
1 600 000
89 999 999

**15**
a) Unter der Annahme von 15 c) sind es ungefähr 3 min 12 s.
b) Unter der Annahme von 15 c) sind es ungefähr 48 min 13 s.
c) Es sind ungefähr 68 d 3 h 48 min 10 s.

**16**
a) Auf dem Bild sind ca. 20 Münzen zu sehen. Das Bild passt viermal auf die Fläche des bedruckbaren Bereiches, also decken ihn ca. 80 Münzen ab.
b) Für 10 000 Ein-Euro-Münzen werden ungefähr 5 m² Fläche benötigt.
c) Für eine Million Ein-Euro-Münzen werden dann ungefähr 500 m² Fläche benötigt.

**zu Seite 36**

**1** a)

| Gelesene Bücher | Häufigkeit |
|---|---|
| 1 | 3 |
| 2 | 8 |
| 3 | 5 |
| 4 | 3 |
| 5 | 3 |
| 6 | 2 |
| 7 | 1 |
| 8 | 1 |
| 9 | 1 |

b)

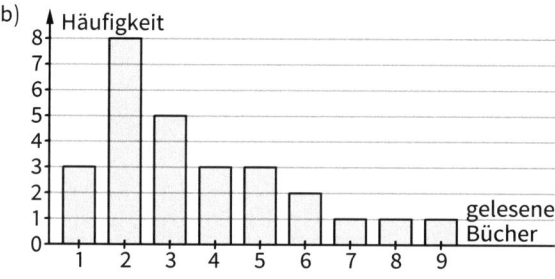

**2** a)

| Anzahl der Smartphones | Häufigkeit |
|---|---|
| 0 | 3 |
| 1 | 6 |
| 2 | 16 |
| 3 | 15 |
| 4 | 7 |
| 5 | 3 |

b) Anzahl der Smartphones

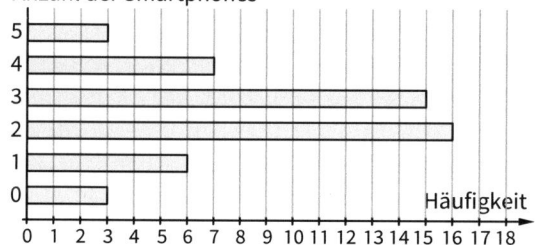

**3** Oberes Diagramm: Im Säulendiagramm ist dargestellt, welches Lieblingsfach befragte Schülerinnen und Schüler einer 5. Klasse haben. Am häufigsten wird „Sport" genannt.

Diagramm in der Mitte: Das Balkendiagramm zeigt, welche Aktivitäten die befragten Schülerinnen und Schüler in ihrer Freizeit am liebsten machen. Am häufigsten wird „Musik hören" genannt.

Unteres Diagramm: Das Histogramm zeigt, wie viel Zeit die befragten Schülerinnen und Schüler pro Woche für ihre Hausaufgaben benötigen. Am häufigsten wird angegeben, dass die Hausaufgaben zwischen 3 und 4 Stunden pro Woche dauern.

**zu Seite 37**

**4**

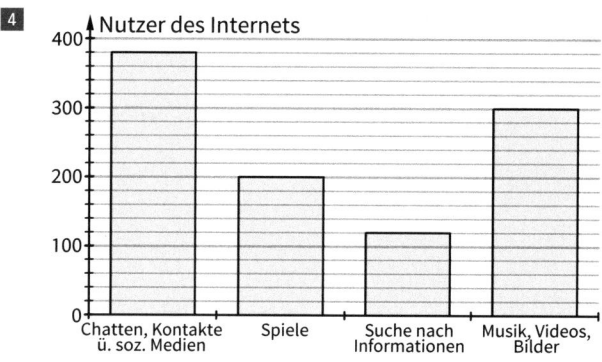

**5** a) 500 Jugendliche wurden befragt.

b)

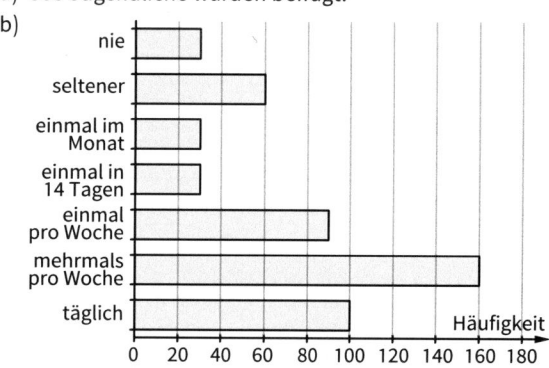

**6** a)

| Schulweg | Häufigkeit |
|---|---|
| von 0 km bis unter 3 km | 11 |
| von 3 km bis unter 6 km | 8 |
| von 6 km bis unter 9 km | 4 |
| von 9 km bis unter 12 km | 4 |
| von 12 km bis unter 15 km | 2 |

b)

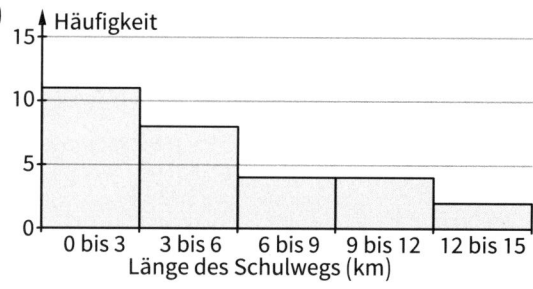

c) Die Schülerinnen und Schüler der Klasse 5 c müssen insgesamt ca. 145 km zur Schule zurücklegen.

# LÖSUNGEN
## zu den Üben-Seiten

**7** a) 29 Schülerinnen und Schüler hat diese 5. Klasse.

b) Alle Schülerinnen und Schüler erhalten zusammen ca. 554 € Taschengeld.

## zu Seite 57

**1**

| | | |
|---|---|---|
| 155 M | 188 A | 208 T |
| 175 H | 225 E | 155 M |
| 188 A | 208 T | 195 I |
| 146 K | 225 E | 125 R |

**2**
$50 + 130 - 90 + 10 = 100$
$85 - 40 + 25 + 60 - 30 = 100$
$63 - 37 + 24 + 62 - 12 = 100$
$85 + 17 + 23 - 64 + 39 = 100$

**3**
a) falsch
   wahr
   wahr
   falsch

b) wahr
   wahr
   falsch
   falsch

**4**
a) 152  191  253
   113  142  215
   124  211  293

b) 61  174  118
   69  184  146
   87  149  114

**5**
a) 143
   107
   73
   110

b) 270
   64
   48
   132

**6**
a) 52
   80
   53
   106
   50

b) 66
   56
   79
   35
   9

**7**
a) $(38 + 62) + 25 + 48 = 173$
$60 + (47 + 53) + 70 = 230$
$48 + (82 + 18) + 72 = 220$
$48 + (49 + 51) + 84 = 232$
$71 + (87 + 13) + 18 = 189$

b) $(123 + 177) + 93 + 69 = 462$
$39 + 64 + (111 + 89) = 303$
$335 + (155 + 45) + 85 = 620$
$(231 + 469) + 127 + 88 = 915$
$122 + (233 + 467) + 208 = 1030$

**8**
a) $(56 + 44) + 76 = 176$
$(22 + 78) + 77 = 177$
$(61 + 39) + 112 = 212$
$83 + (33 + 67) = 183$
$(52 + 48) + 47 = 147$

b) $(23 + 27) + (63 + 57) = 170$
$(88 + 12) + (32 + 68) = 200$
$(78 + 62) + (96 + 14) = 250$
$(99 + 11) + (88 + 12) = 210$
$(66 + 34) + (59 + 141) = 300$

**9**
a) 38
   54
   53
   11

b) 31
   7
   92
   21

**10** Egal, welche Zahl man einsetzt, das Ergebnis ist immer die Zahl selbst.

## zu Seite 58

**11** a)

| | | | | | |
|---|---|---|---|---|---|
| | | 2000 | | | |
| | 1000 | | 1000 | | |
| | 496 | 504 | 496 | | |
| 240 | 256 | 248 | 248 | | |
| 125 | 115 | 141 | 107 | 141 | |
| 57 | 68 | 47 | 94 | 13 | 128 |

b)

| | | | | | |
|---|---|---|---|---|---|
| 984 | 420 | 179 | 99 | 78 | 59 |
| | 564 | 241 | 80 | 21 | 19 |
| | | 323 | 161 | 59 | 2 |
| | | | 162 | 102 | 57 |
| | | | | 60 | 45 |
| | | | | | 15 |

**12** a) $527 + 196 = 723$     b) $7302 - 2561 = 4741$
c) $40\,819 + 5630 = 46\,449$

**13** a) $99 + 100 = 199$     b) $10\,000 - 9999 = 90\,001$
c) $999 - 889 = 110$

**14**
a) 821
   1075
   861
   2132

b) 4619
   2639
   1247
   4982

**15**
a) 801
   178
   2244
   2321
   1156

b) 717
   118
   105
   1511
   681

**16**

a) $\begin{array}{r} 3266 \\ +\ 757 \\ \tiny{1\,1\,1} \\ \hline 4023 \end{array}$    b) $\begin{array}{r} 58\,664 \\ +10\,163 \\ \tiny{1} \\ \hline 68\,827 \end{array}$    c) $\begin{array}{r} 3627 \\ +\ 705 \\ \tiny{1\,1} \\ \hline 4332 \end{array}$

d) $\begin{array}{r} 187\,446 \\ +255\,225 \\ \tiny{1\,1\ \ 1} \\ \hline 442\,671 \end{array}$    e) $\begin{array}{r} 639\,739 \\ +245\,864 \\ \tiny{1\,1\,1\,1} \\ \hline 885\,603 \end{array}$    f) $\begin{array}{r} 56\,781 \\ -32\,495 \\ \tiny{1\,1} \\ \hline 24\,286 \end{array}$

g) $\begin{array}{r} 894 \\ -231 \\ \hline 663 \end{array}$   h) $\begin{array}{r} 7672 \\ -4321 \\ \hline 3351 \end{array}$   i) $\begin{array}{r} 713 \\ -498 \\ \tiny{1\,1} \\ \hline 215 \end{array}$   k) $\begin{array}{r} 3238 \\ -1875 \\ \tiny{1\,1} \\ \hline 1363 \end{array}$

## zu Seite 59

**17**
a) $(50 - 30) + (25 + 75) = 120$
b) $97 - 47 - (15 + 17) = 18$
c) $(60 + 40) - (60 - 40) = 80$
d) $(98 + 53) + (200 - 184) = 167$
e) $(100 - 53) - (150 - 134) = 31$

**18** a) Addiere zur Zahl 40 die Differenz der Zahlen 60 und 20.

b) Subtrahiere von der Summe der Zahlen 50 und 30 die Zahl 25.

c) Subtrahiere von der Zahl 98 die Differenz der Zahlen 62 und 15.

d) Addiere zur Summe der Zahlen 88 und 20 die Differenz der Zahlen 45 und 30.

e) Addiere zur Differenz der Zahlen 101 und 71 die Summe der Zahlen 35 und 58.

f) Subtrahiere von 79 die Zahl 47 und die Summe der Zahlen 15 und 17.

g) Addiere zur Summe der Zahlen 45 und 35 die Differenz der Zahlen 62 und 16 und subtrahiere vom Ergebnis die Zahl 56.

h) Subtrahiere von der Differenz der Zahlen 93 und 32 die Differenz der Zahlen 73 und 35 und addiere dann die Zahl 112.

**19**

|   | x | 500 − x | 2 · x + 13 | 3 · x − 68 |
|---|---|---------|-----------|-----------|
| a | 75 | 425 | 163 | 157 |
| b | 30 | 470 | 73 | 22 |
| c | 100 | 400 | 213 | 232 |
| d | 40 | 460 | 93 | 52 |
| e | 35 | 465 | 83 | 37 |
| f | 50 | 450 | 113 | 82 |

**20** a) Die Differenz wird um 4 vergrößert.

b) Die Differenz wird um 4 verkleinert.

c) Die Differenz wird um 7 vergrößert.

d) Die Differenz wird um 7 verkleinert.

e) Die Differenz wird um 18 verkleinert.

f) Die Differenz wird um 32 verkleinert.

g) Die Differenz wird um 16 vergrößert.

**21** Lösung für das Jahr 2019:

```
              2019
          645      1374
       322    323    1051
    185    137    186    865
  158    27    110    76    789
```

Lösung für das Jahr 2020:

```
              2020
          645      1375
       322    323    1052
    185    137    186    866
  158    27    110    76    790
```

Lösung für das Jahr 2021:

```
              2021
          645      1376
       322    323    1053
    185    137    186    867
  158    27    110    76    791
```

**22** a) Die magische Zahl ist 38.

b) Es bleibt ein Zauberquadrat, da die Summe in jeder Zeile, jeder Spalte und jeder Diagonalen genau um 16 erhöht wird und somit überall 54 beträgt.

c) Addition einer beliebigen Zahl zu allen Zahlen (Subtraktion einer beliebigen Zahl von allen Zahlen; Multiplikation aller Zahlen mit einer beliebigen Zahl).

d) Die neue magische Zahl wird um das Vierfache der addierten Zahl größer (die neue magische Zahl wird um das Vierfache der subtrahierten Zahl kleiner; die neue magische Zahl ergibt sich, wenn man die alte magische Zahl auch mit der Zahl multipliziert).

## zu Seite 60

**1** Beispiele:

Ein Goldhamster, ein Hamsterkäfig, ein Fressnapf, eine Tränke, Hamsterschmaus, Streu und ein Buch über artgerechte Haltung würden insgesamt 99,82 € kosten.

Ein Kaninchen, ein Kaninchenheim, ein Fressnapf, eine Kaninchentränke, Kaninchenfutter und Strohstreu würden insgesamt 99,15 € kosten.

**2** –

## zu Seite 61

**3** –

## zu Seite 62

**4** a) Laura müsste 68,85 € dafür ausgeben.

b) Ein Weibchen (Männchen) und die Grundausstattung kosten insgesamt 48,85 € (46,85 €). Das Geld reicht für ein Weibchen (Männchen) mit passender Grundausstattung.

c) –

**5** a) Jonas muss dafür 42,20 € bezahlen.

b) Jonas bezahlt insgesamt 46,10 €, wenn er noch zwei Guppys nimmt. Sein Geld reicht aus.

c) –

# LÖSUNGEN
zu den Üben-Seiten

**zu Seite 86**

**1**

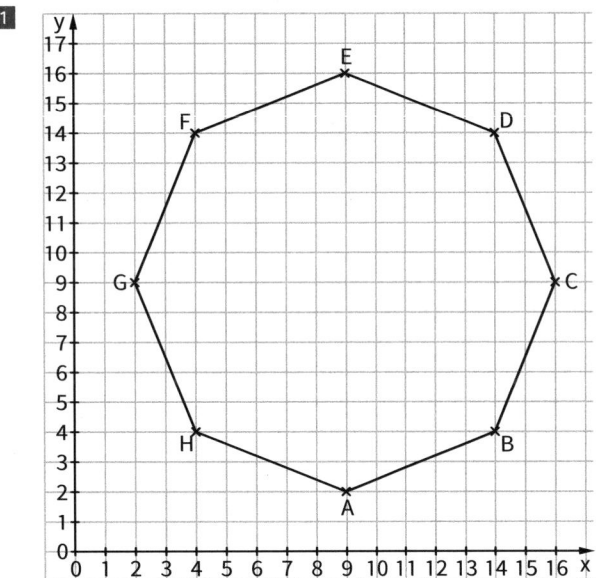

**2** $\overline{AB}$ = 4 cm  $\overline{CD}$ = 3,3 cm  $\overline{EF}$ = 2,5 cm  $\overline{GH}$ = 3,7 cm
$\overline{KL}$ = 4,5 cm

**3** a) und b)

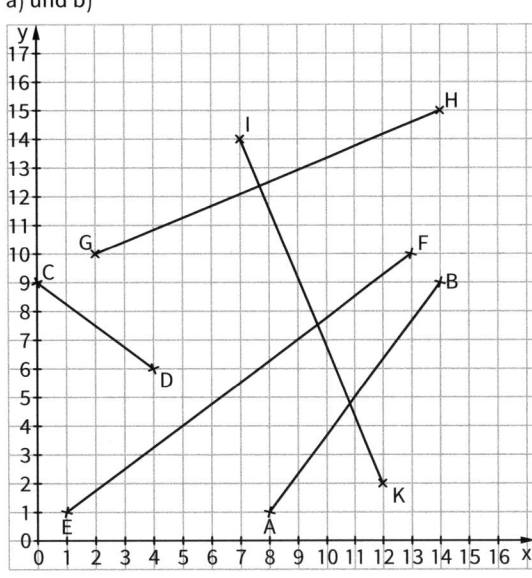

c) $\overline{AB}$ = 10 cm; $\overline{CD}$ = 5 cm; $\overline{EF}$ = 15 cm; $\overline{GH}$ = 13 cm; $\overline{IK}$ = 13 cm

**4** a)

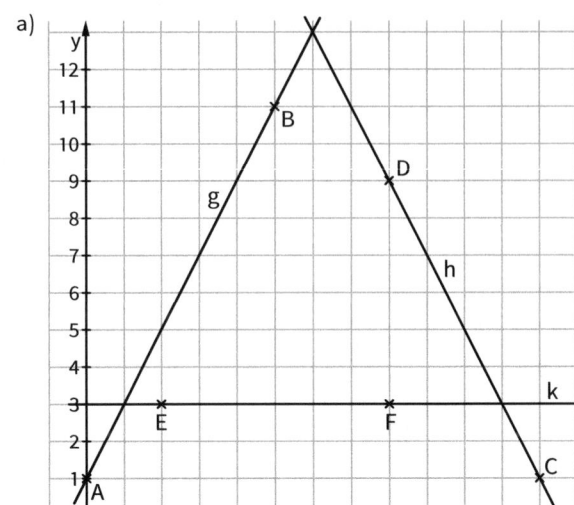

b) Auf g liegen z. B. die Punkte: P (1|3); Q (2|5); R (4|9)
   Auf h liegen z. B. die Punkte: M (11|3); N (10|5); O (9|7)
   Auf k liegen z. B. die Punkte: G (0|3); H (1|3); K (6|3)

c)

| Geraden | Koordinaten des Schnittpunkts |
|---------|-------------------------------|
| g und h | (6|13) |
| g und k | (1|3) |
| h und k | (11|3) |

**5**

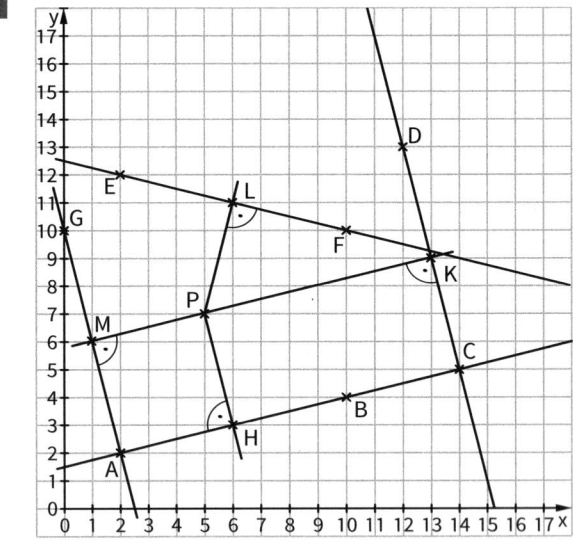

Koordinaten der Schnittpunkte: H (6|3); K (13|9);
L (6|11); M (1|6)

**6** a)

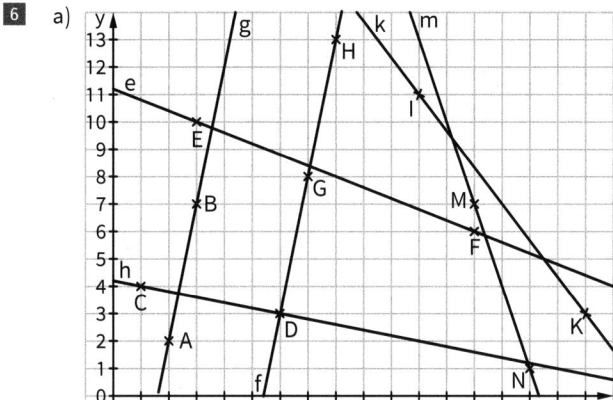

b) Es gilt: f⊥h, g⊥h. Alle anderen Geraden sind nicht senkrecht zueinander.

**7** a)

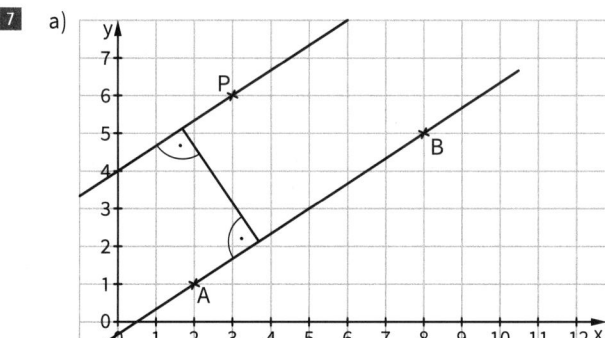

Abstand zwischen den beiden Parallelen: ca. 3,6 cm

b)

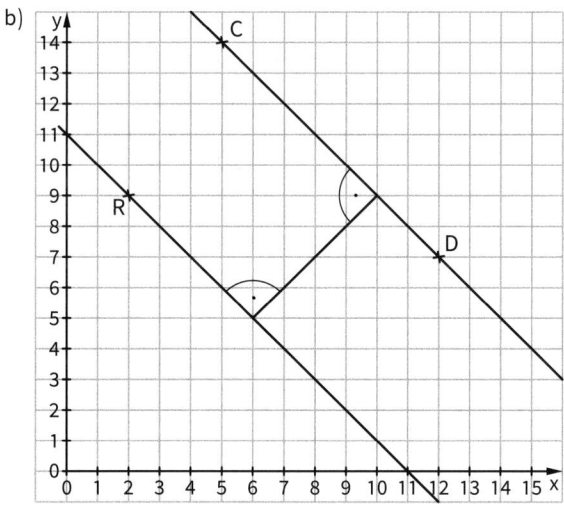

Abstand zwischen den beiden Parallelen: ca. 5,7 cm

**8** a)

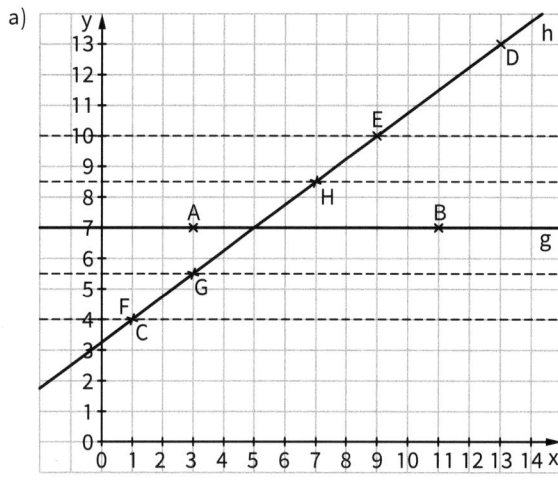

b) E (1|4) und F (9|10)

c) G (3|5,5) und H (7|8,5)

**9** a)

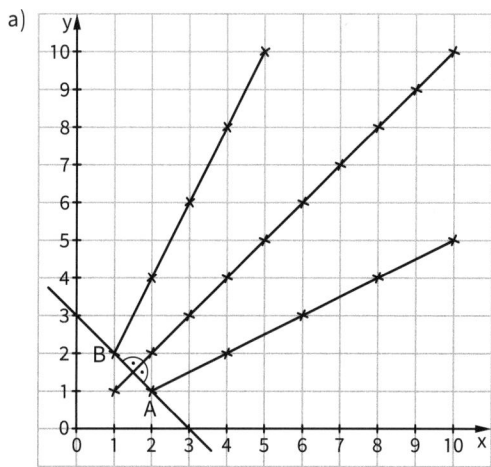

b) x-Koordinate ist genauso groß wie die y-Koordinate: Die Gerade verläuft zwischen den anderen Geraden.
x-Koordinate ist doppelt so groß wie y-Koordinate: Die Gerade verläuft unterhalb der anderen beiden Geraden, z. B. liegt A (2|1) auf dieser Geraden.
y-Koordinate ist doppelt so groß wie die x-Koordinate: Die Gerade verläuft über den anderen Geraden. Die Gerade verläuft z. B. durch den Punkt B (1|2).
Die Punkte A und B haben denselben Abstand von der Geraden, die zwischen diesen Geraden verläuft.
Dies lässt sich auch für weitere entsprechende Punkte der beiden Geraden beobachten, z. B. (4|2) und (2|4), (6|3) und (3|6) usw.

# LÖSUNGEN
zu den Üben-Seiten

**zu Seite 87**

**10** a) und b)

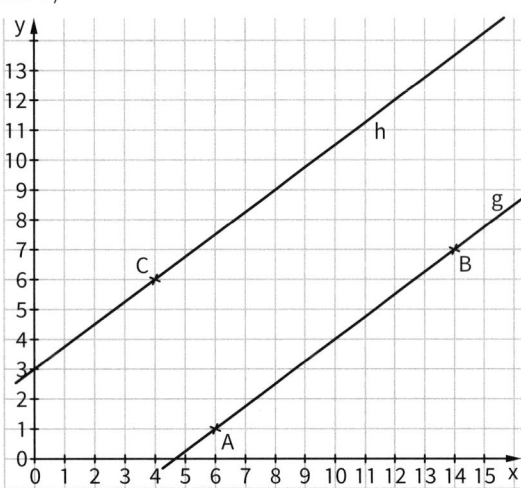

c) Beide Geraden haben einen Abstand von 5,2 cm.

d)

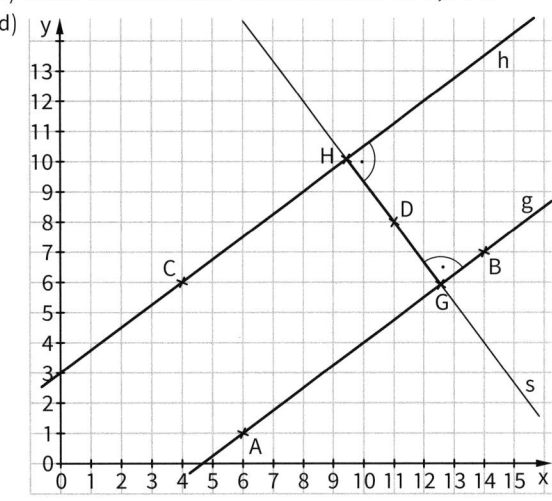

Der Punkt D liegt auf der Senkrechten s zu g und h. Der Punkt D hat jeweils denselben Abstand vom Schnittpunkt der Senkrechte s mit g bzw. h: $\overline{DG} = \overline{DH} = 2,6$ cm.

e) und f)

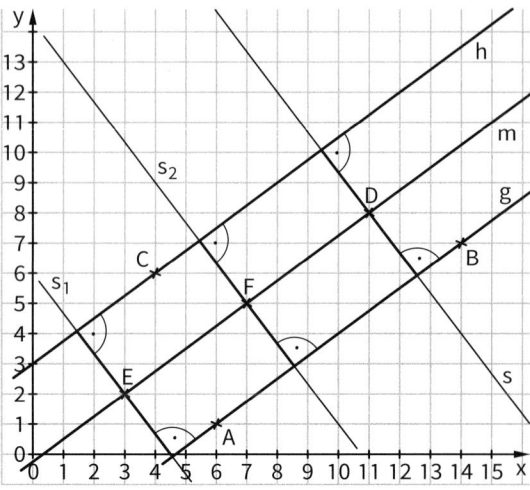

Die Gerade m durch den Punkt D ist parallel zu g und zu h. Jeder Punkt dieser Gerade hat den gleichen Abstand zu h wie zu g, z. B.: E (3|2) oder F (7|5).

**11** a) Drei Geraden schneiden sich mindestens in drei Punkten.

b) Vier Geraden können so angeordnet werden, dass sechs Schnittpunkte entstehen. Z. B.:

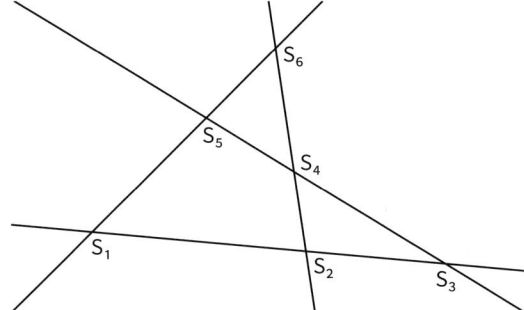

c) Z. B.:

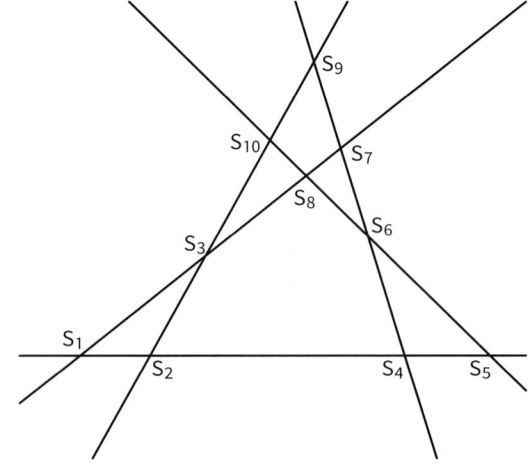

**12**

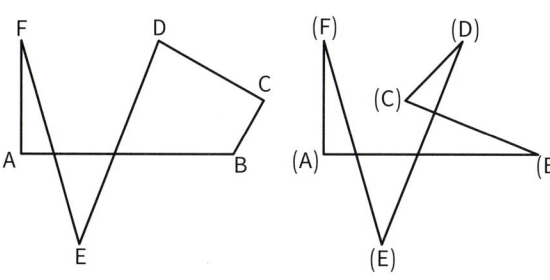

**13**

| Uhrzeit (h) | 0 | 2 | 4 | 6 | 8 | 10 |
|---|---|---|---|---|---|---|
| Temperatur (°C) | 10 | 8 | 7 | 8 | 10 | 14 |

| Uhrzeit (h) | 12 | 14 | 16 | 18 | 22 | 24 |
|---|---|---|---|---|---|---|
| Temperatur (°C) | 17 | 19 | 20 | 19 | 14 | 10 |

b) Die höchste Temperatur wird um 16 Uhr und die niedrigste Temperatur um 4 Uhr erreicht.

c) Die Differenz beträgt 20 °C – 7 °C = 13 °C.

d) Die Temperatur fällt von 0 Uhr bis 4 Uhr und von 16 Uhr bis 24 Uhr. Sie steigt von 4 Uhr bis 16 Uhr.

**14** a) und b)

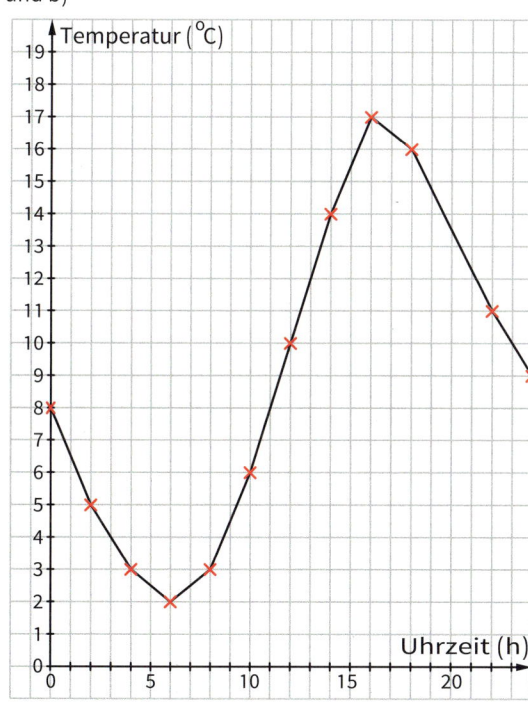

**zu Seite 108**

**1**

| a) | b) | c) | d) | e) | f) |
|---|---|---|---|---|---|
| 450 | 80 | 2400 | 4 | 28 000 | 50 |
| 240 | 40 | 3000 | 8000 | 800 | 180 000 |
| 490 | 40 | 1800 | 9 | 24 000 | 90 |

**2**
a) $7 \cdot 12 = 84$   b) $20 \cdot 6 = 120$   c) $15 \cdot 5 = 75$
d) $60 : 5 = 12$   e) $8 \cdot 9 = 72$   f) $4 \cdot 2 \cdot 7 = 56$
g) $7 \cdot 8 = 56$   h) $4 \cdot 4 \cdot 4 = 64$

**3**

| a) | b) | c) | d) | e) | f) |
|---|---|---|---|---|---|
| 10 M | 10 M | 12 L | 96 B | 80 D | 40 A |
| 11 O | 40 A | 11 O | 49 E | 25 U | 33 N |
| 45 S | 80 D | 33 N | 50 R | 96 B | 48 K |
| 48 K | 50 R | 80 D | 12 L | 12 L | 40 A |
| 40 A | 54 I | 11 O | 54 I | 54 I | 50 R |
| 25 U | 80 D | 33 N | 33 N | 33 N | 40 A |

**4**
a) $(5 \cdot 2) \cdot 17 = 170$   b) $(20 \cdot 50) \cdot 17 = 17\,000$
$(2 \cdot 5) \cdot 37 = 370$   $(200 \cdot 5) \cdot 43 = 43\,000$
$(50 \cdot 2) \cdot 21 = 2100$   $19 \cdot (2 \cdot 500) = 19\,000$

c) $(2 \cdot 50) \cdot 37 = 3700$   d) $23 \cdot (25 \cdot 4) = 2300$
$(5 \cdot 20) \cdot 19 = 1900$   $(25 \cdot 4) \cdot 9 = 900$
$(4 \cdot 50) \cdot 11 = 2200$   $(50 \cdot 8) \cdot 4 = 1600$

e) $(5 \cdot 2) \cdot (6 \cdot 3) = 180$   f) $(50 \cdot 2) \cdot (4 \cdot 2) = 800$
$(2 \cdot 5) \cdot (8 \cdot 4) = 320$   $(2 \cdot 2 \cdot 50) \cdot 27 = 2700$
$(9 \cdot 11) \cdot (2 \cdot 5) = 990$   $(4 \cdot 25) \cdot (20 \cdot 5) = 10\,000$

g) $12 \cdot (7 + 3) = 120$   h) $9 \cdot (95 + 5) = 900$
$28 \cdot (6 + 4) = 280$   $12 \cdot (99 + 1) = 1200$
$(2 + 8) \cdot 17 = 170$   $(60 + 40) \cdot 31 = 3100$

i) $(13 - 3) \cdot 75 = 750$   k) $(7 - 5) \cdot 75 = 150$
$(23 - 13) \cdot 47 = 470$   $(39 - 38) \cdot 81 = 81$
$(41 - 39) \cdot 80 = 160$   $(19 - 9) \cdot 60 = 600$

**5**
| a) 16 | b) 81 | c) 8 | d) 16 | e) 1 |
|---|---|---|---|---|
| 25 | 121 | 64 | 1000 | 0 |
| 49 | 225 | 125 | 10 000 | 1 |

**6**
a) $12 \cdot 8 - 56 = 40$   b) $60 : 15 + 28 = 32$
c) $(14 + 26) \cdot 9 = 360$   d) $(45 - 29) : 4 = 4$
e) $99 : 11 + 63 = 72$   f) $13 \cdot 5 - 25 = 40$
g) $60 : (26 - 11) = 4$   h) $20 \cdot (54 + 36) = 1800$
i) $(17 + 43) : 12 = 5$

# LÖSUNGEN
zu den Üben-Seiten

## zu Seite 109

**7**

| | | | | | | | |
|---|---|---|---|---|---|---|---|
| 4 | · | 10 | = | 40 | 120 | : | 10 | = | 12 |

$$4 \cdot 10 = 40 \qquad 120 : 10 = 12$$
$$2 \cdot 25 = 50 \qquad 8 : 4 = 2$$
$$8 \cdot 250 = 2000 \qquad 960 : 40 = 24$$

(Spalten: 4·2=8, 10·25=250, 40·50=2000; 120:8=960, 10:4=40, 12·2=24)

**8**
a) $2 \cdot 10 = 20$ und $4 \cdot 20 = 80$
$3 \cdot 5 = 15$ und $6 \cdot 10 = 60$
$2 \cdot 20 = 40$ und $4 \cdot 40 = 160$

b) Wenn in einem Produkt aus zwei Faktoren beide verdoppelt werden, vervierfacht sich das Produkt.

c) Wenn in einem Produkt aus zwei Faktoren beide verdreifacht werden, verneunfacht sich das Produkt. Z. B.: $5 \cdot 6 = 30$ und $15 \cdot 18 = 270$; $2 \cdot 5 = 10$ und $6 \cdot 15 = 90$; $3 \cdot 4 = 12$ und $9 \cdot 12 = 108$
(Wenn in einem Produkt aus zwei Faktoren der eine Faktor verdoppelt und der andere verdreifacht wird, dann versechsfacht sich das Produkt. Z. B.: $4 \cdot 4 = 16$ und $8 \cdot 12 = 96$; $7 \cdot 3 = 21$ und $14 \cdot 9 = 126$; $2 \cdot 2 = 4$ und $4 \cdot 6 = 24$)

**9**
a) $12 : 4 = 3$ und $24 : 8 = 3$
$15 : 3 = 5$ und $30 : 6 = 5$
$20 : 5 = 4$ und $40 : 10 = 4$

b) Wenn bei einer Division der Dividend und der Divisor verdoppelt werden, bleibt der Quotient gleich.

c) Wenn bei einer Division der Dividend und der Divisor verdreifacht (vervierfacht) werden, bleibt der Quotient gleich.

**10**
a) 5
42
5
11

b) 50
60
100
12

**11**
a) 39
33
79

b) 35
101
86

c) 5
6
8

d) 12
28
24

**12**
Die Gesamtkosten abzüglich der Fahrtkosten ergeben die Kosten für die Arbeitszeit: $272 - 13 = 259$.
Die Kosten für die Arbeitszeit des Handwerkers sind 259 €.
$259 : 37 = 7$
Der Stundenlohn beträgt 37 €, daher hat der Handwerker 7 Stunden gearbeitet.

**13**
$93 \cdot 86 = 7998$

**14**
a) 50
13
8

b) 5
2
12

c) 7
18
9

d) 13
2
4

**15**
a) $800 : 31 = 25$ Rest 25
Es bleibt ein Rest von 25 cm übrig.

b) Zwei Rollen mit je 400 cm reichen nicht aus, da Mia je Rolle 12 Klebestreifen, also insgesamt nur 24 Klebestreifen erhält: $400 : 31 = 12$ Rest 28.
(Vier Rollen mit je 200 cm reichen auch nicht aus, da sie je Rolle 6 Klebestreifen, also auch insgesamt nur 24 Klebestreifen erhält: $200 : 31 = 6$ Rest 14.
Aber eine Rolle mit 500 cm und eine mit 300 cm reichen aus. Aus der Rolle mit 500 cm kann Mia 16 Klebestreifen und aus der Rolle mit 300 cm 9 Klebestreifen der Länge 31 cm schneiden: $500 : 31 = 16$ Rest 4 und $300 : 31 = 9$ Rest 21.)

## zu Seite 110

**1**
a) 1014   b) 1764   c) 2232   d) 1680
e) 437; 14 858; 430 882   f) 494; 13 338; 213 408

**2**
Alle Ergebnisse haben eine bestimmte Abfolge von Ziffern. Entweder wiederholen sich die Ziffern in bestimmter Reihenfolge oder die Ziffern sind aufsteigend geordnet.

a) 56 565
81 818
47 474

b) 131 313
141 414
212 121

c) 123 456
66 666
336 699

d) 50 505
90 909
73 737

e) 123 456
333 333
66 666

f) 222 222
185 185
123 123

**3**
a) 2746866 BADESEE
560060 RENNEN
3569960 TREFFEN

b) 9516560 FRIEREN
56136510 REITERIN
83561960 STREIFEN

c) 83610 STEIN
360018 TENNIS
21606 BIENE

d) 8375360 STARTEN
835704 STRAND
57360 RATEN

e) 978360 FASTEN
83561360 STREITEN
65100650 ERINNERN

f) 378360 TASTEN
96465 FEDER
572733 RABATT

g) 83743 STADT
25704 BRAND
86196 SEIFE

h) 961650 FEIERN
9608365 FENSTER
3655106 TERRINE

i) 965160 FERIEN
561960 REIFEN
83650 STERN

k) 563360 RETTEN
835796 STRAFE
68860 ESSEN

**4** Bei der Aufgabe oben: Tim hat die Zwischenergebnisse nicht stellenrichtig untereinander geschrieben (richtiges Ergebnis: 261 855)

Aufgabe in der Mitte rechts: Das erste Zwischenergebnis muss 55298 lauten, Tim hat bei der Zwischenrechnung 6 · 8 = 48 vergessen, den Übertrag der Zwischenrechnung davor (9 · 8 = 72) einzubeziehen (richtiges Ergebnis: 615 168).

Aufgabe unten links: Es fehlt das zweite Zwischenergebnis. Tim hat vergessen, die Ergebnisse von der Multiplikation mit Null zu notieren, so dass er das Ergebnis der dritten Zwischenrechnung nicht stellengerecht notiert hat (richtiges Ergebnis: 197 568).

**5** a) G      b) B      c) R
    E         L         O
    L         A         T
    B         U

## zu Seite 111

**1** a)

|        | : 4    | : 8   | : 9   | : 11  |
|--------|--------|-------|-------|-------|
| 6336   | 1584   | 792   | 704   | 576   |
| 22 176 | 5544   | 2772  | 2464  | 2016  |
| 61 776 | 15 444 | 7722  | 6864  | 5616  |

b)

|        | : 3  | : 6  | : 7  | : 12 |
|--------|------|------|------|------|
| 4704   | 1568 | 784  | 672  | 392  |
| 21 336 | 7112 | 3556 | 3048 | 1778 |
| 26 796 | 8932 | 4466 | 3828 | 2233 |

c)

|        | : 5  | : 6  | : 15 | : 20 |
|--------|------|------|------|------|
| 4680   | 936  | 780  | 312  | 234  |
| 12 840 | 2568 | 2140 | 856  | 642  |
| 13 980 | 2796 | 2330 | 932  | 699  |

**2** a) 79; 25; 52; 34; 61; 106

b) 70 Rest 2; 22 Rest 2; 46 Rest 2; 30 Rest 2; 54 Rest 2; 94 Rest 2

c) 90 Rest 2; 28 Rest 4; 59 Rest 3; 38 Rest 6; 69 Rest 5; 121 Rest 1

d) 52 Rest 8; 16 Rest 8; 34 Rest 8; 22 Rest 8; 40 Rest 8; 70 Rest 8

**3** a) 89 452 Rest 1    b) 57 412 Rest 2    c) 45 293 Rest 8
    69 823 Rest 3        22 254 Rest 4        6224 Rest 18
    33 274 Rest 5        54 712 Rest 6        4415 Rest 15

    d) 2913 Rest 11    e) 5748 Rest 13    f) 65 741 Rest 17
    6271 Rest 10         6874 Rest 14        54 123 Rest 16
    21 131 Rest 9         12 131 Rest 7        66 357 Rest 12

**4** Rechnung oben links: Die Zehnerziffer 0 wurde im Quotienten vergessen (richtiges Ergebnis: 103).

Rechnung oben rechts: Im Quotienten fehlt die Einerziffer 0 (richtiges Ergebnis: 1050).

Rechnung unten rechts: Die erste Zwischenrechnung ist falsch, denn der Rest (hier: 9) muss kleiner als der Divisor sein, richtig wäre die Zwischenrechnung 81 : 9 = 9, bei der kein Rest übrig bleibt (richtiges Ergebnis: 91).

**5** a) WOLF    b) HUND    c) RIND    d) MAUS

**6** a) 124   b) 22   c) 241   d) 12 135   e) 22 112
     241       23      341        11 303      11 213

## zu Seite 112

**1** a) Gorilla: etwa so groß wie ein erwachsener Mensch
Giraffe: etwa dreimal so groß wie ein erwachsener Mensch
Flusspferd: kleiner als ein erwachsener Mensch
Spitzmaulnashorn: etwa so groß wie ein erwachsener Mensch

b) Gorilla: 100-mal schwerer als das neugeborene Tier
Giraffe: 10-mal schwerer als das neugeborene Tier
Flusspferd: 30-mal schwerer als das neugeborene Tier
Spitzmaulnashorn: 20-mal schwerer als das neugeborene Tier

c) Gorilla: etwa 3 Männer
Giraffe: etwa 8 Männer
Flusspferd: etwa 19 Männer
Spitzmaulnashorn: etwa 18 Männer

d) Flusspferd und Spitzmaulnashorn sind jeweils schwerer als alle Schülerinnen und Schüler einer Klasse.

## zu Seite 131

**1** a) Pyramide: 8 Kanten, 5 Ecken und 5 Begrenzungsflächen

b) Würfel: 12 Kanten, 8 Ecken und 6 Begrenzungsflächen

c) Dreiecksprisma: 9 Kanten, 6 Ecken und 5 Begrenzungsflächen

d) Quader: 12 Kanten, 8 Ecken und 6 Begrenzungsflächen

e) Zylinder: 2 Kanten, 0 Ecken und 3 Begrenzungsflächen

f) Kegel: 1 Kante, 0 Ecken (1 Spitze) und 2 Begrenzungsflächen

g) Dreieckspyramide: 6 Kanten, 4 Ecken und 4 Begrenzungsflächen

**2** a) Sie unterscheiden sich in der Perspektive, in der sie dargestellt werden.

b) –

# LÖSUNGEN
## zu den Üben-Seiten

**3**

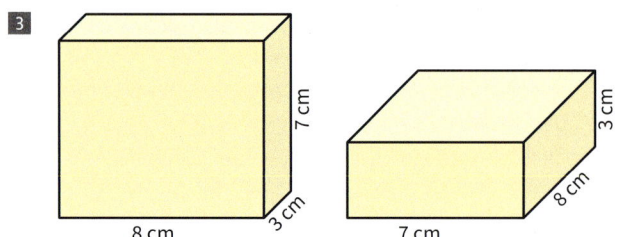

**4** Die Flächen A und B sind Quadernetze.

**5** a) und b)

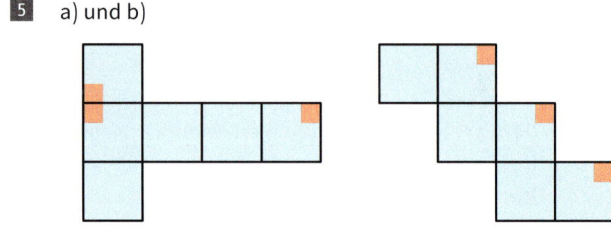

**6**

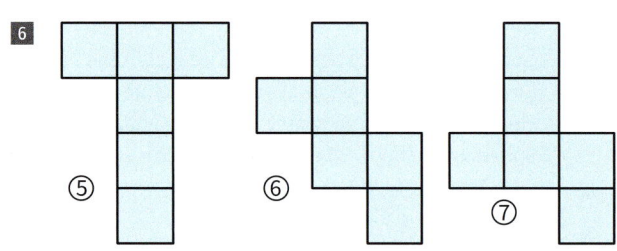

⑤        ⑥        ⑦

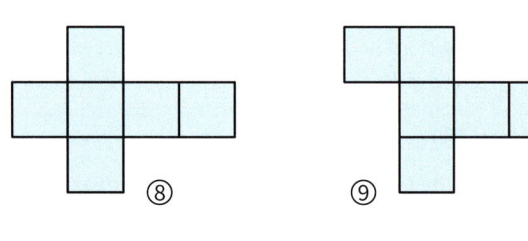

⑧        ⑨

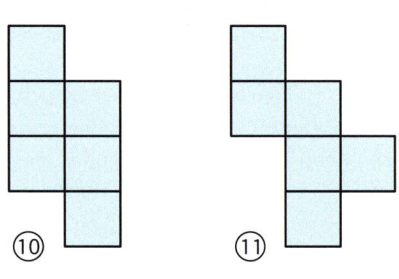

⑩        ⑪

**7** –

---

**zu Seite 132**

**8** Die benachbarten Seiten des jeweiligen Rechtecks sind senkrecht zueinander. Gegenüberliegende Seiten sind gleich lang und parallel zueinander.

**9** a) –

b) Bei dem Rechteck und Quadrat stehen benachbarte Seiten senkrecht aufeinander, bei dem Quadrat stehen noch zusätzlich die Diagonalen senkrecht aufeinander.

**10**

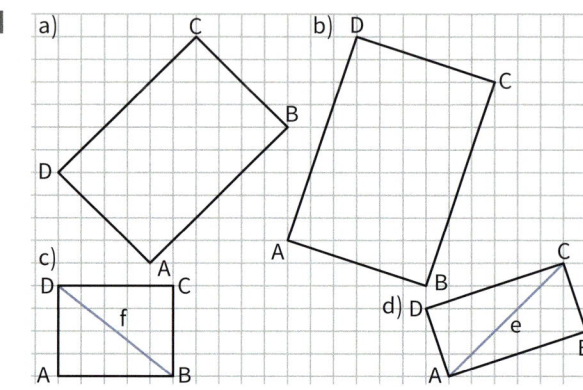

**11** a) und b)
Bei dem Quadrat müssen alle Seiten gleich lang sein und benachbarte Seiten senkrecht zueinander sein. Die gegenüberliegenden Seiten sind jeweils parallel zueinander.

**12** a) und b)
Die zweite Diagonale des jeweiligen Quadrates muss senkrecht zu der abgebildeten Diagonale eingezeichnet werden. Die Diagonalen halbieren sich.

**13**

| Eigenschaft | Quadrat | Rechteck |
|---|---|---|
| Die Diagonalen sind senkrecht zueinander. | X | |
| Die Diagonalen sind gleich lang. | X | X |
| Die Diagonalen halbieren sich. | X | X |
| Alle vier Seiten sind gleich lang. | X | |
| Alle Winkel sind rechte Winkel. | X | X |

**14**

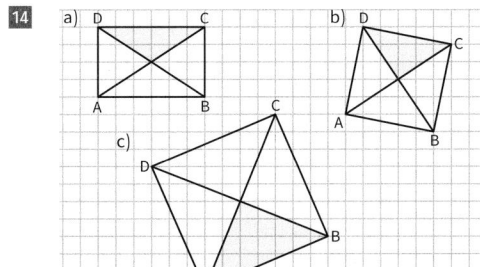

**15** Dreieck: gerader Schnitt durch den Mittelpunkt der langen Seite zur gegenüberliegenden Ecke.
Parallelogramm: z. B. senkrechter Schnitt von einer kurzen zur gegenüberliegenden kurzen Seite.

## zu Seite 133

**16** A: Parallelogramm; B: Trapez; C: Drachen; D: Raute;
E: Quadrat; F: Rechteck

**17** a) Z. B.: Lukas: Raute; Kim: Raute; Elli: Raute
b) Lukas: Quadrat; Kim: Quadrat oder Drachen;
Elli: Quadrat

**18** a), b) und c)
Zum Vervollständigen der Vierecke müssen die jeweiligen Eigenschaften der Vierecke genutzt werden.

**19** a) -
b) Nein, eine Raute kann aus diesen Figuren nicht gelegt werden.

**20** a) Es ergibt sich eine Raute oder ein Quadrat.
b) Es ist eine Raute mit unterschiedlich langen Diagonalen.
c) Es könnte ein Parallelogramm, eine Raute, ein Rechteck oder Quadrat gezeichnet werden.
d) Es ergibt sich ein Drachen.

**21** a) Das ist eine Raute, ein Rechteck oder ein Quadrat.
b) Das ist eine Raute oder ein Quadrat.

**22** beliebiges Viereck:
→ Drachen: zwei Paare von angrenzenden gleich langen Seiten
→ Trapez: ein Paar gegenüberliegender paralleler Seiten
Trapez:
→ Parallelogramm: zwei Paare von gegenüberliegenden parallelen Seiten
→ gleichschenkliges Trapez: ein Paar gegenüberliegender gleich langer Seiten
Parallelogramm:
→ Raute: vier gleich lange Seiten
→ Rechteck: vier rechte Winkel

Drachen:
→ Raute: vier gleich lange Seiten
gleichschenkliges Trapez:
→ Rechteck: zwei Paare gegenüberliegender gleich langer Seiten und vier rechte Winkel
Rechteck:
→ Quadrat: vier gleich lange Seiten
Raute:
→ Quadrat: vier rechte Winkel

## zu Seite 151

**1**
| | a) | b) | c) | d) |
|---|---|---|---|---|
| | 70 mm | 4 cm | 63 000 m | 400 dm |
| | 90 mm | 800 cm | 7 m | 2000 mm |
| | 380 dm | 6 dm | 1100 cm | 87 km |
| | 1700 dm | 80,1 dm | 640 cm | 9,002 m |

**2**
| a) | b) |
|---|---|
| 4,45 m | 5,05 m |
| 28,8 m | 18,008 m |
| 0,25 m | 0,4 m |
| 0,75 m | 6025 m |

**3**
| a) | b) |
|---|---|
| 8,655 km | 8,734 km |
| 12,4 km | 0,625 km |
| 2,05 km | 0,043 km |
| 9,007 km | 4,509 km |

**4** a) 3,5 m = 3 m 50 cm = 350 cm
5,24 m = 5 m 24 cm = 524 cm
0,48 m = 0 m 48 cm = 48 cm
11,1 m = 11 m 10 cm = 1110 cm

b) 2,56 m = 2 m 56 cm = 256 cm
3,52 m = 3 m 52 cm = 352 cm
5,7 m = 5 m 70 cm = 570 cm
0,09 m = 0 m 9 cm = 9 cm

c) 0,5 m = 0 m 50 cm = 50 cm
0,05 m = 0 m 5 cm = 5 cm
1,09 m = 1 m 9 cm = 109 cm
2,345 m = 2 m 345 mm = 234,5 cm= 2345 mm

d) 3,5 cm = 3 cm 5 mm = 35 mm
4,0 cm = 4 cm 0 mm = 40 mm
0,94 m = 0 m 94 cm = 94 cm
5,678 km = 5 km 678 m = 5678 m

e) 2,02 dm = 2 dm 2 mm = 202 mm
0,4 km = 0 km 400 m = 400 m
3,2 cm = 3 cm 2 mm = 32 mm
6,08 m = 6 m 8 cm = 608 cm

f) 3,2 km = 3 km 200 m = 3200 m
4,9 cm = 4 cm 9 mm = 49 mm
2,07 km = 2 km 70 m = 2070 m
0,1 km = 0 km 100 m = 100 m

# LÖSUNGEN
zu den Üben-Seiten

**5** Erste Umrechnung: 1 km = 1000 m; daher ist das richtige Ergebnis: 35 km = 35 000 m
Zweite Umrechnung: 5 m = 0,005 km; daher ist das richtige Ergebnis: 2 km 5 m = 2,005 km
Dritte Umrechnung: 4,1 m = 4 m 10 cm; daher ist das richtige Ergebnis: 4,1 m = 410 cm

**6** a) 5,75 m
   0,78 m
   75,675 km
   4,250 km

   b) 7,218 km
   6,92 m
   8,3 dm
   7,4 m

**7** A: u = 12 cm; B: u = 16 m; C: u = 22 mm

**8** a) u = 100 cm    b) u = 15 dm    c) u = 18 m

**9** u = 160 cm (16,80 m)

**10** a) u = 11,2 cm    b) u = 180 m

**11** a) Z. B.: a = 9 cm und b = 3 cm oder a = 8 cm und b = 4 cm oder a = 7 cm und b = 5 cm

   b) Z. B.:

| Seitenlänge a | Seitenlänge b | Umfang u |
|---|---|---|
| 5 cm | 4 cm | 18 cm |
| 7 cm | 2 cm | 18 cm |
| 8 cm | 1 cm | 18 cm |

   c) Z. B.:

| Seitenlänge a | Seitenlänge b | Umfang u |
|---|---|---|
| 10 cm | 20 cm | 60 cm |
| 5 cm | 25 cm | 60 cm |
| 14 cm | 16 cm | 60 cm |

**12**
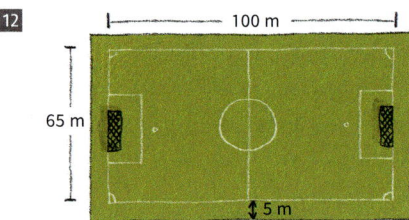
Der Zaun ist 370 m lang.

## zu Seite 152

**13** a) 700 dm²
   4 dm²
   11 cm²
   170 000 ha

   b) 1100 mm²
   30 ha
   5 m²
   350 dm²

**14** a) 25,40 m²
   7,90 km²

   b) 2,55 dm²
   16,55 ha

   c) 6,50 cm²
   13,46 a

**15** a) A = 900 cm²    b) A = 41,6 m²    c) A = 2350 cm²

**16** A = 4225 cm²    (22 500 m²; 0,64 m²)

**17** a) Die Grundfläche des Hauses ist: A = 180 m².
   Der Flächeninhalt der Auffahrt beträgt: A = 72 m².

   b) Der Flächeninhalt der restlichen Fläche ist: A = 668 m².

**18** a) Das Wohnzimmer ist 6 m lang und 5 m breit.

   b) Der Flächeninhalt des Fußbodens im Wohnzimmer ist A = 30 m².

**19** Z. B.:
Wie groß ist der Flächeninhalt des Fußbodens? A = 22 m²
Wie viel kostet es, wenn der Fußboden vollständig mit dem neuen Teppichboden ausgelegt wird? 330 € (ohne Verschnitt)

**20** Rechteck A: u = 32 m; A = 48 m²
Rechteck B: u = 70 m; A = 300 m²
Rechteck C: u = 36 cm; A = 81 cm²
Rechteck D: u = 54 cm; A = 72 cm²

**21** Rechteck A: u = 30 cm, A = 36 cm²; Rechteck B: u = 26 cm, A = 36 cm²; Rechteck C: u = 26 cm, A = 40 cm²; Rechteck D: u = 24 cm, A = 36 cm²; Rechteck E: u = 50 cm, A = 24 cm²
Vom kleinsten zum größten Flächeninhalt:
E → A; B; D → C
Vom kleinsten zum größten Umfang: D → B; C → A → E

**22** a) Ja, es gibt ein Rechteck mit dem angegebenen Flächeninhalt und Umfang. Die Seitenlängen des Rechtecks sind: a = 2 cm; b = 4 cm.

   b) Nein, es gibt kein Rechteck mit diesem Umfang und Flächeninhalt.

   c) Die Seitenlängen des Rechtecks sind: a = 3 cm und b = 8 cm.

**23** a) a = 8 m    b) a = 12 m    c) a = 16 m

**24** a) b = 36 m; u = 88 m    b) a = 24 dm; u = 84 dm
   c) a = 21 cm; u = 84 cm    d) b = 5 cm; u = 50 cm

**25** Mögliches Vorgehen:
Länge und Breite der Wände messen und jeweils den Flächeninhalt berechnen; Flächeninhalt einer Buchseite berechnen; Flächeninhalt einer Wand durch den Flächeninhalt einer Buchseite teilen (auf gleiche Einheiten achten!), um zu berechnen, wie viele Buchseiten zum Tapezieren der jeweiligen Wand benötigt werden; den letzten Schritt auch mit den anderen Wandflächen durchführen und prüfen, ob die Anzahl der Schulbuchseiten insgesamt ausreicht, um die Wände zu tapezieren.

## zu Seite 172

**1**

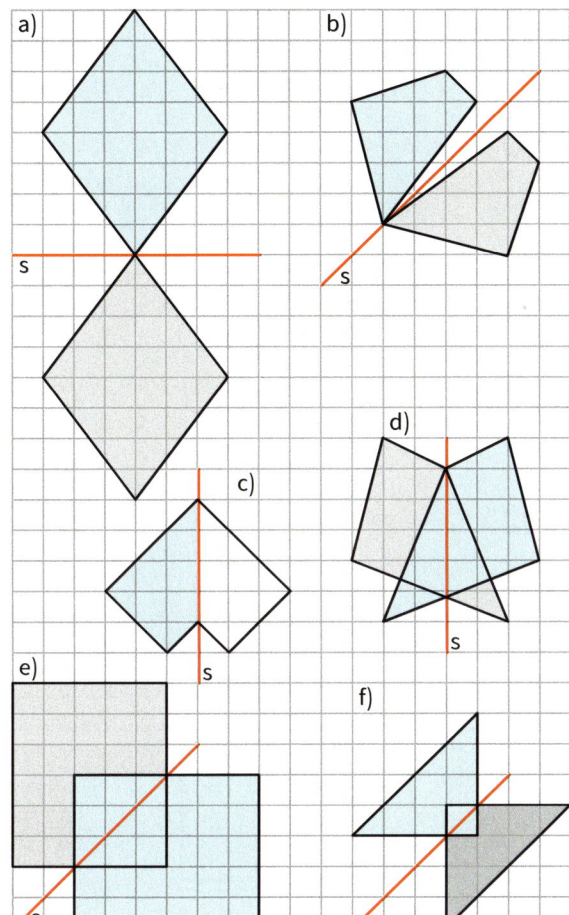

**2**

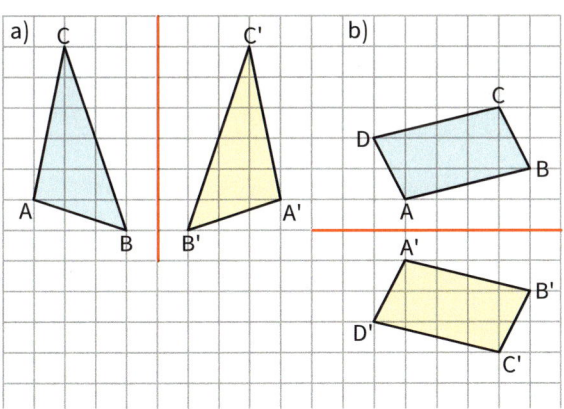

**3**

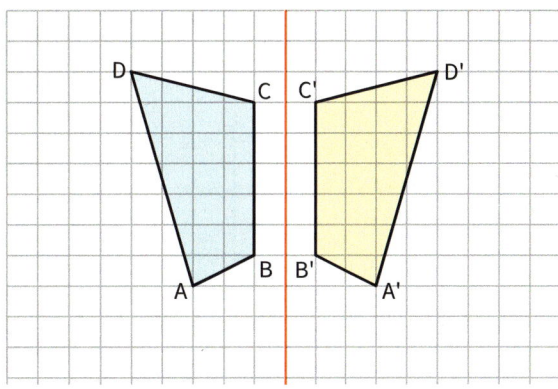

**4**   a) Die Figur hat eine Symmetrieachse.
       b) Die Figur hat eine Symmetrieachse.
       c) Die Figur hat vier Symmetrieachsen.
       b) Die Figur hat zwei Symmetrieachsen.

**5**   Achsensymmetrische Figuren: B; D

**6**   Es wird dafür jeweils eine Spiegelung an der jeweiligen
       Symmetrieachse vorgenommen.

## zu Seite 173

**7**   –

**8**   Die Figuren werden nach der Verschiebungsvorschrift
       verschoben. Die Figuren verändern dadurch ihre Position,
       die Figur selbst ändert sich dabei nicht.

**9**   a)  A′(4|2); B′(7|2); C′(7|5)
       b)  A′(4|4); B′(3|8); C′(1|6)

**10**  a)  B′(6|5); C′(4|8); D′(2|5)
       b)  B′(17|3); C′(17|7); D′(13|7)

**11**  –

# LÖSUNGEN
## zu den Üben-Seiten

**zu Seite 174**

12  a), b), und c)

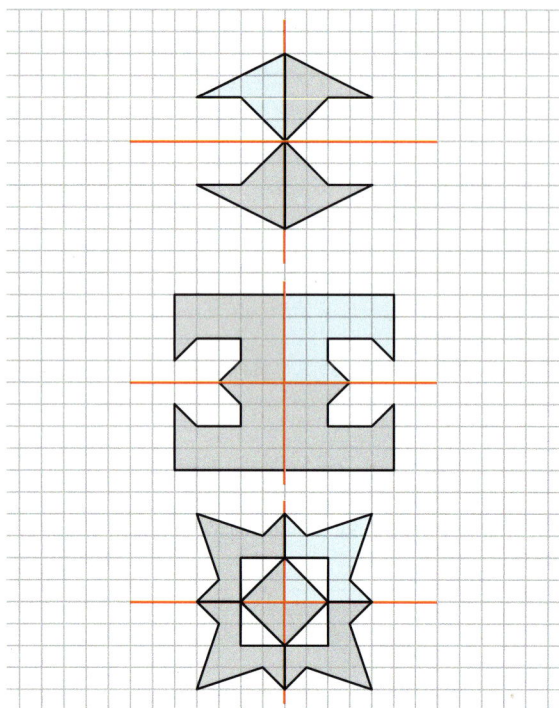

13  –

14  Verschiebungsvorschrift: 3 Einheiten nach rechts und 5 Einheiten nach oben

15  Verschiebungsvorschrift: 5 cm nach rechts und 1 cm nach oben.

16

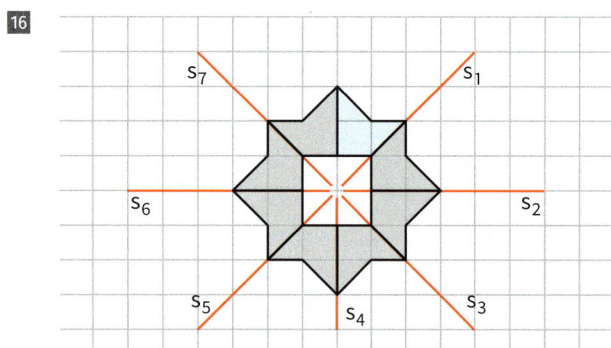

17  a)  Verschiebung oder Achsenspiegelung
    b)  Achsenspiegelung
    c)  Verschiebung oder Achsenspiegelung
    d)  Verschiebung oder Achsenspiegelung
    e)  Achsenspiegelung
    f)  Verschiebung oder Achsenspiegelung

**zu Seite 190**

1  a) $\frac{1}{4}$     b) $\frac{1}{5}$     c) $\frac{1}{8}$

d) $\frac{1}{2}$     e) $\frac{1}{12}$     f) $\frac{1}{16}$

g) $\frac{1}{3}$     h) $\frac{1}{6}$     i) $\frac{1}{64}$

2

|  | a) | b) | c) | d) | e) | f) | g) | h) |
|---|---|---|---|---|---|---|---|---|
| roter Flächenteil | $\frac{5}{8}$ | $\frac{5}{12}$ | $\frac{5}{6}$ | $\frac{2}{5}$ | $\frac{4}{10}=\frac{2}{5}$ | $\frac{8}{14}=\frac{4}{7}$ | $\frac{4}{9}$ | $\frac{7}{9}$ |
| blauer Flächenteil | $\frac{3}{8}$ | $\frac{7}{12}$ | $\frac{1}{6}$ | $\frac{3}{5}$ | $\frac{6}{10}=\frac{3}{5}$ | $\frac{6}{14}=\frac{3}{7}$ | $\frac{5}{9}$ | $\frac{2}{9}$ |

3  a) $\frac{4}{12}=\frac{1}{3}$     b) $\frac{3}{8}$     c) $\frac{3}{16}$

d) $\frac{5}{16}$     e) $\frac{9}{16}$     f) $\frac{5}{12}$

4  a) $\frac{1}{4}$     b) $\frac{4}{24}=\frac{1}{6}$

5  a)  Z. B.:

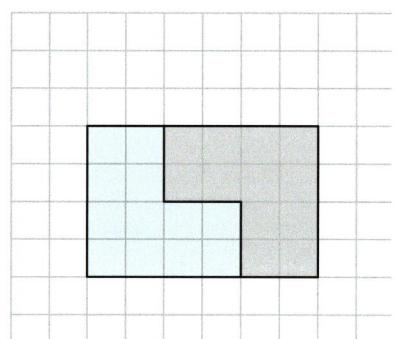

b)  Z. B.:

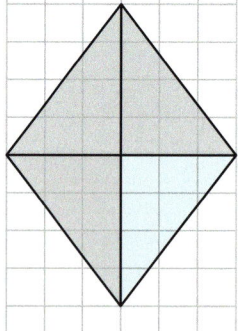

c) Z. B.:

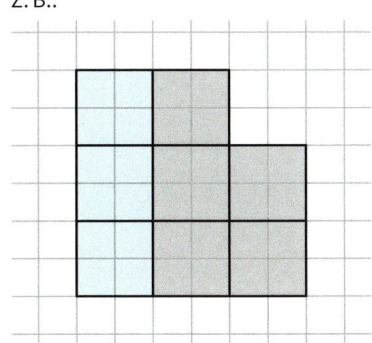

d) Z. B.:

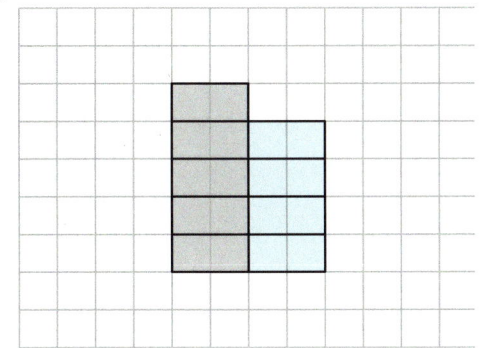

## zu Seite 191

**6** a) z.B.:

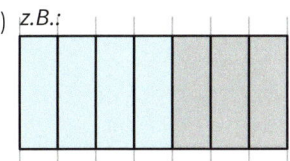

b) z.B.:

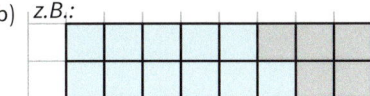

c) z.B.:

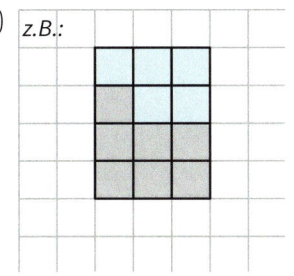

d) z.B.:

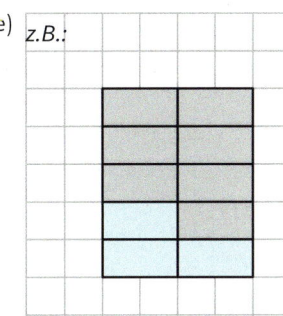

e) z.B.:

f) z.B.:

**7** Vom kleinsten zum größten Bruch: B: $\frac{3}{10}$; E: $\frac{3}{8}$; D: $\frac{7}{10}$; C: $\frac{7}{9}$; A: $\frac{5}{6}$; F: $\frac{5}{6}$

**8** a) $\frac{1}{5} > \frac{1}{8}$ Begründung: Je größer der Nenner bei gleichem Zähler, desto kleiner der Wert des Bruchs.

b) $\frac{2}{9} < \frac{4}{9}$ Begründung: Je größer der Zähler bei gleichem Nenner, desto größer der Wert des Bruchs.

c) $\frac{2}{3} > \frac{2}{5}$ Begründung: siehe a)

d) $\frac{3}{5} > \frac{3}{6}$ Begründung: siehe a)

e) $\frac{7}{8} > \frac{7}{9}$ Begründung: siehe a)

f) $\frac{5}{11} < \frac{5}{7}$ Begründung: Je kleiner der Nenner bei gleichem Zähler, desto größer der Wert des Bruchs.

g) $\frac{3}{6} < \frac{4}{6}$ Begründung: siehe b)

h) $\frac{1}{9} < \frac{1}{7}$ Begründung: siehe f)

i) $\frac{5}{17} < \frac{7}{17}$ Begründung: siehe b)

**9** Klasse 5 a: $\frac{5}{26}$; Klasse 5 b: $\frac{6}{28}$

**10** Pkw: $\frac{65}{100}$; Lkw: $\frac{25}{100}$; Motorräder: $\frac{10}{100}$

# LÖSUNGEN
## zu den Üben-Seiten

**11** Klasse 5 a: $\frac{4}{20}$; Klasse 5 b: $\frac{4}{18}$

Vergleich: Der Anteil der Schülerinnen und Schüler, deren Fahrräder Mängel aufweisen, ist bei der Klasse 5a kleiner als bei der Klasse 5 b.

**12** a)

| | Anteil Zehnjähriger | Anteil Elfjähriger | Anteil Zwölfjähriger |
|---|---|---|---|
| Klasse 5 a | $\frac{14}{28} = \frac{1}{2}$ | $\frac{13}{28}$ | $\frac{1}{28}$ |
| Klasse 5 b | $\frac{13}{28}$ | $\frac{13}{28}$ | $\frac{2}{28} = \frac{1}{14}$ |

b) In der Klasse 5 a ist der Anteil der Zehnjährigen größer als in der Klasse 5 b.

**13** a) (1), (3) richtig; (2) falsch: Ein weiteres Kästchen müsste noch blau eingefärbt werden.

b) (1), (2), (3) und (5) richtig; (4) falsch: Es ist ein blaugefärbtes Kästchen zu viel.

## zu Seite 203

**1**

| | Abfahrt | Ankunft | Fahrtdauer |
|---|---|---|---|
| a) | 8.19 Uhr | 10.35 Uhr | 2 h 16 min |
| b) | 18.26 Uhr | 19.12 Uhr | 46 min |
| c) | 20.07 Uhr | 23.14 Uhr | 3 h 7 min |
| d) | 0.05 Uhr | 17.15 Uhr | 17 h 10 min |
| e) | 16.30 Uhr | 20.29 Uhr | 3 h 59 min |
| f) | 13.12 Uhr | 22.57 Uhr | 9 h 45 min |
| g) | 9.11 Uhr | 17.35 Uhr | 8 h 24 min |

**2** Das Herz schlägt 25 920-mal.

**3** Ein Tag hat 86 400 s.

**4** Im Schuljahr gibt es 1440 Unterrichtsstunden je 45 Minuten: 64 800 min = 1080 h Unterricht

**5** a) Das Gewitter ist 1020 m entfernt.

b) Das Gewitter ist 4,080 km entfernt.

c) Ich höre den Donner 5 Sekunden später.

**6** Die Musikveranstaltung endet um 22.15 Uhr.

**7** a) Herr Fabian hat seine Parkzeit um 30 Minuten überschritten.

b) Er hätte bis 11.40 Uhr zurück sein müssen.

**8** a) Man blinzelt 12-mal in einer Minute.

b) 2,4 s pro Minute (2 min 24 s pro Stunde; 57 min 36 s pro Tag)

**9** Die planmäßige Ankunft wäre um 13.47 Uhr. Der Zug trifft um 13.51 Uhr ein.

**10** Die Lotosblume hat im Jahre 694 geblüht.

## Mengen

$M = \{4, 5, 6, 7\}$     Menge aus den Elementen 4, 5, 6 und 7 in aufzählender Form
$\mathbb{N} = \{0, 1, 2, 3, \ldots\}$     Menge der natürlichen Zahlen
L    Lösungsmenge für eine Gleichung bzw. Ungleichung
$\{\ \ \}$    leere Menge

## Beziehungen zwischen Zahlen

$\approx$     nahezu gleich
$a = b$    a gleich b                     $a > b$    a größer als b
$a \neq b$    a ungleich b                  $a < b$    a kleiner als b

## Verknüpfungen von Zahlen

$a + b$    Summe *(lies: a plus b)*          $a \cdot b$    Produkt *(lies: a mal b)*
$a - b$    Differenz *(lies: a minus b)*      $a : b$    Quotient *(lies: a geteilt durch b)*

## Rechengesetze

**Kommutativgesetz**
$3 + 7 = 7 + 3$                              $3 \cdot 7 = 7 \cdot 3$

**Assoziativgesetz**
$3 + (7 + 5) = (3 + 7) + 5$                  $3 \cdot (7 \cdot 5) = (3 \cdot 7) \cdot 5$

**Distributivgesetz**
$6 \cdot (8 + 5) = 6 \cdot 8 + 6 \cdot 5$    $6 \cdot (8 - 5) = 6 \cdot 8 - 6 \cdot 5$

## Geometrie

A, B, C, …          Punkte
$\overline{AB}$          Strecke mit den Endpunkten A und B
AB                Gerade durch die Punkte A und B
g, h, k, …          Geraden
$g \parallel k$          g ist parallel zu h
$g \perp h$          g ist senkrecht zu k
$P\,(3\,|\,4)$          Punkt im Koordinatensystem mit den Koordinaten
                  3 (x-Wert) und 4 (y-Wert)

$\alpha, \beta, \gamma, \delta$
$\sphericalangle ASB$          Winkel
$\sphericalangle (a, b)$

**A**bstand 75, 85
Achsenspiegelung 162, 163, 164, 171
Achsensymmetrie 165, 166, 171
Addieren 46, 47, 56, 213
~ schriftliches 51, 56, 214
Arbeiten mit dem Computer
– geometrische Grundbegriffe 78, 79
– Figuren zeichnen 169
– achsensymmetrische Figuren konstruieren 170
Assoziativgesetz 50, 56, 97, 107

**B**alkendiagramm 30, 35
Bandornament 167
Basis 106
Breitengrade 66, 67
Bruchteile 181, 182, 183, 189
Brüche
– darstellen 181, 182, 189
– vergleichen 186, 189

**D**iagonale 126
Diagramme 29, 30, 31, 34, 35
Differenz 48, 56, 213
Distributivgesetz 98, 107
Dividend 95, 107, 213
Dividieren 93, 94, 107, 213
~ schriftliches 100, 101, 107, 217
Divisor 95, 107
Drachen 129, 130

**E**ingangstest 206 – 211
Exponent 106

**F**aktor 95, 107
Flächeneinheiten 146, 147
Flächeninhalt 145

**G**eld 218
Gerade 71, 72, 85
– senkrecht 73, 74, 85
– parallel 76, 77, 85
Gitterpunkte 69
Graphen 80, 81, 82, 83, 84
Große Zahlen 10

**H**äufigkeitstabelle 28, 29, 35
Histogramm 31, 35

**K**antenmodell 119
Klammerrechnung 49, 96

Kommunizieren:
– Partnerarbeit 112
– Textarbeit 104, 222
– Mit einem Plakat präsentieren 61
– Gruppenarbeit 28
Kommutativgesetz 50, 56, 97
Koordinatensystem 69, 72, 84
Körper 118, 130
– Kante 121
– Ecke 121
– Fläche 121

**L**ängeneinheiten 139, 140, 219
Längengrade 66, 67

**M**assen 220
Maßstab 142
Minuend 48, 56
Modellieren: Sachaufgaben lösen 53, 54, 55, 102, 103, 222
Multiplizieren 93, 94, 107, 213
~ schriftliches 99, 107, 216

**N**enner 182, 189
Netze 124, 125

**O**berfläche 121

**P**arallelogramm 127, 130
Piktogramm 34, 35
Potenzieren 106, 107
Präsentieren: Lernplakat erstellen 61
Produkt 95, 107, 213
Punkt- und Strichrechnung 96

**Q**uadrat 126, 130
– Flächeninhalt 148, 149
– Umfang 144
Quotient 95, 107, 213

**R**aute 127, 130
Rechteck 126, 130
– Flächeninhalt 148, 149
– Umfang 144
Römische Zahlzeichen 24

**S**äulendiagramm 28, 29, 30, 35
Schrägbilder 122, 123
Spiegelachse 163, 171
Stellenwerttafel 10, 17, 212

Strecke 71, 72, 85
Strichliste 28, 35
Subtrahend 48, 56
Subtrahieren 46, 47, 213
~ schriftliches 52, 56, 215
Summand 48, 56
Summe 48, 56, 213
Symmetrieachse 159, 165, 171

**T**rapez 128, 130

**U**mfang 143
Urliste 29, 35
Urmeterstab 138

**V**erschiebung 167, 168, 171
Volumen 120

**x**-Achse 69, 84

**y**-Achse 69, 84

**Z**ahlen anordnen 14, 17
Zahlen runden 15, 16, 17
Zählen und Schätzen 12, 13
Zahlenfolgen 20, 21
Zahlenstrahl 14, 212
Zähler 182, 189
Zauberquadrate 43, 44, 45
Zeiteinheiten 198, 202
Zeitspannen 199, 202, 221
Zeitzonen 204
Zweiersystem 22, 23, 63

# Bildquellennachweis

|akg-images GmbH, Berlin: 42.1. |Alamy Stock Photo (RMB), Abingdon/Oxfordshire: Arco Images GmbH 146.4; Art Kowalsky 4.4, 116.1; Arterra Picture Library 117.4; Dieterich, Werner 187.1; Hackenberg-Photo-Cologne 195.4; Heinz, Frank 103.1; imageBROKER 114.1, 157.4; Kalishko, Konstantin 105.3; Kinek00 118.6; Lorriman, Jamie 13.2; Masterton, Iain 103.2; MiRafoto.com 102.1; Mostova, Angelika 5.1; nagelestock.com 5.2; PAF 162.1; Picture Partners 120.5; Sally Anderson Sport 13.3; Science History Images 7.1; Sigaev, Roman 175.1; Tack, Jochen 13.4; Valkov, Valentin 12.2; Zoonar GmbH 117.1, 138.5. |Bundesministerium der Finanzen, Berlin: 19.1, 19.2, 19.3, 19.4, 19.5, 19.6, 19.7, 19.8, 19.9, 19.10, 19.11, 19.12, 19.13, 19.14, 19.15, 19.16, 19.17, 19.18, 19.19, 19.20, 19.21, 19.22, 218.1, 218.2, 218.3. |Colourbox.com, Odense: MAXPPP 216.1. |Druwe & Polastri, Cremlingen/Weddel: 12.1, 20.1, 20.2, 20.3, 20.4, 20.5, 20.6, 27.1, 33.1, 73.1, 73.2, 73.3, 73.4, 73.5, 76.2, 76.3, 76.4, 80.5, 90.1, 90.2, 90.3, 90.4, 91.1, 91.3, 92.2, 92.3, 92.4, 96.1, 119.1, 119.2, 120.2, 122.1, 123.1, 123.2, 123.3, 124.1, 126.1, 134.1, 134.2, 134.3, 137.1, 137.2, 137.3, 137.4, 137.6, 139.4, 143.1, 146.1, 146.2, 158.1, 158.2, 158.3, 158.4, 160.1, 160.2, 160.3, 160.4, 160.5, 160.6, 160.7, 160.8, 160.9, 160.10, 162.2, 163.1, 163.2, 178.1, 178.2, 178.3, 178.4, 179.1, 179.2, 179.4, 185.1, 194.1, 206.1, 206.2, 222.1. |fotolia.com, New York: blackzheep 138.2; by-studio 120.6; contrastwerkstatt 187.2; Cornejo, Santiago 88.1; sdecoret 39.1; shutswis 118.8; Sigaev, Roman 165.3. |Getty Images (RF), München: Lombardo, Vincenzo 71.2; Westend61 Titel. |Imago, Berlin: Baering 15.1. |Interfoto, München: Opelka, Joachim 137.8. |iStockphoto.com, Calgary: 4FR 112.4; adventtr 195.2; alxpin 92.5; Believe_In_Me 203.2; Bibigon 198.3; Dangubic 37.1; Dhoxax 146.3; dolgachov 38.1, 49.1; Döngel, Onur 198.4; doram 88.2; frankix 118.1; frentusha 106.1, 106.2, 106.3, 106.4; Geber86 141.2; Germanovich 3.4; gerrardkop 157.3; Harald007 80.2; hudiemm 16.1; IvA!n MelenchAn 71.1; kamski 53.1; karinclaus 138.4; kosmos111 198.7; Kubeš, Ladislav 157.2; Legg, Rich 118.5; majana 51.1; MakcouD 4.2; mikepeay 142.3; mofles 24.3; ODonnell, Skip 120.4; OGphoto 165.1; ollo 13.1, 64.1; photosaint 118.15; popovaphoto 198.1; Sadi Ugur OKÇu 105.1; SeventyFour 191.1; Sudan, Jotinder 105.2; titoOnz 6.1; yenwen 141.1; zoomstudio 92.6. |Kuhlmann, Karl-Heinz, Bielefeld: 175.2, 175.3, 175.4, 175.5, 175.6, 175.7. |Lookphotos, München: Werner, Florian 16.2. |mauritius images GmbH, Mittenwald: ACE 165.2; AGE 54.3; Birke, Roland 165.4. |Minkus Images Fotodesignagentur, Isernhagen: 26.1, 136.1, 137.5. |PantherMedia GmbH (panthermedia.net), München: Berg, Martina 80.1; Boekhoff, Herbert 80.3; jukai5 3.2; ruslanchik 120.1; weim76 3.3; zenpix 118.11. |phaeno gGmbH, Wolfsburg: phaeno Wolfsburg – Foto: Matthias Leitzke 95.1. |Picture-Alliance GmbH, Frankfurt a.M.: Bildarchiv Monheim 137.9; dieKLEINERT/Kleinert, E. 179.3; dpa/Imaginechina 54.1; dpa/PTB_handout 138.1; GODONG/Deloche, Pascal 54.2; ZB/Wolf, Jens 54.4. |Science Photo Library, München: Jegou, Christian 7.2. |Shutterstock.com, New York: Alizada, Nina 24.2; dip 118.16; emirhankaramuk 139.3; FCerez 139.1; foto-select 127.1; Gelazius, Algirdas 83.1; Gomankova, Dina 76.1; GUDKOV ANDREY 112.1; Heim, Ramona 100.1; jabiru 118.4; Kittichai 92.1; LightField Studios 40.1; Menge, Johannes 61.2; MINDA CREATION WORLD 118.12; Monkey Business Images 52.1; Natursports 198.5; nipetphoto 142.1, 142.2; OliveTree 118.9; pil76 138.3; Porter, Stuart G 112.3; Rastislav Sedlak SK 64.2; stock_shot 60.1; Syda Productions 47.1; tratong 157.1; Zarivny, Andrew 195.1; Zhekova, Nataliia 118.10. |stock.adobe.com, Dublin: afefelov68 154.1, 154.2; andreaobzerova 139.2; barneyboogles 120.3; beeboys 9.1; DoraZett 60.2; Elenarts 7.4; grafikplusfoto 3.1; Holger 61.1; Ina 80.4; JackStock 103.3; Lang, Bernd 198.6; mattiaath 112.2; mavar 12.3; michelle 105.4; mije shots 118.7; Mikhaleva, Svetlana 4.1, 91.2; mojolo 118.2; Müller, Christian 4.3, 156.1; myfoto7 117.2; nadi-anb 188.1; New Africa 118.13; Orlando Florin Rosu 7.3; peters, frank 117.3; Rido 32.1; RUZANNA ARUTYUNYAN 118.3; sidorovstock 203.1; singul 24.1; Tricatelle, Maurice 195.3; UbjsP 198.2;

Illustrationen: Andrea Naumann, Aachen; Matthias Berghahn, Bielefeld
Technische Zeichnungen: Technische Grafik Westermann (Hannelore Wohlt), Braunschweig; Michael Wojczak, Braunschweig

# Kopfrechentraining

**Ich rechne mit dem Teilergebnis weiter.**

**9**

9 · 8 = 72
72 : 2 = 36
36 : 9 =  4
4 · 7 = 28
28 · 2 = 56
56 : 8 =  7
7 · 5 = 35
35 : 7 =  5

**9**

· 11
− 33
: 6
· 4
− 26
: 3
· 12
: 8

**8**

· 5
+ 16
: 8
· 7
− 17
: 4
· 7
: 8

**35**

+ 7
: 6
· 9
+ 18
: 9
· 5
− 36
· 6

**6**

· 3
: 9
· 8
: 2
· 9
: 8
· 7
: 9

**36**

· 2
: 8
+ 23
· 3
: 32
+ 27
: 5
· 7

**8**

· 9
: 2
: 4
· 7
− 9
: 6
· 3
· 2

**56**

: 7
· 4
+ 17
: 7
· 8
− 16
: 5
· 8

**35**

: 5
· 8
: 2
: 7
· 9
· 2
: 8
· 3

**42**

− 18
: 3
· 9
− 9
: 9
· 8
− 7
: 7

**6**

· 7
− 15
: 3
· 4
+ 36
: 8
· 6
− 27

**8**

· 4
+ 16
: 8
· 6
: 4
· 3
+ 27
: 6

**7**

· 8
: 2
: 7
· 20
: 2
: 5
· 7
: 4

**9**

+ 36
: 5
· 9
− 18
: 9
· 6
− 7
: 5

# Kopfrechentraining

*Ich rechne mit dem Teilergebnis weiter.*

**4**
$4 \cdot 4 = 16$
$16 + 8 = 24$
$24 : 3 = 8$
$8 \cdot 7 = 56$
$56 + 16 = 72$
$72 : 8 = 9$
$9 \cdot 4 = 36$
$36 : 3 = 12$

**9**
$\cdot 6$
$- 27$
$: 3$
$\cdot 4$
$: 6$
$\cdot 8$
$- 16$
$: 8$

**54**
$: 6$
$\cdot 8$
$: 9$
$\cdot 3$
$\cdot 2$
$: 8$
$\cdot 7$
$: 2$

**7**
$\cdot 7$
$+ 7$
$: 8$
$\cdot 9$
$+ 9$
$: 9$
$\cdot 3$
$+ 18$

**7**
$\cdot 6$
$: 7$
$\cdot 9$
$: 6$
$\cdot 8$
$: 9$
$\cdot 3$
$: 4$

**32**
$: 4$
$\cdot 9$
$: 2$
$: 4$
$\cdot 7$
$- 9$
$: 6$
$\cdot 3$

**28**
$+ 26$
$: 6$
$\cdot 8$
$- 36$
$: 4$
$\cdot 3$
$+ 15$
$: 6$

**27**
$\cdot 2$
$- 27$
$: 9$
$\cdot 13$
$+ 27$
$: 11$
$\cdot 7$
$+ 13$

**9**
$\cdot 4$
$\cdot 2$
$- 28$
$: 2$
$\cdot 3$
$+ 6$
$: 9$
$\cdot 11$

**64**
$: 8$
$\cdot 5$
$+ 16$
$: 8$
$\cdot 7$
$- 17$
$: 4$
$\cdot 7$

**28**
$\cdot 2$
$- 32$
$: 3$
$\cdot 9$
$- 16$
$: 7$
$\cdot 3$
$: 4$

**27**
$: 3$
$\cdot 8$
$: 2$
$: 9$
$\cdot 7$
$\cdot 2$
$: 8$
$\cdot 5$

**36**
$: 6$
$\cdot 3$
$: 9$
$\cdot 8$
$: 2$
$\cdot 9$
$: 8$
$\cdot 7$

**63**
$: 7$
$+ 25$
$\cdot 2$
$+ 13$
$: 9$
$+ 45$
$: 6$
$\cdot 12$